世界上最流行的
500个
心理测试和心理游戏

张卉妍 白 虹 编著

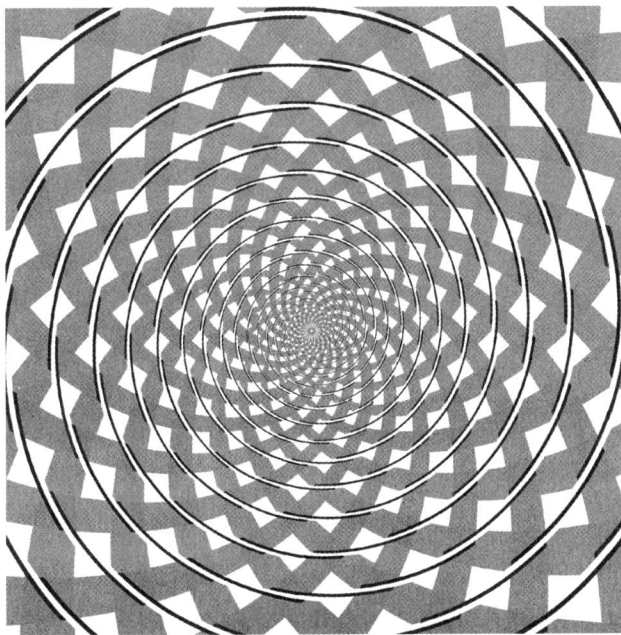

北京联合出版公司
Beijing United Publishing Co.,Ltd.

图书在版编目（CIP）数据

世界上最流行的500个心理测试和心理游戏 / 张卉妍，白虹编著. — 北京：北京联合出版公司，2015.6（2018.10重印）

ISBN 978-7-5502-5115-1

Ⅰ.①世… Ⅱ.①张… ②白… Ⅲ.①心理测验—通俗读物 Ⅳ.①B841.7-49

中国版本图书馆CIP数据核字（2015）第082629号

世界上最流行的500个心理测试和心理游戏

编　　著：张卉妍　白　虹

责任编辑：张　萌

封面设计：李艾红

责任校对：张丽鑫

美术编辑：张　诚

北京联合出版公司出版

（北京市西城区德外大街83号楼9层　100088）

北京鑫海达印刷有限公司印刷　新华书店经销

字数520千字　　720毫米×1020毫米　1/16　30印张

2018年10月第2版　2018年10月第3次印刷

ISBN 978-7-5502-5115-1

定价：68.00元

屠格涅夫说："人的心灵是一座幽暗的森林。"人心包罗万象，很难探清它的真相，而心理测试和游戏正是通往内心世界的一条通道。通过游戏和测试，我们可以在自然状态下得出具有说服力的结论，从而来了解自己，看清他人。

闲来无事，做做心理测试和游戏是一种好玩的消遣。这些题目都比较有意思，能够激起我们的兴趣。不少人就是带着一种"好玩"的心情去做游戏，如果答案和自己想的一样，就会特别高兴；要是毫无关联，也可以权当一种精神上的放松。当我们遇到困难或者失去自信的时候，做做心理测试和游戏可以调节心情。一般情况下，这些测试和游戏都比较善意，即使批评，也相当婉转，给玩游戏者带来一定的激励和启示。由于我们处于竞争环境中，因此总是渴望有人能与自己倾诉交流，而丰富细腻、有理又有情趣的测试和游戏，会让我们感觉到好像有人走进我们的心里，在细细询问和呵护着我们的精神世界。实际上，心理学游戏还是一种弥补自己缺点的好方法。明智的人在做心理游戏的时候总是试图从中追寻到自己生活和工作的影子，以此真正地了解自己、认知自己，为以后的事业累积必要的资本。

对个人而言，运用这些权威而有效的心理学游戏能够更好地了解自己的优缺点，扬长避短，完善自我，达到预定的目标，走向成功。

对管理者而言，通过这些游戏可以发现和解决管理工作中存在的问题，并更好地识人、用人、管人，还能提高决策能力、协调能力、亲和

1

力和影响力，使管理水平和领导能力得到大幅度的提高。

对企业单位而言，借助这些游戏在招聘人才、选拔人才的过程中可以更迅速、更便捷地挑选出所需要的人员，从而使企业单位得到更好的发展。

用休息的时间，做有趣的游戏，得到客观的答案！本书内容涵盖了人生的方方面面，包括自我认知、性格透视、社交剖析、情商测量、智商比拼、财商解密……在测试题目的选取中，既考虑全面性，争取让读者通过心理游戏能对人生的不同侧面得到广泛认识，又注重差异性，避免出现题目主题与方式雷同，让读者阅读起来感受重复而无趣。同时，书中还配有哲理漫画，让读者在会心一笑中体会到心理学的意义。在轻松的阅读过程中，你会惊奇地发现，原来识己读人是如此简单！

在游戏中学习，在学习中娱乐，翻开本书，你将进行一次有趣的心灵之旅。希望本书能让你在轻松的游戏中了解内心深处的秘密，知道自己成败的关键，进而找准自己的方位，轻松应对人生难题。

目 录

上篇 300个心理测试

上 篇

300 个心理测试

第一章
自我认知：知人者智，自知者明

1 认识另一个自己

·情景测试·

我们经常会产生这样的疑惑，我到底是怎样的一个人？我的那些感觉是怎么来的？其实对每个人来说最陌生的是自己，最熟悉的人还是自己，也许我们可以通过这样一个测试，用一朵儿时的小红花，来让你认识另一个自己。

1. 把自己代入到儿童时代，当你站在班级墙壁上的红花榜前，你是带着一种什么心态：

觉得无所谓，对是否获得小红花没有特别在意→A 类型

十分渴望获得小红花→2

2. 为了获得小红花，你会怎么做？

努力学习，以好成绩赢得老师的表扬→B 类型

通过各种课外活动获得老师和同学的认可→C 类型

贬低其他同学来抬高自己→D 类型

·完全解析·

A 类型：你消极地对待目前生活，缺乏合理的自我意识，并对这个社会的竞争不感兴趣。

B 类型：你自我意识正常，一般会适时主动地发挥自身优势去赢得社会的认可。

C 类型：你带有强烈自我意识，有点以自我为中心，更加在意社会对自己的评价。

D 类型：你是极端自我的人，只有不断地被他人认同与赞美，才会有极度满足感。

2 看破你的自我意识

·情景测试·

在童话故事里，镜子带着神秘又强大的魔力，可以无所不知，无所不能。现在设想这样一个情节，当你走进一个陌生的房间里，而这个房间里摆放了各式各样的

镜子，你最想在这个房间里看到怎样的场景呢？

　　A.只有自己的影子，没有其他东西

　　B.在离你很远的地方有几个游客在参观

　　C.在你的周围就有几个游客在参观

　　D.你的周围聚集着很多参观的游客

你虽然不帅，但是很有才华。

乐观的人，看到自己的优点；悲观的人，总是盯着自己的不足。

◆ 完全解析 ◆

　　选择A：你是一个极端自我中心的人。你强烈的自我意识已经占有了你全部的心思，你习惯于把自己当作注意的中心，其他人、事、物，很难让你提起兴趣。

　　选择B：你是一个自我意识与他人意识明确的人。你把自我与他人的界限定位十分清晰，你是注重给自己保留一定的自我空间。

　　选择C：你是一个保留部分自我意识的人，但更多的时候"自我"的观念不是太强烈，较容易受到他人意见的影响。

　　选择D：你是一个比较缺乏自我意识的人。你很害怕自己一个人，喜欢很多人一起待着，过分依赖人际关系，正因为这样你经常因为别人的意见而改变自己的想法。

3 好友的幸福折射你的真实性格

◆ 情景测试 ◆

　　每个人都向往幸福、追求幸福，但幸福却又来之不易。做一个关于"好友的幸福"的测试吧，从测试中看出你的真实性格。

　　有一天你的好朋友突然告诉你，她要结婚了，此外她还向你夸奖了自己老公是多么的优秀，脸上洋溢着幸福的笑容。看到、听到这一切时你的心里是什么感受：

　　A.这么听起来她老公应该很有钱，以后得跟她搞好关系

　　B.真替好朋友高兴，能嫁个这么好的老公，应该祝贺她吧

　　C.哼，大家都是女人，怎么我就没有捞到这么一个人款

　　D.我各方面都比她好很多，我一定可以找到一个比她老公更好更有钱的男人

　　E.她的幸福是假的吧，嫁给有钱人肯定也有痛苦悲伤的一面，老天是公平的

◆ 完全解析 ◆

　　选择A：你是一个自我中心意识较强的人。你自己的幸福和快乐这件事已经多次考虑过了，但很少从别人角度来考虑别人的感受。你对中意的东西会千方百计地想弄到手，一旦发生了什么对自己不利的麻烦事，你会不自觉地逃避责任。

选择B：你是一个自认为充满爱心的好人，但在你的潜意识里，你觉得你付出的爱心是别人看得到、认可的，并且需要给你的，如果对方没有给你想要的回报，你就会感到非常气愤。

选择C：你是一个嫉妒心强的人。你最不能接受的事就是别人做得比你更好，特别是那些跟你比较熟的人，或者那些你认为不如你的人。其实嫉妒心越强就越代表对自己没有自信，也正是这种强烈的嫉妒心理让你生活在敏感、郁闷的状态下。

选择D：你可能是一个可以为了达到目的而不择手段的人。你骨子里是一个倔强的不服输的人，好胜心很重，为了获得成功你甚至会使用一些为人所不齿的手段。其实这样的生活很累，就算成功了也不快乐。

选择E：你是一个自我防御心理很重的人，害怕被别人抓住自己的弱点，每当有人看见你的弱点时，你就自动启动自我防御机制，有点偏执，报复心强。其实耿耿于怀的生活很累，而且不快乐，只有对生活的种种释怀，你才可以得到真正快乐。

4 你的弱点在哪里

情景测试

假设有一笔私房钱，不想让别人发现，你会藏在自己房间中哪个地方？

A. 电视机附近

B. 藏在床底下或附近

C. 藏在书中或书柜里

D. 藏在镜子后面

完全解析

选择A：你很希望受到大家的欢迎，也有着强烈的表现欲，因为如此，过于在意别人的想法。

选择B：你是不是常常怀疑自己工作或日常生活中的决定呢？是否有者良好的生涯规划却迟迟无法实行？不自信，是你的症结喔。

选择C：你是不是经常犹豫迟疑，心中想了千百遍，却无法下定决心动起来？你需要增加行动力，相信你一定会有更好的表现！

人常常会被自己的思维惯性给缠住，从而陷入死胡同里，怎么转也转不出来。

选择D：你是不是觉得自己的外表并不起眼，甚至想过要去整容等等能使自己变美的方式呢？其实每个人都有他独特的气质，即便长的普普通通，却浑身散发着一股迷人。

5 小点心暴露你的性格

情景测试

小点心点拨你的小性情，忙碌了一上午，应该来点下午茶犒劳自己，立马到办公室楼下的茶餐厅享受一下吧，请从下列选项中选出你最想点的一款点心：

A. 热腾腾的煮鸡蛋

B. 精致的提拉米苏

C. 新鲜的水果

D. 刚出炉的比萨、烤翅

完全解析

选择A：煮鸡蛋是需要手动剥开才能吃到，这说明你的自我保护意识很强。

选择B：爱吃甜食的你有着层出不穷的新鲜想法，对待生活总是感性多于理性。

选择C：你是个理性冷静的人，常常会就事论事去，不会因为私交影响你的判断。

选择D：你是个以自我为中心的人，你不会理会你的行为在别人眼里会产生什么样的看法和评论，你性格热情开朗，不拘小节。

6 座位透露你的性格

情景测试

一个人在选火车座位时的喜好不仅关乎可以看到怎样的风景，也可以透露出一个人的性格，不信？那我们来做一个测试吧。

当你坐火车出差或旅游时，在不需要对号入座时，你会选择什么座位呢？

A. 靠窗的位置 　　　　　　B. 靠过道的位置

C. 靠门的位置 　　　　　　D. 中间的位置

完全解析

选择A：你是一个喜欢有一定的时间和空间独处的人，内心表现欲很强，但有时候又可以把这种欲望隐藏起来。你在做事时略显冲动，热情来了会先行动后思考。

选择B：你是一个自我保护意识很强的人，谨慎小心是你的风格，喜欢自由自在，不愿受到过多的约束。

选择C：你是一个事业心强大的人，但你也讲究生活品质，不会只有事业而没有生活，不会为金钱卖命。

选择D：你是一个喜欢顺其自然的人，理想的生活状态就是悠闲自在，虽然也有对事物的好奇心，但一旦感觉对自己不利，就会十分理智地远离。

7 你是一个有责任心的人吗

◂情景测试▸

你是那种没有责任感、每个妈妈都不放心让儿女与你交往的人吗？通过下面的测试，你可以检查一下你的责任心如何。每个题目你只需要答"是"或"否"。

1. 与人约会，你通常准时赴约吗？

2. 你认为你这个人可靠吗？

3. 你会因未雨绸缪而储蓄吗？

4. 发现朋友犯法，你会通知警察吗？

5. 出外旅行，找不到垃圾桶时，你会把垃圾带回家去吗？

6. 你经常运动以保持健康吗？

7. 你不吃有害健康的食物吗？

8. 你永远先做正事，再做其他事情吗？

9. 你从来没有错过任何选举活动吗？

10. 收到别人的信，你总会在一两天内就回信吗？

承诺有时皆大欢喜，有时却是两败俱伤。所以，做一个负责任的人，不要轻易承诺。

11. "既然决定做一件事情，那么就要把它做好。"你相信这句话吗？

12. 与人相约，你从来不会耽误，即使自己生病时也不例外吗？

13. 你曾经犯过法吗？

14. 在求学时代，你经常拖延交作业吗？

15. 小时候，你经常帮忙做家务吗？

◂计分方法▸

如果你回答"是"，请为自己计上1分，如果回答"否"，请为自己计上0分。

◂完全解析▸

10～15分：你是个非常有责任感的人，行事谨慎、懂礼貌、为人可靠并且诚实。

3～9分：大多数情况下，你都很有责任感，只是偶尔会率性而为，欠考虑。

0～2分：你是个完全不负责任的人。你一次又一次地逃避责任，造成每个工作都干不长，手上的钱也老是不够用。

8 花朵代表的心理状态

情景测试

每个人都有自己偏爱的花朵和颜色，而这也代表了不同的心理状态。春天里来百花香，小小蜜蜂采蜜忙。假设你是一只快乐勤劳的小蜜蜂，正在花丛中采花，你会选择哪种颜色的花当第一个落脚点呢？

A. 白色的樱花　　　　　　　B. 粉红的蔷薇

C. 火红的玫瑰　　　　　　　D. 金色的郁金香

E. 青色的兰花　　　　　　　F. 忧郁的蓝玫瑰

G. 淡紫的薰衣草

完全解析

选择A：白色系花代表着纯真和恬静。一般选择此类花的人，对生活要求也很低，希望一切简单化，保持着纯真自然。

选择B：粉红色系花是钟情梦幻色彩的浪漫小女生的最爱，这类人通常对他人的关心超过了自己，细心体贴、温和善良、待人和气是她们最吸引人的地方。

选择C：大红花系代表着张扬、奔放的个性，选择此色花的人多是性情中人，做事情注重自己的真实感受，也不善掩饰自己的真情实感。

选择D：喜欢金黄色花系的人独立自主、感情强烈。这类人比起常人更注重追求自己的理想，换个角度讲，是个不折不扣的理想主义者。

选择E：选择青色系的人通常处于矛盾状态，他会纠结于成熟与不成熟之间，偏向感性。选择此色系花朵的人青涩、朴实，同时具有一定的潜力。

选择F：蓝色是忧郁的代名词，所以选择蓝色系的人通常缺少打破常规的勇气，但面对现状，他比较积极、上进。

选择G：紫色代表高贵，选择紫色花朵的人无疑是自我满足或自我陶醉的人。相对于其他色彩来说更自我，也更高傲。

9 你和他人的关系

情景测试

这天晚上，你终于等到了期待已久的比赛，并花了不少钱买了一张入场券，你期待在球赛现场见到自己喜欢的球星。距离球赛还有一个小时，你正要从家里出发，刚好你的好朋友A打电话来，向你倾诉自己的遭遇，因为她今天被老板辞退了。这时候你是继续去看比赛，还是去安慰好朋友呢？

A. 二话不说地立刻赶到朋友家，安慰她

B. 有点犹豫不知道如何是好，很想去看比赛但在聊天过程中发现朋友的情绪差，最后还是放弃了看比赛去她家陪她

C. 在电话里头劝说自己的朋友，使她情绪稳定下来，但告诉她你现在手头上有很重要的事，要过几个小时才能去陪她

D. 直接在电话里告诉她你现在很忙，不能去看，但是可以另找时间和她详谈

·完全解析·

选择 A：你是一个很乐意帮助别人的人，在朋友需要的时候会马上挺身而出，但也往往会因此忽略了自己。

选择 B：你很想保护自己，但又不愿意伤害自己的朋友，证明你在自己的利益与朋友利益之间患得患失，犹豫不决。

选择 C：你十分清楚自己的定位，知道自己要什么，很少会因为要去取悦别人而感情用事。遇到问题时，你懂得将自己和他人的利益进行平衡。

选择 D：你活在自己的世界里，你是一个完全自我的人，你与他人之间有一条明显的界限。除了自己，几乎没有别的什么可以改变你的意志。

10 你是"自我"的人吗

·情景测试·

在生活当中，一个比较"自我"人会因为忽略他人的感受而遭遇到尴尬的处境，你是一个这样的人吗？快来做一个有趣的心理小测试了解自己吧。

当你和朋友或其他人一起吃饭，在点菜的时候你会怎么做？

A. 只点自己想吃的菜，不管别人是否喜欢

B. 跟着别人，别人点什么就是什么

C. 先把自己的意愿表达出来

D. 主动点菜，再咨询别人的意见，再做更改

E. 点菜的时候犹豫不决，慢吞吞的

F. 先让店员介绍一下菜式再点菜

·完全解析·

选择 A：你是个乐观派，生活中完全不拘小节。你做事果断但不计后果，在你看来，只要价格合适迅速做出决定的人是合理型的。

选择 B：你多是从众型的，做事小心翼翼，缺乏自己的想法。你往往忽视了自我的存在，对自己没有自信，大概已经忘了自己可以做选择，常立刻赞同别人的意见。

选择 C：你性格直爽、胸襟开阔，一些难以启齿的事也可以若无其事地表达出来。你待人不拘小节，为人磊落，即便有时说话刻薄了一点，也不会被人记恨。

选择 D: 你是小心谨慎，在工作和交友上经常犹豫的人。你给人最直接的印象是软弱、不堪一击，因为你想象力太丰富，在细节上过分讲究，缺乏掌握全局的意识。

选择 E: 你做事一板一眼，讲究安全第一。但有时候过分谨慎，过多考虑对方立场。在听取别人观点的同时，别忘了自己最真实的想法。

选择 F: 你自尊心强，最不能接受别人的指挥。做任何事都追求不同凡响，总是坚持自己的主张。你做事积极，在待人方面，懂得维护双方的面子。

11 你是一个善于沟通的人吗

情景测试

善于沟通的人会有很多的成功机会，但并非人人都有这种本事，不过没关系，慢慢学习就是了。通过下面的测试，你不仅会知道自己是否是一个善于沟通的人，而且还会知道怎样做才恰如其分。每个题目你只需要答"是"或"否"。

1. 和同事发生争执，你会不知不觉地提高音量吗？

2. 你叫得出公司里八成以上的人的名字吗？

3. 看到讨厌的人，你会假装没看见吗？

4. 你和主管及同事们相处愉快吗？

5. 遇到不合理的事情，你会抗议到底吗？

6. 昨天才吵过架的人，今天你能愉快地跟他聊天吗？

7. 购物时遇到态度不好的店员，你会跟他起争执吗？

8. 同事帮你买错盒饭，你还是很感谢吗？

9. 和朋友出去玩，你会坚持自己的意见吗？

10. 保持和谐的状态是很重要的事吗？

计分方法

以上问题，单数题答"是"者得 0 分，答"否"者得 1 分；双数题答"是"者得 1 分，答"否"者得 0 分。最后汇总得分。

完全解析

0 ~ 4 分：完全自我型。你是个以自我感受为第一的人。这样的你，可以过得很随意，但面对团体生活时，难免会因为不懂得委屈自己，而招致许多不必要的麻烦。

5 ~ 7 分：择善固执型。你较容易沟通，但是对某些你认为对的事情，

沟通能力，是一项非常重要的工作能力。

还是十分坚持,认为总是保持微笑很辛苦。最好选择了解你的人当你的合作伙伴。

8～10分:善于沟通型。你是个左右逢源的人,这并不表示你很伪善,应该说你能将心中的不满隐忍下来,或者是想办法化解,是个能和别人和谐相处的沟通高手。

12 隐藏在面包里的性格

情景测试

很多时候,透过一些小喜好可以窥探出一个人的性格,选择面包的喜好也隐藏着大秘密,不管你信不信,做完这个测试你就知道了。

你爱吃什么类型的面包呢?

A. 巨蛋面包　　B. 咸面包　　　C. 包甜馅的面包

D. 白吐司　　　E. 香蒜面包

完全解析

选择 A:你是个有恋母情结的人,每当想逃避现实时就会选择吃东西或者睡觉。

选择 B:你总是在埋头努力,但别忘了要注意周遭的人际关系。

选择 C:你很好逸恶劳,属于能坐着就不站着的人。

选择 D:你的个性很天真烂漫,属于纯朴性格的人。

选择 E:你是很自我的人,因此常常忽略别人感受。

13 扑克牌掩藏的内心秘密

情景测试

别看扑克牌很普通,它也可掩藏一个人内心的秘密!相传扑克牌是根据历法设计而成的,因为一年中有52个星期,所以一副扑克牌有52张。红桃、方块、草花、黑桃四种花色分别象征着春夏秋冬四个季节。

四种扑克的花样,你最喜欢哪一种?

A. 红桃　　　　B. 黑桃　　　　C. 方块　　　　D. 草花

完全解析

选择 A:红桃象征着智慧和爱情。

选择 B:黑桃象征你希望安定。

选择 C:方块象征财富。

选择 D:草花象征运气。

14 选择与放弃

·情景测试·

有时选择意味着放弃，而放弃又意味另一种选择。爱情征程从来没有一帆风顺，有时候总需要有一个人做出牺牲。所谓鱼和熊掌不可兼得，你是如何处理爱情中的矛盾的呢？

有一天做梦，梦到一位友善的爷爷送你一棵仙草，嘱咐你要把它种下并保管好。在种好之后，你会把它放在：

A. 小花园里　　　　　　　　　B. 自己的房间书桌上

C. 随身携带　　　　　　　　　D. 藏在一个隐蔽的地方

·完全解析·

选择 A：你的处世准则就是安身、立命而后成家，你非常看重自己的名声。

选择 B：你是个理智的人，你平时喜欢过一些有质量的精神生活，很难想象，如果没有了阅读和思考，你的生活该有多么空洞和无聊！

选择 C：你觉得自己的生命比较值钱，可能你认为你在这个世界上比较重要。在你心中，健康休闲是第一位的！

选择 D：你爱好广泛，对他人充满怀疑。你好奇心很强，又不希望别人知道自己的心思。如果别人干扰你的隐私，你就会非常介意。

15 你的戒备心强吗

·情景测试·

你是一个戒备心理很强的人吗？可以从这个测试看出你性格的另一面。

假设你正在沙漠中旅行，此时的太阳很强烈，你已经很渴，又累又热，突然让你看到前面有一片绿洲，只有一间小木屋，屋主不在，屋门是开的，恰好桌上摆着一杯你日思夜想的清水，这时候的你会怎么做：

A. 不管三七二十，一口喝下去

B. 心里有一阵犹豫，但还是忍不住一口一口喝下去

C. 想都不用想，坚决不喝

D. 有所顾忌而不敢喝

·完全解析·

选择 A：你对人没有什么防备心，不经世事，对陌生人也坦诚相待，一如知己。

选择 B：你是个有点阅历的人，看问题有自己的见解，也能够坚持自己的想法。

选择C：你是一个没有安全感的人，对周围的人充满了警戒心，丝毫不相信别人。

选择D：你对自己很没有自信，很多事情宁愿交给别人判断。

16 面对内心的"鬼"

·情景测试·

每个人内心深处都隐藏着自己不敢面对的"鬼"，它无时无刻不在影响着你的生活。你想知道在你心灵深处住的是什么样的鬼吗？做一做下面的小测试就知道了。

有一天，一只大肥猪和一只小瘦猪在森林里遇到了一只大灰狼，你觉得这个故事怎么接下去比较合理呢？

A. 大肥猪吓唬小瘦猪说："大灰狼要吃掉你啦！"

B. 小瘦猪害怕地对大灰狼说："别吃我，我又瘦又小，大肥猪才可以做出更多的肉肠。"

C. 大肥猪对小瘦猪说："别怕，我可以保护你，我又大又壮。"

D. 大肥猪和小瘦猪都被大灰狼吃了！

E. 它们三个其实是好朋友。

·完全解析·

选择A：你内心里的"鬼"是一个有霸权主义的将军。无论你平时给别人的感觉是多么温顺，内心的你都是一个充满优越感的人。你是一个自信的人，在某些方面你甚至觉得你比别人优越很多，你就算帮助别人时也想展现自己的这种优越感。

选择B：你内心里的"鬼"是一个胆小怯懦的小女孩。你是一个缺乏安全感的

我今天买菜多拿了人家一根葱

自省是拯救的第一步。

人，经不起任何的突发状况，一旦发生异常状态就会忧郁不安很长时间。为了保护自己，你的思想和行为也容易因为害怕而变得具有攻击性。

选择C：你内心里的"鬼"是一个乐观、具有正义感的"英雄"。你希望这个世界是公平的，你也承认世界美好和邪恶并存，而且相信通过自己和大家的努力，邪恶也能被克服。因此在日常生活中，你积极努力去争取，不容易放弃！

选择D：你内心里的"鬼"是一个老成持重的老人。你有着和年龄不相称的成熟，有自己的一套惯性思维来看待进行中的事物。有时候会因为悲观的预测，而放弃努力的机会；有时候遇到喜欢的东西，也会莫把它当作是"无理要求"而压抑自己的情感。

选择E：你内心里的"鬼"是一个天真乐观的小孩。你就像一个天真无邪的小孩一样，对这个世界充满乐观和积极。你希望所有邪恶的事物都被美好所感化，所以，你对他人是真诚的，没有任何防备之心。

17 你是否是一个有心计的人

·情景测试·

　　TVB的《宫心计》你看过吗？里面一个个玩弄心计的坏人是不是让你觉得咬牙切齿，而现实中的你是不是一个有心计的人呢？做做下面的测试就知道啦。

　　以下哪个活动是你觉得春节一定要做的？

　　A. 贴春联　　　　B. 拜年　　　　C. 讨红包　　　　D. 团圆饭

·完全解析·

　　选择A：心计指数15%。你是一个心胸光明的人，在你的心中，一个人如果善于玩弄心计就不是一个光明磊落的人，你唾弃别人这么做，你自己也不会做。你做人、做事都是规规矩矩，按自己的能力来，特别讨厌那些见不得人的小动作。你本着诚实、豁达对人对事，是难能可贵的品质，但你要知道，社会上不是每个人都这么善良，不是人人都值得以礼相待的，你要小心从背后射过来的冷箭。

　　选择B：心计指数30%。你是一个天真无邪的人，有时候你会觉得玩点小心机也不错，但你的确在这方面不是能手，想的计谋脱离实际，基本没有可操作性，而且执行过程中还沉不住气，三两下就露了自己的底。劝你还是不要和别人玩这一套，因为你不是对手，免得最后"机关算尽太聪明，反误了卿卿性命"。

　　选择C：心计指数50%。你是一个心肠软的人，你是否会耍心计就得看你想不想了。你具备玩弄心计的本事，但你会因为软心肠而放弃实施计划，其实你的计划是很完美的，就是不够狠。即使好不容易狠下心开始执行了，也无法做出最后的一击。

　　选择D：心计指数87%。你是一个典型的怀柔分子，"笑面虎"绝对是你的代名词，你在外人看来绝对是一副笑容可掬的样子，因为你认为双方合作才能成大事。可是，一旦有人触犯或阻碍到你，你就会用计策算计对方，比对方还狠，毫不手软。

18 你和另一个自己的关系

·情景测试·

　　在现实的社会生活中，人们往往戴着面具去生活，并不是因为大家喜欢伪装，更多的是自我保护的需要。你有时候表现得淡定自如，但内心隐藏着另一个自己。你想知道你是如何处理和另一个自己的关系的吗？下面就来做一个小测试吧。

　　你正要去上班，在地铁即将开走的时候上了车，凭直觉你觉得这是第几节车厢？

　　A. 第一节车厢　　　　　　　　B. 前半段车厢

　　C. 后半段车厢　　　　　　　　D. 最后一节车厢

完全解析

地铁被看作另一个你，乘坐的车厢代表另一个你在自己心中所占的分量。

选择A：乘坐第一节车厢，表示内心的另一个你会经常表露出来，换个角度讲就是你是一个情绪化的人，经常做出别人觉得很意外的事。

选择B：乘坐前半段车厢，表示另一个你不是经常出现，但在你感情发生变化的时候会冒出来。

选择C：乘坐后半段车厢表示另一个你基本上隐藏得很好，平时不太显露。当压力到达你无法承受时，另一个你就会爆发出来，你看起来就像突然换了一个人似的。

每个人都有两个自己，关键看你如何去平衡！

选择D：乘坐最后一节车厢表示另一个自己妥善地隐藏在内心深处，你基本上就如一个演员一样永远戴着面具，让人捉摸不透。

19 你会花钱吗

情景测试

现在很多人不把自己的钱放银行，而是在适当的时候投资，有人炒股，有人买基金，应该说这是现代人的理财方式。当然，你不会理财，但你是一个会花钱的人也不错。不妨做个小测试，看看你是不是个会花钱的人吧！

当别人赞美你的手表漂亮时你会怎么做？

A. 赶忙回答，"哪里，这个是便宜货"

B. "真识货，这个可是名牌……"顺手把手表的所有功能炫耀出来

C. 表示很高兴，和别人说一声谢谢

D. "你也有只漂亮的表，不是吗？"赞美别人时趁机再一次赞美自己的手表

完全解析

选择A：你是一个内心世界很复杂的人，很难从你的外表去判断你的内心想法；同时你是个很理智的人，从来不会因为要面子而浪费钱。你的衣着及生活用品都是根据自己的需求量力而行，别人的评论左右不了你。

选择B：你比较爱慕虚荣，物质欲高于你的精神欲，会为了满足一下自己的虚荣心而花掉所有的钱。还是改掉这个坏毛病吧，免得别人说你虚荣和庸俗。

选择C：你对钱是很理想客观的，你不会乱花钱，也不会追逐时尚而浪费。你是一个很适合做恋人或者生意伙伴的人，让人很放心。

选择D：你懂得扩展自己的人脉，在工作、事业上也会有所发展。但如果你坚定地选择了这个答案的话，你的自卑心理和自尊心理一样强烈。

20 笑容里的心机

情景测试

我们从一个人的笑容可以看出他的心情，但不是每个笑容都是表达一样的心境，你知道笑容也可以看出一个人的心机有多重吗？来做做测试，看看你的心机有多重。

有一个小朋友正在上课时，突然想上厕所，便举手说："老师，我要大便！"老师非常生气地说："不准你用这么粗俗的字眼，不准去！"可是那小朋友实在受不了了，想了想，对老师说："老师，我的屁股想吐！"听到这里，你会怎样笑呢？

A.呵呵的冷笑或是干笑

B.遮住嘴巴笑

C.嘴巴张得大大的，毫不掩饰地笑

D.想憋又憋不住，突然笑了出来

完全解析

选择A：心机指数90%。你是一个很有心机的人，不管是明还是暗，你都在时刻地观察别人的动态。你可以自由地操纵别人，以达成目的，是个厉害的狠角色。

选择B：心机指数70%。你是那种宁愿自己生闷气，也不轻易说出来的人，你把自己封闭起来，但又希望别人可以主动了解你，为人有点现实且有点固执。一旦你做了决定，是别人改变不了的。

选择C：心机指数40%。你很单纯，很有担当，会听别人的建议，但不会轻易改变自己的想法。通常待人不是友善就是恶劣，因为你爱憎分明，难和讨厌的人来往。

同样的笑容，可能有着不同的心情和心机！

选择D：心机指数60%。你心地善良，乐于助人，特别是朋友有难时，你肯定挺身而出。但是你却是最常忽视自我需求的那个人，常为了别人牺牲自己。

21 你在哪方面最输不起

情景测试

有没有问过自己，什么是你一生最输不起的事情？感情？事业？还是金钱？如果你还不清楚自己在哪方面最输不起，就让这个测试告诉你吧！

假设你参加聚会时，有人在不停地大声笑闹，你的反应会是什么？

A.懒得理会

B.酸酸地说上几句

C.坐在自己位置上，大声训斥几句

D.摆出一张臭脸

完全解析

选择A：你在"金钱上"最输不起。你很爱自己，觉得生活要有品位，而且要有质量，不喜欢装穷。你觉得人生苦短，为什么要让自己过得这么不舒服，所以尽量让自己好一点，对家人好一点，让生活质量维持得很好。

选择B：你在"感情上"最输不起。你内心非常脆弱，有自知之明，知道自己如果在感情上受到伤害的话，可能要

你输不起的地方，往往也赢不了！

花很长的时间让自己恢复疗伤，所以当发现和另一半有感情裂痕的时候，会赶快分手，这样疗伤期就可以变短。

选择C：你在"工作上"最输不起。你很享受工作上的成就感，掌声、收入对你而言非常重要，所以只要你下定决心就可以做到最好，有人扯你后腿会很不高兴。

选择D：你对"任何事"都输不起。你人好面子，觉得自己的尊严很重要，自尊心非常强，如果别人的挑衅让你感到受不了，你反扑的力气会让人吓一大跳。

22 你的优点在哪里

情景测试

每个人都存在着优点和缺点。缺点容易被注意到，而优点却被忽视掉了。只要能找出自己被隐藏的优点，并且将它无限扩大化，那么你的优点就能表现出来，被大家了解到。以下测试将发现你的优点，记得要好好把它发扬光大。

下面有6种状况设定，请从中选择一种你觉得最无法忍受的。

A. 虚伪做作   B. 对老人跟小孩不友善

C. 不遵守约定   D. 欺负小动物

E. 混黑道   F. 欺善怕恶

·完全解析·

选择A："诚实"必胜：诚实、正直是你最大的特色。你反对用谎言来包装自己，希望以真实的自我来获得他人的肯定。你的坚持，会让大家对你的信任感与日俱增。

选择B："同情心"必胜：你的同情心非常旺盛，看到需要帮助的人和事，会忍不住想要贡献自己的力量。许多人都是因你而获得快乐，这个社会也因你变得更祥和。

选择C："责任感"必胜：你非常注重人与人之间的信赖，会努力遵守约定，答应别人的事也一定会做到。这样的你，当然是大家最欣赏的人。

选择D："正义感"必胜：即使要牺牲自己，你照样会义无反顾地选择仗义执言。因此，你的正义感总是为你带来许多友谊。你那铲奸除恶的精神更会为你赢得赞赏与信赖。

选择E："同情心"必胜：你总是可以设身处地地为周围的人着想，你的协调能力、自我约束能力都很强。你的善解人意更让人时时刻刻都想亲近你。

选择F："耐力"必胜：你是属于"路遥知马力"的类型。年纪越大，你的这项优点就越会获得赞扬。你总是默默地耕耘，大家都会对你十分敬佩。

23 你将来会幸福吗

·情景测试·

幸福在哪里？我们常常问自己。让我们进入你的潜意识来看看你的幸福会不会与你擦身而过？请完成以下测试，对每题做出"是"或"否"的回答。

1. 世界上其实没有真正的坏人。

2. 即使有不愉快的事，睡醒过后就忘记了。

3. 几乎没有不能解决的问题。

4. 一生中有很多特别的兴趣。

5. 回首人生，几乎没有不好的回忆。

6. 不会无缘由地感到沮丧。

7. 总觉得每天会有好事发生。

8. 对自己的未来没有感到不安。

9. 确信自己的直觉在紧要关头十分准确。

10. 从自己的整体来看，觉得还有待于加强。

·计分方法·

"是"得1分，"否"为零分。最后把得分汇总。

·完全解析·

0～4分：幸福与你的缘分尚浅。由于你保守的性格，导致思维偏向负面的方向，因此，你常常与幸福擦肩而过。假如你不改正思维方式，就会形成恶性循环，对你的生活产生负面的影响。

5～7分：你的心情需要再放松一些，只要对自己有信心，再加上一点努力，幸福就会与你越来越近。

8～10分：最接近幸福的那种类型，由于你积极乐观的精神，有审视自己、肯定自己的积极倾向，因此，把握现在，就相当于踏上了幸福之路。

决定幸福的，往往不是处境，而是心态。

第二章

性格透视：性格决定命运

24 性格的"急"与"慢"

▶ **情景测试**

你是一个怎样性情的人呢？是雷厉风行的急性子，还是一个慢条斯理的慢性子？来做一个小测试吧，从中你可以知道自己是什么"性子"的人：

1. 原本和好友约好星期日去图书馆看书的，但在星期六晚却下起了滂沱大雨，这时你会怎么做：

　　A. 立刻打电话与好友商量　　　　B. 打电话咨询气象台明天的天气情况

　　C. 明天再打电话

2. 由于刮台风，学校提早放学，你决定：

　　A. 自己坐车回家，并打电话告诉家人

　　B. 先到同学家玩一下再说

　　C. 问老师应该怎么做

3. 逛街时，有条恶狗追着你的同伴，你会：

　　A. 向路人求救　　　　　　　　　B. 帮忙把恶狗赶走

　　C. 不知所措

4. 买衣服时，发觉钱不够，你会：

　　A. 和店员砍价　　　　　　　　　B. 把商品退回，再挑选别的衣服

　　C. 什么也不买，直接回家

5. 乘电梯时，突然停电，你的第一个反应是：

　　A. 按警铃并高声呼救　　　　　　B. 耐心地等电恢复

　　C. 不知道该怎么办，大哭起来

6. 回家时发现忘了带钥匙，怎么办？

　　A. 打电话给家人　　　　　　　　B. 先去别的地方逛一圈再回来

　　C. 站在门口等家人回来

7. 正在收看自己喜欢的电视节目，画面却被干扰看不清，你会：

　　A. 把电视关了，不看了　　　　　B. 到邻居家看

　　C. 发脾气、责怪电视台

8.上街和家人失散了，你怎么办？

A.找警察或别人帮忙　　　　　　B.站在原地等家人来找

C.四处寻找家人

9.闹钟坏了，上学（上班）迟到了，怎么办？

A.算了，反正迟到了，慢慢来　　B.以最快的速度去上学（上班）

C.装病请假不去了

10.已经完成资料准备（做好了作业），却忘记带给上司（带到学校）

A.没办法，如实向上司（老师）说明情况

B.临时重新做一份

C.太难受了，干着急

◆·计分方法·

选A得0分，选B得1分，选C得2分。

◆·完全解析·

0～4分："慢郎中"型

遇事你还是很淡定从容的，如果你能灵活一点，你能成为众人的偶像！

为5～10分：机灵敏捷型

你是一名"急先锋"，遇到事情时会主动提出意见，这给朋友带来不少帮助，但千万警惕自傲的想法。

11～15分：处事谨慎型

你给大家的感觉是"处事很有分寸"，但你还是不够勇敢，如果可以提高自己的勇气，你会收获更多。

16～20分：过分小心型

你一直都害怕自己很孤独，以至怕得罪别人，使人家不高兴。你应该克服这种自卑的心态，可以与别人商量一下，不用害怕别人会介意，其实他们会给你一些意见的。

25 你的性格弱点

◆·情景测试·

世界上没有两个完全相同的人，这也决定了每个人为人处世的方式中总有别人不习惯或者无法忍受的一面，而自己却很难察觉，下面这个测试应该可以帮你分析一下。

当你在青春叛逆期时，你觉得老师身上最不能让你忍受的是什么？

A.老师情绪波动大，容易"歇斯底里"，对学生实行精神压迫

B.专制的老师，完全不理会学生的意见

C.不公平，偏袒所谓的好学生

D. 对学生使用暴力

完全解析

选择 A：这个选择其实是自我缺陷的暴露，可以反映出你在遇到不如意时会有什么反应。选择 A 的你遇到不如意的事就会"歇斯底里"，不是四处大声叫嚷，就是突然大声哭泣……其实这种方式是最幼稚的，而且很容易引起别人的情绪疲劳。

选择 B：你具有站在阵列前沿将周围人猛推向前的统帅能力，在集体中往往起到决定性的作用。你的缺点就是很少听取他人的意见和建议，你要学习的就是倾听别人的意见，时刻保持谦虚，不然很容易让别人不再信服你了。

选择 C：你可能有一些心理恐慌症的表现。你的交际范围不大，有几个知心朋友，但交际圈很窄，因为你把好坏分得很清楚，把自己讨厌的人彻底排除在外。你要试着多扩展自己的交际圈，如果一味沉寂在那个小圈子里面，你将越走越窄。

选择 D：你的处世方式是很危险的。你的粗暴无礼让人很难接受。如果是因为对方态度恶劣导致你正当防御还情有可原，但往往是稍不如意就出手或出口伤人。你一定要控制好自己的情绪，不然小小的矛盾很容易升级到大矛盾。

26 自信指数

情景测试

自信是每个人都应该具备的素质，你是一个充满自信的人吗？快来测一测你的自信指数吧。

一位朋友为你画了张画像，你觉得哪个部位应该画得最好呢？

A. 眼睛　　　　B. 眉毛　　　　C. 嘴巴　　　　D. 鼻子

完全解析

选择 A：自信指数 80 分

你的感情丰富细腻，是一个自信满满的人，甚至有些自恋。喜欢得到他人的赞美，但又怕给人一种骄矜自满的感觉，所以平时的你很低调，极少表现自信的一面。

选择 B：自信指数 60 分

你是个冷静、懂得平衡情绪的人，外表看起来相当知性聪颖，但实际上并不自信，对于外貌更是心虚。好在你平时话不多，却常常能够一鸣惊人，让人印象深刻。

自信的人，才最美丽！

选择C：自信指数 50 分

表面上看起来你很喜欢社交和热闹的生活，但实际上没有几个知心朋友。对于自信一事你自己也不太清楚，更多时候随感觉行事。你总会把自己打扮得光鲜夺目，就是怕被人看见自己的狼狈状。

选择D：自信指数 95 分

你是个意志力坚强的人，时刻都散发出一种独特的魅力，不会因外表而影响自信指数。你任何时候都可以展现自己的优点，但给人一种强势的感觉。

27 角色扮演中隐藏的性格

情景测试

每个人都是生活的导演，是自己人生戏场中的主角。至于你究竟扮演着什么样的角色，还要取决于你的性格。让我们通过下面这个心理测试，了解一下自己的性格吧。

你和朋友们正在准备白雪公主的舞台剧，你需要扮演其中一个角色，你会选择：

A. 七个小矮人　　　　　　　　B. 白雪公主

C. 白马王子　　　　　　　　　D. 继母

完全解析

选择A：你菩萨心肠且乐善好施，很少树敌，给人印象良好只是少有回报，拥有一定的判断力。

选择B：你开朗乐观、娇憨，但缺乏洞察力，对外界缺少警觉。

选择C：易听信耳边风，易以貌取人，易上当，对自己的外表没有自信。

选择D：你创造力十足，嫉妒心重，考虑长远而不轻易听信人家。

28 从口头禅看一个人的性格

情景测试

舌尖上的中国，口头上的性格。你的口头禅可是暴露你性格的哦，这可是有心理根据的。快一起来测测看吧。

你通常会说哪一句口头禅呢？

A. 说真的、老实说、的确、不骗你

B. 应该、必须、必定会、一定要

C. 听说、据说、听人讲

D. 可能是吧、或许是吧、大概是吧

E. 但是、不过

F. 啊、呀、这个、那个、嗯

·完全解析·

选择A：担心为人所误解，因此性格稍显急躁，内心常有不平。这类人十分在意别人对自己言行的评价，所以一再强调自己所讲述的事情的真实性，希望自己在团体中被认可，获得周围人群的信赖。

选择B：自信心极强，做事理智，为人冷静，有说服力，可令对方相信自己的话。不过，从另一角度来看，"应该"说得太多时，其实反映出说话人内心的"动摇"的心理，长期担任领导职务的人，易形成此类口头禅。

选择C：这类口头禅可给说话人留有余地。这类人见识虽广，但缺乏决断力。这类用语多出现于处事圆滑的人口中。在办事过程中，他们时刻为自己备着下来的台阶，有时也会因矛盾心理而感到困扰。

选择D：这类人自我防卫度高，不会暴露内心的真实想法。处事待人态度冷静，所以与同事都处得不错。这类口头禅同时也有以退为进的意思，事情走向明朗的话，他们可说"我早就想到这一点"。政治人物多有这类口头禅，以隐藏自己的真心。

选择E：这类人稍显任性，总是会以"但是"来为自己辩解，来保护自己。不过这也说明其性格温和，因为这一词委婉，并没有断然的意味。此类口头禅多出现于从事公共关系的人口中，因为它的委婉意味不致令人感觉冷淡。

选择F：这类人词汇较少，思维反应慢，以这类词语作为间歇的方法。因此，这类人反应较迟钝，或是比较有城府的。当然，有些骄傲的人因怕说错话需间歇思考，也会使用这种口头禅。这种人的内心也常常觉得孤独。

29 猜拳看性情

·情景测试·

还记得儿时的猜拳游戏吗？回忆一下你猜拳的时候最爱出哪一个？从这里可以透视出你的小性情哦，出"石头、剪子、布"的时候，你习惯于先出哪一个？

A. 石头　　　　B. 剪子　　　　C. 布

·完全解析·

选择A：习惯于先出石头的人适应能力与协助能力都很强。你做任何事情都全力以赴，都在发挥你本身卓越的适应能力。你努力地保持着圆满而友善的关系，绝对是个值得交的朋友。

选择B：习惯先出剪子的人是一个独立心与忍耐力很强的人。你是非观很强，对事情的判断也是很正确的，很少草率做事，大多都会经过深思熟虑以后再行动，但你不会轻易抛弃本人的想法与意见。你有主见，忍耐力强，无论多么艰辛的事情也会坚持完成到底,因此做任何事情都很有可能大获成功。

选择C:习惯先出布的人是一个非常乐观的人。你是一个实践派,对任何事情都持客观积极的态度,很少会费神去想每件事情。你一贯积极主动,没有阶级观念,和任何人都可以相得不错,这些因素可以使得你轻易地解决各种事情,立下丰功伟业,获得巨大的财富。还有一点,如果你出布时候的手指是分开的话,证明你性格活泼,很有可能受人瞩目,或赚大钱。

30 美食中的个性

情景测试

提到美味的食物,你肯定在吞口水了吧,你有想过对美食喜好的不同也可以看出你的个性吗? 做做下面的测试,来体验一下吧。

以下有五种食物,请你挑选出自己最喜欢的食物。

A.牛肉面(越辣越过瘾)

B.海陆大餐(好吃真好吃)

C.比萨(越脆越香)

D.炸鸡块(多汁多滋味)

E.蛋糕(越吃越高兴)

完全解析

选择A:爱好吃辛辣食物的人,本身也是一个火爆的人,性格中带有孤傲,愤世嫉俗,不喜欢那些虚伪的社交活动和礼尚往来,但对那些建功立业,可以成为名留青史的英雄却很感冒。

选择B:"山珍海味",代表这是一个乐不思蜀的人,为人豪爽仗义,不拖泥带水,拥有坚韧不拔的性格。但也有明显的缺点,就是不够冷静,有时候会过度挥霍劳动成果,只怕会坐吃山空,应该要多加警惕。

选择C:喜欢吃"薄饼"的人,为人也比较小气刻薄,在人群中经常扮演叛逆的角色,给人一种自以为是的感觉。但是,那些杰出的艺术家、科学家往往都具有这种风格。

选择D:这种人属于懒得动型的后现代主义者,感情"脆"弱、生怕寂寞,举手投足像只小绵羊一般温驯,欠缺冲劲。

选择E:喜欢吃"甜点"的人一般拥有温和谦逊的性情,乐于助人,是一个很容易相处的人。跟这种恬淡个性的人做朋友是最好的,他们没有火热的激情,但他们如甘泉,交往越久,感情就越弥坚。

31 测试下你心理有多幼稚

情景测试

很多人的心智年龄跟实际年龄是有距离的,有的人大智若愚,随时为生活添点料;有的人却是看起来成熟,心理却还是个小孩子。你是个幼稚的人吗? 快来做做下面的幼稚指数测试,看看你的幼稚指数到底有多高!

如果你是童话故事中,想吃掉 3 只小猪的大野狼,你觉得用哪一种方法可以吃掉它们?

A. 用烟把小猪熏到晕倒   B. 等小猪没戒心自己出来

C. 从烟囱偷偷爬近窗内   D. 用槌子把门整个砸坏

E. 模仿猪妈妈声音骗开门

完全解析

选择 A:你活在童话世界中,幼稚到了极点,让大家都担心。你的幼稚指数69%:这类型的人凭着感觉走,想要做什么就做什么。

选择 B:你不但不幼稚,而且成熟过了头,小心未老先衰。你的幼稚指数20%:这类型的人对很多事情已经懂得放手,你明白强求其实是没有用的,因此会用等待的方式来处理事情,不管是工作或者是爱情。

选择 C:你自知已经半大不小,必须学习独立自主。你的幼稚指数55%:这类型的人知道做事情要利用方法,在人生的路途中你会慢慢地让自己学习成长。

选择 D:直到被撞到满头包伤痕累累,你才会知道不长大不行了。你的幼稚指数80%:这类型的人比较大男人或大女人,表面上很成熟,其实内心是非常幼稚的。

选择 E:你的心智成熟,足以当别人的心灵导师了。你的幼稚指数40%:这类型的人会用言语做沟通的方式跟人家做进一步的交谈,处理事情的时候会很有耐心而且能够抓住人性。

32 你的自恋情结

情景测试

墙角的花,当它孤芳自赏时,世界就变小了。冰心用优美的文字勾勒了花的一种自恋姿态,而在你的性格当中是否也隐藏着自恋情结呢? 做一做下面的小测试,便可知晓。花店摆放了各种形态的水仙,你会买哪一盆放置案头呢?

A.1 个小小花骨朵   B.1 朵水仙枝头绽放

C.数个小小花骨朵   D.数朵水仙已然绽放

·完全解析·

选择 A：你对自己的喜爱小心翼翼，也许对自己的喜欢只是不讨厌自己。

选择 B：只有一朵水仙花绽放说明你有自恋情结，并且不怕在别人面前展现出来。

选择 C：数朵花骨朵代表了其实你很自恋，但是还不到自负的程度。

选择 D：水仙花开得越多，说明自恋程度越深。

33 你会喜欢怎样的工作环境

·情景测试·

你所倾向的工作环境，可以透视出你性格中的某一个侧面哦。下面的这个小测试可以让你看出自己的另一面。

若是有足够的金钱可以买下自己理想的工作间，你会选择什么样的环境呢？

A. 由上海苏州河畔有悠久历史的大仓库改造而成的艺术家工作室

B. 类似巴黎罗浮宫门前的尖顶玻璃屋

C. 草原上的小木屋

D. 金茂大厦的高档写字间

·完全解析·

选择 A：你不仅不是自恋主义者，心里还有些小自卑。外表看似冷酷的你，其实有着艺术家的火热内心。你表面上总是拒人千里之外，可其实你只是底气不足，因此你总是故意表现得自大，可你真的既不自恋也不自大。

选择 B：你像孩子一样，总是沉浸在幻想里，以为世界没你就转不开了。你不但非常自恋还很会幻想哦。虽然你资本十足，但也未必什么都是第一名哦！

选择 C：中等自恋。毫无疑问地，你很喜欢自己。你还很深谙"喜欢自己"之道，不会因为自恋而惹他人厌烦。

选择 D：你简直就是自恋狂的典型！一切有反光属性的物体，甚至是电梯的金属面，在你面前也全都成了一面最好的镜子。你享受对镜欣赏自己，常常对着镜子来一句："噢，真是太好看了！"你或许真的有些帅气、养眼，可你未免也太自恋了吧！

34 从男人睡前的行为看性格

·情景测试·

在睡觉之前，你一般会做点什么呢？想要窥探男人性格中的小秘密，研究他睡觉前的行为或许可以帮助你哦。想了解的话，试试下面的测试吧。

A. 睡前总会看一会儿电视　　　　B. 临睡前爱吃宵夜

C.睡前会先去泡一会酒吧　　　　D.阅读同时听会儿音乐

E.临睡前坚持做一阵健身运动

完全解析

选择A：爱面子，内心感到空虚。工作上，他十分注重自己的表现，毅力十足，不停充实自己，在人前总是一副工作狂的样子。可是，当只剩下自己一个人时，却总是有说不出的空虚和寂寞感。多彩的电视情节可以帮助他排遣空虚。于爱情，他十分腼腆，动心之后仍要考虑很久才付诸行动。除非对方是个完全合乎他标准的理想对象，他才会抛开面子，积极主动地进攻。

细节展露人生！

选择B：他是个脆弱而敏感的男人。不管是工作或是人际关系上，他常常感到压抑，无法宣泄情感。所以，他总是习惯性地以一餐餐美味的宵夜来抚慰自己受委屈的心。若你心仪的男人属于这一类，不妨试着成为他最忠实的倾听者，让他于你面前可以舒服地诉说，洗清心中的苦闷。在爱情方面，他不希望自己的另一半是女强人，控制狂人或是批评他举止的人。因为钟情于温柔小女人的他，期许自己敏感的心能遇上一名体贴的女子，平和地相恋相许。

选择C：个性鲜明，总是跟着"心情"和"感觉"走。出于工作和社会的压力，他总会偷偷藏起自己的真实情绪，而酒吧则是他的最佳宣泄出口，在那里他可以获取心理上的平衡。对于爱情，他憧憬温馨的家庭，使自己的心情有所依恋，但同时也会寻觅短暂的激情以宣泄情绪。

选择D：他是个沉稳的男人。对于未来，他的心里早就有着清晰的蓝图。他对生命饱含热情，也执着于工作。更重要的是，他时常审视自己，发现内里的优缺点。若喜欢上这样一个男人，你需要细心地经营彼此的感情。日常生活的默契必不可少之外，你还需要多看点书，让自己的心灵得以成长，对事情更富判断能力，同时，多和他讨论。千万不可停止成长，否则他可能会因为嫌弃你的内在而离开你。他讲究品位，对爱情，重质而不重量，愿与一名相爱的女子天长地久。

选择E：他对自己有着极高的期望，对于生命满怀自信，有着自己的目标且坚信终有一天能够达成。若希望他能有所改变，你需要以柔克刚，用充分的理由让他心服口服，他才会从心里尊重你，从而调整自己的步伐。对于爱情，他属于主动进攻型，遇到喜欢的女性，他不惜运用所有方法去追求。所以，你千万不要过于主动，这只会令他觉得你没有挑战性，并失去征服的欲望。

35 测测你的自尊心

·情景测试·

请根据你一周内的情绪体验如实选择，分为很符合、符合、不符合、很不符合
4种情况。

1. 我觉得自己有着自己的价值，至少与其他人在同一水平上。
2. 我能感受到自己身上的良好品质。
3. 说到底，我更倾向于将自己视作一名失败者。
4. 和大多数人一样，我能把事情做好。
5. 认为身上值得骄傲的地方不多。
6. 肯定自己。
7. 总的来说，我满意自己的表现。
8. 我希望能为自己赢得更多尊重。
9. 我确实时常感到自己毫无用处。
10. 我时常认为自己一无是处。

·计分方法·

选"很符合"计4分，选"符合"计3分，选"不符合"计2分，选"很不符合"
计1分。

·完全解析·

总分为10 ~ 40，最终的总分值越高意味着你的自尊程度越高，分值越低则说
明你自卑感越深。

36 神秘的性格

·情景测试·

我们常常会遇见这样一类人，他们总是给你一种高深莫测的感觉，根本猜不出
来他们内心的想法。在别人的眼中，你会不会也是这样，被认为性格神秘呢？用自
己的第一感觉完成下面的简单测试，并统计得分，得出最后的结果。

1. 在海洋深处迷路，有好心的动物前来为你引路，你希望是哪种动物？
A. 海龟　　　　B. 水母　　　　C. 白鲸　　　　D. 海豚
2. 在沙漠旅行，你最怕被以下哪一种动物袭击？
A. 蝎子　　　　B. 毒蛇　　　　C. 沙漠狼　　　　D. 鹰
3. 在森林中遇到猛兽，你觉得哪种动物最具威胁性？

A. 灰熊　　　　B. 野象　　　　　　C. 狮子　　　　D. 黑豹

4. 以下哪一种动物，你最希望有机会能把它当作宠物带在身边？

A. 刺猬　　　　B. 袋鼠　　　　　　C. 鳄鱼　　　　D. 北极熊

·计分方法·

得分 选项 \ 题号	1	2	3	4
A	2	4	1	2
B	4	2	3	1
C	3	3	2	4
D	2	1	4	3

·完全解析·

4～6分：你是个比较直爽的人，不会刻意伪装自己，有什么说什么，即使遇到什么不该说的，也会真诚相告。所以，你身上基本没有神秘的性格特征。

7～9分：你有着隐藏型的神秘性格，有时会故意表现得很神秘，不过，这都是为了吸引注意。当你表现得很神秘的时候，常常可以为周围的人带来惊喜或快乐。

10～12分：你不愿被别人了解得太深入，希望自己的大部分生活保持神秘，即使被问及私事，你也常会语带保留，不会明确回答。你有着标准型的神秘性格。

13～16分：你是一个生性神秘的人，无须特意假装，因为你平时的想法和表现便已经明白地说明了这一切。但这并不意味着你难相处，相反，你拥有许多好友。

37 理性还是感性

·情景测试·

肢体小测试，双手交叉握住，看一看你是左手的大拇指在上，还是右手的大拇指在上？

A. 左手大拇指在上　　　　　　B. 右手大拇指在上

·完全解析·

选择A：你是一个理性的人，做事说话会经过一番思考，不冲动行事，不容易被别人的语言打动，做事逻辑性强。

选择B：你是一个感性的人，易凭直觉做事。易动情，很容易为别人的言语所触动。

38 你是完美主义者吗

·情景测试·

每个人都渴望在特别的日子里收到礼物，特别是来自爱人的礼物。那么在你的内心深处，最希望从他（她）那里得到什么样的礼物呢？仔细想想吧，因为从中你可以发现自己性格中的小秘密哦。快来测试一下吧。在新年将至的时候，你的爱人郑重地给你送上一件礼物，在打开之前，你心里最期待的是什么？

A. 钻戒 　　　　　　　　　　　B. 他\她珍藏的纪念物

C. 新房的钥匙 　　　　　　　　D. 他\她从小到大的日记

·完全解析·

选择A：虽然别人已经给你打上了100分，可追求完美的你却还是希望可以做得更好，你总是让自己处于巨大的压力之下！

选择B：你很容易在一些琐碎的问题上纠缠不清，并因此裹足不前，难以获取应有的成就感。

选择C：渴望安全感的你害怕被外界伤害，容易在过分警惕和忧虑中变得自闭。

选择D：你在工作中总是很外向，但私下里却注重保护自己和家人的隐私，有着很强的防范意识。

39 糖果中的性格秘密

·情景测试·

这是一道针对小朋友的心理测试题。小朋友们大多爱吃糖果，那么就请他们选择一下自己最喜欢的糖果吧，这颗甜甜的糖果中可是藏着一个孩子的性格秘密哦。想象一下，面前的盘子里装着5种不同颜色的糖果，你会先吃哪一种的呢？

A. 白色 　　　B. 黑色 　　　C. 黄色 　　　D. 绿色 　　　E. 粉红色

·完全解析·

选择A：你热爱一切纯洁的事物，洋溢着鲜活健康的生命力，永远标榜年轻，特别恐惧衰老和疾病，就连嘴边浅浅的笑纹都能让他们小小地紧张一阵子。

选择B：在糖果中，黑色总是显得很另类，同时它也意味着"覆盖一切的权力"！选择黑色糖果的小朋友支配欲较强，渴求在学业、事业上获得成功。不过，请你一定要记得：若想成功，你必须持着最大的热情，付出最大的努力。

选择C：黄色是鲜明跃动的色彩，无关物欲。选择这种颜色糖果的小朋友，是不是热衷于漂亮的衣裳或者时尚的玩意呢？需提醒你的是，要注意内外兼修哦，这样才能成为最受欢迎的宠儿。

选择D：绿色象征着表现欲。选择这种颜色糖果的小朋友，多数能言善辩，说起话来头头是道，天生就渴求能够吸引注意，而自己又确实具备这样的能力。相信许多明星在做这个小测试的时候都会选择绿色。

选择E：娇嫩的粉红色总是能与"浪漫""爱""温柔"等美好的词语联系起来……这类小朋友相信"有爱就有幸福"，心地善良，其内心深处可是会将爱放在生命中至高的地位哦！

40 钥匙圈里的性格密码

◆ 情景测试 ▶

虽然只是一个小小的钥匙圈，却可以从中窥探一个人的个性走向哦。观察一下别人的钥匙圈是什么样式，借此来进一步了解他（她）吧！

A. 可爱的人偶或娃娃　　　　B. 重金属的图案

C. 包含特殊意义的符号或图案　D. 铃铛

◆ 完全解析 ▶

选择A：想象力丰富，只是脾气有时会有些失控。在职场中，难以理解别人的"言外之意"，或是举止易冲动。

选择B：乍一看见这种图案，大家常会有被吓到，误以为这类人血腥且暴力，可这其实只是他们为自己裹上的伪装色。实际上他们内心害羞，缺乏自信。

选择C：这一类人希望别人可以为他付出许多，不管什么时间和空间，都希望寻得别人给予的关怀和鼓励。在爱情方面，他极为压抑，并不喜欢把情爱挂在嘴上。

选择D：心思细腻，注重生活的细节，若是别人不小心忘记了什么重要的日子，就会气得不理对方。相对的，他们也会清楚地记住每一个值得庆祝的日子，你的生日等重要日子，精心给你一次难忘的回忆。

41 你的第二性格

◆ 情景测试 ▶

人总是复杂的，拥有着显性性格和隐性性格。隐性性格，也就是一个人的第二性格。你可以一下子说出自己的许多性格特点，可是却依然难以察觉那些隐藏于心底深处的隐性性格。想了解你的隐性性格吗？一起来做做下面的测试吧！

如果你的另一半在临终前要送你最后一件礼物，你最希望是什么？

A. 一笔钱　　　　B. 一个秘密　　　C. 一栋房子　　　D. 一本日记

31

完全解析

选择A：你有着"表演性格"，追求完美主义，每一次都要努力做到最好。在别人心中，你已经得到100分了，但自己却觉得还可以更好，因此常会让自己处于无形的压力之下！

选择B：你具有"赌徒性格"，不愿意服输，所遇的挫折越大，越能激起你内在的韧性。你非常强悍，不会被任何挫折和困难打倒，再大的挫折都能很快站起来。

选择C：你具有"怀疑性格"，你渴求安全感，害怕受伤害，为保护自己容易变得自闭。你需要的很大安全感，无论是金钱、工作还是人生成就感上！

选择D：你具有"保护性格"，你注重保护自己的隐私。你公私分明，在工作上努力用心，但工作之余，希望能跟家人或朋友一道处于被保护的空间之内！

42 从吃肉看出你的野心指数

情景测试

从一个人喜欢吃的肉的种类，就可以判断出这个人在权力方面的欲望，这是没法隐藏的倾向。赶快检测一下你的同事们，看谁是名副其实的野心家。首先选出他最爱吃的肉是以下哪种：

A.鸭　　　　B.猪　　　　C.羊　　　　D.鸡　　　　E.牛

完全解析

选择A：野心的指数为65%

你很热衷于突显个人能力，无论什么场合都希望发挥出自己的水平与能力，只要有成绩就会马上向众人公布。你最喜欢得到众人的认可，那样会极大满足自己的虚荣心，可惜的是弄巧成拙的概率也相当高。工作的专心程度以及努力的程度都有待加强，做事情老是想得过多，只会白白浪费时间，还会因此缚手缚足。

选择B：野心指数为70%

你容易高估自身能力，有些自恋倾向，会觉得自己的才干足以成为众人领袖。本身的能力只有七分，还硬要说成有十分，属于典型的自我感觉良好。个性上往往沉不住气，喜欢用领导的姿态来要求对方服从自己，常常引起他人不满。向往拥有权力和名气，追求大众的崇拜仰视。

选择C：野心指数为50%

你人本身具备不错的才能，通常某些方面有特长，工作也兢兢业业，所以一般会有不错的人缘，却并不爱显露锋芒。你也渴望成功，也有野心，但经常感觉后继无力，常常三分钟热度，无法在一件事情上保持耐心与毅力，所以会出现无力与人拼到底的局面，无须等待他们攻击就自动选择放弃，更不用谈想出对策来取胜了。

选择D：野心指数为30%

你野心指数不高，性格本分老实，并不期望自己表现出色，只求能够完成本职工作，攀权附势的事几乎不会做。你的 IQ 很高，是技术型的人才，很有钻研精神，但 EQ 不高，尤其缺乏正确的直觉。热衷于八卦，而且还守不住秘密，很容易成为办公室的言论制造者，甚至把一些事实上并不太严重的事情说得面目全非。这种性格容易被某些野心分子所利用，成为办公室里面斗争放话的一个传声筒。

选择 E：野心指数为 90%

你野心勃勃，希望自己在任何方面都表现出色，并不遗余力来达成目标。你人际关系很好，表现大家也都看在眼里，若是赢了，他人心服口服，升职如囊探物。表面上很好相处，容易取得他人信任，但骨子里的野心虽然不露声色却从未减少。你从一开始就处心积虑往上爬，表现积极，善于争取到权力高层的注意力。

43 海上奇遇测试性格缺陷

·情景测试·

在人际交往中，你知道你的性格中潜藏着哪些缺陷吗？如果能够清楚缺点在哪里，并加以改进，你就会成为社交的高手。

当你在海上悠闲地乘着船时，突然从海里出现一只海豚，奇怪的是，它竟然会说人话。你认为它说哪一句话会最令你惊讶？

A.这里有很多鲨鱼，要小心哦。

B.这下面有很多宝物！

C.现在我所说的话都是听来的……

D.前面有个美丽的珊瑚礁！

E.请别惊讶，我是被施了魔法才变成海豚的！

F.对不起，请问现在几点了？

·完全解析·

选择 A：你是个非常细心的人，很少粗心大意。麻烦别人的事当然会有，但通常都是别人先向你求助。正因为你过着精神紧张的生活，所以不会饶恕吊儿郎当的人了！这样是会被人讨厌的，所以建议你对于他人的错误宽容些吧！

选择 B：你有时挺糊涂的，不同程度的失误常一个接一个来，而且令人吃惊的是，你一直重蹈覆辙。虽然你给周围的人添了很多麻烦，但他们接触你之后，就已经看透了你的粗枝大叶，所以也能渐渐接受。你要努力对任何事都小心谨慎！

选择 C：你是属于一不留神就容易造成"祸从口出"的人，常将别人的秘密说出来，或是用漫不经心的言语去伤害对方。你要养成深思熟虑之后再说的习惯，不要不经大脑就把话说出来。

选择 D：你常会因粗心而犯错。因为你的个性很开朗，所以不管什么样的失误你都能应付自如。当然这也会给周围的人添麻烦，可是你都会以笑容来获得别人的谅解。但是，若光用撒娇来处理过失的话，总有一天你会闯出大祸的。

选择 E：你是个很可靠的人，几乎没有粗心大意的毛病，但只要稍一放松，就会发生很大的过失。周围的人万万没想到你会发生问题，所以麻烦就特别大。所以在完成重要的事情之前，请特别注意放松的那一刻。

选择 F：你对自己缺点了如指掌，你的失误是你很健忘，一会儿忘了会面的地点，一会儿又将皮包遗忘在火车上！至于给周围的人所带来的麻烦则要视情况而定，但都比不上自己的损失大。如果你经常忘记一些事的话，就要养成做笔记的习惯！

44 点菜可以知道你的性格

情景测试

大家一起吃饭，点菜的方式可能完全不同。从菜单的选择中，可以看出人的另一种性格以及与他人的协调性。

A. 价钱和别人差不多，但菜色都不同

B. 和别人一模一样

C. 点的东西比别人高一级

D. 又便宜又好吃

完全解析

选择 A：具有优秀的平衡感，看起来好像会受到他人意见的影响，但实际上，却有明确的自我主张，其内在可能是个固执的人。

选择 B：容易受到他人意见的左右，而自己却没有明确的意见，性格

点菜的细节，可以看出你是怎么安排生活。

诚实，协调性高，可是却是优柔寡断的墙边草。

选择 C：似乎要人家付钱的样子，故意地恶作剧一番，没有恶意，只是好出风头罢了。

选择 D：喜欢独断独行自我行动的人，以自己的兴趣或思想为优先考虑，可以说是有个性的人，绝对不会与自己志趣不合的人交往，但对于喜欢的人，则特别偏颇。

45 魔幻世界测试你的性格

情景测试

你想知道自己内心世界里的奥秘吗？请进入下面的魔幻世界，从那里你会找到满意的答案。

在一个没有法制的世界里，弱肉强食，如果你身处这样的世界，你认为你最想当、最能当得长久、最能保命的职业是什么？

A. 剑士、枪手　　　B. 武斗家　　　C. 魔法师、巫师

D. 僧侣　　　　　　E. 魔术师

·完全解析·

选A：你是一个直爽勇敢、不怕困难，有正义感和同情心的人。更是一个有信用，说到做到的人，深受朋友的信赖。所以，在你勇往直前时，身边总是有一堆朋友。

选B：你是一个自食其力、不喜欢依靠别人的人，尽管你朋友不算多，但你十分自信。你的特点就是自强不息，而且对自己的前途充满希望。

选C：你是一个充满想象力、有创新精神的人，对于你认为合理的东西，会坚信且有所行动，会努力做到最好。不过，你心里的想法很多，也挺复杂，很多人不了解你。

选D：你是个过分善良又不会表达自己的人。你只想平静的生活，帮助有需要的人。不过，有时你也矛盾，明明要赶着完成自己的事，却常常不自觉地帮别人。

选E：你是一个圆滑世故、讨人喜欢的人，不过扪心自问，你是否会有意无意地说谎。幸好你做事有技巧且有弹性，是个心理素质很好的人。只是有时难以捉摸。

第三章

社交剖析：你是否是社交高手

46 社交心理成熟度

在社会中免不了与人交往，有圆熟的交往技巧就显得十分重要了。简单地说，就是要具备老辣的社交技巧。那么你具备这种技巧吗？不妨测一测：

1. 当老板让你去做一件你觉得很难做到的事情，你会怎么办？

A. 你会咬紧牙关，花费几小时拼命为他工作

B. 做到某种程度而发觉不行时，即将情况向老板汇报

C. 即使求助于他人也要把工作做好

D. 是自己无法做的事，会放弃不做

2. 如果有两位相熟的异性同时向你示爱，你会怎么处理？

A. 把两人叫过来加以详谈后分开　　B. 在两人中只与一位适合自己的人交往

C. 在两人之间周旋　　　　　　　　D. 将两人视为普通朋友，同时交往

3. 当在工作上感到不顺心不如意时，用哪种方式来发泄呢？

A. 到常去的酒吧喝酒　　　　　　　B. 出去散步使心情平静

C. 到一些娱乐场所消遣　　　　　　D. 到朋友家向他诉苦

4. 如果你由朋友口中得知另一个朋友在背后说你坏话，你会怎样？

A. 默默地承受而不加理会　　　　　B. 与忠告者一起出游，将误解澄清

C. 直接找说坏话的人去算账　　　　D. 找说坏话的人问清情况

计分方法

选 A 得 5 分，选 B 得 3 分，选 C 得 1 分，选 D 得 0 分。

你的得分 _____

完全解析

20 ~ 18 分：如果你可以再成熟一些，就能体会爱的真义。在社交方面，你的心理相当成熟，但是在个人生活方面就不太成熟了；而这种不平衡也是你性格上的魅力，因为它令人有新鲜感，会让人产生想要探知的欲望。

17 ~ 14 分：你的心理还不够成熟，正在成长中。你的兴趣广泛，无法局限在

一件事上，所以应该先做要紧的事；如能有所取舍，你的成熟得更快。你是个有前途的人，会很快掌握社交技巧的，但在这个过程中需要承受一些心理上的考验。

13~8分：你的社交技巧可以说是相当贫乏的，你的心理还很幼稚，甚至未考虑成熟问题。对你而言，实践比学习更重要，但学习也不能忽略。

7~0分：你对爱的看法相当成熟；但心理成熟是没有界限的，

谈论对方感兴趣的话题，是一种深刻了解别人的方式，是一种成熟的社交技巧。

所以应该想办法使自己能与人相处得更好。你现在需要加紧努力的是，注意与周围人搞好关系，千万别脱离集体，要合群。

47 心灵的围墙

情景测试

出于自我保护的本能，每个人都会为自己设立一道心灵的围墙。出于社会交往的需要，每个人都想去看看别人心灵围墙里的风景。

来吧，测一次你的心墙有多高？

如果有一个不是很熟的人突然对你开始百般讨好，你会怎样做？

A. 以平常心与对方交往

B. "无事献殷勤，非奸即盗"，不动声色地提防他

C. 即刻拒绝，这样就不用担心他有什么企图了

D. 最近不知道怎么了，人缘总是很好，好高兴

完全解析

选择A：你是个坦诚的人，良好的心态会为你带来良好的人际关系。在你看来，对方只是想跟你做朋友，所以你可以很客观真实地表现自我，以一颗平常心与对方交往，也不容易受到对方的影响。大多数情况下，对方即使另有所图，也会因为你的平常心和坦诚，自动打消念头。

选择B：你的心灵围墙比较高，自我保护意识比较强。面对陌生人，你会习惯性地启动自我防卫系统，以静制动，先摸清对方的意图。你成熟稳重，即使看破一件事情也不会轻易说破，避免为自己树敌。这样的社交模式，导致你的人际关系四平八稳，能交心的朋友并不多，但另一方面，敌人想暗算你也绝非易事。

选择C：你的心灵围墙太高了！你随时随地都处于高度戒备状态，尤其是对陌

生人。长此以往，你的人际关系会越来越封闭，心理健康也会受到影响。也许你天生神经质，也许你曾经受到过伤害，不管什么原因，请你试着敞开一些心灵空间，其实很多时候，敌人是我们自己假想出来的。

选择D：你过于自我，考虑任何问题都把自己摆在首要位置，其实这样反而容易让人钻空子。当别人有所企图地接近你时，只要稍微对你殷勤一点，赞扬你一番，你就会不由自主地陷入自我期待中，完全打开心房，成为对方的傀儡。

48 你是否是一个合群的人

·情景测试·

在充满艺术气息的秋天，如果你和你的朋友第一次去参观美术馆，进门后有左中右三个方向，你会从哪里开始参观呢？透过参观的顺序来看一看你是否是个合群的人。

A.进门后向右参观　　　　　B.进门后直行　　　　　C.进门后向左参观

·完全解析·

选择A：你是个自得其乐的人，不想引人注目。你善于自己平衡个人的不平与不满。大多数情况下，你不违反大众认可的意见，并能快速融入群体。"不求有功，但求无过"是你的人生信条，这种态度其实非常消极，你要注意适时调整。

选择B：你是个"直肠子"，喜欢直截了当。不过，你行事常常缺乏计划性，走一步算一步。总之，你是个乐天知命者，不在乎细枝末节，总是少一根筋。

选择C：你极不合群。你充满反抗情绪，并宣称自己"有个性"。实际上，你与人交往时比常人敏感，有时往往是懦弱的。总之，你排斥别人，只认同自己的想法。

49 你不善于与什么样的人打交道

·情景测试·

有的人难以捉摸，可又不得不与他打交道，你是否经常面对这样的难题？你知道哪些人是你不知道该怎么接触的吗？其实从送礼物的细节就能看出你不善于和哪种人打交道。

当你想送人礼物时你会选择哪种颜色的包装纸：

A.蓝色　　　　B.黑色　　　　C.紫色　　　　D.红色

·完全解析·

选择A：你个性冷静，不擅长与感情起伏激烈的人相处。由于你自己很少感情用事，碰到喜怒哀乐表现过于激烈的人，会感觉非常不适应。对这种类型的人刻意迎合，会导致你疲惫不堪。

选择 B：你不擅长与矫揉造作的人相处，因为你心胸坦然大而化之。你讨厌注重打扮而难窥其内在的人，更不愿意与其打成一片。其实，试着与这种类型的人相处，你可能会有意外收获。

选择 C：你略有一些恋父或恋母情结，与具有包容力的人相处时，会觉得无所适从。面对亲切的上司、前辈常无法压抑自己的情感，从而产生严重的后果。你必须学会划分工作和私生活的界限。

选择 D：你是一个有条不紊的人，因此难以与懒散的人相处，你无法忍受他们的拖拉与邋遢。其实，从总体上说对方也许是个不错的人呢，原谅他的粗枝大叶吧，拥有一颗包容的心对你很重要。

50 你能和朋友融洽相处吗

·情景测试·

落红不是无情物，化作春泥更护花。走在深秋的街道上，有时候就会莫名地发出这样的慨叹。落叶戚戚，这种寂寞的秋色和周围的景物构成了一幅和谐的画面，我们来做一个小测试吧，测一测在生活当中的你是不是能和朋友融洽相处呢。

假定一个深秋落叶飘飘的情景，你独自漫步在一条无人的街道上，街道两边耸立着高大的树木，那些被秋风扫落的树叶布满你的脚下，你会觉得这是哪种树叶呢？

A.梧桐的掌形叶 　　　　　B.向日葵的卵形叶
C.银杏的扇形叶 　　　　　D.乌桕的菱形叶
E.马尾松的针形叶

·完全解析·

选择 A：你对自己有着深刻的认识，所以你可以很好地把握自己和他人。

选择 B：你对自己有全面但不深刻的认识。

选择 C：你是一个对他人严格却对自己很宽松的人。

选择 D：你一个对事模棱两可的人。

选择 E：你说话做事很冲动，有时会让人感觉是个刺头。

51 测测你是哪种交际类型

·情景测试·

不同的性格在社交活动中演绎的角色类型也不同。来到一个新的环境里，我们常常需要主动与人接触，才能建立自己的社交圈。而弄清自己适合的交际类型，有助于让你的交际更加顺利地进行。你想知道自己属于哪种类型吗？

请对下列问题做出"是"或"否"的选择：

1. 碰到熟人时，我都会主动同他（她）打招呼。

2. 我会主动给朋友写信以表达我的思念。

3. 在旅行的途中，我经常与陌生人闲谈。

4. 有朋自远方来，我从内心里感到高兴。

5. 除非有人引见，否则我很少主动与陌生人讲话。

6. 我喜欢在群体中表达自己的观点和看法。

7. 我同情弱者。

8. 我喜欢给别人当参谋出主意。

9. 我喜欢有人陪我做事。

10. 我很容易被朋友说服。

11. 我很注意自己的仪表。

12. 如果不幸约会迟到我会长时间感到不安。

13. 我与异性交往甚少。

14. 我到朋友家做客感到很自在。

15. 我不在乎与朋友乘公共汽车时谁买票。

16. 我给朋友写信时喜欢讲述最近的烦恼。

17. 我常能交上知心朋友。

18. 我喜欢与之交往的人具有独特之处。

19. 我觉得随便向别人暴露自己的内心世界是很危险的事。

20. 我很慎重地发表意见。

·计分方法·

第1、2、3、4、6、7、8、9、10、11、12、13、16、17、18题答"是"得1分，答"否"不得分；第5、14、15、19、20题答"否"得1分，答"是"不得分。

·完全解析·

1～5题测试交往的主动性，得分高意味着交往的主动性水平高，在交往上偏于主动型，反之则表示偏于被动型。主动性高的人结交朋友相当主动，但被动型的人则总是等着别人主动，自己几乎不会去主动与人套近乎。

6～10题测试交往时候的支配程度，得分高说明在交往中偏于成为领袖型人物，反之

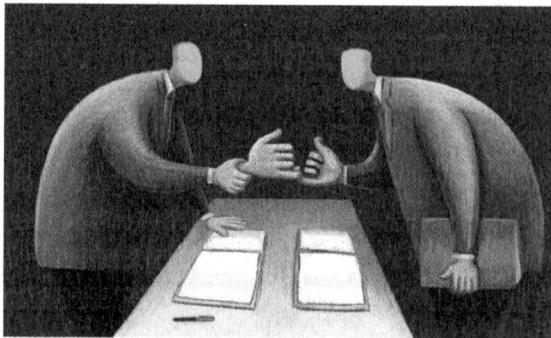

你是如何交往？又是用什么在和别人交往？

则表示偏于依从型。领袖型人物是圈子里的带头人物，喜欢领着大家前进；顺从性人物则更倾向于听从旁人意见。

11～15题测试交往的规范性程度，得分高说明在交往中讲求严谨规范，反之则表示交往行为较为随性。交往中严谨规范的人，会为自己和朋友定下一连串的标准和原则，可能会给人一种不容易接近的感觉，可一旦开始交往，不失为一个值得信赖的朋友；交往中较为随性的人，大多比较随和，让人感觉亲切易相处。

16～20测试交往的开放性程度，得分高表示交往偏于开放型，反之说明偏于闭锁型。若是得分处于中等水平，则归入中间综合型的交往者。开放型的人乐意结交各式朋友，也愿意去尝试新的交友方式；闭锁型的人则喜欢结交朋友，或孤独行事，或处于一个小的固定朋友圈之中；中间综合的人则同时拥有以上两种特点。

52 面对不喜欢的人怎么办

情景测试

通过下面这个测试，你可以了解自己在处理人际关系时能否把握好双方的心理战术，是不是人际关系的高手。

世间有这样一类人，当面不说，背后乱说。你偶然间发现，你一直认为对自己很好的人，原来在给自己使坏，一时间你很气愤。当你再次面对他时，你会：

A. 表面上与对方笑脸相迎，实际上对对方心存戒备

B. 对对方以诚相待，相信自己能够感动对方

C. 开门见山，一语道破，不给对方留面子

D. 与对方保持距离，态度不冷不热

完全解析

选择A：你是心理战的高手。你能理性地面对这种有心机的人，体现了你的谋略和智慧。不过，你也许不知道，对朋友甚至亲人，你也很可能习惯性地运用自己的心理战术。

选择B：你没有什么敌我意识，对人完全不设防，在朋友及亲人的印象里，你形象良好。你相信"将心比心，坦诚相见"，这是优点，不过也需警惕不怀好意的人，古语"防人之心不可无"还是有道理的。

选择C：你是个直来直去的人。不管有没有明确的证据，只要你知道了某个阴谋，就会迫不及待地向众人说出。你和同类人投缘，但也会不少树敌。简单说，你的人际关系很明显地分成两派：一派就是和你意气相投的朋友，一派就是喜欢用计的敌人。

选择D：你最大的武器是以不变应万变。你拙于心计，也不善于经营人际关系、主动承担和解决问题。但是，你沉得住气，不管敌人如何奸诈，都很难找到你的破绽，也无法跟你纠缠下去。因此，你的人际关系比较封闭，敌人应该也不多。

53 人际关系及格吗

情景测试

你的人际关系能及格吗？自己到底是自信满满的人，还是相当孤僻的人呢？假使你走向一个熟睡的婴儿时，他忽然睁开眼睛，你认为接着他会有什么反应？

A. 号啕大哭　　　B. 笑　　　　　C. 闭上眼睛继续睡觉　　　　　D. 咳嗽

完全解析

选择A：你是一个自卑的人，因此很害怕与他人相处，深恐泄露自己的缺点，因此常缩在自己的壳中裹足不前。如果你能再自信一点儿，积极与他人接触，相信你会发现外面的世界非常美好。

选择B：你相当自信，交际手腕也不错，很容易和他人打成一片。但要注意的是，不要过度自信，只陶醉在自己的世界中，忽略了别人的感受、想法。

选择C：你是个相当孤僻的人，与其和别人在一起，还不如一个人来得快乐自由，所以根本不愿，也觉得没必要踏入别人的世界。但工作中你要注重团队合作，绝不可独来独往，所以可要好好调整自己。

选择D：你是一个相当神经质的人，非常在乎人际关系，也小心翼翼地去维护；但太过于在意别人的感觉、想法会弄得自己精疲力竭，最好放松一下自己，以平常心来面对人际关系。

54 你的人际关系优势

情景测试

你最好的朋友，即将要移民到英国去了，过两天刚好是他的生日，你为他办了一场生日惜别会，在惜别会中你最想对他说的话是什么？

A. 你要常常和我联络喔　　　　B. 有空要常常回来看我

C. 有机会我一定会去找你　　　　D. 我会想念你的

完全解析

选择A：你在朋友圈子里是个阳光型的人物，大家会亲切地叫你"乐天派"。你不仅自己能从容地面对所有的问题，还能把这种力量传递给朋友和亲人。和你在一起时，大家都会被你们的自信和快乐传染，一切烦恼迎刃而解。

选择B：你比较理性，聪明并且有主见，有时会让别人觉得你有一点强势。朋友们遇到困难时，你能运用自己的聪明才智，帮大家渡过难关。

选择C：你很感性，人缘超好。你善解人意、温柔贴心，与你相处时，朋友们都感觉轻松自在，如沐春风。当朋友们受到伤害时，你的善良和热情又是一剂良药，因此，你在人际交往中的受欢迎程度是毋庸置疑的。

选择D：你成熟且理智，目标明确，思路清晰，不会被别人的意见或看法所左右。自己或朋友遇到麻烦时，你会冷静地分析和判断，抽丝剥茧，寻找最好的解决方案。因此，你是大家心目中最佳的领导型人选。

55 人际交往协调能力鉴定

·情景测试·

我们都生活在集体中，都要和周围的人打交道。你与别人打交道时，让人感觉愉悦吗？下面这个测试，能看清你的人脉是否过硬。

1. 如果你是一个大一新生，一次偶然的邂逅，你喜欢上了一个比你大很多的校友前辈，你们交往了很久之后才知道他已经成家了，你会如何处理这段感情呢？

坚持跟你好下去→3

立刻终止这段感情→2

2. 暑假里，你抽到一张国外游往返机票，旅行地是澳大利亚或意大利，你希望去哪个国家呢？

澳大利亚→4

意大利→3

3. 如果你是一位新生代作家，一份时尚报纸请你写专栏，你会写哪种类型的文章呢？

都市白领的感情生活→4

旅行札记→5

4. 如果你发现你的好朋友正在策划如何陷害班长，你会如何做呢？

立刻告诉班长→6

虽然不赞同这种做法，还是站在好朋友这边→5

5. 假如你捡到一条名贵的小狗，会怎么办呢？

赶紧带回家→7

在原地等失主→6

6. 暑假里有以下两份兼职工作正等着你，你会选择哪一个？

幼儿园美术老师→8

手机促销员→7

7. 假如你在逛街时偶遇心仪已久的明星，你会怎样呢？

赶紧索要签名或跟偶像合影留念→8

围上去仔细看看→9

8. 如果你是一个刚刚从电影学院毕业的新人，你希望出演的第一个角色是什么？

命运坎坷的女一号→10

搞笑的女三号→9

9.如果有一位相貌英俊的聋哑男子对你表示爱慕之情,你会如何应对呢?

对他的好意说谢谢,表示只愿与他成为普通朋友→11

一口回绝→10

10.外出旅行,你最担心的是什么事情呢?

吃不到对胃口的东西→11

交通是否便利→13

11.好朋友失恋了,你会如何陪她度过这段郁闷的日子呢?

一有机会就开导她鼓励她→12

尽量将就她,陪她哭陪她笑→B类型

12.你无法在预定时间内完成朋友拜托之事,会如何解释呢?

直接说明自己没有完成事情的原因→F类型

说自己得了重感冒,所以才没时间做事→13

13.如果你是一家礼品店的店员,这天有一位害羞的男生来买送给女朋友的礼物,你会推荐什么给他呢?

温暖的抱抱熊或纯银首饰盒→C类型

搞怪玩具或女巫帽→14

14.假如你在乘车的时候看见一个小偷正在掏老婆婆的钱包,你会怎么做呢?

立刻大喊"抓小偷"→A类型

狠狠瞪着小偷或暗示老婆婆→15

15.如果你是一位实习护士,你希望照顾哪种病人呢?

儿童→E类型

老人→D类型

完全解析

A类型:你不喜欢闪烁其词,半遮半掩,一般是开门见山,有话就说。由于性格直爽,当你与交往对象产生误会时,你会极力解释,哪怕当众向对方认错,也不会觉得不好意思。随着交往加深,朋友们将会越来越信任你,并理解你偶尔的小错或急脾气。

B类型:你的人际交往协调能力还有很多不足,你的不自信、害羞造成你无法准确到位地表达和解释自己,以至于出现问题不能及时、彻底解决。更严重的是,对于棘手问题,你干脆选择逃避。大胆地说出自己的想法吧,别担心丢了脸面,与周围的人相处融洽会有助于你自信心的培养。

C类型:你个性偏于柔弱,缺乏果断的判断力,虽然你提倡和平主义,但在协调能力方面还是有些问题。该表明立场时,你态度不明确,影响朋友对你的信任。人际交往中,你要学会抛开自己的狭隘,多跟充满行动力的人相处。

D类型:你爱动脑子,但不会轻易说出自己观点,较含蓄。你立场不坚定,给人感觉风吹两边倒。因此，表面上你跟大家处得都不错，实际上哪边的人都觉得你不是自己人。你的协调能力有些小问题，只要你能认清自己的信仰，大家会接受你的。

E类型：你的自我表现欲比较强烈，有一定的交际手腕，处事圆滑，协调能力也很不错。不过，你喜欢关心比自己弱小的人，在对比中获得满足。你要注意提升自己的实力，人际交往不只是靠手段，内在实力也很重要！

F类型：你的协调能力非常好，大家提起你总是赞不绝口。你总能设身处地替别人着想，尽可能为遇到困难的朋友提供帮助。虽然与人分忧也难免给自己带来一些小麻烦，但获得大家的一致好评是对你的最大回报。

56 测测你对陌生人的防范意识

情景测试

虽然我们提倡人际交往中要坦诚相对，但也不是对所有人都要敞开心扉，毫无保留。社交防范意识也很重要，下面就来测试一下你的防范意识：

如果有个陌生人向你搭讪，然后就像幽灵般总是出现在你身边，对你献殷勤，这时候你会怎么对待这个人呢？

A. 认为对方肯定另有所图

B. 觉得自己魅力没法挡

C. 平静地与对方交往

D. 马上断绝别人的机会

完全解析

选择A：你的防范意识很强。对于陌生人，你具备高度戒心。正因为如此，你择友也很慎重，乱七八糟的猪朋狗友无法越过你的防线，身边的朋友都是可信赖的。你性格沉稳，不惧那些心怀叵测的人，能见招拆招。

选择B：你以自我为中心，考虑任何问题都把自己的利益摆在首位。你觉得自己不容易被别人算计，其实恰恰相反，你容易暴露自己的弱点并被人利用。只要把你说成捧在手心的公主，你就飘飘然失去理智，很快落入别人早已布好的陷阱。

选择C：你没有防范意识，对任何人都没有戒备。你认为人与人之间的关系很简单。你的心灵很纯洁，觉得别人都只是想跟你做朋友。你以平常心与人交往，顺其自然，大部分时候，别人对你即使另有所图，也会被你的纯真融化。

选择D：你缺乏安全感，也缺乏信心。你不愿轻易给别人机会，封闭在自己的小小世界里，用这种方式避免别人的闯入可能造成的伤害。你对这个世界采取敌对态度，这对自己不好，也造成了朋友太少的后果。

57 你是难以接近的人吗

·情景测试·

你了解你自己吗？你给别人的感觉是平易近人还是充满距离感呢？做一个测试吧，它能够帮你更加清晰地了解自己。来验证一下你是不是一个难以接近的人吧。

在一个滂沱大雨的夜里，你从窗子看到有一个男子在路上慢慢独行，你猜想他有一个什么样的心情？

A.思考某个问题，满腹心事

B.正在享受一个人的孤寂感

C.只是忘记带伞，不想狼狈在雨中奔跑

D.刚结束一段感情而失魂落魄

·完全解析·

选择 A：你的交际圈很广，你的情绪控制也很好，懂得顾全他人的面子和感受，不会轻易和他人发生冲突。你是属于大家觉得你不错的人，在同学看来，你是从小拿奖状的模范；在老师看来，你是听话懂事的好学生。

选择 B：你很关注自己，甚至忘记了周围的其他人。你很少说话，给人一种孤僻内向的感觉。你也不太关注别人，更不希望别人关注你。冷漠是你对陌生人的态度，但你对相处很久的老友们却是热情似火，是一个值得信赖的好朋友。

选择 C：你是群体活动不可缺少的话题王。你爱调节气氛，喜欢跟着人群起哄，虽然出发点没有恶意，但你要注意有时候恶作剧过火了，就会给人和自己带来困扰。

选择 D：你的心情起伏很大，可以突然晴转阴，是一个性情中人。你与别人相处方式很直接，喜欢的人马上打成一片，不喜欢的人肯定是敌人。

58 与人共事时的弱点

·情景测试·

每个人都有长处，当然也有弱点，在与人共事时，你会有什么弱点呢？自己测一下吧。

如果你和朋友共事，当你们有不同意见时，你会：

A.坚持己见

B.希望再和对方多沟通

C.不想跟对方争，即使自己是对的，也不去坚持

D.请第三者来评理

完全解析

选择 A：你是一个很有主见，对自己很有信心的人。但是，你的自信有时候过头了，别人看来你可能就是一个自我意识太强烈、自大主观、不站在别人立场设想的人。希望你可以收一收自己的作风，要知道人际交往最重要的是合作关系的和谐。给你提一点建议，一个人自信是好事，可能是你成功的条件和本钱，但应该把握一个度，最好多听听别人的建议，就算最后要用自己的方式，也要通过沟通让人心服口服。

你不以为意的细节，可能就是你的致命弱点！

选择 B：你懂得沟通，很适合在一个团队里面工作，你在表达自己意见的同时也会倾听别人的意见，所以你的人际相处在团队中不成问题。但有一点要告诉你，虽然沟通是好事，但绝不要为了搞好人际关系而去沟通；还有，千万不要为了讨好别人而你委曲自己的本意，不然你的真实个性和能力也会在团队中消失得无影无踪，到时候别人可以当你不存在，也不需要你的建议了，这肯定是你最不喜欢看到的结果。

选择 C：你经常会为了顾全大局放弃自己主见和权益，可能你觉得这是顾全大局但别人会觉得你根本不重视这个工作，也不尊重团体中的参与。你不想与别人对立，因为你怕自己无法处理对立关系，因此会选择逃避或者退让的方法来维持自己的人际关系。其实这样做吃亏的还是自己，千万不要以为退让了就可以达到预期效果，可能反而会让有些人觉得你是要奉承，另有目的。

选择 D：你是一个中立的人，会以第三者的角度来评断问题，你的客观中立可以让你把问题看得更加清楚。你懂得发现问题的时候艺术地表达出来，以理服人，从这里可以看出你是一个很有智慧，的人。有时候你的意见会激发他人的想法，大家都很喜欢和你交朋友。但在团队里，可能有的人就不喜欢你，因为你的睿智会使得你在团队中公信度不断增加，那些有心人很快就会出来批判你。

59 你会怎么拒绝别人

情景测试

虽然你是个老好人，但有时候也会因为某些情况需要拒绝别人，那你会选择什么方式呢？这里有几种令人不悦的情形，哪种是你最讨厌的？

A. 大声喧哗　　　　　　　B. 出言不逊

C. 喋喋不休　　　　　　　D. 又哭又闹

完全解析

选择A：也许不好意思让别人当面碰钉子，但是你的软性拒绝，其实就是在撒灰。

选择B：不管别人说什么好话，只要你有拒绝的心思，照样可以找到拒绝的理由。

选择C：刚开始的时候，别人可能没觉得自己碰了钉子，但是越来越会发现，其实你就是一块大铁板。

选择D：你会直接说出自己的想法，还要加上一句"就这么定了"，让别人无话可说。

60 社会能力测试

情景测试

假如你出去旅游，你会带上谁?

A.自己家人　　　B.自己心上人　　　C.朋友　　　D.独自一人

完全解析

选择A：处世有时偏颇，常自作主张，但不失领导风范。如果肯放下身段会更好。

选择B：平常专心致志在工作上的你，很少考虑过自己有多久没旅行了。多点儿时间充实自我吧，别给自己过多的压力，放松一点，心情自然豁然开朗。

选择C：你心定不下来，会不时闯祸，永远学不乖。走到哪边都有朋友的你，也许可以做做跟人脉有关系的行业，别太热衷于新潮流、新想法，先考虑考虑吧。

选择D：崇尚随性自由，至于浑水嘛，聪明的你怎么会去趟呢? 不过对人对事应该再主动一点。

61 测你是团队中的开心果吗

情景测试

化妆是件需要技巧的美容工程，技巧高超的能把恐龙变美女，那么你认为哪一部位的妆具有决定性的影响呢?

A.嘴部化妆　　　B.打全脸粉底　C.眉毛修饰　　　D.眼部化妆

完全解析

选择A：在团体中，你很有依赖性，深信天塌下来有个高的顶，大小事情都不会主动做主，也容易看不清状况，有时会因为无知或装无知被大家当成笑柄，不少团队中的小花都是以你的糗事为蓝本，所以你这类人也是团体中的笑料的制造者。

选择B：你不是团体中的焦点，比较擅长去看别人搞笑，在一旁发自内心地喝彩，很配合别人大笑捧场。一旦轮到你被推上场，内容则多是走温馨路线，大伙儿不会大笑得肚子疼，但是却会让大家笑中有泪，日后想起来还有一些感动的余音绕梁。

选择 C：天生就爱搞笑，是团体里的开心果，有逗大家笑的乐趣，要是没人逗大家，你就会开始挤眉弄眼，说笑话讲八卦，还搬出"十八般武艺"，荤素不忌，使尽浑身解数来逗大家开心，看到大家都笑倒在地上打滚，就是你的欢喜源泉。

选择 D：你表面冷静，似乎神圣不可侵犯，搞笑对你来讲更是不可能的任务。在团体中，大家拿你来开玩笑都会有所顾忌，不敢去摸老虎的屁股，免得翻脸。不过你脑子偶尔也会转个弯，说个笑话，虽然很努力，但是效果绝对够冷。

62 与人交往，你属于哪类人

·情景测试·

在与人交往中，你属于主动型，还是领袖型或是依从型？要了解自己在人际交往中的类型，请做下面的心理测试。

请对下列问题做出"是"或"否"的选择：

1. 碰到熟人时我会主动打招呼。

2. 我常主动写信给友人表达思念。

3. 旅行时我常与不相识的人闲谈。

4. 有朋友来访我从内心里感到高兴。

5. 没有引见时我很少主动与陌生人谈话。

6. 我喜欢在群体中发表自己的见解。

7. 我同情弱者。

8. 我喜欢给别人出主意。

9. 我做事总喜欢有人陪。

10. 我很容易被朋友说服。

11. 我总是很注意自己的仪表。

12. 如果约会迟到我会长时间感到不安。

13. 我很少与异性交往。

14. 我到朋友家做客时从不会感到不自在。

15. 与朋友一起乘坐公共汽车时我不在乎谁买票。

16. 我给朋友写信时常诉说自己最近的烦恼。

17. 我常能交上新的知心朋友。

18. 我喜欢与有独特之处的人交往。

19. 我觉得随便暴露自己的内心世界是很危险的事。

20. 我对发表意见很慎重。

·计分方法·

第1、2、3、4、6、7、8、9、10、11、12、13、16、17、18题答"是"记1分，答"否"不记分，第5、14、15、19、20题答"否"记1分，答"是"不记分。

·完全解析·

1～5题：分数说明交往的主动性水平，得分高说明交往偏于主动型，得分低则偏于被动型。主动型的人在人际交往中总是采取积极主动的方式，适合需要顺利处理人与人之间复杂关系的职业，如教师、推销员等。被动型的人在社交中则总采取消极、被动的退缩方式，适合不太需要与人打交道的职业，如机械师、电工等。

倾听让你受欢迎。

6～10题：得分表示交往的支配性水平，得分高表明交往偏向于领袖型，得分低则偏于依从型。领袖型的人有支配和命令别人的欲望，在职业上倾向于管理人员、工程师、作家等。依从型的人则比较谦卑、温顺，惯于服从，不喜欢支配和控制别人，他们愿意从事需要按照既定要求工作的、简单而又比较刻板的职业，如办公室文员。

11～15题：得分表示交往的规范性程度，高分意味着交往严谨，得分低则交往较随便。严谨型的人有很强的责任心，做事细心，适合的职业有警察、业务主管、社团领袖等；而随便型的人则适合艺术家、社会工作者、社会科学家、作家等职业。

16～20题：得分说明交往的开放性，得分高偏于开放型，得分低则意味着倾向于封闭型，如果得分处于中等水平，则表明交往倾向不明显，属于中间综合型。开放型的人易于与他人相处，容易适应环境，适合会计、机械师、空中小姐、服务员等职业；封闭型的人适合的职业有编辑、艺术家、科学研究工作等。

63 《灰姑娘》童话看你的为人

·情景测试·

在人际交往中，在朋友的眼中，你的为人如何呢？想知道自己这方面的素质，请做下面的测试。

几乎每一个人小时候都听过《灰姑娘》这个童话故事，在下面的几段故事当中，你对哪一段印象最深？

    A. 仙女施法力，让灰姑娘顿时换上漂亮的新衣

    B. 灰姑娘乘坐南瓜车前往皇宫

    C. 舞会中灰姑娘与王子翩翩起舞

    D. 灰姑娘试穿玻璃鞋，刚好合适

完全解析

选择 A：你习惯用金钱攻势，达到自己的目的，譬如你总是穿戴名牌服装，吸引大家的注意；你会请朋友到高级餐厅用餐，让大家喜欢跟在你的身边。金钱攻势的效果不错，但是却不是长久之计，应多充实自己。

选择 B：在朋友的眼中，你是一个开朗率直的人，平时也很热心助人，人缘还不错。而你的个性弱点是容易生气和有权力欲望，可能动不动就会和别人发生冲突，让大家对你的好印象毁于一旦，平时应该多注意。

选择 C：你很在意自己在别人心中的形象，所以会不知不觉地刻意表现自己，也可以说你是比较爱出风头的。别人可能会觉得你的表现欲过强，而不想和你在一起，你应该留意自己的行为举止和待人方法。

选择 D：你喜欢和别人沟通和分享，不过有时候可能显得过于急躁，于是让别人觉得你有自作多情的倾向，建议你凡事要公平、理智、恰到好处，因为你以为好的，别人不一定这么认为，要多站在别人的立场想一想。

64 你容易相处吗

情景测试

有的人个性随和，身边朋友多，有的人则不那么容易相处。你是怎样的人呢？来测一下吧。

以下四种类型的电影，哪种最能吸引你呢？

    A. 有专业知识（如法律或医学）

    B. 爆笑喜剧

    C. 都会言情

    D. 悬疑推理

完全解析

选择 A：相处指数 20 分。你对他人和对自己的要求都

过于依赖别人，只会让别人远离你。

很高，跟你相处时别人心理压力颇大，但其实你是刀子口豆腐心，有理时以理沟通最有效，不然就坦然认错，再大的事情也会变成小事。

选择B：相处指数70分。你容易被仗势欺人的家伙压迫，总是屈居下风。不过，虽然被利用的感受不好，但是气归气，过一会儿你就能淡忘掉，并不会影响对他人的信任感。

选择C：好相处指数30分。你所追求的是一场热恋，即使自己已经上了年纪，也期待能再有一场轰轰烈烈的情。

选择D：相处指数99分。在冲突发生时，活在自我世界的你，常会令别人为之气结。"装死"是你的绝招，因为看淡世事人情，所以闪躲冲突炮火，企图转移对方的注意力，就是你面对冲突的态度。

65 你有社交恐惧症吗

·情景测试·

有些人讨厌面对人群或是害怕面对人群，他们不只是觉得害羞、不好意思，而是对自己以外的世界有着强烈的不安感和排斥感。这种因对社交生活和群体的不适应而产生的焦虑和社交障碍称作社交恐惧症。那么你是否患有社交恐惧症呢？你可以进行下面的测试得知。

请在15分钟内完成试题，每题有5个选项：A. 根本不符合；　B. 某方面符合；C. 比较符合；　D. 大部分符合；　E. 完全符合。

1. 和不熟的人聚会时，我会很不自然。

2. 和老师或上级交谈时，我会很不自在。

3. 我在面试中常常不知所措。

4. 我是个比较内向的人。

5. 和权威人士对话使我很害怕。

6. 即使在非正式场合我也会感到不安和害怕。

7. 我处在与我不同类型的人群当中感觉很舒服、很自在。（Q）

8. 假如给一个陌生人打电话，我会有紧张感。

9. 和交往不深的同性交谈会让我产生不适感。

10. 和异性谈话时我会感到更加自在。（Q）

11. 我是个比较不害怕与人交际的人。（Q）

12. 在人多的场合我不会有什么不自在。（Q）

13. 我想让自己更擅长与人交际。

14. 和很多人聚在一起时我不知该做什么。

15. 如果面对一位吸引人的异性，我会不知所措。

· 计分方法 ·

不带 "Q" 的题目，选 A 计 1 分，选 B 计 2 分，选 C 计 3 分，选 D 计 4 分，选 E 计 5 分；带有 "Q" 标记的反向记分，即选 A 得 5 分，选 B 得 4 分，选 C 得 3 分，选 D 得 2 分，选 E 得 1 分，最后计算总分。

· 完全解析 ·

15 ~ 59 分：善于交际，没有社交恐惧症。

60 ~ 75 分：不善于交际，有社交恐惧症倾向。

第四章

情商测量：探寻和挖掘你的情绪能量

66 心理健康指数测试

·情景测试·

一共 20 道题，根据不同情况选择 A、B、C、D，A 表示最近一周内出现这种情况的日子不超过一天；B 表示最近一周内曾有 1～2 天出现这种情况；C 表示最近一周内曾有 3～4 天出现这种情况；D 表示最近一周内曾有 5～7 天出现过这种情况。

1. 我因一些事而烦恼。

2. 胃口不好，不大想吃东西。

3. 心里觉得苦闷，难以消除。

4. 总觉得自己不如别人。

5. 做事时无法集中精力。

6. 自觉情绪低沉。

7. 做任何事情都觉得费力。

8. 觉得前途没有希望。

9. 觉得自己的生活是失败的。

10. 感到害怕。

11. 睡眠不好。

12. 高兴不起来。

13. 说话比往常少了。

14. 感到孤单。

15. 人们对我不太友好。

16. 觉得生活没有意思。

17. 曾哭泣过。

18. 感到忧愁。

19. 觉得人们不喜欢我。

20. 无法继续日常工作。

每题答 A 得 0 分，答 B 得 1 分，答 C 得 2 分，答 D 得 3 分。

各题得分相加，统计总分。

·完全解析·

16 分以下，说明你可能有轻度的心理困惑，可尝试进行自我心理调整；

得分在 16 分以上，说明你有较严重的心理困惑与烦恼，这时应考虑到专业的心理咨询机构进行心理咨询。

67 你有焦虑情绪吗

·情景测试·

现代社会是个充满机会与挑战的时代，或者说是个危险与机遇并存的社会。在这样的环境中，人要保持一份豁达从容的心态似乎很不容易，很多人都渴望拥有并保持一种宁静的心态，然而焦虑却常常把我们包围。你知道自己是否焦虑吗？哪些表现说明自己处于焦虑状态？下面的测试题可以帮你解开心中的困惑。

焦虑会压垮一个人。

你最近一个星期的实际感觉：

1. 觉得比平常容易紧张和着急

2. 无缘无故地感到害怕

3. 容易心里烦乱或觉得惊恐

4. 觉得可能将要发疯

5. 觉得一切都很好，也不会发生什么不幸

6. 手脚发抖打战

7. 因为头痛、颈痛和背痛而苦恼

8. 感觉容易疲乏和困倦

9. 觉得心平气和，并且容易安静地坐着

10. 觉得心跳得很快

11. 因为一阵阵头晕而苦恼

12. 曾经晕倒过，或常觉得要晕倒似的

13. 吸气呼气都感到很容易

14. 手脚麻木或刺痛

15. 因为胃痛和消化不良而苦恼

16. 常常要小便

17. 手常常是干燥温暖的

18. 脸红发热

19. 容易入睡并且睡得很好

20. 做噩梦

· 计分方法 ·

得分 题号 \ 选项	没有或很少时间	小部分时间	相当多时间	大部分或全部时间
1	1	2	3	4
2	1	2	3	4
3	1	2	3	4
4	1	2	3	4
5	4	3	2	1
6	1	2	3	4
7	1	2	3	4
8	1	2	3	4
9	4	3	2	1
10	1	2	3	4
11	1	2	3	4
12	1	2	3	4
13	4	3	2	1
14	1	2	3	4
15	1	2	3	4
16	1	2	3	4
17	1	2	3	4
18	1	2	3	4
19	4	3	2	1
20	1	2	3	4

· 完全解析 ·

把20题得分相加为粗分，把粗分乘以1.25，四舍五入取整数，即得到标准分。焦虑评定的分界值是50分。分值越高，焦虑倾向越明显。

68 积极情绪影响测试量表

情景测试

在日常工作生活的人际交往中，我们的言行常常反映着我们的心态和影响力，从而影响了人际关系和幸福指标。本量表共由15道题目组成，可用来了解自己的积极影响能力。请根据目前自己的实际情况如实回答"是"或"否"。

1. 我在过去的24小时里帮助过一个人。

2. 我是一个非常礼貌的人。

3. 我喜欢与心态积极的人相处。

4. 我在过去的24小时里夸奖过一个人。

5. 我有一种本领，能让别人心情愉快。

6. 我与心态积极的人在一起时效率更高。

7. 在过去的24小时里，我告诉一个人，我对他／她很关心。

8. 我每到一地，都刻意结识别人。

9. 我每次受到表扬，都想表扬别人。

10. 上星期，我听别人诉说他／她的目标和理想。

11. 我能让心情不好的人笑。

12. 我刻意以我的同事喜欢的方式称呼他们。

13. 我关注同事们的优秀表现。

14. 我见到别人时总是笑容满面。

15. 见到优秀表现，及时给予表扬，使我心情舒畅。

完全解析

你的选择有几个"是"呢？如果少于6个，请反思一下吧，你缺乏良好的积极影响力和人际关系，而且主控权在你手里。你可以通过有意增加以上问卷中"是"的数量来改善自己的积极影响力，三个月以后，你会发现，你的生活发生了很多变化。

69 你是不是会正面发泄愤怒呢

情景测试

你是不是会正面发泄愤怒呢？许多人把愤怒和攻击行为视作人类生活中的非积极因素。但不管个人所处的文化如何，都必须学会正面发泄愤怒，可惜的是，很少有人懂得这样做。你能分得清愤怒的表达与攻击行为吗？你知道怎样正面发泄愤怒吗？下面的测试或许能为你提供答案。

1. 我从没有或极少发怒。

2. 我避免表达愤怒，因为大多数人会误解为仇恨。

3. 我宁愿掩盖对朋友的愤慨也不愿冒失去他的风险。

4. 还没有人靠大发雷霆在争论中获胜。

5. 我愿意自己解决怒火，不愿向别人倾诉。

6. 遇到沮丧情景时发怒，不是成熟或高尚的反应。

7. 你对某人正发怒时，处罚他可能不是明智的行为。

8. 发怒时越说越怒，只会把事情弄得更糟。

9. 发怒时，我通常掩饰，因为我怕出丑。

10. 当对亲密的人感到生气时，应当以某种方式说出来，即使这样做很痛苦。

·计分方法·

以上各题，如果你"完全同意"得1分，只是"部分同意"得2分，"不同意"得3分，然后计算总分。

·完全解析·

24～30分：你承认愤怒情绪的存在，并知道怎么表达才能更好地维护人际关系。

17～23分：你知道怎么表达并消除愤怒，但还有改进空间。

10～16分：你不知道该怎么消除愤怒来改善与他人的关系。也许你觉得愤怒会让你内疚，特别是亲人惹你生气时。记住：当场表达你的愤怒，胜过事后幻想报复。

70 你的情绪化指数

·情景测试·

对感情敏感或者是细腻的人在心理学上来说很容易情绪化，今天就进入你的潜意识来测验一下你情绪化指数到底有多高？

当你一早起来看见自己的脸油油亮亮又脏脏的，你会有什么样的表情？

A. 没表情的呆脸

B. 生气的大臭脸

C. 皱眉的苦瓜脸

·完全解析·

选择A：情绪化指数50%，只有感情会让你动不动情绪起波动。在工作上很理性，会克制自己，觉得不

冲动是魔鬼。

能太情绪化，因为这样不够专业，不过在私生活上就没有那么理性了，很容易因为感情造成情绪波动。

选择B：情绪化指数20%，内敛的你，喜怒哀乐藏在心里，不想让别人担心。很压抑，认为自己就是让别人依靠的，所以不管有多苦，都会压在心底。但是有一点要注意，你可能有暴力倾向。

选择C：感情绪化指数99%，情脆弱又敏感的你，极易被外界影响，然后把情绪写在脸上。属于感觉派，感觉来的时候，就会非常脆弱敏感，担心别人是不是讨厌自己，怀疑是不是自己不够好。

71 情绪紧张度测试

·情景测试·

生活节奏的加快、社会竞争的加剧以及频繁遭遇挫折等情况，都会使人产生紧张感。一个人如果长期处于紧张状态，就会降低身体免疫系统的抵抗能力，甚至使人不能有效地适应外界环境而罹患各种疾病。因此，长期过度紧张对人体是有害的。那么你的情绪紧张度怎样呢？

下面共有29道题目，回答时请用"有"或"无"作答，然后进行评判。

1. 常常毫无原因地觉得心烦意乱、坐立不安。

2. 临睡时仍在思虑各种问题，不能安寝。即使睡着，也容易被惊醒。

3. 肠胃功能紊乱，经常腹泻。

4. 容易做噩梦，一到晚上就倦怠无力，焦虑烦躁。

5. 一有不称心的事情，便大量吸烟，抑郁寡欢、沉默少言。

6. 早晨起床后，就有倦怠感，头昏脑涨，浑身没劲，爱静怕动，消沉。

7. 经常没有食欲，吃东西没有味道，宁可忍受饥饿。

8. 稍微运动，就会出现心跳加速、胸闷气急。

9. 不管在哪儿，都感到有许多事情不称心，暗自烦躁。

10. 想得到某样东西，一时不能满足就会感到心中难受。

11. 偶尔做一点儿轻便工作，就会感到疲劳、周身乏力。

12. 出门做事的时候，总觉得精力不济、有气无力。

13. 当着亲友的面，稍不如意，就会勃然大怒，失去理智。

14. 任何一件小事，都会始终盘桓在脑海里，整天思索。

15. 处理事情唯我独尊，情绪急躁，态度粗暴。

16. 一喝酒就过量，意识和潜意识里都想一醉方休。

17. 对别人的病患，非常关心，到处打听，唯恐自己身患同病。

18. 看到别人成功或获得赞誉，常会嫉妒，甚至怀恨在心。

19. 置身繁杂的环境里，容易思维杂乱、行为失序。

20. 左邻右舍家中发出的噪音，会使你感到焦躁发慌，心悸出汗。

21. 明知是愚不可及的事情，却非做不可，事后又感到懊悔。

22. 即使是休闲读物也看不进去，甚至连中心思想也搞不清楚。

23. 一有空就整天打麻将，混一天是一天。

24. 经常和同事或家人甚至陌生人发生争吵。

25. 经常感到头疼胸闷，有缺氧的感觉。

26. 每每陷入往事便追悔莫及，有负疚感。

27. 做事说话都急不可待，措辞激烈。

28. 遇到突发事件就失去信心，显得焦虑紧张。

29. 性格倔强固执，脾气急躁，不易合群。

·完全解析·

如果回答"有"的题目在 9 道以下，属于正常范围。

如果回答"有"的题目在 10 ~ 19 道之间，为轻度紧张症。

如果回答"有"的题目在 20 ~ 24 道之间，为中度紧张症。

如果回答"有"的题目在 25 道以上，为重度紧张症。

轻度紧张症可以采取保护性措施，如用绘画、养花、阅读、书法、钓鱼等进行自我调节，放松心情。还可以积极参加体育活动或者进行一些工作之外的文娱活动。最后，一定要养成有规律的生活习惯，适当增加营养，提高意志力。中度及重度的紧张症患者单靠调节是不行的，必须进行健康检查，或进行心理咨询及心理治疗。

72 你有偏执型情绪吗

·情景测试·

偏执程度心理测试：测测你的情绪是否"过火"了！

1. 你对别人是否求全责备？

2. 老是责怪别人制造麻烦？

3. 感到大多数人不可信？

4. 会有一些别人没有的想法和念头？

5. 自己不能控制发脾气？

6. 感到别人不理解你，不同情你？

7. 认为别人对你的成绩没有做出恰当的评价？

低调可以让你保持清醒的头脑，避免他人的敌意。

8. 老是感到别人想占你的便宜?

·计分方法·

没有得 1 分,很轻得 2 分,中等得 3 分,偏重得 4 分,严重得 5 分。

·完全解析·

10 分以下:恭喜你,你不存在偏执情况,是个平心静气的可爱的人。

15 ~ 24 分:你可能存在一定程度的偏执,如果总觉得环境不顺心,要提高警惕,原因可能在你自己身上!

25 分以上:你有偏执症状,一定要控制情绪,不要"擦枪走火"。另外,在遇到很大障碍时,你最好求助于心理医生。

73 测测你的心理压力

·情景测试·

这本来是一张静止的图片,但很多人看这张图片时却觉得它在转动。事实上这是一张与心理压力有关的图片,赶快测测你的心理状态如何吧。

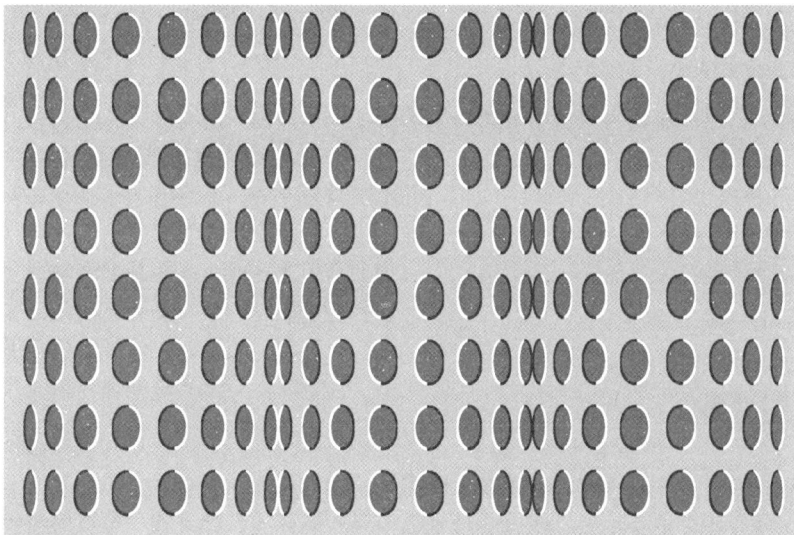

·完全解析·

你的心理压力越大,图片就会转动得越快。

74 你的嫉妒心有多强

·情景测试·

有人说："爱情是盲目的。"其实，嫉妒才是盲目的，所以犹太人有一句俗话："嫉妒有一千双眼睛。" 还有一句俗语："恋爱是盲目的，但嫉妒比盲目更坏，因为它连看不到的东面都要看。"你是一个爱嫉妒的人吗？你的嫉妒心有多强？

请回答下面的问题，只需要回答"是"或"否"。

1. 你熟知的人成就很大时，你会感到生气吗？

2. 你是否感到其他人生活得更舒适？

3. 你想占有朋友的东西吗？

4. 你想占有自己的亲戚的东西吗？

5. 假如你的配偶在看他（她）以前情人的照片时，你会感到伤心吗？

6. 你是否担忧自己的配偶还爱着先前的情人？

7. 你是否坚持要了解自己配偶的全部经历和做过的事？

8. 假如别人赞美你的配偶十分动人，你会感到不安吗？

9. 你是否嫉妒别人的生活？

10. 你是否嫉妒别人的家？

11. 你是否嫉妒别人的性生活？

12. 你是否嫉妒别人的衣服？

13. 你是否嫉妒别人的工作？

14. 你有没有讲过自己朋友的坏话？

15. 假如朋友外出游玩而没有邀你一起去，你会感到伤心吗？

·计分方法·

回答"是"得1分；"否"得0分，计算总分。

·完全解析·

10分以上：你的生活已经被嫉妒心理破坏了，已经损害了你与他人的关系。你对自己的一切逐渐不满。在嫉妒心理产生更大的危害之前，你确实应该努力抑制它。

4～9分：你的嫉妒心较强，但这并不是你生活中唯一的情感。嫉妒心影响了你与他人的关系，

自卑者更容易嫉妒。

影响了你对他人的感情，但它并没有占据主导地位。如果你可以学会克制，一定可以从中获益。

3分以下：在你的生活中，嫉妒心所产生的作用十分小，这是一种合理的、自然的人类情感。

75 忧郁的来源

情景测试

在越来越大的生活压力下，忧郁已经慢慢成了现代都市的一种流行病！让我们来测验一下你忧郁的来源到底是什么吧！

现在桌上有四种不同口味的丸子，你最喜欢吃哪一种？

A. 爆浆撒尿牛丸 　　　　　B. 新竹贡丸

C. 珍珠丸子 　　　　　D. 小鱼丸

完全解析

选择A：你的忧郁来源→就是你自己，喜欢自找麻烦的你常让自己莫名忧郁。这类型的人容易想太多，很多事情已经发生过了，可是他内心仍然在拔河，自己不停地反问自己，常常身陷淤泥池沼中。

选择B：你的忧郁来源→身边的小人，谣言太多，会让你很受伤。这类型的人会莫名其妙招惹一些小人，有的时候会希望黑白分明，讨厌灰色地带，希望身边的人富有正义感却通常感受不到，因此心里非常难过。

选择C：你的忧郁来源→对未来没把握，对现状不满，让你有点忧郁。这类型的人是完美主义的性格，内心深处十分缺乏安全感，对未知事物有一定的恐惧，对现在的状况也不满意，自然而然就会很忧郁。

选择D：你的忧郁来源→懂得自得其乐的你根本不想浪费时间去忧郁。这类型的人认为人生苦短，找快乐比较重要，该玩该快乐的事情自己都做不完，哪有时间去理无聊的人或事情？

76 情商的激励

情景测试

假设你是一个高中生，在某门课程上一向很优秀，但是在期中考试时却只得了及格。这时候，你该怎么办呢？

A. 制定一个详细的学习计划，并决心按计划进行

B. 决心以后好好学

C.告诉自己在这门课上考不好没什么大不了的,把精力集中在其他可能考得好的课程上

D.拜访任课教授,试图让他给你高一点儿的分数

·完全解析·

选择A:自我激励的一个标志是制定出一个克服障碍和挫折的计划,并且严格执行。你在这方面的情商值得认可。

选择B:"无志者常立志",你似乎正是这样的人呢!为什么你总要把事情推到以后,而不从现在做起呢?

选择C:和选A者相似,你的情商值得认可。消除压力的一种很好的办法就是转移注意力。

选择D:这种急功近利的做法会让人不齿哦!就算你这次如愿,下次怎么办呢?不是靠投机都能够成功的。

77 人际关系中的情商衡量

·情景测试·

一个人情商的高低会直接影响他人际关系的好坏,而人际关系的好坏又和一个人的事业能否成功密切相关,可见情商在人际关系中十分重要。你的人际关系怎样?做一做下面的测试,便可知晓。

在公司的周年庆典上,你的秘书在斟茶倒水时不小心把一个庆典花瓶打碎了,这个庆典花瓶是老总从古玩市场上特意挑选的,价值不菲。这时你的第一应急措施是对秘书说:

A.不要紧,我替你想办法

B.又不是咱们的,坏了就坏了,管它呢

C.老总人很好,道个歉就行了

D.这只花瓶值好几万,真糟糕

·完全解析·

选择A:你做事勇于主动承担责任,处理问题会三思而行,在人际圈子里因此而受人倚重。

选择B:你为人清高,不愿受他人指使。虽然你可能有能力,但不太适合团队合作。

成熟的人,要懂得玩笑的禁忌……

选择C:你做事情喜欢靠直觉,工作中容易受到情绪干扰。

选择D:你做事情的方式有些急躁,在人际关系上的处理也不够圆滑。

78 面对流言蜚语

· 情景测试 ·

一些图形能够再现我们心中的原始愿望，如同原始部落的图腾，均有其特定的含义。不同的图形代表了不同的诉求，同样，选择不同的图形能判断出你对流言免疫力有多高。

作为小学一年级的班长，为了完成一个剪纸竞赛，你会选择剪出哪种图案的纸呢？

A. 正方形　　　　B. 圆形　　　　C. 三角形　　　　D. 倒三角形

· 完全解析 ·

选择 A：你会受到流言影响，短时间内不会快乐起来。但生活有其他更重要的事情，会分散掉你的注意力，而那些没有依据的谣言，也会随着时间流逝。

选择 B：你讨厌被人误解，听到与自己相关的不实传闻会十分气愤。但你不爱与别人起冲突，也不希望自己的解释让事情越描越黑，所以多数时候会将怨气吞下。心事闷得久了，可能会酝酿出一种杀伤力极强的酵素，慢慢销蚀你对其他人的信任。

选择 C：遇到各种问题你都会解决，你很会适应环境，能处之泰然，找到适当的方法来应付。看遍了各种光怪陆离的现象，要吓唬你还挺不容易的，因为你老早就练就了金刚不坏之身。那些有趣的八卦谣言，都只是你茶余饭后的谈笑资材。

选择 D：只要自己确认做得没错，问心无愧，就不会在意别人怎么说。对一些有心混淆视听的人，除了不予理会之外，有时还故意在对方面前大摇大摆的，丝毫不受流言影响。你相信清者自清，浊者自浊，谣言总有澄清的一天，根本不必担心。

79 减压阀

· 情景测试 ·

你是靠什么来缓解压力，战胜挫折的呢？你的减压阀在哪里？

如果你是英国国王，在例行公事之后，有三天时间可以好好休闲休闲，你会选择哪里呢？

A. 海边　　　　B. 山顶　　　　C. 草地　　　　D. 王宫

· 完全解析 ·

选择 A：当你生活中出现挫折或者失败的时候，爱情是最好的药物。所以，你在追求成功的同时，也要找到真心相爱的人。

选择 B：你是一个很乐观的人，有了朋友们，不管多大的风浪都能抗过去，所以，你要有一帮知心好友。

选择 C：你排解压力和焦虑的主要办法是靠幻想。虽然短期来看，幻想可以帮助你排解掉一些压力，但是你还是要学会在压力下成长。

选择 D：你喜欢把自己的生活安排得满满当当，几乎没有什么业余时间，这让你远离人群。目前你最需要的，是扩大社交圈，融入组织之中。

80 你有包容心吗

·情景测试·

人生活在社会中谁不会犯错误呢？但人们往往在对待他人的失误、批评和攻击时会耿耿于怀，最后伤了感情又伤了身体。本题测一测你是否是个有包容心的人，请对下列问题作出判断：

1. 看着某人心里很不爽？

2. 你是否对所受的委屈一直耿耿于怀？

3. 你是否对诸如地铁里有人不敬地盯着你或袖子沾上汤汁之类的小事长时间感到懊恼？

包容他人，也是善待自己的一种方式。

4. 你是否经常不愿跟人说话？

5. 你在工作时会不会因为别人的谈话而感到厌烦？

6. 你是否会长时间地分析自己的心理感受和行为？

7. 你做决定时是否经常会受当时情绪的影响？

8. 你会不会被蚊子搞得很难受？

9. 你自卑吗？

10. 你是否时常情绪低落？

11. 在与人争论时，你是否无法控制自己的嗓门，导致说话声音太高或太低？

12. 你爱发脾气吗？

13. 是不是连可口的饭菜或喜剧片都无法让你低落的情绪好起来？

14. 与别人谈话时，如果对方怎么也弄不明白你的意思，你会不会发火？

·计分方法·

如果你回答"是"，加0分；如果回答"不知道或都有可能"，加1分；如果回答"不是"，加2分。

·完全解析·

23～28分：你一定是个心胸宽广的人。你的心理状态相当稳定，能够驾驭生活中的各种情况。你给人的印象很可能是独立、坚强，甚至还有点"脸皮厚"。但你不必在意，大家都羡慕你呢！

17～22分：你心胸不够开阔哦。你可能比较容易发火，对使你受委屈的人说一些不该说的话，这会导致单位和家庭中出现矛盾，之后你可能又会后悔，因为你人不坏，心肠也不硬。你要学会控制自己，事先尽量多想想，考虑清楚。

0～16分：你心胸有点狭隘。考虑事情不要只站在自己的角度，多想想别人，可能会让你心胸开阔些。

81 你为什么那么累

情景测试

夜深人静，你也想睡觉了，可是一大摞文案还在等着你修改；
好不容易熬到周末，还要绞尽脑汁平息母亲和老婆之间的纷争；
公司最近高层变动，得察言观色揣摩领导的意图以确定自己下一步该怎么办；
……

每个人都在为各种各样的关系所累。你呢，最近为何而累？请构想以下的画面：
A.一匹在原野上奔跑的骏马　　B.一栋乡村式的小房子
C.一个在照相的摄影师　　　　D.一座维纳斯的雕像

完全解析

现在从这四样东西选出三样。你没有选择的那项就是你目前痛苦难受的根源，也是你目前急于摆脱的处境。

骏马代表工作，房子代表家事，摄影师则是人际关系，维纳斯雕像是和爱情有关的事。

82 测测你的抗压指数

情景测试

都市的快节奏生活，让每个职场人士都承受着相当大的压力，没有抗压能力，就很难承受。现在，来测测你的抗压指数吧。

上班日，如果一定要下场大雨，你觉得什么时候最好？
A.清晨　　　　B.中午　　　　C.傍晚　　　　D.半夜

完全解析

选择A：清晨　　抗压指数95分
当工作如排山倒海而来时，你会重新调整工作步调，规划工作进度，让自己不至于太过忙乱；并能在时间内完成所有事，可说是上司的得力助手。

选择 B：中午

抗压指数 80 分

你热爱工作，尤其是有成堆工作等着你时，反而会觉得自己颇受重视，而乐在其中。因此一般不太会有太多的工作压力，无法胜任就直接告诉主管，是个 EQ 蛮高的员工。

选择 C：傍晚

抗压指数 65 分

工作时你看起来好像在玩乐，总爱在工作空档跟同事喝茶聊天，不过当工作接踵而来之际，你也不是个省油的灯，偶尔还会有同事鼎力相助，是人缘不错的附加价值。

选择 D：半夜

抗压指数 20 分

面对工作压力时，你的整张脸都垮下来了，不但全身毛细孔紧缩，恐怕连同事都要对你小心应对；虽然你还是会把分内工作如期完成，但有不少怨言。

83 恐惧症的测量

·情景测试·

恐惧症又称恐怖性神经症，是以恐惧症状为主要临床表现的神经症。恐怖对象有特殊环境、人物或特定事物，每当接触这些恐怖对象时即产生强烈的恐惧和紧张的内心体验。患者神志清晰，明知其不合理，但是一旦遇到相似情境时，仍反复出现恐怖情绪，无法自控，并且产生回避行为。

喂！哥们不是你想象的那样！

恐惧阻碍成功。

这是一个五岁小女孩的梦：小女孩的母亲牵着小女孩的手走着，但就在小女孩采摘开在路旁的蒲公英时，母亲却渐愈走愈远。小女孩急急忙忙想追上母亲，但不知道为什么双脚却不听使唤。于是小女孩大声叫："妈妈、妈妈！"请问你认为在梦中的这位母亲会有什么反应呢？

A. 没注意到小女孩的叫声，继续越走越远。

B. 立刻回头，跑到小女孩的身边，抚摸她的头。

C. 停下脚步，并回头向小女孩挥手，示意她"快点过来"。

·完全解析·

选择 A：倾向广场恐惧症。在潜意识里会对分离感到不安，也许你早期断奶比较早，所以会对离开心爱的东西产生畏惧心理。一旦置身于空旷的地方，就会有强烈的孤独和不安。相信只要找到一个给你安全感的恋人，就不会再对广场感到恐惧。

选择 B：有密室恐惧症的倾向。在幼年时期被母亲过分保护，虽然这无可非议，但是却丧失了主体性。所以，你会在心理上感到不安，害怕受制于目前，建议你必须训练自己独立，以取回自己的主体性。

选择 C：属于正常的人。和母亲之间有适当的距离，表示从幼年期开始便和双亲之间维持着稳定的心理关系。换句话说，至少你对空间不会感到恐惧。

84 心理压力分数

·情景测试·

你的精神疲倦吗？对下列各题做出"√"或"×"的回答。

1. 每当考试或提问时，会紧张得出汗。

2. 看见不熟悉的人会手足无措。

3. 心里紧张时，头脑会不清醒。

4. 常因处境艰难而沮丧气馁。

5. 身体经常会发抖。

6. 会因突然的声响而跳起来，全身发抖。

7. 别人做错了事，自己也会感到不安。

8. 经常做噩梦。

9. 经常有恐怖的景象浮现在眼前。

10. 经常会感到胆怯和害怕。

11. 常常会突然间出冷汗。

12. 常常稍不如意就会怒气冲冲。

13. 当被别人批评时就会暴跳如雷。

14. 别人请求帮助时，会感到不耐烦。

15. 做任何事都松松垮垮，没有条理。

16. 脾气暴躁焦急。

17. 一点也不能宽容他人，甚至对自己的朋友也是这样。

18. 被别人认为是个很挑剔的人。

19. 总是会被别人误解。

20. 常常犹豫不决，下不了决心。

21. 经常把别人交办的事搞错。

22. 会因不愉快的事缠身，一直忧郁，解脱不开。

23. 有些奇怪的念头老是浮现脑海，自己虽知其无聊，却又无法摆脱。

24. 尽管四周的人在快乐地取闹，自己却觉得孤独。

25. 常常自言自语或独自发笑。

26. 总觉得父母或朋友对自己缺少爱。

27. 情绪极不稳定，很善变。

28. 常有生不如死的想法或感觉。

29. 半夜里经常听到声响难以入睡。

30. 是一个感情容易冲动的人。

·计分方法·

每题回答"√"记1分，回答"×"记0分，各题得分相加，计算总分。

·完全解析·

0～5分：可算一般正常人。

6～15分：说明你的精神有些疲倦了，最好能合理安排学习或工作，劳逸结合，让神经得到松弛。

16～30分：你的心理极其不健康，有必要请精神医生或心理治疗专家给以指导或诊治，相信你会很快从烦恼不安中走出来的。

85 面对逆境，你将如何选择

·情景测试·

不可否认，人在前进的途中不可能总是一帆风顺，难免会经受不同程度的困难与考验，如何去战胜逆境是一个人必备的素质。面对逆境，你将如何面对？做完下面的测试，就知道了。

假如有一天你背着降落伞从天而降，你最希望自己在什么地方降落？

A. 青葱的草原平地

B. 柔软的湖畔湿地

C. 玉树临风的山顶

D. 高耸的华厦顶楼

·完全解析·

选择A：你期盼自己有一个平凡顺利的人生，即使遇到运气不佳的时候，你也会尽可能地使自己维持在正常的轨道中，重新寻找一个平衡的、规则的生活步调。所以基本上，你是个墨守成规的人，适合过着规律的生活。

人生风雨，迷途困境，何处避雨，何时得渡——要想真正解脱，只有靠自己。

选择 B：你的个性虽然略为保守，但在面对人生的不如意时，是能够逆来顺受的。你会在运气不好的时候，寻找改变自己的方法，偶尔也会希望打破成规，重新调整生活步伐，但是改变的幅度还是不会太大。

选择 C：你是个常常喜欢大刀阔斧，让自己改头换面的人。你认为人生就是要不断注入新的体验，才能够进步，所以在每次遇到运气不好的时候，你都会将危机化为转机，可以说你拥有相当积极的人生观。

选择 D：你追求的是功成名就。当你的人生处在逆境时，尽管你心中百般恐慌，但仍旧会凭着自我的机智与耐力，去渡过难关。千方百计地让自己更上一层楼的想法，正是你迈向成功的最佳原动力。

86 精神压力程度测试

· 情景测试 ·

每个人能够承受压力的程度都不相同，所以，就要学会"对症下药"，先分析自己能够承受多大的压力，再进一步找到根源，并缓解压力。

请回想一下自己在过去一个月内是否出现过下述情况？

1. 觉得手上工作太多，无法应付。

2. 觉得时间不够用，所以要分秒必争。

3. 觉得没有时间休闲，终日记挂着工作。

4. 遇到挫败时很容易发脾气。

5. 担心别人对自己工作表现的评价。

6. 觉得上司、家人都不欣赏自己。

7. 担心自己的经济状况。

8. 有头疼、胃痛的毛病，难于治愈。

9. 需要借烟酒、药物、零食等抑制不安的情绪。

10. 需要借助安眠药帮助自己入睡。

11. 与家人、朋友、同事的相处中常发脾气。

12. 与人倾谈时，常打断对方的话题。

13. 上床后思潮起伏，牵挂很多事情，难以入睡。

14. 觉得工作太多，不能每件事都做到尽善尽美。

15. 空闲时轻松一下也会内疚。

16. 做事急躁、任性，事后常感内疚。

17. 觉得自己不应该享乐。

· 计分方法 ·

从未发生计 0 分，偶尔发生计 1 分，经常发生计 2 分，最后计算总分。

·完全解析·

0～10分：精神压力程度低，但可能生活缺乏刺激，比较简单沉闷，动力不大。

11～15分：精神压力程度中等，虽然某些时候感到压力较大，但仍可应付。

16分或以上：精神压力偏高，应反省一下压力来源并寻求解决方法。

87 从噩梦看你的耐压指数有多少

·情景测试·

当噩梦产生，不管是否愿意，我们都得面对。在人生历程中，源于潜意识的梦占了绝大部分的数量，面对各种噩梦产生的反应其实正印证了我们面对问题的角度，最能让我们惊慌失措的梦真真切切地体现了我们的耐压指数，哪一种噩梦最让我们心悸？以下四种噩梦场景，请选择哪一种噩梦最能让你从梦境中逃脱"穿越"？

A.蛇或者其他凶猛动物

B.地震、火山爆发等自然凶险

C.自己遭遇凶杀

D.鬼压床

·完全解析·

选择A：耐压指数★

面对困难最先选择逃避的就是你了，一遇到问题，你就会去找借口，几乎不会去分析困难，你想要的是更多的保护、支持，和自己一帆风顺的意愿。

选择B：耐压指数★★★

就算面对很大的压力，你也会坚持下去，还会利用自己的人脉解决问题。

选择C：耐压指数★★

你总是会有危机感，担心无法解决问题，而且总是通过言语传递给别人，结果别人就不知道你能不能解决问题，你也错失很多机会。

选择D：耐压指数★★★

你喜欢把责任推给环境，但是其实环境是可以修整的。虽然你会抱怨，但是人们也知道你在努力。

88 你的内心是否强大

·情景测试·

你是否有一种感觉，自己的朋友不少，但能擦出火花的异性没有几个。到底是自己的魅力不够大呢，还是他们有眼无珠？不如来测试一下你的个人魅力指数，偷偷地了解一下他们的小想法吧。

为了参加晚上的聚会你努力把自己收拾得漂漂亮亮，却与人撞衫，你会？

A. 觉得对方没有自己穿出来的好看，完全没把此事放在心上，继续在聚会上狂欢。

B. 大方地趁机接近对方："好巧啊，看来我们很有缘啊！"

C. 其实有点儿尴尬，即闪躲到离对方较远的地方。

D. 心想：倒霉！居然与人撞衫！赶紧回家换套衣服再来。

◆完全解析▶

选择 A：魅力指数 80%。你是个乐观、大方、积极向上的人，异性通常会很乐意与你接近，特别是你阳光般的微笑，更是为你增添了几分魅力。只是，太过开朗让你少了些许神秘感。

选择 B：魅力指数 98%。自信的你魅力四射，非常有风度，特别有激情，从不斤斤计较。你的魅力自然散发，没有任何的虚伪与做作，让异性不自觉地想要接近你，但又害怕遭到你的拒绝。

真正强大的力量来源于内心。

选择 C：魅力指数 65%。你的魅力常被你的不自信和朴实所掩盖，在异性眼中显得非常普通。平时不妨多抽时间打扮自己，做个乐观积极的人，可增强自信，进而提升魅力指数。

选择 D：魅力指数 45%。你显得自闭，易受他人影响，使得你的独特魅力不易显露。你或许有不少同性朋友，但不易吸引异性目光。若想让自己变得更有魅力，请改变自己，大胆秀出你的真性情，叫更多的人了解自己。

89 你会如何面对失败

◆情景测试▶

人生难免会遇到失败，但各人采取的态度不同。那么，你是一个只知抱怨和后悔的人，还是能够豁达地坦然面对失败的人呢？下面这个有趣的测试将帮助你回答这个问题。

你去参加电视台智力竞赛节目，该竞赛规定，连续正确回答到第 3 问时，可得奖金 1000 元；连续正确回答到第 5 问时，可得奖金 3000 元；连续正确回答到第 10 问时，可得 5000 元；连续正确回答到第 20 问时，可得奖金 20000 元外加夏威夷旅行一次。但是倘若中途答错，则前功尽弃，只能得到"参与奖"——一支圆珠笔作为纪念。现在你已经顺利地答完了第 3 问，如果就此打住，你可以得到 1000 元奖金，可你选择了继续挑战，结果失败了，只得到一支圆珠笔。此时你做何感想？从 A ~ D 中选择一项。

A. 不管怎样已答到第 4 问，挺高兴的

B. 凭自己的能力应该更好些，下次有机会再试试

C. 后悔，答完第 3 问时停止就好了

D. 这个节目游戏规则定得不合理

完全解析

选择 A：不会无谓地逞强，是个能按自己主意办事的务实派，竞争意识不强烈，但知足常乐。

选择 B：坦然面对失败，将失败的苦涩转至期待下一次的成功上，竞争意识强烈，斗志旺盛，富于实干精神，认准一个目标能百折不挠地干下去。

选择 C：拘泥于过去的成绩，对眼下的失败不是考虑通过今后的努力来改变，而是转向对自己决策的责怪，态度消极，属保守型。

选择 D：不服输，竞争意识强烈，但在竞争中往往以自我为中心，一旦遇到挫折，常常把责任推向客观因素，很少自省。

90 你能转败为胜吗

情景测试

失败乃是兵家常事，但有的人从此萎靡不振、销声匿迹，而有的人却重整旗鼓、东山再起，转败为胜，你属于哪一类人呢？做完下面的测试便可得知。

做人实在很辛苦，下列 4 种欲望你最无法抵挡的是哪一样？

A. 食欲　　　　B. 物欲

C. 睡欲　　　　D. 性欲

完全解析

选择 A：你知道调整自己的重要性，遇到挫折时，你会暂时停下脚步，仔细研究问题的症结，再另外拟定一套计划，顺便也调整自己的疲惫与低落的身心状况，等待适当时机，再整装出发。

选择 B：只要找对目标，走上正确的路，你有很大的希望能够东山再起。因为人人都可能有失败的经验，你对这种结果也能泰然处之，

真正的困难来自对困难的畏惧。你越怕他，他越缠着你！

不会被击垮，如果觉得目标物对你而言很重要，你依然会尽全力去争取。

选择 C：或许你可以找到更好的理由，说服自己朝其他方面发展，因为眼前的失败让你怀疑自己是否有能力做好这件事，这可能也是你生命的转机，说不定就换到了适合你的跑道，不过，可惜的是之前的心血就白费了。

选择 D：生命中充满挑战，对你而言，跌倒表示又有机会步上胜利的阶梯，所以你绝对不会被挫折打败，这反而更激发了你求胜雪耻的决心。耐力是你的优势，积极的个性则是制胜武器。

91 你是个"炮筒子"吗

情景测试

日常生活中你是一个"炮筒子"吗？想知道答案就赶快做下面的测试吧！请根据你在下列情境中的情绪变化，确定你做出的反应。

A. 我根本不会生气，也不会烦恼

B. 我会觉得很烦，但不会生气

C. 我会有一点生气

D. 我会比较生气

E. 我会十分生气

1. 你端着茶水，有人撞了你，茶水全泼到你的身上。

2. 你没注意，名牌衣服被桌上的钉子挂破了。

3. 朋友拿走了一本珍贵的书，却一直不还给你。

4. 你把刚买的电话插上插座，打开开关，结果发现它是个坏的。

5. 工作中他人犯了错，上司却批评你。

6. 大家都在奚落你。

7. 乘坐的车子陷入泥中。

8. 你认识的人装模作样，总觉得自己很了不起。

9. 你必须准时赶到某地，可现在堵车。

10. 你跟别人打招呼，他竟然不理睬你。

11. 修理工狮子大开口，向你索要高额修车费。

12. 你努力完成了某项工作，上司却批评你工作效率太低。

13. 你只有 10 分钟可以打电话，可对方电话竟一直占线。

14. 你正在专心读书，旁边的人却不停地大声叫嚷。

15. 对方对某一问题一无所知，却一直在和你争辩。

16. 你骑车技术一向很好，但有一次却摔倒了，引起了旁人的嘲笑。

计分方法

A=0 分，B=1 分，C=2 分，D=3 分，E=4 分。汇总得分。

·完全解析·

0～32分：你不太容易发怒，一般的生活小事不会让你动怒，周围的人总是称赞你的好脾气。

33～43分：生活中肯定有些事情会让你生气，但你的反应并不过激。

44～50分：你比较容易发火，其实很多时候并没有必要。要学会调节自己的情绪。控制自己的怒气。

51分及以上：你可以说是个"炮筒子"，稍有不满便会爆发，你的优点全给埋没掉了，你可能有某种情绪障碍，最好找心理医生咨询。

第五章

智商比拼：见证你有多聪明

92 想象力测试

·情景测试·

请想象下面四幅图，选出你最欣赏的一幅：

A. 穿健美运动衣的女性

B. 匆匆回眸的女性

C. 刚洗过发的女性

D. 正在表演的女时装模特儿

·完全解析·

选择 A：你容易冲动，但想象力十分丰富。善于抓住瞬时的美，能够从动作中产生联想。

选择 B：是个比 A 更冲动的追求美的人，想象力也更强，能够在很短的时间内发现问题。

选择 C：想象力常常受到抑制，通常只见外观形象，不敢设身处地发挥自己的想象力。

选择 D：想象力丰富，且十分有智慧，对新鲜的刺激很敏感，能够在一刹那顿生许多新鲜构思。

93 测测你的观察力

·情景测试·

这是美国智力趣题专家奇尔出过的一道测试题，很多孩子轻松地说出题目答案，但奇怪的是，很多成年人反倒对此题感到无从下手。由此可见，年龄增长，的确有可能减弱你的观察力！不过对于善于观察的人，答出这道题简直轻而易举，快试试吧。

下图中有一辆公交车和有 A 和 B 两个汽车站。

请问：公共汽车现在是要驶往 A 站，还是驶往 B 站？

·完全解析·

汽车驶往 A 方向。

因为图中的公共汽车面向我们的一面没有车门。我国的行驶规则里明确指出，公共汽车的车门始终在车头的右手方位，由此推断，公共汽车驶往 A 方向。

94 空间判断能力测试

·情景测试·

空间判断力是指能够看懂和分析几何图形、理解物体在空间运动中原理和解决几何问题的一种能力。如果一个人平面几何及立体几何学得比较好，那么他的空间判断能力就会相对比较强。你自己的空间判断能力怎么样呢？快来试一试吧。

1. 中学时代，你的立体几何学得挺好。
A. 非常符合　　　B. 比较符合　　　C. 难以回答　　　D. 不太符合　　　E. 很不符合
2. 你能很快地画出一幅三维度的立体图形。
A. 非常符合　　　B. 比较符合　　　C. 难以回答　　　D. 不太符合　　　E. 很不符合
3. 看几何图形的立体感较强。
A. 非常符合　　　B. 比较符合　　　C. 难以回答　　　D. 不太符合　　　E. 很不符合
4. 面对一个盒子，你可以很容易地想象出展开后的平面形状。
A. 非常符合　　　B. 比较符合　　　C. 难以回答　　　D. 不太符合　　　E. 很不符合
5. 提到某一种物体，你就能立即想象出它的立体形状。
A. 非常符合　　　B. 比较符合　　　C. 难以回答　　　D. 不太符合　　　E. 很不符合

·计分方法·

每道题选 A 得 5 分，选 B 得 4 分，选 C 得 3 分，先 D 得 2 分，选 E 得 1 分。

·完全解析·

20 ~ 25 分：你空间判断能力很强。

15 ~ 19 分：你的空间判断能力较强。

10 ~ 15 分：你的空间判断能力一般。

9 分以下：你的空间判断能力较差。

95 专注力测试

情景测试

你最近工作状况好吗？曾有科学家分析，一般人的专心程度是和成功成正比的，所以工作的时候努力工作，玩的时候轻松去玩，这应该是最好的人生座右铭。现在就以一个简单的问题，来测试一下你的专注力。

如果你到健身中心，你会最先使用哪一种设备器材呢？

A.重量训练器材　　　　　　　B.划船机或跑步机

C.快速飞轮课程　　　　　　　D.腰臀震动带

完全解析

选择A：你是一个很专注的人，很有耐心的人，只要你决定一件事情，通常不达目的绝不放弃。

选择B：你喜欢用旁敲侧击的方式处理事情和表达自己，不喜欢明确表达。

选择C：你就像跑百米的选手一样，枪声响起时，马上全心全意向终点冲刺，心无旁骛。

选择D：你做事方式是逐渐加温，但不迟钝。

96 谢泼德桌面

情景测试

请仔细观察下面两张桌子，回答哪个桌面更宽？

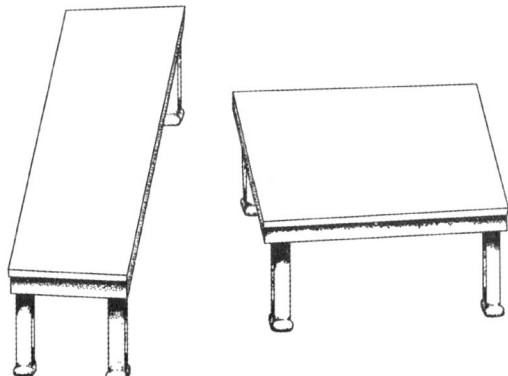

A.左边的桌面更宽　　　　　　B.右边的桌面更宽

C.左右两张桌子一样宽

◤·完全解析·◥

　　这两个桌面的大小、形状完全一样。如果你不信，量量桌面轮廓，看看是不是。

97 弗雷泽螺旋

◤情景测试◥

　　仔细观察该图，请回答：图中的圆圈缠绕形式是：

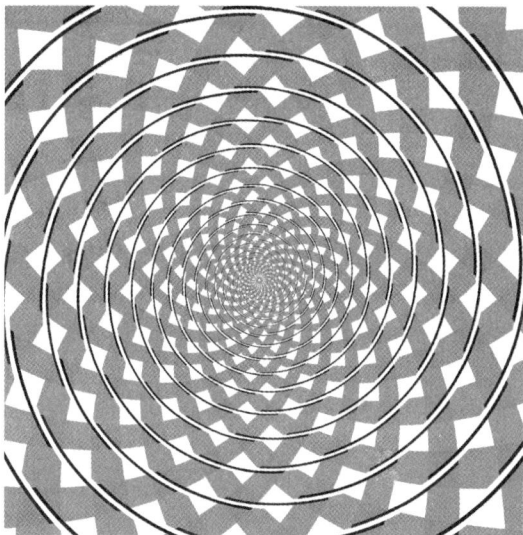

A. 同心圆
B. 由内盘旋到中心的螺旋
C. 由中心盘旋到外的螺旋

◤完全解析◥

　　"弗雷泽螺旋"是最有影响的幻觉图形之一。你所看到的类似于一个螺旋，但其实它是一系列完好的同心圆！这幅图形如此巧妙，会促使你的手指沿着错误的方向去追寻它的轨迹。因此本题答案为 A。

　　这是一种人们熟知的视错觉。不论观察者对该图观看时间的长短，感觉线条似乎都是向内盘旋直到中心。这种螺旋效应是观察者的知觉产物，属于心理场。如果观察者从 A 点开始，随着曲线前进 360 度，就又会回运到 A；螺旋线原来都是圆周，这就是物理场。由此可见，心理场和物理场之间并不存在一一对应的关系，而人类的心理活动却是两者结合而成的心物场，每一个小圆的"缠绕"通过大圆传递出去产生了螺旋效应。如果遮住插图的一半，幻觉将不再起作用。1906 年英国心理学家詹姆斯·弗雷泽创造了一整个系列的缠绕线幻觉图片。

98 黑白感知

情景测试

请问下图中 A 和 B，哪个方格里面的圆点颜色更深？

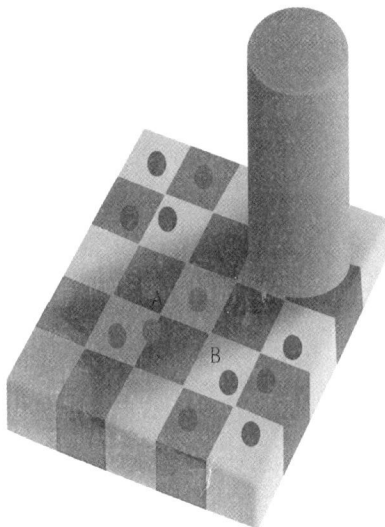

完全解析

A 和 B 两个圆点的颜色一样深。测试图案上，一个灰色方框被放在纯白的底色上，旁边则是一个完全相同的灰色方框，被放在纯黑的底色上。如果人眼感觉到的颜色深浅完全是取决于眼睛接收到的光量，那么这两个方块看起来就应该一模一样，没有任何区别。但事实上，你会觉得黑底上的方块颜色好像要浅一些。这就说明，大脑判断颜色深浅会与相邻的表面进行比较。

99 24 点游戏

情景测试

心算指的是不借助任何如计算器、计算机等外界工具的帮助，在头脑中进行快速计算的方法。心算能力是基本心理能力中的一种，在日常生活中应用广泛，例如我们的日常购物或者开销计算等。

24 点游戏是一种扑克牌类的益智游戏，这个游戏可以调动眼、耳、口、脑等感官的协调活动，很大程度上有利于我们的心算能力以及反应能力的培养。

提供一组四个1～13的阿拉伯数字（扑克牌中的J、Q、K分别代表11、12、13），用加减乘除，使每一组的4个数字运算得出的结果为24（每个数必须用且只用一次）。

例如：（2，8，1，5）可这样连：8/2×（1+5）=24

下面几组数看看你能不能连起来

一般训练：

第一组：（4，5，5，9）

第二组：（3，5，8，8）

第三组：（10，10，4，4）

第四组：（7，2，7，1）

第五组：（3，3，3，3）

第六组：（2，3，7，9）

完全解析

第一组：（4，5，5，9）：

[解答] $9+4×5-5$

第二组：（3，5，8，8）：

[解答] $8+3+5+8$

第三组：（10，10，4，4，）：

[解答] $（10×l0-4）÷4$

第四组：（7，2，7，1）：

[解答] $（7×7-1）÷2$

第五组：（3，3，3，3）：

[解答] $3×3×3-3$

第六组：（2，3，7，9）：

[解答] $2×（3×7-9）$

目前，高级心算已开始结合珠算，称作珠心算。我们都知道，传统珠算在运算过程中，由于各个器官和肢体的协同动作，是有很益智作用的。高级心算利用珠算的基本原理，在人脑中形成脑像图，不需要手指拨珠，直接在人脑中展开运算。这种形象思维大部分依靠右脑活动来进行，因此可以有力地开发右脑功能，进而促进了提高人脑的整体功能。儿童早期教育方面，珠心算的益智方法在台湾地区很是流行。

100 思维方式测试

情景测试

让我们来做一道非常有意思的小题目：有一个人花8块钱买了一只鸡，9元卖掉了；第二天花10块钱买了回来，又11元卖掉了。问：这个人赚了还是赔了？多少？

完全解析

这道题没有固定答案。以下是这道题的解析。

有的人毫不犹豫地说赚了2块钱。理由是，第一笔买卖赚了1元，第二笔买卖赚了1元，总共赚了2元。

有人说赔了1元，理由是：如果8元买来，等到11元再卖出，可以赚3元，而现在只赚了2元，所以赔了1元。

有人说赔了2元，理由是：看整个过程，8元买来，如果等到11元再卖出，就可以赚3元，而现在赚了1元，所以赔了2元。

还有人说赔了4元。理由是：如果从一开始就8元买两只鸡，然后11元的时候全部卖出去，就可以盈利6元，现在只盈利了2元，所以赔了4元。

101 思维模式测试

情景测试

同一个问题，不同人的解决方法不一样，那是因为每个人思考问题的角度不一样。有时一些看似难以解决的事情，若是能够跳出常规思维，换一种方式来思考，就会迎刃而解。

当你在餐厅吃饭的时候，听到柜台的服务生很惊慌地交头接耳，说有一颗炸弹被放在餐厅中，你认为歹徒会把炸弹放在什么地方？

A. 厕所

B. 餐厅门口

C. 客人座位

D. 厨房

完全解析

选择A：因为考虑到太多细节，你思考问题的速度很慢，当大家都已经进入到下一个话题了，你才冒出一句没头没脑的话。可是你所说的话很有道理，让所有人不得不重视和接纳。你有锲而不舍的精神，会坚持到最后一秒钟，就算不被人理解，也还是会静心等待，一有机会就表达自己的看法。

选择B：你不会有什么稀奇古怪的想法，因为总觉得别人都比你厉害，所以会先听人家怎么说，你才开口。这种谦逊的态度，会让你成为每个人的好朋友，无论做什么都不会忘了你，因为你的配合度高，人也随和，只不过久而久之，你会失去自己的个性，忽略内心的声音。

选择C：你做事的方式循规蹈矩。一旦有一点点超离常规，你就会感到紧张，生怕会有人来揪出你的罪行。在你心中有一把道德的尺，衡量自己，也不时打量一下别人。渐渐地，你的生活就变得很规律，这不知道算不算是另一种"怪"呢？

选择 D：你出的馊主意常让大家听了大跌眼镜。你的想法挺诡异的，所以就算有人欣赏你的点子，也不太敢附议。你认为每一个人都有言论自由，所以再诡异的想法也会说出来。你的点子其实都很新颖，若是用在别的地方也许会更恰当，所以请不要放弃，不要有挫败的感觉，总会有派上用场的一天。

102 创新思维

情景测试

春雨绵绵，出门在外总要带把伞，你最常选用的伞面花色是哪种呢？
A.有大面图案的伞面
B.零碎小图案的伞面
C.格子面的伞面
D.单一素色的伞面

完全解析

选择 A：你并不是个很有创意的人，但在工作上以及在生活中，若是遇到和你气味相投，并且能够了解你的人，就能够激发出你的潜能，创造力逐渐被打开，超乎想象的创意会跟着跑出来。

选择 B：你相当有创造力，脑袋里时不时蹦出鬼点子来，时常会有新的想法，也勇于提出并付诸行动。朋友们也会对你的新鲜想法大感佩服。

选择 C：与其说你有创造力，不如说你想象力丰富，因为你的创造力有时候很费解，朋友或同事们都摸不着头绪，觉得天马行空，所以不太

不给思维拴上缰头。

能够接受。奉劝你一句，创造力也要顾及现实考虑，否则容易沦为海市蜃楼哦。

选择 D：基本上你的创造力不怎么用在工作上，你认为把创造力用在生活或娱乐上会更有趣，至于工作嘛，能好好完成就 Ok 了。所以在朋友眼中你是十足的生活玩家，很懂得享受，而且玩得与众不同。

103 德国逻辑思考学院测试题

情景测试

这又是一道逻辑测试题，俗话说得好，脑袋越用越灵活，再来测一测吧。
规则：请于 30 分钟内作答完毕。

题目：

1. 有五间房子排成一列
2. 所有房屋外表颜色都不一样
3. 所有屋主都来自不同国家
4. 所有屋主都养不同宠物
5. 所有屋主喝不同的饮料，抽不同的烟

提示：

（1）英国人住在红色房屋里。

（2）瑞典人养一只狗。

（3）丹麦人喝茶。

（4）绿色的房屋在白色房屋的左边。

（5）绿色房屋的屋主喝咖啡。

（6）抽 Pall Mall 香烟的屋主养鸟。

（7）黄色屋主抽 Dunhill。

（8）位于最中间的屋主喝牛奶。

（9）挪威人住在第一间房屋里。

（10）抽 Blend 的人住在养猫人家的隔壁。

（11）养马的屋主隔壁住抽 Dunhill 的人家。

（12）抽 Bine Masier 的屋主喝啤酒。

（13）德国人抽 Prince。

（14）挪威人住在蓝色屋子隔壁。

（15）只喝开水的人家住在抽 Blend 的隔壁。

问题：请问谁养鱼？

完全解析

黄色	蓝色	红色	绿色	白色
开水	茶	牛奶	咖啡	啤酒
猫	马	鸟	鱼	狗
Dunhill	Blend	Pall Mall	Prince	Bine Masier

104 思维定式

情景测试

下面的几道小题是测试你有没有很强的思维定式的。想知道你思维能力到底如何吗？快来测试一下吧。

1. 在荒无人迹的河边停着一只小船，这只小船只能容纳一个人。有两个人同时来到河边，两个人都乘这只船过了河。请问：他们是怎样过河的？

2. 篮子里有4个苹果，由4个小孩平均分。分到最后，篮子里还有一个苹果。请问：他们是怎样分的？

3. 一位公安局长在茶馆里与一位老头下棋。正下到难分难解之时，跑来了一位小孩，小孩着急地对公安局长说："你爸爸和我爸爸吵起来了。"老头问："这孩子是你的什么人？"公安局长答道："是我的儿子。"请问：这两个吵架的人与公安局长是什么关系？

4. 已将一枚硬币任意抛掷了9次，掉下后都是正面朝上。现在你再试一次，假定不受任何外来因素的影响，那么硬币正面朝上的可能性是几分之几？

完全解析

1. 很简单，两人是分别处在河的两岸，先是一个渡过河来，然后另一个渡过去。对于这道题，你大概"绞尽了脑汁"吧？的确，小船只能坐一人，如果他们是处在同一河岸，对面也没有人（荒无人迹），他们无论如何也不能都渡过去。当然，你可能也设想了许多方法，如一个人先过去，然后再用什么方法让小船空着回来，等等。但你为什么始终要想到这两人是在同一岸边呢？题目本身并没有这样的意思呀！看来，你还是从习惯出发，从而形成了"思维嵌塞"。

2. 4个小孩一人一个。对于这一答案你可能不服气：不是说4个人平均分4个苹果吗？那篮子剩下的一个怎么解释呢？首先，题目中并没有"剩下"的字眼；其次，那3个小孩拿了应得的一份，最后一份当然是最后一个孩子的，这有什么奇怪呢？至于他把苹果留在篮子里或拿在手上并没有什么区别，反正都是他所分得的，不是吗？

3. 公安局长是女的，吵架的一个是她的丈夫，即小孩的父亲；另一个是公安局长的父亲，小孩的外公。有人曾将这题对100人进行了测验，结果只有两人答对；后来对一个三口之家进行了测验，结果父母猜了半天拿不准，倒是他们的儿子（小学生）答对了。这是怎么回事呢？还是定式在作怪。人们习惯上总是把公安局长与男性联系在一起，更何况还有"茶馆"、"老头"等支持这种定式。所以，从经验出发就不容易解答。而那位小学生因为经历少，经验也少，就容易跳出定式的"魔圈"。

4. 二分之一，这道题本来很简单。硬币只有两面，不要说任意抛10次，就是任意抛掷1000次，正面朝上的可能性也始终是二分之一，不会再多，也不会再少了。对这道题，如果没有上题的那种定式在作怪，一般马上就可以说出答案来。

105 你具备自由大胆的创意吗

情景测试

创意就是创造一个新主意，是逻辑思维、形象思维、发散思维、系统思维和直觉、灵感等多种认知方式综合运用的结果。能使一个落后企业变成先进企业。创意是一个不可忽视的思维能力，那么你有这个能力吗？做下面这个测试吧！

现在，你看了下面这些图形，能联想到什么？

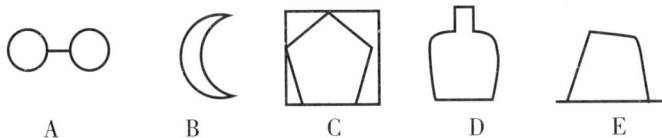

A   B   C   D   E

下边方框内是某人所联想的东西：

A.眼镜   B.月亮   C.窗帘   D.瓶子   E.帽子

请凭着对上面图形的记忆，将眼镜、月亮等重新再画到 A、B、C、D、E 框里。注意不要偷看上面的图。

A	
B	
C	
D	
E	

·计分方法·

如果你画的图形与原图一模一样的话，可得 0 分，对原图的特征有所突破的话，得 1 分，请依此要求计分。

完全解析

0～1 分：受既成观念束缚的程度较强，凡事都先入为主，因此，属于不会有大胆的创意或行动的类型。

2～3 分：头脑较灵活，但想法不会太过于脱离常识，乃属于一般人类型。

一步一个脚印，未必会最先到达终点——一个点子，有时胜过十滴汗水！

4～5分：不会受既成观念的束缚，会大胆地提出新的观点。但是，协调性不是很好，难获得旁人的理解与支持，易与人发生冲突或摩擦。

106 脑筋换换换

·情景测试·

脑筋急转弯是具有卓越思维和幽默风格的一种益智形式，是人们需要打破常规思维模式、发挥超常思维才能找到幽默答案的一种思维游戏。我们为您精心准备了一套脑筋急转弯，让你换换脑筋。

1. 有一个人，他是你父母生的，但他却不是你的兄弟姐妹，他是谁？

2. 小王是一名优秀士兵，一天他在站岗值勤时，明明看到有敌人悄悄向他摸过来，为什么他却睁一只眼闭一只眼？

3. 王老太太整天喋喋不休，可她有一个月说话最少，是哪一个月？

4. 在一次考试中，一对同桌交了一模一样的考卷，但老师认为他们肯定没有作弊，这是为什么？

5. 小王一边刷牙，一边悠闲地吹着口哨，他是怎么做到的？

6. 小刘是个很普通的人，为什么竟然能一连十几个小时不眨眼？

7. 小张开车，不小心撞上电线杆发生车祸，警察到达时车上有个死人，小张说这与他无关，警察也相信了，为什么？

·完全解析·

1. 答案：他自己

2. 答案：他正在瞄准

3. 答案：二月

4. 答案：他们都交白卷

5. 答案：他在刷假牙

6. 答案：他在睡觉

7. 答案：他开的是灵车

第六章

财商解密：发现你的财富密码

107 测测你的金钱欲

·情景测试·

你会不会拼命去赚钱呢？这也关乎你的金钱欲望，想要看看你的金钱欲望有多大吗？让我们马上开始吧。

参加友人的婚礼，由于不喝酒，所以选择果汁，但是吧台上有四个玻璃杯，玻璃杯的果汁分量各不相同，你会选择哪一杯？

A.半杯　　　　　　　　　　　B.满杯

C.空杯（自行倒果汁）　　　　D.七分满

·完全解析·

选择 A：你不是一个金钱欲望很重的人，你在金钱的问题上很小心，也许你在处理任何事情的时候均抱持慎重的态度，只不过是对待金钱更加慎重罢了。

选择 B：选择果汁满杯的人，你肯定是一个对金钱追求很强烈的人，甚至有点儿极端，所谓守财奴型的人多会选择此杯。

选择 C：这种人怀有强烈的金钱欲望，但对理财却不擅长。情绪不定，因此所抱持的价值观也就时常改变。

有目标，才能正中靶心。

选择 D：你对待金钱一事处理得很不错，尽管你对金钱有欲望，但不会让这种欲望表面化，你把自己控制得很好，踏实稳重，不会一心想赚大钱以致铤而走险做出像赌博般的冒险行为。

108 你会成为亿万富翁吗

·情景测试·

你的新房子正在装潢，你会在哪一部分花最多的钱？

A.客厅的沙发、摆设　　　　B.卧室的床　　　　C.浴室、厨房

·完全解析·

选择A：你天生有致富的命，可惜把握不住，想想自己花钱的态度，不要太在意"表面功夫"，收支平衡才重要！其实你财运不错，只要足够勤劳，财源自然滚滚来。

选择B：你品位比较高，生来就属于上流社会，也许你目前还没有大富大贵，但是在口袋快见底的时候总会有适时的补充。你不会穷，但是也算不上富翁。

选择C：看起来你实在是不太可能成为富翁，但是人不可貌相，你成为大富翁的机会最大。你的财运很好，做什么工作都赚钱！也许你自己都不知道怎么变成大富翁的。

109 测测你的发财植物

·情景测试·

植物可以给人带来财运，然个人财源滚滚。但每一个人的幸运植物可是不尽相同的，你想知道会给自己带来财运的植物是什么吗？就要看看下面的测试了。

在坐自行车的时候，一般情况下你的手都是怎么摆放的？

A.双手抱紧骑车　　　　　　B.放在自己的膝盖上

C.放在骑车的人的腰里　　　D.放在车的后面

·完全解析·

选择A：兰花。兰花是中国传统名花，以它特有的叶、花、香独具四清（气清、色清、神清、韵清），有高洁、清雅的特点。有了此花，你的股票短期激涨的概率会增加很多哦。

选择B：常春藤。常春藤可净化室内空气、吸收苯、甲醛等有害气体，是世界著名的新一代室内观叶植物，也可以使你的财源滚滚来，财运不断。

选择C：富贵竹。富贵竹的美与它的吉祥名分分不开。它有细长潇洒的叶子，翠绿的叶色，茎节表现出貌似竹节的特征，却不是真正的竹。中国有"花开富贵，竹报平安"的祝辞。

选择D：发财树。发财树有净化空气的作用，主要吸收硫、苯等，在光照适宜时有光合作用，是吸收二氧化碳，释放氧气，在无光的环境中是吸收氧气，释放二氧化碳。发财树寓意生意兴垄财源滚滚、恭喜发财。

110 你有什么样的金钱观念

·情景测试·

从平时的生活细节就能看出你的金钱观念。你刷牙的时候有什么特别的习惯，从这些习惯中就能看出你对金钱的看法：是最高的追求，还是只觉得是身外之物呢？

你怎样刷牙？

A.一边让水龙头开着一边刷牙　　B.急速刷两三下完毕

C.慢慢仔细地刷　　　　　　　　D.只漱漱口就完毕

·完全解析·

选择A：不管你怎么看待金钱，可要注意节约用水！你的表现说明你算是视金钱如粪土，有时大把挥霍，有时身不留一文。如果你不是什么富二代，那就要学会节约了，否则总有一天会入不敷出。

选择B：你的行为非常普遍，很多人都是这样的。你不会是铁公鸡，也不会挥霍无度，属于普通一般型。

选择C：你很看重金钱，一分钱都不浪费。虽然节约不是坏事，但是太过斤斤计较就不好了。从你的表现来说，你对金钱有点神经质，可能会被认为是葛朗台。

选择D：你就像是一个贪心又有赌瘾的赌徒。由你的表现看，你好大喜功又浮华，有多少花多少，还有债没还清就想再借贷，这样可不好，有闯劲也要顾及现实情况。

111 七彩信封

·情景测试·

有的人工资不高，却也能攒下一笔钱，有的人看着工资很高，却总是囊中空空，这是为什么呢？来做个测试吧。

有七个颜色的信封，凭直觉你认为哪个信封里会有10000元钱？

A.红色信封　　B.绿色信封　　C.紫色信封　　D.蓝色信封

E.褐色信封　　F.黑色信封　　G.白色信封

·完全解析·

选择A：孔雀型

这种人很爱面子，也很好强。对于他们来说，宁愿散尽钱财，也要保住面子，这么几次，钱就没了。

选择B：白兔型

这种人心软、善良。如果亲戚或者朋友有需要，他们会倾囊相助，所以他们的缺钱是因为太有义气和太善良。

选择C：变色龙型

这种人一般不会苛刻自己，在他们看来，人生在世本来就苦短，如果不对自己好点，就没什么意义了。所以他们花钱都是按自己的想法来，让自己开心。

选择D：猎犬型

这些人把梦想看得很重，为了梦想可以付出一些，对他们来说，为了梦想而散尽积蓄也无所谓。

选择E：骆驼型

这种人很保守，会把自己的钱都抓在手里。但是他们不善于理财，经常因为投资不当而缺钱。

选择F：黑豹型

这种人欲望很重，又不服输，经常为了争一口气而破财。如果是女性，在商店看上一件东西，如果售货员态度不好，就会立刻刷卡买下。如果是男性，女朋友想买什么，他也会立即买下，以表示自己有足够的经济能力。

选择G：猫头鹰型

这类型的人很负责，对家庭特别负责。但是当你给别人考虑的太多的时候，就会发现很难攒钱，因为各方面的钱加起来实在不菲。

112 创意的创造力

情景测试

想发财可不简单，循规蹈矩地墨守成规，你可能一辈子都发不了财。那你能打破陈规，迸出新思想的火花吗？

一个古灵精怪、美貌绝伦的富家小姐被一群嗜钱如命的暴力分子绑架，经搜身发现她只有一个手提袋。富家小姐含泪请别把它抢走，但暴力分子只允许她留下这个手提袋里一件东西，你想她会选什么以备逃生之用呢？

A. 钥匙：或许可以锯断绳子

B. 一件珍贵的首饰：适当地贿赂看守

C. 口红：可以偷偷做一些记号给侦破人员

D. 小镜子：打碎可做利器，也可反光发信号引起别人的注意以求救

完全解析

选择A：安稳富足型

你习惯安稳的生活，对新事物的反应有些迟钝，那是因为你很注重传统，你有很好的观察力，但是主要放在周围的事物身上，所以你很难有新的创意和想法。

选择B：投机取巧型

你很可能干出不合常规的事情来。你的观察力非常不错，但是你急功近利，甚

至可能为此做出一些违法的事情，到时候，也就只有你自己喝下酿的苦酒了。

选择C：你非常有潜力

一般来说你的思想比较新颖，而且会获得大部分人的认同和肯定。因为你有着很强的洞察力，可以正确地把握事情，所以需要你表现的时候，也许会一鸣惊人。

选择D：反应滞后型

你喜欢做表面文章，因为你对他人的观察力不够

雷同，让人无从选择！

强，所以很容易上当。别人称你为"事后诸葛"，就是说你总是比别人慢一些，错过好时机。

113 握电话的手

·情景测试·

几乎没有人不爱金钱，就算他嘴上说着把金钱看得很轻，但是从他的一些小细节上，你就能看出他有没有撒谎。

当一个人在打电话时，是如何拿听筒呢？

A.用双手牢牢地握住话筒

B.握着听筒的中央，并使之离开耳朵

C.一手握着听筒，另一手握着电话线

D.握着听筒的下方

E.握着听筒的上方

·完全解析·

选择A：爱钻牛角尖，就是常说的瞎操心，特别在对待金钱上，花每一分钱总是要前思后想花。他会把收入分成几份，多少要存定期，多少要当日常开销，都算得很清楚。"浪费"这个词是不可能出现在他身上的。这种类型的人大都有定期存款，每当看到存款数字上升时，就是他们最高兴的时候了。如果这种类型的女性理财的话还是不错的，她们肯定不会乱买东西，只会让钱越积越多。

选择B：他不想听对方说话。如果一个人一直用这个姿势握听筒的话，也就代表他不重金钱，但是他们不是对钱没有概念，他们对钱很有概念，什么时候该花，什么时候不该花，他们都有个度。在购物的时候，他们会买高端的产品，但他们会

先看清楚这个东西的价值，不会一听到销售人员说好就立马买下。

选择C：少女型的。这类女性买东西都很犹豫，要考虑的问题很多，但最后还是没有买成。他们买得最多的就是那些自己觉得便宜的东西，但过后往往发现这些东西性价比很低或者生活中根本用不到，这种类型的人属于浪费型的。这一类型的人在装饰品及吃的方面花钱就特别豪气，爱请客，甚至为了面子把钱花光。

选择D：能力强的人，在工作生活上都有自己的一套，很独立也很自主，天生的乐天派，不会为了生活琐事而烦闷。对待金钱他们也有自己的一个标准，就是有该花则花、该省则省的观念。这一类型的人成为富豪的人不少，他们属于不追求虚荣的实用主义者，往往可以想出一些创业致富或别人所没注意到的赚钱方法。

选择E：女性居多。大多是神经质，爱慕虚荣，有自己的审美，会为了喜欢的东西不顾一切去买，就算是有存钱的习惯，也会把大部分的金钱花在买化妆品或宝石等物，总的来说，她们会把自己打扮得美美的，因为爱美的态度比别人强好几倍。

114 你的理财能力是几段

·情景测试·

你是一个单身贵族还是刚成家的小青年？还是已经有了上有老下有小的稳定家庭？其实无论当下的你是走在人生的哪一个阶段里，"钱"这个事情一直是围绕着你的，所以学会理财对于每一个现代人来说都是一项不可或缺的生活技能，最关键的是理财能力的高低在很大程度上影响了你这一辈子的成就。以下的小测试可以帮你检验一下你的理财能力是否过关。

1. 现在手头上有多少钱？

A. 精确地知道　　　　B. 知道个大概　　　　C. 完全没有概念

2. 你知道多少投资项目？

A.5个以上　　　　　B.2～5个　　　　　C. 只知道放在银行生利息

3. 你的钱主要用在哪里？

A. 全存在银行　　　　B. 全花光　　　　　C. 做了好几项投资

4. 你清楚每个月的开支是多少吗？

A. 心中没底　　　　　B. 不透支就不管　　　C. 都在计划内

5. 买大件商品时你会怎么做？

A. 货比三家，选性价比最高的下手　　　　B. 品牌优先

C. 能用就行

6. 逛商场时你是怎样的？

A. 看见喜欢的就买，回家才发现很多都是没用的，很是后悔

B. 大致买些需要的东西，随性而行

C. 买什么东西心中有谱，打折促销的才可能入你眼

7.别人给你好看的旧衣服时，你会怎样？

A.欣然接受   B.勉强收下但不穿   C.怕面子挂不住而坚决不收

8.对于请客吃饭这个事你怎么看？

A.量力而行，不给自己添负担   B.在可控制的范围内尽量挑好的

C.为了面子不顾口袋，倾囊而出请客

9.买房子时你会如何筹钱？

A.量入为出，按揭买房   B.努力攒钱，一次付款

C.喜欢的就买了，钱的事不够就找人借

·计分方法·

得分 题号 选项	1	2	3	4	5	6	7	8	9
A	2	2	0	0	2	0	2	2	2
B	1	1	1	1	1	1	1	1	1
C	0	0	2	2	0	2	0	0	0

·完全解析·

0～4分：目前的你不太适合管理钱物，你应该多学习理财知识再动手，比如仔细读几本理财类书籍与杂志。

5～9分：恭喜你已经意识到钱是需要费心打理的，但你也需要多关注你的钱袋子，多看看周围的人是如何管理自己的资源的，你的理财能力有待进一步提高。

10～13分：你具有一定的理财能力，但还不够理性消费，有时候会买贵了。如果你可以对花出去的每一块钱都多一份关注的话，你可以发现身边的其他理财资源。

14～18分：你在理财上是一个高手，大家都应该向你学习，你懂得如何将身边的资源利用起来，使其发挥最大的功用。

115 发财梦想记

·情景测试·

当今社会，钱是不可或缺的，无钱寸步难行。你一定无数次地梦见自己的枕边有黄金万两吧！你的黄粱美梦是终将实现呢，还是会被现实击得粉碎呢？

一个垂暮的老人独自站在高楼的窗前眺望窗外繁华的街道，你猜他在看什么呢？

A.热恋中的情侣   B.停在街道旁的名车

C.路旁高大茂密的树   D.不停闪烁的红绿灯

·完全解析·

选择A：你本来就没有强力的发财欲望，也许只是想安于现状。由于你太乐观，

所以你把发财梦想得太简单，将问题简单化，所以可能把自己的目标定得有点高了。现在你要做的，就是把致富的目标定得低一点，让它更加切合实际。

选择B：你是一个拜金主义者，财富是你毕生最大的追求。你憧憬和渴望幸福的生活，你有很好的理财观念和能力，办法也很多，有时候会不惜一切致富。

选择C：你总把自己的发财梦控制在最近能够实现的范围内，所以你很少有惊喜，也很少会失望。你很现实，目标贴合现实，容易实现。这种做法非常可取。这是因为你比较诚实、踏实、低调，对待上司忠实而认真，你是个不错的副手。

选择D：你比较现实，很少会做关于金钱的白日梦。你守规矩、胆小懦弱，做事也比较谨慎。你很难发大财，不过你可以做一些财会工作，在这方面，你的才能和特长就能发挥出来了。跟你一起生活会稳中有升，倒是个不错的考虑对象哦。

116 你是一个理财高手吗

·情景测试·

理财的能力需要培养，而你现在的理财能力，通过一些细节就能看出，不信就测试一下！

每逢家里要大扫除时，你会先丢掉哪类物品？

A. 旧衣服　　　　　　　　　B. 体积过大的老电器
C. 零零碎碎的小东西　　　　D. 过期的旧书杂志

·完全解析·

选择A：你花钱的能力是当仁不让的，尽管你赚钱的能力也很强。

选择B：你的理财观念是冲动型的，你需要一个善于理财的人来帮助你，防止你常常买些好看但不实用的东西，而且你还不善于开源，真担心你赚的不够花。

选择C：你算得是一个开源和节流都并重的理财高手了。你要买一件东西起码会对比三次才

艺高人，才胆大！

会下手，但是在朋友面前你又可以装成一个海派阔气的人。

选择D："乱花钱"这三个字是不会出现在你身上的，可惜的是，你也很少想过投资理财来开源。

117 你的理财盲点在哪里

·情景测试·

一般出国旅行肯定会购物，尤其是当地的跳蚤市场，不但价格极有弹性，还可以挖到不少物美价廉的宝贝，回国后可能价位会翻好几倍呢。做一个小测试吧，看看你会买什么东西收藏，从中发现你的理财观念和盲点。

你对下列哪一项物品最感兴趣呢？

A.古董相机　　　　　　　　B.手工织毯

C.古银首饰　　　　　　　　D.书画艺术品

·完全解析·

选择A：你绝对不是一个理财高手，你把开源和节流两种工作分得很清楚，而你也觉得开源比较适合自己，你认为花钱就是要让自己开心，所以委屈自己的事情绝对不会做，你觉得每一件物品你都花得很值得，无论是吃的住的还是用的。当然你的品位很不错，所以建议你把这个品位运动到投资上来，选到可以增值的物品。从这个角度讲你的收藏癖好就不再是个花钱的癖好了，有一天还能有一点回收价值。

选择B：你是一个耳根子软、情感丰富、对人毫无防备之心的人。推销员最喜欢遇到你这样的顾客了，因为你对他们的话会照单全收，你是一个感性的消费者，家里人很怕你出门乱花钱，最怕在销售员的怂恿下把全部家产都花光了。所以你必须对自己的支出有个预算，控制好消费，不然你永远是一个负债者。

选择C：你觉得财富是慢慢积累的，所以对每一分钱都很重视，你尽可能地从各处节省，所以有一笔小积蓄，但这样节流的存钱方式太慢了，你还不能有效地管理钱财。如果你可以将暂时不需动用的存款做一些投资，会给你带来意想不到的结果。

选择D：你是一个有梦想的人，但也是一个不切实际的人。你也不是一个懂得理财的人，甚至不知道应该从哪里开始理财比较好。你不想投入风险大的股票市场，也不想干巴巴地放在银行。你可能关注了投资市场很久了，但就是没有大动作，对你来说最好就是找一个可以信赖的人，帮你做投资理财。

118 你适合哪种理财方式

·情景测试·

理财方式多到让人眼花缭乱，你肯定没有那么多钱去一一尝试的，那到底哪种更适合你呢？测试一下吧。

如果你的宠物是一只狐狸，你最欣赏它的是什么？

A.美丽的毛皮　　　B.懒懒的样子　　　C.亮亮的眼睛

完全解析

选择 A：你是一个传统的人，适合稳健的投资方案，所以传统的理财手段会为你的收入带来保障。

选择 B：你是一个没有耐心的人，缺少应对传统理财方式的耐心，所以涉足新的渠道和领域会为你带来不错的收益。

选择 C：你是一个心理素质高的人，有驾驭复杂局面的判断力和行动力，所以高风险的计划会对你有吸引力。

119 谁动了你的钱

情景测试

如果你要参加商场免费抢购活动，只给你一分钟时间，在这个时间里你抢购到的东西都是免费的，你第一个想抢的东西是什么？

A. 在二楼的钻戒

B. 离收银台有点远的手机

C. 离收银台只有十步之遥的 42 寸液晶电视

D. 离收银台最近的巧克力

完全解析

选择 A：你大部分的开销都在吃上面，美食的诱惑你无法抵挡！

你的观点是人生的第一享受就是品尝各种美食，任何诱惑也不如美食诱惑那样让你无法抗拒。你的味蕾很广，只要美食你都不会放过。当兴致来时，你会自己下厨煮饭，为自己做上一顿丰盛的晚餐并津津有味地享受辛劳后的成果。对于你来说，金钱都变成你肚子上的脂肪了，难道你真的想这样就过一辈子吗？

选择 B: 你的金钱都用于理财投资了！

你赚钱的欲望很强烈，而且是一个理财高手。每当听到别人有赚钱的好办法你都想试一下，比如专家说看好未来的房市，你恨不得马上就投资房地产。你的出发点是好的，为了能赢得更多的财富，就将暂时不用的钱投资到市场中。但要提醒你，任何投资都是带有风险的，一定要有计划地进行，不能听到什么就是什么。投资理财可以是一生的功课，如果一味盲信权威，最后的结局肯定是输多赢少。

选择 C：你的金钱都用在购物上了！

你经常出现在商场里，那些专柜的产品常常令你流连忘返，看到最新的产品时，你肯定会心动，如果遇到打折，你更是不能自拔要消费了，倘若此时售货员再给你美言几句，你肯定马上掏出信用卡，可是当月底收到催缴单时，你又会后悔不已。

选择 D：你的金钱都用在家人身上了！

你是一个恋家的人，对你来说拥有家的温暖要比什么都重要。你很懂得过日子，你会对着超市的宣传册看，对比哪一家的水果便宜，哪一家的洗衣粉今天有特价，你会选择最优惠的一天下手购买。你的大部分收入都贴到了家用上，不仅为柴米油盐精打细算，对于家人的衣食住行更是尽量满足。可能对于外人来说你过着这样的日子很忙碌也辛苦，但你认为这是一种享受。

120 从吃鱼方式看你的花钱态度

情景测试

在你的面前有一条鲜嫩爽口的大石斑鱼，垂涎欲滴的你会首先向鱼的哪个部位下手呢？这个小测试就是从你的吃鱼方式看出你的花钱态度。

A. 鱼头　　　　　　　　　　B. 鱼腹（中间）
C. 鱼尾　　　　　　　　　　D. 没有特定地方，到处乱吃

完全解析

选择A：你是一个乐天派，只要是中意的东西，就一定会想方设法地得到手。可能平时的你也会存钱，但有时候还会出现大量采买的可能，你也不必太过担心，因为能让你看中的东西不多，所以发生这种情形的频率并不高。

选择B：每当百货公司的花车在做特价活动，你肯定会在现场"作战"，特别对于吃的、穿的你肯定不会过多考虑的，只要是喜欢的就会买，所以你经常刷爆自己的信用卡，成为负债累累的可怜虫。

选择C：你是标准的铁公鸡，你对金钱是能不花肯定不会花，买个泡面都要考虑是买碗装还是袋装，会衡量是花多钱但不需洗碗呢，还是花少点钱要用洗洁剂洗碗。

选择D：你是一个做事没有目标的人，你可能忙忙碌碌一整天也没有做出个什么事，所以你对待金钱的态度也是如此，你不适合理财。

121 你做什么职业最赚钱

情景测试

站在人生的岔路口，你可能会迷茫了，不知道到底哪种职业才是最适合自己的，不用担心，以下的小测试可以帮到你。请在以下植物中选一种你最欣赏的。

A. 木棉　　　　B. 玫瑰　　　　C. 郁金香　　　　D. 香水百合

完全解析

选择A：木棉花是一种很朴素的花，你的选择看出你是一个爽快、不会玩阴谋诡计的人。这样的话从商是不适合你的，商场上的尔虞我诈你应付不来。反而你适合写作，如果你具备文学艺术天分的话，这个行当可以发挥你的特长。

选择B：玫瑰美丽但有刺，你生性浪漫、任性，喜欢过无拘无束的生活，你的追求就是自由、宽松的生存空间。你充满艺术细胞，可以把最好的时光都用在吟诗诵月般虚幻中，所以你要明确一点，你不是一个适合干体力活的人。

选择C：你的感情十分细腻，你也是情感的狂热分子。但由于你可能三分钟热度，所以做事虎头蛇尾。只要你可以把一件事情彻彻底底、一丝不苟地完成，你就成功了。

选择D：你在生活中是一个非常严谨的人，你把生活安排得井井有条，有较高的审美能力和创造能力，你的发型可以保持常年不变，你爱干净，容不得脏的东西。所以你适合选高难度有含量的好职业，千万不要浪费了你的"百万富翁"坯子。

122 三年后你是穷还是富

情景测试

如果你正在进行减肥计划，而你的朋友却偏偏在这时请你吃大餐，你认为他的心态是什么？（大家一定要看仔细哦）

A. 只是顺便叫你吃饭没有别的意思

B. 心疼你，怕你减肥太辛苦

C. 考验你减肥的意志力够不够坚强

D. 逗你开心希望你轻松面对减肥

完全解析

选择A：你会默默努力，充实自己，所以三年后，你将会衣食无忧。这类人性格多较为老实，也比较单纯，自己分内的事情一定会努力做好，因此专业基础也打得扎实。虽然可能难以大富大贵，但是还是会因为专业精深而大赚一笔。

选择B：你缺乏打拼的动力，三年后的你，可能还是现在的样子。你安于现状，活在当下，喜欢细细品味人生，挑选工作时，更注重是否合乎他的尊严或他的喜好。

心存恐惧的人，无法发挥自己的潜能。

选择C：你是个潜力无穷的小富翁哦，三年后的你，即便不会大富，也绝对是一个绩优股。这类人学习能力超强，善于判断分析，因此成为绩优股的机会很大。

选择D：你是极端享乐者，所以，三年后的你可能会沦落到向亲友借钱度日。这类人十分孩子气，认为开心就好了，有着一副好心肠，耳根子也很软。

123 你是个理性的投资者吗

·情景测试·

这是一个投资的时代，而投资的正确与合理显得极为重要，盲目投资通常会导致人们面临无法承受的严重损失。你是不是一个理性的投资者？来测一测吧。

参加工作后领到的第一份工资，你是如何分配的？

A. 花一些存一些　　　　　B. 没计划地花光

C. 有计划地花光　　　　　D. 已经忘记了

·完全解析·

选择 A：你是位现实主义者，做人做事都习惯留有相当大的空间，你不愿承受太大的风险，同时也不愿失去好的创业机会，因此事业相对平稳，不过发展也较缓慢。

选择 B：你的企业发展易造成"经济泡沫"，容易跟风，随波逐流，不能统筹规划理性投资。不过你个性精明，善于把握商机，如果能寻一位超强的投资专家为合伙人，相信成功就属于你。

选择 C：你胆大心细，做事目的性强，是位理财高手。面对商机能够看准形势全力出击，加之成功的管理，会促使企业更加迅猛地发展。

选择 D：对于目前的创业投资规划不清晰，因为现状较好，故不用过多顾及以后发展会怎样。建议你制定合理的投资方案，保障长足发展。

124 财神何时到你家

·情景测试·

尽管金钱不是衡量一个人成功与否的唯一标准，但在当今社会中，成功人士的口袋中缺钱的人为数不多，也就是说，有钱在一定程度上已经与有作为画上了等号。

也许你目前正处于锻炼自我、提高能力的阶段，虽有壮志，却无钱财，那你也不必着急，只要你掌握了积累财富的方法，何愁不发财呢？先做个测试吧！每题共有 3 个选项：A. 是；B. 不知道；C. 否。选择适合你的一项，看看财神何时到你家。

1. 你经常买福利彩票吗？

2. 你喜欢吃甜食吗？

3. 你喜欢打麻将吗？

4. 你喜欢说些令人吃惊的话吗？

5. 你的体重适中吗？

6. 你常去商店买打折的物品吗？

7. 小时候你拥有许多玩具吗?

8. 你的亲友有人经商吗?

9. 你看到想要的东西一定要得到吗?

10. 你喜欢追逐时尚吗?

11. 你能独自一人完成一项任务吗?

12. 你从小到大从未缺过钱吗?

13. 在银行有你的户头吗?

14. 你很少借钱给别人吗?

15. 你觉得自己很聪明吗?

16. 你会同意以分期付款的方式买房、买车吗?

17. 你每月都去储蓄吗?

18. 你愿意为了大局牺牲小的利益吗?

19. 你会在公共场合捡起一角钱吗?

20. 你从没做过丢钱或被抢劫的梦吗?

·计分方法·

选 A 计 3 分,选 B 计 2 分,选 C 计 1 分,最后汇总得分。

·完全解析·

0~20分:花钱如流水型。你的一生不会有太多的储蓄。你不是不能挣钱,而是不能存钱。你只图眼前的享受,不为以后着想,丝毫没有储蓄的念头。计划用钱,减少开支,对你而言是件痛苦的事。你属于高收入、高支出的类型。吃、喝、玩、乐不愁没钱,也不会陷于拮据。25~35岁间,赚钱、花钱最为显著。这时候若能好好攒钱,不过分挥霍,应会有舒适的晚年生活。

21~30分:老来有财型。你小时候可能非常缺钱用,连零花钱也是少之又少,不过随着年龄的增长,在20、30岁后,你很能赚钱,而且你本身又不太浪费,也不随便借给人钱。40岁左右是你赚钱的大好时机,投资金属、宝石、土地和不动产等,甚至独自经商,都是赚大钱的良机,成为亿万富翁也有可能。即使丧失了这些良机,成不了亿万富翁,你也能成为小财主,过着舒适的晚年。

31~44分:缺乏财运型。因为你缺乏财运,自小就没有财神爷光顾,心中最好不要存有赚大钱的念头,也不能从事投机事业,否则不但赚不到钱,反而会吃不了兜着走的。大约25岁才会有财运,生活上不再愁钱,但一接近30岁又再度面临缺钱的困境,也不可能得到双亲的接济。你的财运在30~40岁之间最为重要,一旦不能把握,过了50岁,想赚钱就更难了。所以你存钱的唯一良方就是节俭,尽可能存钱,尽可能有计划地用钱,丝毫也不能浪费。这种攒钱的方式是有些辛苦,不过你的一生会很平安。

45~60分:财运滚滚型。不会满足于平凡的生活,憧憬飞黄腾达。虽有过分的欲望,可是不会招致严重的不幸。你是财运高照的类型,抱着与其孜孜不倦赚钱、存钱,不如意外发大财的想法。你的性格决定你30岁左右适合自己办厂、制造商品,而且这种产品并非一般人能注意到的，由于没有竞争者，因此大赚其钱。不过在 30 岁左右所赚的钱，也容易大量花费在异性身上，但也不会为此而弄得人财两空。你一缺钱，就会设法赚钱，到 50 岁财神爷再度降临，做任何事都能一帆风顺，生活上不会有拮据的困境。过了 60 岁，花掉的金钱虽想再赚回来，但已身不由己了。所以要为你的晚年生活留条后路。

125 你未来的财富看涨指数

情景测试

在现实生活中，人们羡慕已经富裕起来的人，更期望自己也能很快富起来，想知道你未来的财富看涨指数吗？请做下面的测试。

假如有一天你早上醒来发现自己被外星人抓走，你会怎么做？

A. 想办法逃走
B. 装死
C. 求他们放自己走
D. 与外星人拼死搏斗

完全解析

选择 A：财富行情看涨指数 55%。你为人勤奋，只要有机会就会学习一些实用的工作技能，一旦时机成熟你一定会令人刮目相看。

选择 B：财富行情看涨指数 90%。你的 IQ 和 EQ 都非常高，懂得分享和包容，会让大家觉得你不仅仅是事业成功，做人方面也非常沉稳。

选择 C：财富行情看涨指数 20%。你专注于自己所从事的工作，希望能做得更好，只要能把自己分内的事情做好，总有一天你会成功。

选择 D：财富行情看涨指数 50%。你做事果敢，敢于冒险，这种性格在生意场上不是大赢就是大输。只要学会控制风险，财富就能稳步增长。

126 你的发财梦切合实际吗

情景测试

每个人都想成为追求财富的赢家，每个人都希望自己能实现发财梦，可并不是每个人都能顺利地实现这个梦，想知道你能否达成财富的梦想吗？请做下面的测试。

偷窥的经历每个人都有过。如果有一天，当你走在街上时，发现高高的围墙上有一个小小的洞，你希望从那个洞口看见什么？

A. 一对男女
B. 富丽堂皇的大宅邸
C. 花园或草坪

D. 看门狗或警卫

完全解析

选择A：你是一个标准的乐观主义者，因而你一定要仔细审核自己的致富目标是否切合实际，是否是在你的能力范围之内。

选择B：你是一个金钱的崇拜者，总在憧憬着奢华的生活。你的挣钱目标是客观的，但告诫你，要为了事业而努力工作，不要只是为了金钱而拼命。

人们总是漠视已经拥有的巨大财富，却为一点点意外之财而沾沾自喜、感恩戴德。

选择C：你是一个很现实的人，目标总是很客观、很容易实现。你总是稳扎稳打。如果再多一点闯劲和激情的话，那就更完美了。

选择D：怯懦是你给人的第一个感觉，所以做起事来总是小心谨慎，唯恐出错，你适合做与会计有关的工作。你不会发大财，原因是你怕冒险，怕钱多了会有新的麻烦，你的生活平稳安宁，你的生活目标很现实。

127 你从事什么职业容易发财

情景测试

你迷路了，这时天色已晚，你发现了一间小屋子，只好向主人借宿，可是屋主却告诉你屋子的四个房间都闹鬼，你会选择哪个房间呢？

A. 有个人头从窗外恶狠狠瞪着你

B. 厕所会传来开关门声和女人叹息声

C. 你一躺上床去床就开始摇晃不让你睡

D. 半夜醒来看到一个无头鬼坐在床边

完全解析

选择A：你适合拥有自己的专属空间的工作。虽然挣得不多，但有稳定的收入来源，而且比较固定，不容易被外界所影响。有人从窗外瞪着你代表来自于周遭对你的不满和异样的眼光，在窗外代表不容易对你造成影响。例如老师的工作，不管你多么不受学生欢迎，可是并不会轻易丢了饭碗。其他例如公务员的也可以归类于此。

选择B：你比较喜欢安静的工作，尤其是公司的主管人事或是其他幕后策划等的工作。厕所会传来开关门声和女人的叹息声，代表你会受到来自于上级的压力或是主管的责骂。比较起来，你宁愿整天待在办公室里吹冷气也不愿意到外面去忍受风吹日晒，其他诸如高科技产业的技师或工程师，企业的网络工程师或是会计等也都是比较适合你的。

选择C：你适合从事活动性较强或业务类的工作，你好动，整天坐在办公室里怕是会憋出病来，你也不喜欢受拘束，所以你也倾向于常常到外头走动的工作，像保险推销员、房产经纪人等等。床开始摇晃不让你睡代表你做业务时，拜访客户常常会遭到拒绝、碰壁。其他像是大老板的司机或是导游也都可以归于此类。

选择D：与人沟通是你比较擅长的，因此接近群众的工作对你来说不错。例如电视明星、政府委员等需要群众支持的工作。无头鬼坐在床边代表这个人和你密不可分，可是又无法看清他是谁。就像棒球明星会累积一定的球迷，也靠球迷的拥戴吃饭，可是又不知道谁是谁一样。其他像是公司的公关、便利商店的店员或是银行的服务人员也都比较适合你。

128 是什么阻碍你致富

情景测试

据统计，世界上95%的财富掌握在5%的富人手中，如果把这些钱平均分给每一个人的话，那么，5年之内，它们还会流入富人的口袋。为什么会出现这样的现象呢？阻碍你发财致富的因素是什么呢？想知道答案做做下面的测试就知道了。

夜深人静，寒风凛冽。这一夜，你刚和恋人分手，再加上工作不甚如意，仿佛一切的不幸都降临到你身上。你无奈地走到公园呆坐。但有一些不大顺眼的事（人）物出现在眼前，使你更加惆怅。假如以下4项中的一项可以从你的视野中消失，你会选择哪一项？

A. 花坛　　　　B. 秋千
C. 狗　　　　　D. 小男孩

完全解析

选择A：你是个不易把心事吐露给别人的人，多和别人沟通交流会有助于你发财。

选择B：你是个心直口快的人，想说什么就说什么，很容易得罪人，这会阻碍你发财。

选择C：你是一个大而化之的人，不会很细心地为别人设想，

只要你相信事情还有转机，并继续奋斗，也许成功就在下一步。

因此别人会觉得你有点自私，请多体谅别人一点。

选择D：你在别人面前总是隐藏自己的真正本意，并且太在乎别人对你的看法，请多表现真正的自己。

第七章

健康商数：健康是幸福的基石

129 减肥路上你能走多远

很多胖人有这样的烦恼：好不容易减肥成功，一不小心又胖回去了！"复胖"并不是简单的体重回升，忽胖忽瘦，会让体内脂肪比例增加，最后减肥也就成了奢望。

由生活习惯，就能检测出你是否是体重容易回升的体质。请回答是或不是：

1. 一日三餐不正常。

2. 大多在外用餐。

3. 常吃点心、宵夜。

4. 很挑食。

5. 一边吃东西，一边工作或看电视。

6. 常喝甜果汁。

7. 喝咖啡或红茶时一定加糖。

8. 喜欢且常喝酒。

9. 常吃零食来减低焦虑。

10. 吃东西的速度很快。

11. 常和朋友在一起吃吃喝喝。

12. 经常睡眠不足。

13. 不经常运动。

14. 不喜欢走路。

15. 在家时总是闲着不动。

16. 外出时常以车代步。

17. 肩膀常酸痛。

18. 容易便秘。

19. 抽烟。

20. 家中有胖子。

21. 神经质。

22. 没有特别的嗜好。

23. 人际关系不好。

•完全解析•

3个以下"是"者：目前的生活方式大致没有问题。

4～8个"是"者：必须改善一下生活方式，否则体重容易回升。

9～15个"是"者：属于体重容易回升者，要注意。

16个以上"是"者：如现在的生活方式不改变的话，非常容易变成易胖难瘦的体质，且容易罹患心血管疾病。

130 你是否处于心理亚健康

•情景测试•

自从"心理亚健康"这个词问世以来，已经引起了人们越来越多的关注。那么，你是不是也属于"心理亚健康"大军的一员呢？来测试一下吧。

1. 你感觉工作效率大不如前，上司开始不满你的工作效率。

2. 早上起床时，有头发丝掉落。

3. 有性功能方面的障碍，丈夫/妻子昨晚给你性方面的暗示，但由于你觉得身体疲惫，力不从心，"功课"做得不好，对方甚至怀疑你有外遇了。

4. 总忘记事情，明明刚想好的，突然就忘记了。

5. 免疫力在下降，每当换季时，总不能逃离"流感"。

6. 一日三餐，进餐很少，就算是自己原来很喜欢的菜式，吃起来也觉得索然无味。

7. 晚上睡不着，早上起不来，总爱做梦，睡眠质量很低。

8. 经常感觉自己很抑郁，对着窗外发呆。

9. 对工作莫名其妙地感到厌倦。

10. 工作起来状态很差，往往工作一小时后就觉得身体倦怠，胸闷气短。

11. 没有减肥，但体重有明显下降趋势，早上起来，发现眼眶深陷，下巴突出。

12. 工作情绪比较低落，而且自己不由自主地想生气，但又觉得没有精力爆发。

13. 对城市的污染、噪声非常敏感，比常人更渴望清幽、宁静的山水。

14. 盼望早早地逃离办公室，为的是能够回家，躺在床上休息片刻。

15. 在工作上不想面对同事、领导，甚至想成为一个自闭症患者。

16. 朋友的聚会也不喜欢参加，每次参加活动都觉得是勉强应酬。

•计分方法•

题号	1	2	3	4	5	6	7	8	9	10	11	12	13	14	15	16
得分	5	5	10	10	5	5	10	5	10	10	5	5	5	5	5	2

·完全解析·

总分 >30 分：你已经有亚健康的趋势了，应该调节一下。

总分 >50 分：你需要反思自己的生活方式和状态，多给自己一些工作外的活动，并要改进饮食习惯：不然亚健康就要充斥你的生活了。

总分 >80 分：心理亚健康的你还是赶紧休息吧，不要再勉强自己了，适当的时候求助于心理医生也是好的。

131 深入了解你的生活

·情景测试·

深入地了解自己的日常生活习惯，了解自己的睡眠、烟酒嗜好度、性生活等等，并且不断地去改善它、提高它，就可尽情享受健康生活的快乐。

按照自己的生活习惯对下列自测题做出最适合你的选择。

1. 你动身上班的时候总是这样掌握的：

A. 提前一会儿到达

B. 不紧不慢正点到达

C. 慌慌张张，经常迟到

2. 你对文化体育活动的基本态度是：

A. 不感兴趣，从不沾边

B. 只是以一个旁观者的身份参加

C. 只要有可能，从不放过

3. 早晨起床后你会：

A. 先洗脸、刷牙，然后再煮稀饭

B. 先煮饭，再洗脸刷牙

C. 不一定

4. 你每天晚上就寝的时间大约是：

A. 凭自己的兴趣

B. 把事情干完即睡

C. 大体同一时间睡

5. 你有喝茶的习惯吗？

A. 不喜欢

B. 偶尔喝一点

C. 很喜欢，且懂得茶道

6. 你对第二天上班需带的一些东西如铅笔、练习本等是怎样准备的？

A. 当天晚上全部整理好

B. 家中的东西本来就井井有条，随时即可取用

C.每天早上得费时费力去找

7.你早上醒来以后，总是：

A.从容起床，轻微锻炼一下再着手干要干的事情

B.立即跳下床

C.估计时间还来得及，再在被窝里"舒服一会儿"

8.如果和朋友对某问题的认识产生分歧，你一般这样解决：

A.坚持己见，争论不休

B.你认为没有必要争论

C.表明自己的观点，但不争论

9.你的早餐通常是这样安排的：

A.有稀有干，细嚼慢咽

B.不管冷热干稀，吃几口就走

C.因时间来不及了，下顿再补

10.不管任务多重、工作压力有多大，你都会和同事开玩笑吗？

A.有时候如此 　　　　B.每天都如此 　　　　C.很少如此

11.当你准备第二天早些起床时，你是这样做的：

A.预先上好闹钟 　　　B.请家人到时候喊 　　　C.自信到时能醒来

12.假如自己的身体出现不适或重病，你会：

A.不当回事，等挺不住才去看医生

B.自己随便找些药服用

C.认真看医生，了解病情，并得到及时治疗

13.你度过休闲时光和节假日的方式是：

A.事先并无打算，凭即兴

B.事先有安排或无安排兼有

C.事先有安排，如买好电影票等

14.空闲时，你是否经常和朋友侃大山？

A.经常这样，并感到很愉快

B.从来没有

C.偶尔一次

15.接待来访客人、会见朋友，对你来说意味着：

A.增加不快和烦恼 　　B.浪费时间 　　　C.增进了解，活跃生活

完全解析

15～30分：生活方式科学健康，你能巧妙地安排生活，这对你从事的工作、学习都会产生积极的影响。健康的生活方式使你精力充沛，并使你的生活丰富多彩。

31～60分：生活方式尚好。你初步掌握了安排生活的艺术，在一般情况下，能轻松自如。但是在生活紧张、情绪不佳时，就会出现手忙脚乱的情况。要想使自己精力更充沛，更能适应高效率的学习和工作，应对生活方式做些调整。

61～75分：生活方式落后，你可能认为生活的艺术性对你无关紧要，因为你自认为目前生活得还不错。实际上，你的身心健康已受到伤害，对此毫无觉察是因为你占有年龄的优势。因此，应尽早纠正不良生活习惯，使自己将来生活得更幸福。

132 抑郁症的测量

·情景测试·

生活中遇到不顺的时候，往往会失落、无助、自责或内疚，因而情绪低落、沮丧，这就是抑郁。抑郁症是最常见的心理疾病，在全世界的发病率约为11%，所以有人把它称为"心灵的感冒"。

美国新一代心理治疗专家、宾夕法尼亚大学的伯恩斯博士曾设计出一套忧郁症的自我诊断表——"伯恩斯忧郁症清单（BDC）"。这个自我诊断表可帮助你快速诊断出你是否存在着抑郁症，且省去不少用于诊断的费用。

状态描述：没有、轻度、中度、严重。

1. 悲伤：你是否一直感到伤心或悲哀？

2. 泄气：你是否感到前景渺茫？

3. 缺乏自尊：你是否觉得自己没有价值或自以为是一个失败者？

4. 自卑：你是否觉得力不从心或自叹比不上别人？

5. 内疚：你是否对任何事都自责？

6. 犹豫：你是否在做决定时犹豫不决？

7. 焦躁不安：这段时间你是否一直处于愤怒和不满状态？

8. 对生活丧失兴趣：你对事业、家庭、爱好或朋友是否丧失了兴趣？

9. 丧失动机：你是否感到一蹶不振，做事情毫无动力？

10. 自我印象可怜：你是否以为自己已衰老或失去魅力？

11. 食欲变化：你是否感到食欲不振或情不自禁地暴饮暴食？

12. 睡眠变化：你是否患有失眠症或整天感到体力不支、昏昏欲睡？

13. 丧失性欲：你是否丧失了对性的兴趣？

14. 臆想症：你是否经常担心自己的健康？

15. 自杀冲动：你是否认为生存没有价值，或生不如死？

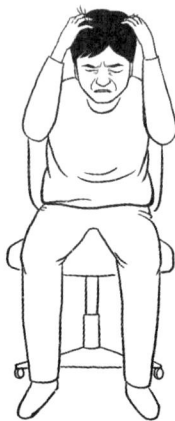

孤独是人的宿命，爱和友谊不能把它根除，但可以将它抚慰。

·计分方法·

"没有"得0分，"轻度"得1分，"中度"得2分，"严重"得3分，计算总分。

完全解析

测试完之后，请算出你的总分并评出你的忧郁程度：

0 ~ 4 分：你没有抑郁症。

5 ~ 10 分：偶尔有抑郁情绪。

11 ~ 20 分：患有轻度抑郁症。

21 ~ 30 分：患有中度抑郁症。

31 ~ 45 分：你有严重的抑郁症并需要立即接受治疗。

133 强迫症自我检测

情景测试

"强迫症"近年来频繁出现在我们面前，那么怎样才能知道自己有没有患上强迫症呢？通过下面这个简单的小测试就可以了。请根据最近一周以内的感觉和情况进行评分，最好是凭直觉作答。

1. 总有不必要的想法或字句在头脑中盘旋。

2. 健忘。

3. 总担心自己衣冠不整或者行为举止不够好。

4. 感到难以完成任务。

5. 做事的速度很慢，并且锱铢必较。

6. 做事必须反复检查。

7. 很难做决定。

8. 总是幻想一些无意义的事。

9. 注意力很难集中。

10. 必须反复洗手，点数目。

11. 总是重复做毫无意义的仪式动作。

12. 常怀疑被污染。

13. 总担心亲人出状况，爱做无意义的遐想。

14. 时不时会出现不可控制的对立观念、思维。

计分方法

没有为 0 分；很轻为 1 分；中等为 2 分；偏重为 3 分；严重评 4 分。

完全解析

将各条目的分值相加，只要总分超过 20 分，就有可能患上强迫症，建议到精神科或心理咨询门诊作进一步检查。

134 你是否有神经衰弱的倾向

情景测试

也许你还不知道自己有没有神经衰弱的症状，通过下面的测试你就能知道了。

请对下面的问题做出最适合你的选择，并将各题得分相加。

1. 每周，你至少有两天觉得精神饱满、身心舒畅吗？

A. 是　　　　　B. 否　　　　　C. 都不是

2. 已经睡了一天了甚至更多，仍感精神不振。

A. 是　　　　　B. 否　　　　　C. 都不是

3. 每天很累，但找不到生理上的原因。

A. 是　　　　　B. 否　　　　　C. 都不是

4. 以下症状中有哪几项是你经常经历的？

头痛、头晕、呼吸不畅、心慌心悸、眼花、消化不良、便秘、习惯性腹泻、精神紧张、四肢乏力、长期失眠、精神不振、容易疲倦。

A.8项以上　　　B.4～7项　　　C.3项以下

5. 身体不适时，你是否向他人倾诉？

A. 时常　　　　B. 偶尔　　　　C. 从不

6. 你周围的人是否重视你的存在？

A. 非常重视　　B. 重视　　　　C. 不重视

计分方法

得分 选项 \ 题号	1	2	3	4	5	6
A	1	2	2	3	3	1
B	2	1	1	2	2	2
C	3	3	3	1	1	3

完全解析

0～7分：你是一个身心健康的人。

8～11分：你已经有神经衰弱的倾向了，应该改变一下目前的生活方式。换一种生活方式，换一种心情。

12～15分：你已患了严重的神经衰弱，应重视自身的生理及心理健康，必要时可求助于心理医生。

135 你患有忧郁症吗

·情景测试·

据世界卫生组织的调查，目前全世界约有1亿人患有忧郁症，而且数量是有增无减，成为当今的"流行病"。想要知道忧郁症是否正威胁着自己的健康，就请做下面的测试。请根据一周来的身体、情绪情况来回答"是"或"否"。

1. 我睡觉质量很差。

2. 我总是把事情搞得一团糟。

3. 我总是觉得特没信心。

4. 我觉得心情不好。

5. 我比以前爱发脾气。

6. 我觉得做事时常常无法集中注意力。

7. 我觉得食欲不好，不想吃东西。

8. 我觉得对什么事情都不感兴趣。

9. 我觉得想事情或做事情效率都比平时低。

10. 我觉得不轻松、不舒服。

11. 我觉得身体很虚、没力气，总感到疲劳。

12. 我觉得自己很没用。

13. 我总觉得身体有点问题，如头痛等。

14. 我常常想哭。

15. 我觉得记忆力不如以前。

16. 我觉得胸口闷闷的。

17. 我总是想不开，甚至想到去死。

18. 我老是觉得很烦。

没有什么比忧虑更能摧毁一个人！

·计分方法·

回答"是"得1分，回答"否"得0分。然后计算总分。

·完全解析·

0～4分：你是一个极端乐观、极端快乐的人。天底下没有能让你不快乐的事，希望你能继续保持这种积极的心态。

5～9分：你感情敏感，一件无关紧要的事都可以让你郁闷，但你可以很快走出这种郁闷。

10～13分：你有轻微的忧郁症，应该积极调整心态，否则将更趋严重。

14～18分：你的忧郁症已比较严重，大多数日子你都比较忧郁，不要丧失信心，多与朋友、家人、同事沟通，要学会释放心中的压力，你便会远离忧郁。

136 测测你的压力指数

·情景测试·

谁都不是铁打的，人们在长期的压力或者过量劳动之后，就会出现疲劳、压力大的情况。那你知道你的压力指数有多少吗？来测一下吧。

1. 总感觉头很重，脑袋昏昏沉沉的。

2. 相比以前，眼睛更容易疲劳。

3. 有时会头晕，但以前无此情形。

4. 有时会鼻塞。

5. 常感觉站起来时会头晕，而且还会瞬间头晕眼花，站不稳。

6. 嘴破的情形比以前更容易发生。

7. 有时会感到耳鸣，而以前没有出现过这种情况。

8. 经常感到喉咙不舒服。

9. 经常长白色舌苔，但以前并不会。

10. 以前喜欢吃的东西，现在并不那么想吃，对食物的喜好逐渐改变。

11. 觉得胃总是怪怪的，吃下去的食物感觉没消化。

12. 肚子发胀、疼痛及腹泻、便秘交替出现。

13. 肩膀经常出现酸痛。

14. 背部和腰部经常出现疼痛。

15. 比以前更容易乏力，且不容易消除。

16. 体重莫名其妙下降，有时会没有食欲。

17. 一旦认真做事就立刻感到疲惫。

18. 有时早上起床还觉得睡不够，昨天的疲累还未完全消除。

19. 对工作提不起精神，注意力也无法集中。

20. 夜里难以入睡。

21. 常常做梦，但以前并不会。

22. 半夜一旦惊醒，就再也睡不着。

23. 有时会有心悸的症状，以前并不会。

24. 常会突然觉得喘不过气来，好像缺氧一样。

25. 有时觉得胸口好像被勒紧般地疼痛。

26. 容易感冒，但不容易好。

27. 心情容易烦躁不安，经常为一点小事生气。

28. 手脚常觉得冰冷，以前不太会有此情况。

29. 容易出汗，特别是腋下和手掌心。

30. 不太想与人接触，变得有点退缩，觉得人情世故很麻烦，但以前并不会。

计分方法

答是得 1 分，答否不得分。

完全解析

0 ~ 5 分：恭喜你，你的身体正常。

6 ~ 10 分：你处于轻度疲劳的状态，请合理地安排工作、休息的时间，适当调整目前的生活节奏。

11 ~ 20 分：你处于中度疲劳的状态，应该给自己减压了，才能减轻身体的症状。

21 ~ 30 分：你处于强度疲劳的状态，必须尽快诊疗，你的身体开始亮红灯了。

137 心态决定血管年龄

情景测试

若不留心观察，人们很难发现自己的血管是否健康，而等到出现问题才去注意则为时已晚。美国心脑血管专家研制出一套简便方法，帮你自测血管。

1. 最近总是觉得情绪压抑。

2. 凡事都很较真。

3. 爱吃方便食品，如饼干、点心等。

4. 偏食肉类。

5. 很少进行体育锻炼。

6. 每天吸烟支数乘以年龄数超过 400。

7. 爬楼梯时常觉得胸痛或胸闷。

8. 经常感觉手脚冰凉或麻木。

9. 很多事情明明要做，但过后就忘了。

10. 血压经常处于偏高状态。

11. 今年的体检报告显示你的胆固醇或血糖较正常值高。

完全解析

绿灯：符合 0 ~ 4 项者，血管年龄尚和生理年龄相符；

黄灯：符合 5 ~ 7 项者血管年龄比生理年龄大 10 岁；

红灯：符合 8 ~ 11 项者血管年龄比生理年龄大 20 岁。

如果一个人的动脉血管"年龄"比理年龄高出 10 岁以上，更容易患糖尿病、心脏病、脑中风和其他动脉阻塞性疾病。可以通过合理的饮食改善自己的血管，还可在天气允许和身体承受范围内用冷热水交替淋浴。

138 你有"暴食症"吗

· 情景测试 ·

暴食症是一种饮食行为障碍的疾病。患者非常害怕肥胖胖，对自我之评价常受身材及体重变化而影响。在某种情景的刺激下会引发暴食行为。但暴食后会产生罪恶感、自责及焦虑，并用不正常的手段来催吐。

是不是觉得很可怕？做个健康小测试，看看你有没有得暴食症的隐患吧。

1. 你觉得自己的体重数字

A. 不重要   B. 比某些事情重要一些

C. 比生活中大多数事情都重要得多   D. 很重要

2. 你对当下发生的事情

A. 总是有活在当下的掌控感   B. 能说出自己当下的感受和行为

C. 不太关注它   D. 几乎没有觉察

3. 和一群同事吃饭的时候，你通常

A. 高谈阔论，甚至不会注意到有哪些食物

B. 与周围的人说说话，随意吃些东西

C. 认真品尝食物的同时，与身边的人聊聊天

D. 埋头一直吃不说话，或者刻意让自己吃得非常少

4. 你对甜食

A. 讨厌吃甜的   B. 不太喜欢   C. 比较喜欢   D. 超级热爱甜食

5. 当你一个人吃东西时，你

A. 意识到自己在吃某样食物，并打算好要吃多少

B. 能感觉到自己越来越饱了

C. 看到眼前的食物越来越少了

D. 除了吃什么都不想

6. 你觉得自己的生活

A. 悠闲、轻松   B. 有一定压力   C. 有较大压力   D. 很喘不过气来了

7. 在你眼中，自己

A. 很优秀，很棒   B. 还好，大多数人会喜欢自己

C. 不太好，自己没什么大不了的   D. 很糟糕，别人总瞧不起自己

8. 在你需要帮助的时候，你可以想到几个人？

A. 7 人以上   B. 3~7 人

C. 1~2 人   D. 除了自己，几乎没有其他人

9. 周末或节假日的时候，你喜欢

A. 参加盛大聚会   B. 与几个要好的朋友聚会

C. 和父母待一起   D. 一个人待在房间里

10. 当你看到食物这个词时，你首先联想到的词是

A. 吃   B. 开心   C. 人情   D. 爱

·完全解析·

被最多选中的字母就代表你的暴食类型。

A 型　暴食指数 0 分

你讨厌吃甜食，食物在你看来只是充饥；你社交广泛，喜欢和各种人打交道；你对自己很满意，也能安排好工作和生活；你拥有很多朋友，并保持联络和相互支持。

B 型　暴食指数 20 分

你不大喜欢甜食，对食物和自己的体重也不那么在意。工作中虽然会有一定压力，但能自我管理好。有较多朋友，在需要他们的时候总是能得到关心和帮助。你对自己比较满意。

C 型　暴食指数 70 分

你比较喜欢甜食，它们让你快乐、放松；你很在意自己的身材，希望能够保持苗条；工作中你常常要做一些身不由己的事，虽然尽力了但还是觉得自己做得不够好，对自己不太满意。朋友不多。

D 型　暴食指数 100 分

你非常在意自己的体重，你热爱甜食带来的满足和充实，甚至是爱和幸福。工作中难以承受的压力让你非常疲惫，而独自疯狂暴食一顿是你宣泄压力的选择方式。你常常觉得自己很糟糕，比不上别人。

139 自闭自测

·情景测试·

科技的发展，电子产品的出现，也加重了人们自闭的倾向。你也有点自闭吗？快来测一测吧。

以下测试题，可以选择符合或者不符合。

1. 不愿再接触社会新生事物；

2. 不愿意参加社交活动；

3. 对于一些必须应酬的活动也敷衍了事；

4. 不愿向他人敞开心扉，同时也不愿意感受、接纳他人的心声；

5. 工作墨守成规，不能与时俱进，学习更新；

6. 对周围一切人、事采用悲观、消极的态度；

7. 缺乏兼容并蓄的精神，没有包容性；

8. 工作中不能与人配合，压制、打击、刁难同事；

9. 在家庭生活中缺少活力，怨言多，倾向于给亲人挑毛病；

10. 会出现一些莫名其妙的身体不适，到医院反复检查又查不出毛病；

11. 更关注自己，自己成为中心，而很少关注外面更广阔的世界；

12. 虽然事业有所成就活着不缺少财富和美满的家庭，却突然找不到生活的目标了，发觉过去多年的奋斗是那么缺乏意义，对自己生命真正的价值感到困惑；

13. 仿佛人生的终点已经来到，再没有奋斗的动力和激情。

·完全解析·

符合 4 项——轻度自闭症倾向

符合 4~8 项——中度自闭症倾向

符合 8 项以上——重度自闭症，需寻求专业心理医生的帮助

140 你有公车焦虑症吗

·情景测试·

你焦虑吗？焦虑可是健康的杀手，快来测试一下吧！

假设现在在公车上有一对陌生男女并肩而坐。车行不久后，这位女生打起瞌睡来，渐渐靠向正在看报纸的男士身上。猜猜看，这位男士的反应会如何？

A. 当作不知道，接着看报纸　　B. 发出点声音，含蓄地提醒她

C. 站起来　　　　　　　　　　D. 装作很无奈，但其实很高兴

E. 把身体闪开

·完全解析·

选择 A：旁人眼中的麻烦事能轻易化解，即使忍无可忍，也不致做出令自己遗憾终生的事。是一个个性成熟、具理性的人。

选择 B：凡事要求太高，常常因为达不到理想而心浮气躁，甚或为此而铸成大错。

选择 C：太过焦躁，以致时常搞不清楚自己原因，错误便已造成。常常后悔自己做过的事，是一个心智不成熟的小毛头。

选择 D：庸人自扰的典型人物，喜欢在平淡无味的生活中增添一些刺激，反正闲着也是闲着。

选择 E：一般程度的焦虑，属于正常范围，不必太过担心。

141 脑疲劳健康自测

·情景测试·

脑疲劳和身体疲劳一样，对人体是非常有害的。你有脑疲劳吗？请回答下面的问题。

1. 清晨醒来不想起床，即使已经睡不着。

2. 走路的时候，脚贴地面，抬不起腿。

3. 讨厌热闹，不喜欢参加任何社交活动，更不喜欢与陌生人交谈。

4. 不愿说话，说起话来声音细，气短。

5. 坐下之后就不愿意起来，并且经常发呆冥想。

6. 经常说错话，写文章也会出错。

7. 记忆力下降，经常忘记和朋友的约定。

8. 精神不振，困倦懈怠，经常靠饮浓茶和喝咖啡来提神。

9. 嘴里发苦、饮食无味、食欲下降，总感觉饭菜无滋无味，不喜欢油腻的食物。

10. 过度吸烟、饮酒。

11. 头晕耳鸣、目眩、眼前冒金星、精神烦躁，情绪易波动。

12. 眼睛疲劳，哈欠连天。

13. 感觉下肢沉重，挪不动脚，休息时总想把脚架在桌上。

· 完全解析 ·

如果有三项以上症状，就说明你该使自己放松放松了，千万不要咬牙硬挺，不但工作效率会受影响，还会使身体越来越差。

142 你的心理衰老了吗

· 情景测试 ·

有的人还很年轻，但心理已经衰老了，并且在日常生活中处处表现出老气横秋。原本青春的你，心理是否已经衰老了呢？请阅读下面的问题然后回答"是"或"否"。

1. 一点不能宽容别人，甚至对自己的亲友也是如此。

2. 自己会一味地干某些事，或者一味地想某件事而不听别人劝告。

3. 心情紧张时会头脑混乱，不甚清醒。

4. 经常会流泪哭泣。

5. 有时觉得自己生不如死。

6. 经常感到心里害怕或者胆怯。

7. 总是愁眉不展、忧心忡忡。

8. 别人对自己稍有冒犯就火冒三丈。

9. 会无缘无故地想念自己不熟悉的人。

10. 经常觉得情绪紧张、坐立不安。

11. 自己的身边如果没有熟人，会感到恐惧不安。

12. 脾气十分暴躁。

13. 看别人做事，心里觉得不放心。

14. 曾住过精神病医院。

拐杖与衰老无关，厌恶或畏惧都不必。

15. 总希望有人同自己闲聊。

16. 常常犹豫不决，难以下定决心。

17. 感情容易冲动。

18. 别人请求你帮助时，你会感到不耐烦。

19. 在别人家吃饭，你会感到别扭。

20. 你骤然见到生人时会手足无措。

· 计分方法 ·

回答"是"得1分，回答"否"得0分。计算你的总分。

· 完全解析 ·

4分及以下：心理没有衰老。

5～8分：心理有些衰老。

9～12分：心理比较衰老。

13～16分：心理很衰老。

17～20分：心理极度衰老。

143 你进入心理更年期了吗

· 情景测试 ·

如何知道自己是否已经进入心理更年期？以下12个问题可以帮你做出自我判断，根据你的具体情况回答下面的问题。

1. 使用老花镜或原有的近视镜已无法阅读书报，摘下眼镜靠近看反而清楚。

2. 眼睛容易疲劳，看书久后感到头痛、头昏。

3. 睡眠比以前减少，喜早睡早醒。

4. 饮酒者酒量大不如以前。

5. 听力明显减弱。

6. 牙齿松动，咬不动较硬的食品，有假牙者要经常换假牙。

7. 对食物口味改变，爱吃甜、酸、辣、咸等重口味饮食。

8. 嗜吃零食，特别是蜜饯类。

9. 性欲减退。

10. 记忆力减退。

11. 开始怀念童年往事。

12. 学习与工作有力不从心的感觉。

· 完全解析 ·

如果以上问题中有4点以上符合你现在状况的话，那就表明你可能已到更年期。

144 梦中看你的精神状态

·情景测试·

你的精神状态怎么样？要知道，精神状态可是和健康密切相关的。

如果晚上做梦时，正好梦到身上有一个"疤"，你想这个疤会出现在身上的哪个补位？

A.背上 　　　　B.脸上 　　　　C.胸上 　　　　C 手上

·完全解析·

选择 A: 你时常保持活跃的状态，神情仿佛是个不知道疲倦的人。

选择 B: 你可以忘记疲倦的存在，专心于自己的目标。

选择 C: 你虽然不怕体力操劳，但却容易因为感情或精神打击而陷入沮丧，时常呈现精神衰竭，注意补充营养，才能保持充沛的体力。

选择 D: 你是个疲惫和兴奋状态不确定的人，碰上不感兴趣的事情时精神不振，感兴趣的事情时则热力十足，全心投入。

第八章

成功系数：你能拥有多大的一块奶酪

145 成功欲求的心理倾向

·情景测试·

不是测试你的技巧，也不是向你提出什么难题，只是对自己的成功心理倾向作个剖析，使你对自己有个正确的评价和估计。

回答下列每一个问题，并把反映你基本态度的答案记分。A. 非常同意；B. 有些同意；C. 有些不同意；D. 不同意。

1. 快乐的意义对我来说比钱重要得多。

2. 假如我知道这件工作必须完成，那么工作的压力和困难并不能困扰我。

3. 有时候成败的确能论英雄。

4. 我对犯错误非常严厉。

5. 我的名誉对我来说极为重要。

6. 我的适应能力非常强，知道什么时候将会改变，并为这种改变准备。

7. 我是一个团体的成员，让自己的团体成功比获得个人的认可更重要。

8. 我宁愿看到一个方案推迟，也不愿无计划、无组织地随便完成。

9. 我以能正确地表达自己的意思为荣，但是我必须确定别人是否能正确了解。

10. 我的工作情绪是很高昂的，我有用不完的精力，很少感到精力枯竭。

11. 大体来说，常识和良好的判断对我来说，比了不起的点子更有价值。

12. 一旦我下定决心，就会坚持到底。

13. 我非常喜欢别人把我看成是个身负重任的人。

14. 我有些嗜好花费很高，而且我有能力去享受。

站得多高，看得就多远！

15. 我很小心地将时间和精力花在某一计划上，如果我晓得它有积极的成果。

· 计分方法 ·

得分\选项\题号	1	2	3	4	5	6	7	8	9	10	11	12	13	14	15
A	0	3	2	1	3	3	3	3	3	3	3	3	3	3	3
B	1	2	3	3	2	2	2	2	2	2	2	2	2	2	2
C	2	1	1	2	1	1	1	1	1	1	1	1	1	1	1
D	3	0	0	0	0	0	0	0	0	0	0	0	0	0	0

· 完全解析 ·

0 ～ 15分：对你来说，成功就是圆满的家庭生活和精神生活，这些是权力和金钱无法给你的。因为你可以从工作之外获得成就感，所以你可能不适合爬到较高的位子上，这个建议可以帮助你专注在实现自我的目标上。

16 ～ 30分：也许你根本就没想到去争取高位，至少目前来说是这样。你有这个能力，但是你还不准备做出必要的牺牲和妥协。这个倾向可以促使你寻找途径来发展跟你目标一致的事业。

31 ～ 45分：你有获得权力和金钱的倾向，要爬上任何一个组织的高峰对你来说是比较容易的事情，而且你通常能办得到。

146 会不会成为大人物

· 情景测试 ·

你梦想过成为大人物吗？俗话说，"一块砖头都希望自己可以出人头地"，所以差不多每个人都想自己能够成为大人物，但是，你有这种本事吗？来测试一下吧。

如果你一时失业，只能找到下列临时的工作，你会选择哪一种？

A. 卖玉兰花　　　　B. 捡破烂　　　　C. 倒垃圾

· 完全解析 ·

选择A：你比较踏实，会梦想成真，等待合适的机会让自己变成大人物：这种人一步一个脚印，有梦想，而且梦想并不遥远，会不断努力，等待出人头地的机会。

选择B：你不爱出风头，安于现状，现在还是个小角色，要想成为大人物，还得继续努力：你对现在的平淡生活比较满意，觉得当小人物也很有乐趣。

选择C：你做梦都想成为大人物，总是会将自己调整到最佳状态，不断创造并抓住机会，绝对有成为大人物的本事：这种人比较爱冒险，很有企图，一有机会绝不放过，还会创造机会展现自己最好的一面。

147 你对成功抱有一种什么样的心态

·情景测试·

你就职于某企业宣传部，由于工作的关系，常接受一些广告代理商的招待，也常收到类似的礼物。前些日子，你才刚以竞标的方式向两家公司提出要求，要他们为你所负责的商品制作广告。某天你收到一件匿名礼物，不过，你心里有数，这份礼物可能是其中一家公司寄来的。请问在这种情况下，你的反应比较接近下面哪一个答案？

A.先确认送礼的人是谁之后，再委婉地回绝对方。

B.总之，先打开来看看。如果是自己喜欢的东西，就先收下。

C.跟上司商量后再做决定。

·完全解析·

选择 A：你被道德观念所束缚，不太懂得变通，可能是自幼父母管教严格，丝毫不敢越轨。但若想在事业上有所成，就必须要寻求自我突破。可是你的潜意识却害怕如此，因而产生很矛盾。建议你不妨慢慢调整，不要过于突然地做太大的转变。

选择 B：可以看出你贪图小利的心态。选此答案的人，可能你的观念里成功并不是件多么了不起的事，因此，你对工作似乎也不太起劲。

方向比努力更重要。

选择 C：表示你有依赖心或逃避责任的心理。选此答案的人通常有拒绝长大的倾向，所以无意识中会认为成功等于必须为工作负责。建议你冒险为自己的事业做一番赌注，也许会为你带来意外的惊喜。

148 你是否能找到志同道合的朋友

·情景测试·

有个年轻、有朝气的异性向你问路，而恰好方向相同，你会如何呢？

A.告诉他（她）同路，跟他（她）一起走向目的地。

B.很详细地告诉他（她），让他（她）先走，自己再跟上去。

C.你会默默地带他（她）到目的地。

D.告诉他（她）怎么走，自己却走另一条路。

完全解析

选择A：难得同路而行，算是一种缘分。你能借此同行，可说是个善于利用机会的人。你做事负责，也懂得为对方着想，只要有机会一定能在事业上有长足的发展。

选择B：你喜欢跟在别人的后面求安全，把自己的事和他人的事分得很清楚，但不会只告诉别人方法而自己摆脱。虽然这样可以让你少一些挫折，但是你同时也失去了很多出人头地的机会。

选择C：属于政治家型，是个只顾自求满足的人。你无视于别人的困难，而一味强求，因此会制造敌人，但因为你的态度比较强硬，也有不少人会跟着你走。不过你的成功一般很难得到别人的支持。

选择D：你没有意气相投的朋友，同时也没有敌人，是个作风相当独特的人。意志软弱，讨厌人家误解或是低估你，一旦被人请求，又觉得是一种负担而感到很厌烦。你在事业上的发展全靠上天带给你的运气，即使你才气过人，也不可自傲。

149 测测你的前途

情景测试

你是否正在为前途忧虑，害怕一直没有出头之日；你是否正在困惑，你的生命将会实现多少光辉和荣耀；你是否想知道未来的蓝图将如何书写……这些问题的答案，可以从饮食习惯和日常住行当中窥知一二。

假设，你和朋友一起去一间摆满了各种各样寿司的寿司店，你可以任意选择任何你想吃的寿司，你会先挑哪一款寿司呢？

A.花枝 　　 B.鸡蛋

C.鱼子 　　 D.虾

E.鲍鱼 　　 F.海苔

G.金枪鱼

完全解析

选择A：实际行动型。你是一个重实质而不注重外观的人，你讨厌无聊的

人生的长跑中，胜利者靠的并不是蛮力，而是一种坚持的毅力。

理论，喜欢将想法立即付诸行动，说到做到。你非常关注金钱，物质是你生活中不可或缺的一部分，可以说，你是一个现实主义者。

选择B：情绪化型。你敏感细腻，情绪波动较大，很容易因为外界环境的改变而改变自己的心情。你习惯听从他人的意见，缺乏主见，缺乏对自己的信心和决心，容易被他人所左右。你也很难抵挡来自外界的诱惑。

选择C：自我显现型。你是一个不甘于平庸的人，你喜欢让自己站在众人称赞的舞台上，展示自己的才华和魅力。你不满足于平凡的事情，总是努力让周围的人看到你的能力，而且，你不愿意顺从上司的权威，因此适合独立作业，从事业务工作。

选择D：执着追求型。你是一个有毅力、执着追求目标的人，为了实现自己的理想，不论做出多大的牺牲也在所不惜，因为你有着崇高的理想，讨厌沦为平凡之辈。你还拥有高超的事业技能，但不善于处理人际关系，建议不要从事管理方面的工作。

选择E：缺乏耐力型。你是一个缺乏耐心的人，喜欢不断追求刺激和挑战，但对任何事情都只有三分钟热度，常常半途而废。你学习新事物的能力很强，善于收集、整理信息，一般拥有渊博的知识和善辩的口才，适合从事媒体资讯类工作。

选择F：逆来顺受型。你是一个很有忍耐力的人，做事踏实稳重，按部就班，严格遵守规章制度，即使是讨厌的事情也能认真完成。你很少表露内心的想法，不喜欢发表个人意见，是群体当中低头做事、默默服务的那一类人，适合从事行政类工作。你的一生中不会有非常高的职位，但因为踏实的工作态度而受到敬重。

选择G：正统常识型。你具有优秀的常识判断力及行动力，你了解社会运行法则，重视维护人际关系，能够获得他人的信赖和支持，最适合当上班族。

150 测试你的事业状况

情景测试

假设现在你正和你的情人在草地上悠闲地散步，抬头一看，刚好看到天上有一只红色的麻雀飞过，你觉得它要飞到哪里去呢？

A.海洋　　　　B.高山、田野　　　　C.树林、茶园

D.花园　　　　E.高原、沼泽

完全解析

选择A：你最近很忙，但是确是你大显身手的好时机。努力工作，将会获得应有的成绩，若从事业务型的工作，能够获得不菲的业绩。

选择B：你近期在事业上大有可为，同事或主管都很支持你，一定要竭尽全力，不要浪费机会。

选择C：你最近的工作不太顺利，让你十分失望，短期之内没有什么好的机会供你发挥，往往付出的极多却收入极少，所以要给自己打气鼓励自己，挺过这一关。

选择D：你最近会面临不错的机会，让你能够很好地发挥自己的能力，一定要

做好充足准备抓住机会，机会走了就没有了！

选择 E：你最近的工作有些危险，别说晋升加薪了，可能还面临着卷铺盖走人的危险，因此这段时间要小心谨慎，保持低调，尤其避免与长官、同事发生正面冲突。

151 测试你的事业成功率

·情景测试·

忙碌的工作之后，终于迎来了难得的休息日，可以好好休息一下，暂时告别这个纷扰的世界，如果可以自由支配，这一天你会想要做些什么呢？

A. 独自外出购物　　　　　　B. 约见朋友

C. 打扫屋子　　　　　　　　D. 逛书店

·完全解析·

选择 A：你强烈地想要成功，随时随地流露出往上爬的姿态，即使排挤同事也在所不惜，这种姿态反而会阻碍你获得成功。

选择 B：你的成功只是时间问题，随着年龄的增长，你的晋升速度会越来越快。

选择 C：你喜欢安稳轻松的生活，工作并不是你的重心，你没有挤破脑袋往上爬的晋升愿望和竞争心态。

选择 D：你很容易获得成功，你会全力以赴完成自己的事业，成功对你来说指日可待。

152 测试你是否善于抓住创业机会

·情景测试·

经过一天的忙碌奔波之后，你终于能够好好睡上一觉了。可是刚刚酣然入睡，你就被突如其来的电话吵醒了，此时你会……

A. 看电话号码后定

B. 不去理睬继续睡

C. 立即接通

D. 关机拒接

·完全解析·

选择 A：你是一位潜在的生意人，你可以随机应变，懂得把

机会有限，稍纵即逝。

握有利时机，得到贵人相助，化逆境为佳境。只要坚持，你一定可以成功。

选择B：看来你确实太累啦，需要休息。过去的奔波劳碌让你对事业产生了怀疑和沮丧，你需要调整心态，重新开始，等待适合自己的创业时机。

选择C：你此时真是"求贤若渴"啊，这正说明了你对未来充满了斗志和期待。你已经做好充分准备迎接机遇，开创事业，但在勇往向前的同时还要保持头脑冷静，以免盲目行事。

选择D：你对创业并不感冒，你对现在的生活状态很满足，不打算要突破现状。你对未来的态度是"过了今天再说"，创业对于你来说比较遥远。

153 你有成名的本钱吗

·情景测试·

扑克牌心理测验！你是否有某种独特的个性、过人的才华、待挖掘的潜力、该发展的方向？你是否有令人聚焦成名的本钱呢？快来试试下面的题目吧。请在以下四张扑克牌中选出一张，答案马上揭晓。

A. 方块 J   B. 方块 Q   C. 方块 3   D. 梅花 8

·完全解析·

选择A：成名指数30分。你适合幕后工作，若是在演艺界发展，会成为导播、制作，如果是办公室，那么你更偏向于策划、程序……台面上的事，还是留给别人吧！

选择B：成名指数70分。独特的个人风格推你上台面！你穿着亮丽，讲话大声，特肥或特瘦，遇到的境遇也总是很特殊……你就是这么一种人，你的特性让他人不得不注意到你！

选择C：成名指数90分。天生宿命，亮丽过一生！Bingo! 你抱着一大把成名的本钱！这注定你会于街头被星探挖掘，注定你从小就是球场上的焦点，注定……快快抓住自己的机会吧！

选择D：成名指数50分。技巧精进，名利晚成！不要怀疑自己，信任命运的安排，你的名利需要长期的累积，需要专业的技巧的沉淀。年轻时的你或许低调默然，但年长时你所获得的名利将与努力成正比，不要辜负了自己！

154 测试你适合开什么店

·情景测试·

男怕入错行，女怕嫁错郎，一个人如果找到自己适合的事业，他往往会取得事半功倍的效果。如果一个人总是寻找不到适合自己的职业，那么他可能花费更多的精力，也只能获取小的成绩。下面的测试中也许可以让你发现自己更适合哪种职位。

以下哪一种性格描述更接近你？

A.你浑身充满创造力，内心热情如火，外表光芒万丈

B.极度敏感，有爱心，而且爱家、恋家

C.常常跟着感觉走，时时设身处地为他人着想

完全解析

选择 A：可考虑经营自助火锅店、传统小吃店、便当外送等餐饮服务业。若你爱好精致有品位的物品，开二手精品店、手工艺品专卖店及小型咖啡屋，都能让你一展雄才。

选择 B：你是一个非常有爱心的人，办托儿所、幼儿园将是你的最爱，看见孩子们天真无邪的笑容，你的生活也充满阳光。

选择 C：你是一个在乎感觉的人，一切温馨浪漫的事物都能让你感到窝心。宠物店、花店、园艺店正需要你这种特征。

选择 D：每个人都有自己的性格，只有找到与自己最匹配的店的时候，他的事业发展才能顺风顺水。

155 事业心测试

情景测试

每天忙于生活，疲于压力，令人深感身心耗损，一到假日就想着来一个大解放，疯狂地玩乐一下。有些人会选择游乐场里的机动游戏，这能让他大叫刺激过瘾；有些人则喜欢自己静静地泡上个舒服靓 SPA，洗掉工作的疲劳。你又会选择到哪些休憩场所舒缓压力呢？

A.木屋水疗　　B.田园农场

C.人文庙宇　　D.主题乐园

完全解析

选择 A：喜欢情调木屋 SPA 浴的你，知道如何放松自己，跟心灵来一番对话，说明你并不太追求物质。于事业你并没有太多好胜心，只会安守本分，因为你根本不喜欢争名逐利。虽然你对自己有要求，但不会太高，你秉持着做事做到刚刚好的人生理念，这令你缺乏前进的动力。

心胸和目标，决定了一个人成就的大小。

选择 B：选择到田园农场的你，追求事业、理想和家庭幸福美满，家庭和事业于你而言同样重要，无法择其一。在工作上，你精力充沛，魄力过人，愈忙愈精神。但下了班回到家中，你便会抛开工作压力，尽情享受天伦之乐，因而，不管是家庭还是事业，你都能如鱼得水。

选择 C：喜欢传统的古庙旧物或庙宇，并不代表你就是思想守旧、态度非常保守的人。相反，你并不喜欢循着前人铺好的路子走，你有着独特的内在风格，所创造出来的事业也将不同于社会现状和主流。创业方面，你总是有很多的新奇构想，而这些将会帮助你跨上事业的高峰。

选择 D：钟情于主题乐园的你，心里有这一番对于事业的期许，希望自己可以获得更高的社会地位，亦憧憬自己的经济能力可以高人一等。你是事业心极重的典型，家庭、爱情、友情等只是你拼搏事业中的附属品，当你取得某个成就之后，又会接着挑战更高领域，事业心和野心从未停止过提升。

156 成功的战术里你缺哪一招

情景测试

想要发财，想要成功，就要在多方面培养自己的高素质，可是我们并不都是全才，总有些不如人意的地方。你离成功还有多远？要想跨越成功的门槛你还需要什么能力呢？请做下面的测验吧，它能告诉你答案。

如果头戴草帽的女巫师忽然降落在你面前，说："为了奖励你的勤恳和努力，伟大的神决定赐给你一种超能力，你想要哪一种？"

听完这段话，你会怎么回答这个女巫师呢？你所选择的能力就是潜意识中自己最缺乏的。

A. 自由飞翔　　B. 透视能力　　C. 意念控制力　　D. 预知能力
E. 瞬间移动

完全解析

选择 A：你的潜意识中缺乏翻云覆雨的魄力。你离成功的距离并不远，只是你还没有看到成功大门也许就在你面前，你内心深处对于成功的渴望反而让你产生一种想远离峰顶的恐惧。即使你已经攀到了最高峰，还会问自己："我真的成功了吗？"不过你的谨慎也是一般人无法企及的。

选择 B：你的潜意识中缺乏应对人际交往的能力。可能你总是被一些阴险、烦琐的人际关系遮住了眼睛，总看不透人心险恶的一面，所以就想拥有一双慧眼，让自己看个清清楚楚。

选择 C：你的潜意识中缺乏毅力、耐性。其实你想拥有这种能力之后最想控制的对象是你自己。也许你成功的最大阻力就是你缺乏耐心和意志力。

选择 D：你的潜意识中缺乏经济能力。你是不是想知道下一期的大奖号码是多少啊？在金钱上你可能出现了一点问题，所以想找一条清晰的捷径来摆脱目前的困境。慢慢来吧！

选择 E：你的潜意识中缺乏体力。你对速度一定有很强的欲望。你要多注意自己的身体了，可能会有一些挺麻烦的毛病将要或者正在困扰着你，如果你的预感很准的话，就赶紧去看看吧。

157 你能做到多成功

·情景测试·

西方有一句谚语："心有多大，成功就有多大。"想知道自己能得到多大成功吗？做完下面的测试就知道了。

找一条挂满东西的绳子，于是越拉越多，你会拉到哪一步呢？

A.绳子上拴着的一个玩具娃娃

B.玩具娃娃手里抱着的一个盒子

C.盒子底下的一个雪橇板子

D.雪橇板子前头挂着的一头麋鹿

·完全解析·

选择 A：看见鱼，还想要玩具娃娃，说明你是个对利益有兴趣的人，但是没有继续发掘下去，说明你对机遇的把握缺乏自信，这导让你错失一些可以成功的机会。何不自信一点？相信机遇会垂青自己，总要比机遇来了却毫无准备要好得多。

选择 B：想要取得玩具娃娃手里的盒子，说明你不仅看得到事物的主要利益面，也不会忽略次要的

一些因素。你很善于利用这种条件为自己创造收益。你对"自己是否会成功"这个问题时而怀疑时而坚定，建议你行事切忌丢西瓜捡芝麻。

选择 C：敢于得到盒子后进一步行动，说明你是个有魄力的人，也说明你很可能比同龄人更早获得成功。然而这也正是你所要面临的问题，年轻时激进还好，中年后就要注意以稳为先了。

选择 D：继续拉的行动，体现出你对成功的追求是他人难以想象的。不管你是否表现出来，你内心深处都给自己定了一个远大的目标。你很可能获得空前的成功，需要注意的是，一旦出现了为了成功需要铤而走险的情况，你一定要谨慎考虑。

想不到，就永远做不到。

158 你会取得多大的成就

·情景测试·

成功到底凭什么？当初一同来到单位的同事，资格、学历都不相上下，同样举目无亲，背井离乡来到京城，为何他已扶摇直上，而你却徘徊不前？实力相当，但为何最终跑赢的是他而不是你？

要想在事业上取得成就，先要问问自己有否成就欲和积极性。究竟如何，通过下面这个测验就可知道。

1. 当你在工作上遇到困难时，你会：

A. 想办法自己解决　　B. 选择逃避　　　C. 求助他人

2. 你现在的工作态度是：

A. 要出人头地　　　　B. 干得和大家差不多就行了　　C. 做得比别人好一点点

3. 你部门刚好有一个管理职位的空缺，你认为自己可以胜任，你会：

A. 当仁不让，积极争取　B. 等上司钦点　　C. 无所谓

4. 公司突然停电，你会：

A. 帮忙查明停电原因及想法解决　　　　B. 等人维修后再继续工作

C. 反正停电，不如出去歇歇

5. 你在公司暗恋的对象被人追求，你会：

A. 当无事发生　　　B. 誓要把心爱的人抢到手　　C. 另选第二个目标

6. "要赢人，先要赢自己"，你认为：

A. 是真理　　　　　B. 未必人人做到　　　　C. 十分老套

·计分方法·

得分 题号 选项	1	2	3	4	5	6
A	3	3	3	3	1	3
B	1	1	2	2	3	2
C	2	2	1	1	2	1

·完全解析·

15～18分：积极向上，成功在望！你心目中有远大的目标，为了实现理想你会坚持不懈，即使遇到困难挫折也不会罢手。你同时具备积极性和成就欲，由于你充满自信，故任何事在你眼中都是轻而易举的。但要小心自视过高会弄巧成拙，你应该听过"聪明反被聪明误"这句话，凡事都要适可而止。

11～14分：野心不大，尚算积极！你在实现一个目标时，有一定的积极性，但却缺乏持续性和主动性。当追求的目标一旦实现时，你就会停手。你很容易满足，也没有大野心，只是感到面临危机时，你才会着手计划下一步行动。

6～10分：安于现状，自得其乐！你比较安于现状，不习惯接受新事物、新挑战。即使现实生活需要你做出抉择时，你不是犹豫不决就是退避三舍。虽然成就欲和积极性都欠缺，但你的人生追求并不在此处，你或许喜欢结交朋友，或许有自己十分感兴趣的业余爱好，那才是你的乐趣所在。工作方面，你甘于接受简单易做的工作，并自得其乐。

159 你的危机意识有多强

情景测试

未来是不可预测的，而人也不是天天能走好运的。正是因为这样，我们才会有危机意识。那么你有危机意识吗？下面的测试可以帮助你了解自己。

一头乳牛正从牛舍里出来吃草，请你凭直觉判断，它将走至下面哪一处觅食？

A．山脚下　　　　B．大树下　　　　C．河流旁　　　　D．栅栏农舍旁

完全解析

选择A：你的危机意识很强，甚至有点杞人忧天。也许很容易的事，被你天天惦念着，久而久之也变成困难了。放开心胸，天塌下来还有高个子顶着！

选择B：你是高唱"快乐得不得了"的人，一天到晚无忧无虑，你认为"船到桥头自然直"，没啥好怕的。如此乐天知命，天底下恐怕像你这么乐观的人已经不多了。

选择C：你有点"秀逗"！成天迷迷糊糊的，记性又不好，总是要人家提醒你才会有危机意识，但是一会儿之后，又完全不记得危机意识是什么东西了！

选择D：你挺有危机意识，连跟你在一块儿的人也被你强迫拥有"危机意识"，不过你所担心的事的确有点担心的价值！也就是说，你不是没事瞎紧张，而是未雨绸缪！

160 你的成功动机有多强

情景测试

不同的人有不同的成功动机，或强或弱，那么你在追求成功的过程中动机有多强呢？做完下面的测试就知道了。

你和恋人前往位于50楼的餐厅吃晚餐，但电梯到了40楼因故停止，需要走楼梯，

这时你会：

    A. 离开那栋大楼   B. 爬上 50 楼

    C. 打电话到 50 楼，要求他们把菜送到 40 楼来

    D. 在 40 楼的餐厅将就吃

·完全解析·

    选择 A: 你是成功动机低、擅长计划却不采取行动的人，也曾想要找情人的缺点，可是又认为"对他要求太多也没有用"，而想在现实中，找出能互相妥协的地方。

    选择 B: 你是成功动机高的人，会向目标积极迈进，即使成功也不满足这些人对另一半要求甚高，就好像"最初觉得他的孩子气很可爱，但后来觉得十分厌烦"，由于对你的要求产生变化，如果你不能适应便会产生不满。同时，上进心强的人，容易有"说不定有比对方更好的人出现"的想法。

    选择 C: 这种人属于与众不同的人，是想做时会努力去做，不想做时就不做的任性的人，所以这种人的成功动机具有不稳定性，时而强时而弱，很难坚持到底。

    选择 D: 你没有那么高的成就动机，只要预料会遭遇困难便马上放弃，或者告诉自己"现在不错了"，由于没有太强的愿望，所以发现情人有缺点时，也只会有"这是免不了"的自我安慰。

第九章

管理策略：你能否成为卓越的管理者

161 你渴望成为一名领导者吗

情景测试

身在职场中的你是否渴望成为一名领导者呢？想知道自己内心的真实想法就请做下面的测试吧！选出适合你的回答。可以回答是、不是或不知道。

1. 你在和人会面时不会感到紧张，对吗？
2. 你是一位出色的组织者吗？
3. 你早晨很早起床吗？
4. 你是否每次都是晚会的核心和灵魂？
5. 你是否为忙碌平常的事务而得不到休息？
6. 你是否相信在做生意时应当诚实？
7. 你是否愿意负责一次探险活动？
8. 你是否当过经理？
9. 你是否在午休时间工作？
10. 你是否拥有稳定的家庭生活？
11. 如果出现紧急情况需要你回到工作中，你是否会放弃度假？
12. 你是否有第二职业？
13. 你是否总是直言不讳？
14. 你是否在工作中总是显得很利索？
15. 你是否愿意负责处理一次车祸？
16. 你是否很喜欢领导别人？
17. 你曾经在委员会中任过职吗？
18. 你喜欢诚实的人吗？
19. 你是运动队的队长吗？
20. 你与下属相处得很好吗？
21. 你是否很善于与别人辩论？
22. 你喜欢参与政治吗？
23. 你是出色的公众演说家吗？

24.你总是很公正吗？

25.你经常向别人寻求建议吗？

·计分方法·

每回答一个"是"得2分，每回答一个"不知道"得1分，每回答一个"不是"得0分。汇总得分。

·完全解析·

36~50分：你表现出强大的性格优点和领导素质。如果你现在还没有在自己所从事的职业中到达一定位置，你有足够的雄心、动力、决心和适应能力实现这一点。你对于组织工作和领导工作很内行，而且如果你看到由别人而不是由自己掌权，你会感到非常失落。你是那种将工作摆在第一位的人，而且，你能够承受很沉重的工作压力，按照自己的步伐按部就班地向前推进。

有目标，才有前进的动力。

18~35分：尽管你表现出良好的领导素质，并且乐于承担其他人可能要回避的工作任务，但是你不愿意更进一步，而是十分快乐地让别人去掌握统治权和承担责任。抱着这种观点和态度，你可能过着知足的生活，不会因为希望让自己超过别人，而经常感到内心的冲突和压力。你可能是一位有良知、耐心、达观而出色的团队选手，而且能够成为一名优秀的团队领导，但这必须是在机会主动来找你的情况下。

0~17分：看来你并不渴望成为领导，而且很乐于让别人去带头做事。正因如此，你可能对自己选择的职业很满意，而且满足于过一种无须承担太多责任的、比较安逸的生活。

162 从消费看判断力

·情景测试·

职场中很多时候需要你做出选择和判断，你的判断力到底如何呢？快来测试一下吧。

天气渐冷，你想去商场买一件过冬大衣，但冬装刚上市，价格很高。如果决定买大衣，你这个月的钱就不够花了；这时候商场靴子正在打折搞促销，真的很合算。如果去买自己并不很急需的靴子的话，这个月的薪水又有所节余，你会怎么做？

A.自己添些钱把大衣买回来

B.买完靴子，再去买些其他的小东西

C.什么都不买先存起来

完全解析

选择A：你的总体决断力还算不错，虽然偶尔会三心二意、犹豫徘徊，可是在关键时刻总能迅速做出比较正确的判断，这足够让普通人汗颜的了！还有就是，你最大的优点是做了决定不再反悔。

选择B：你是做事没什么主见，希望别人安排好一切，你好按部就班、顺着别人的意思做事情。如果交代你一件事情要求独立完成，你会拿不定主意，很难迅速做出判断。

选择C：你是判断力超级强的人，但是有点莽撞，也因为你冲动率直的个性，反而考虑不够周详。你常常会后悔自己匆匆做决定，忽略了其他事情。

163 你具备做领导的潜质吗

情景测试

当领导不仅要有管理者的素质，还要有"荣华富贵如浮云"的心态，"天塌地陷心自若"的风度，这些你都具备了吗？用"是"或"否"回答。

1.你经常让对方觉得不如你或比你差劲吗？

2.你习惯于坦白自己的想法，而不考虑后果吗？

3.你不喜欢标新立异吗？

4.为了避免与人发生争执，即使你是对的，你也不愿发表意见吗？

5.开车或坐车时，你曾经咒骂别的驾驶者吗？

6.你总是让别人替你做重要的事吗？

7.你遵守一般的法规吗？

8.如果工作没有做好，你会有强烈的反应吗？

9.与人争论时，你总爱争胜吗？

10.你永远走在时尚的前列吗？

11.别人拜托你帮忙，你很少拒绝吗？

12.你是个不轻易忍受别人的人吗？

13.你故意在穿着上吸引他人的注意吗？

14.如果有人嘲笑你身上的衣服，你还会再穿它吗？

15.你曾经穿那种好看却不舒服的衣服吗？

16.你经常对人发誓吗？

17.你曾经大力批评电视上的言论吗？

18.你经常向别人说抱歉吗？

19.你对反应较慢的人缺乏耐心吗？

20. 你喜欢将钱花在消费上，而胜过于个人成长吗？

◆计分方法◆

答"是"得1分，答"否"得0分。最后汇总得分。

◆完全解析◆

14～20分：你是个标准的跟随者，不适合领导别人。你喜欢被动地听人指挥。在紧急的情况下，你多半不会主动出头带领群众，但你很愿意跟大家配合。

7～13分：你是个介于领导者和跟随者之间的人。你可以随时带头，或指挥别人该怎么做。不过，因为你的个性不够积极，冲劲不足，所以常常是扮演跟随者的角色。

6分以下：你是个天生的领导者。你的个性很强，不愿接受别人的指挥。你喜欢使唤别人，如果别人不愿听从你的话，你就会变得很暴躁。

164 领导力

◆情景测试◆

领导力在某种程度上可以说是一个人的人格魅力，你的人格魅力如何呢？做一道测试题看看吧。

"你会不会突然出现，在街角的咖啡店？"街角的咖啡店里偶遇失去联络好久的旧情人，在一起除了喝喝咖啡，聊聊目前的生活之外，难免追忆一下似水年光。这时候，你最担心旧情人提起什么？

A. 当初介入你们的第三者

B. 两人刚认识时的甜蜜回忆

C. 一次出国旅行的经验

D. 分手时的感觉

◆完全解析◆

选择A：你具备领导才能，但是却没有领导的气度。想要让一群人对你心服口服，并不是单靠有才华就可以的，你还必须以德服众。也就是说，你需要懂得唯贤是举、善用智谋，如果只有勇气和冲劲那只是一股蛮力，想要成大事是远远不够的。

试图掌控一切，可能会伤到自己。

选择B：你领导力的作用范围仅仅适合三到五人的小团体。一旦小团体发展膨胀起来，人多事杂的时候，你的能力就会表现出掌控不了的一面来，甚至导致民怨沸腾。

选择C：在任何场合、环境下，你都是天生的领导者，你天生独具的领导天分与魅力是你号召力的源泉。虽然你从来不会刻意表现出自己的野心或企图心，但是

大家自然就会拿你当领军人物看待。平时紧密团结在你周围，遇到问题大家也自然首先想到由你来解决。可能这就是王者风范的吸引力吧！

选择D：你在团体当中通常扮演一个脚踏实地办实事的角色。小富即安的生活对你来说是最好不过。你的生活实在过于平平淡淡，而你则甘心如此，知足常乐。这种闲云野鹤、随遇而安的个性，让你完全超脱世俗的名利之心。一旦你觉得厌倦了尘世，你就会像隐士那样归隐山林啦。

165 你是否具有决策力

·情景测试·

对于一位领导者而言，要想做出一流的业绩，取得非凡的成就，无疑需要具备多方面卓越的能力。但相比其他各项能力来说，决策力则是重中之重。

因为决策是团队管理的起始点，也是团队兴衰存亡的支撑点，更是影响领导者业绩和团队命运的关键点。

那么，想成为领导的你又是否具有决策力呢？身为领导者的你是否是一个优秀的领导者呢？做完下述测试你就会知道。

1. 你的分析能力如何？

A. 我喜欢通盘考虑，不喜欢在细节上考虑太多

B. 我喜欢先做好计划，然后根据计划行事

C. 认真考虑每件事，尽可能地延迟应答

2. 你能迅速地做出决定吗？

A. 我能迅速地做出决定，而且不后悔

B. 我需要时间，不过我最后一定能做出决定

C. 我需要慢慢来，如果不这样的话，我通常会把事情搞得一团糟

3. 进行一项艰难的决策时，你有多高的热情？

A. 我做好了一切准备，无论结果怎样，我都可以接受

B. 如果是必需的，我会做，但我并不欣赏这一过程

C. 一般情况下，我都会避免这种情况，我认为最终都会有结果的

4. 你会保留旧衣服吗？

A. 买了新衣服，就会捐出旧衣服

B. 旧衣服有感情价值，我会保留一部分

C. 我还有高中时代的衣服，我会保留一切

5. 如果出现问题，你会：

A. 立即道歉，并承担责任

B. 找借口，说是失误了

C. 责怪别人，说主意不是我出的

6. 如果你的决定遭到了大家的反对，你的感觉如何？

A. 我知道如何捍卫自己的观点，而且我依然可以和他们做朋友

B. 首先我会试图维持大家之间的和平状态，并希望他们能理解

C. 这种情况下，我通常会听别人的

7. 在别人眼里你是一个乐观的人吗？

A. 朋友叫我"拉拉队长"，他们很依赖我

B. 我努力做到乐观，不过有时候，我还是很悲观

C. 我的角色通常是"恶魔鼓吹者"，我很现实

8. 你喜欢冒险吗？

A. 我喜欢冒险，这是生活中比较有意义的事

B. 我喜欢偶尔冒冒险，不过我需要好好考虑一下

C. 不能确定，如果没有必要，我为什么要冒险呢

9. 你有多独立？

A. 我不在乎一个人住，我喜欢自己做决定

B. 我更喜欢和别人一起住，我乐于做出让步

C. 我的配偶做大部分的决定，我不喜欢参与

10. 让自己符合别人的期望，对你来讲很重要吗？

A. 不是很重要，我首先要对自己负责

B. 通常我会努力满足他们，不过我也有自己的底线

C. 非常重要，我不能冒险失去与他们的合作

·计分方法·

选 A 计 10 分，选 B 计 5 分，选 C 计 1 分，最后汇总得分。

·完全解析·

24 分以下：差。你现在的决策方式将导致"分析性瘫痪"。这种方式对你的职场发展来讲是一种障碍。你需要改进的地方可能有下列几个方面：太喜欢取悦别人，考虑过多，太依赖别人，因为恐惧而退却，因为困难而放弃，害怕失败，害怕冒险，无力对后果负责。测试中，选项 A 代表了一个有效的决策者所需要的技巧和行为。做一个表，列出改进你决策方式的办法。考虑阅读一些有关决策方式的书籍；咨询专业顾问。

25～49 分：中下。你的决策方式可能比较缓慢，而且会影响到你的职场发展。你需要改进的地方可能是下列一个或几个方面：太在意别人的看法和想法，把注意力集中于别人的观点之上，做决策畏畏缩缩，不敢对后果负责。这样的话，就需要你调整自己的心态，并做一个表，列出改进你决策方式的办法。

50～74 分：一般。你有潜力成为一个好的决策者。不过你存在一些需要克服的弱点。你可能太喜欢取悦别人，或者你的分析性太强，也可能你过于依赖别人，有时还会因为恐惧而止步不前。要确定自己到底哪些方面需要改进，你可以重新看题，把你的答案和选项 A 进行对照。做一个表，列出改进你决策方式的办法。

75～99分：非常不错。你是个十分有效率的决策者。虽然有时你可能会遇到思想上的障碍，减缓你前进的步伐，但是你有足够的精神力量继续前进，并为你的生活带来变化。不过，在前进的道路上要随时警惕障碍的出现，充分发挥你的力量，这种力量会决定一切。

满分100分：很棒。完美的分数！你的决策方式对于你的职场发展是一笔真正的财富。

当机立断还是焦头烂额？

166 谈判力

◀情景测试▶

生活中处处需要谈判，在职场中显得尤为重要。和老板谈判，跟客户谈判，跟同事谈判等等，都需要你拥有充足的谈判智慧。你的谈判力如何？一测便知。

被一个减肥产品商家代表缠上了，他一直鼓吹你买他的减肥药，还说你太胖一定要用减肥药，你会怎么办呢？

A. 很心动，心中思量如何砍价

B. 十分尴尬，坚持不买

C. 无可奈何听他说完，但就是不买

D. 为求脱身，马上掏钱

◀完全解析▶

选择A：在谈判桌上，你会为自己和对方都留有余地，在合作上给予一个较大的弹性升降空间。不会拒人于千里之外，也会有原则地处事，审慎考虑利弊得失。

选择B：你是个有着绝对原则的人，只要你坚定了一个底线，就没有人能改变你的想法。你喜欢在谈判桌上扮演绝对主动的领导派。一旦对方跟你的看法不同，你会毫不留情面。

选择C：你是个好好先生，做事情没有原则，或者说你内心总是怕伤到对方，因此一直在压抑自己的真实想法。可是合作毕竟是合作，这样滥用好心，毫无原则，搞不好吃不了兜着走。

选择D：在谈判场合切记：冲动是魔鬼。因为你是个重感情、少理性还很冲动的人，在生活中是个消费狂人，在谈判桌上更是个脑筋不清不楚的家伙。你常常充大方不假思索就答应对方的要求，以至于没有退路，一下子就被人抢光筹码。

167 危机应对能力

◆ 情景测试 ◆

　　危机应对能力，就是在面对公共危机事件时，能够有效掌握工作相关信息，即是捕捉带有倾向性、潜在性的公共危机问题，制定可行性方案，科学处理和决策，从而把问题解决在萌芽状态或使公共危机给人们生命、财产造成的损失最小化的一种能力。

　　打开冰箱拿出纸包装牛奶，仰脖喝了一大口之后，才注意到上面标示的生产日期。不看不要紧，一看吓一跳！原来你喝的这盒牛奶，已过了保质期一天了！这时你会：

　　A. 停止喝，并把牛奶扔掉

　　B. 停止喝，并把喝下去的呕吐出来

　　C. 不以为然，照喝不误

　　D. 赶快去看医生

◆ 完全解析 ◆

　　选择 A：自己不敢再喝，还想到防止他人误饮，赶快把问题牛奶丢掉的人，成熟度高，临时面对危险，也懂得如何主动照顾他人。

　　选择 B：你对自己做自己的事情，不会想太多。你对危机的应变能力比较单纯，你的成熟度一般吧。

　　选择 C：看似粗枝大叶，但其实可能是因为你冷静理性，已经有不少牛奶，可以长期保存：至少你知道这一点。

　　选择 D：是一个相当神经质而且不堪忍受压力的人，一旦面对危险，形成压力，常有自我防御过当的情形。

不为失败找借口，只为成功找方法。

168 你处理问题的能力如何

◆ 情景测试 ◆

　　处理问题能力的高低关系着一个人工作质量的好坏。本测试可为判断一个人问题处理能力的高低提供依据。

1. 你书房里的书由于水管漏水被浸湿了：

A. 你非常不快，不停地抱怨

B. 你想借此不交物业费，并写了批评信

C. 你自己擦洗、清理、烤晒图书，并修理水管

2. 在节假日里，你和爱人总会为去看望谁的父母而发生争执吗？

A. 你认为最好的办法就是谁的父母都不去看望，以减少麻烦

B. 订个计划，这次看望爱人的父母，下次看望你的父母，轮流看望

C. 决定在重要的节假日里，和你的家人团聚，而在其他节假日里与爱人的家人共度

3. 某个朋友要结婚了，如果你去参加婚礼，你当然得送红包，这时：

A. 事先说你有事不能参加，事实上你并没有什么事情，你只是为了不送红包

B. 对那些你认为重要的朋友，如可给你带来生意上的帮助的人，你才愿意参加

C. 你不送红包，但经常收集一些小的或比较奇特的礼物来应付朋友结婚这类事情

4. 当你感觉身体不舒服时：

A. 你会拖延着不去就诊，认为慢慢会好的

B. 自己诊断一下，去药房买药

C. 把这种情况及时告诉家人，然后去医院检查

5. 生活中的各种压力使你和家人变得容易发怒时：

A. 你会向朋友倾诉

B. 你设法避免和家人争吵

C. 你和家人一起讨论，研究解决的办法

6. 你的亲友在事故中受了重伤，你得知消息时：

A. 失声痛哭，不知该如何是好

B. 叫来医生，要求服镇静剂来度过以后的几小时

C. 抑制自己的感情，因为你还要告诉其他亲友

7. 你的能力得到承认，并得到了承担一份重要工作的机会：

A. 你会放弃这个机会，因为这项工作的要求太高

B. 你怀疑自己能否承担起这项工作

C. 你仔细分析这项工作的要求，做好准备设法把它做好

8. 一位好朋友将要结婚了，在你看来，他们的结合不会幸福：

A. 你会认真地规劝那位朋友，请他慎重考虑

B. 努力说服你自己，让自己相信时间会让朋友改变计划

C. 你不着急，因为你相信一切都会好起来

9. 当你和别人发生纠纷，不得不去法庭诉讼时：

A. 你会因为焦虑和不安而失眠

B. 你不去想这件事，出庭时再设法应付

C.你把这件事看得很平常

10.当你和邻居发生争执，却没有争出结果时：

A.你借酒浇愁，想把这件不快的事忘掉

B.请教律师如何与邻居打官司

C.外出散步或消遣，以平息心中的愤怒

计分方法

选择A计1分，B计2分，C计3分，最后汇总得分。

完全解析

15分以下：说明解决问题的能力较差。

15～25分：说明解决问题能力一般，有时做事较迟疑。

25分以上：说明处理问题的能力很强。

169 你的说服力有多强

情景测试

你知道自己有多强的"说服力"吗？如果你还不是很清楚，请利用以下的测验做自我评估。

以下的每一组中都有A、B两题。先仔细阅读，然后再分析这两题，根据下面的评分标准给自己打分。

1.A——我有一整套划分清楚的短期、中期、长期目标；

B——我知道自己的大致整体目标是什么，但很少明确思索这个问题，也几乎从不跟别人讨论。

2.A——我会刻意记住刚相识者的名字，并且在交谈中适时称呼对方；

B——我能记得笑话、故事、食谱，以及各种琐碎的小事，可是我在记人名方面最差劲。

3.A——在设法说服别人接受我的看法时，我会精神亢奋；

B——我相信"人各有志"，所以不常花费心力去说服别人接受我的看法。

4.A——必要时我会格外努力工作，因为我想达成自己的目标，也因为我喜欢成功的感觉；

B——必要时我会格外努力工作，因为我不得不如此，而且我必须做别人的榜样。

5.A——我与人交谈时如果提出问题，对方常会略思索一下，然后说："你这个问题问得非常好。"

B——别人很少评判我提出的问题如何。

6.A——我听了对方说的话之后，会把他说的内容主旨重述一遍给他听，以证实我领会的意思无误；

B——我觉得重述一遍别人刚说过的话是多余且浪费时间的。

7.A——我随时不忘诚恳地称赞别人；

B——我觉得不宜随便称赞人，因为称赞了，别人会不当一回事，而且可能显得我是在讨好别人。

8.A——我在进行说服的过程中会运用许多比喻、类推等实例故事；

B——我认为，使人信服的是事实，不是个人的口才，所以在进行说服的时候只说事实、道理、论据。

9.A——如果事情是由我负责指挥，我会用相当多的时间向大家说明我们采取某一做法的确实原因；

B——如果事情由我负责指挥，我以完成任务为首要考量。有多余时间的话，我会向大家说明采取某一做法的确实原因。

10.A——如果有多个可行的方法供我选择，我通常会采用大多数人能够适应的一个；

B——如果有多个可行的方法供我选择，我会带领大家遵循我认为最妥当的方法。

◆ 计分方法 ◆

1.A、B 两题的总分是 3 分。

2. 如果你觉得 A、B 两题都符合你的现状，比较常有的一题给 2 分，较少有的给 1 分。

3. 如果 A 和你的现状完全一致，B 和你的现状不符，那么，A 给 3 分，B 得 0 分。

反之，A 得 0 分，B 得 3 分。

◆ 完全解析 ◆

1. 你 A 题的总分高于 B 题总分，即 A > B，你在领袖魅力的"说服力"方面表现尚佳。A 题总分比 B 题总分高得越多，显示你的说服力越好。如果两

说，不等于说服。

者的比例达到 2：1 时，恭喜你！你的说服力堪称一流了。

2. 你 A、B 题的总分很接近，即 A ＝ B，你可要再多下点功夫了。

3. 如果 B 题总分高过 A 题总分，即 A ＜ B，那你要多花点时间、金钱去向高手请教，从基本功开始学习和改进了。

170 管理者的工作态度

情景测试

如果你是一家大公司的男性老总，近日招聘来一位年轻貌美的私人助理。你有权规定她的上班服装，你认为下列哪种说法比较符合你的真实想法？

A. 保守的职业套裙，长度需要过膝才显得庄重

B. 凸显身材的窄裙，不但可以带出去应酬，自己也看得赏心悦目

C. 和其他职员一样穿工作服，公司要注意纪律

D. 不做要求，任其自由穿着

完全解析

选择 A：你平常看起来可能是懒懒散散的，但是一旦投入工作就有火热的激情，你做事一本正经，毫不马虎。"认真"二字是你的基本职业态度，对敷衍了事的工作态度是极为痛恨与不齿的，你是个十足的工作狂。

选择 B：你的灵活度很高，懂得利用自己的聪明才智，能够把工作梳理得很好。你的过人之处是懂得该努力的时候努力工作，能偷懒的时候也绝不放过任何休息的机会，因此你在工作时精神状态特别好，同时你还蛮注意工作环境的情调，这使得你工作成就感与生活享受兼得。你只能说是"准工作狂"。

选择 C：基本上你会公私分明，谈不上是个工作狂，不过只要办起公事时，就不会把你的私人感情卷入其中，而且态度鲜明，因此基本上你也算工作狂型的人物。

选择 D：你是个凭感觉说话做事的人，若是遇到你比较擅长和喜欢的策划性工作，就会认真对待，一丝不苟。可是如果你的工作对你来说毫无吸引力，你就会打马虎眼搪塞过去。从这个角度上说，你是不是工作狂，要视你的兴趣爱好与工作性质而定。

171 你属于哪种管理风格

情景测试

新招来的助理在试用期间就偷懒，做事不力，还爱说闲话，让同事之间相互猜忌，你仔细考虑过后，决定把她解雇。在对待如何解雇她的问题上，你会：

A. 请其他助理告诉她已被解雇

B. 把她喊到自己的办公室，直接把她辞退

C. 以温和的语气和外交辞令向她解释，她实在不适合在公司工作

D. 把她解雇，然后安抚下属，叫他们安心工作

◆ 完全解析 ◆

选择A：放任型的领导风格。你会逃避眼前的困难。这种作风并非完全无效，但如果要成功地采用这种领导方式，那么你的助手必须十分精明干练。

选择B：专制型的领导风格。你的专制会使得工作目标十分明确，你十分在意工作结果，因而一定程度上保证了指挥的统一和行动的一致，但由于你忽视了上下级之间的有效沟通，可能会导致员工情绪郁闷。在人本主义的今天，你的铁杆精神会使你较少受人爱戴。你有一种极权主义的倾向，就好似柏拉图所说的"聪明人应当领导和统治，而无知者则应当服从"！这样很容易令属下们反感，要多加注意！

选择C：民主式的领导风格。马克思韦伯对领导类型有三种划分：个人魅力型、传统型、合理型。其中合理型领导就是民主型，在民主型领导的带领下，团队凝聚力较高，是较为理想的领导作风。

选择D：民主集中式的领导风格。一方面你懂得在恰当时刻运用权力，尽量和下属保持合作；另一方面又可以提高士气，极尽怀柔，令每位下属都觉得自己是队伍中的一分子。既民主又兼顾效率，可以说是最理想的领导作风！不过实践中很难把握住民主与集中的最佳结合点哦。

172 管理效率的测试

◆ 情景测试 ◆

你应聘到一家新成立的公司当领导，在上任这天的会议上，你想提出一些解决工作中烦恼问题的好方法。这时候，你第一件要做的是什么呢？

A. 起草一个议事日程，以便充分利用和大家在一起讨论的时间

B. 给人们一定的时间相互了解

C. 让每一个人说出如何解决问题的想法

D. 采用一种创造性地发表意见的形式，鼓励每一个人说出此时进入他脑子里的任何想法，而不管该想法有多疯狂

◆ 完全解析 ◆

选择A：你的工作态度雷厉风行，一旦有决定，就会不顾实际困难迎头直上。虽然勇气可嘉，对一些小问题如披荆斩棘，但面对大问题，可能会令你的团队因为缺乏沟通，反而降低工作效率！

选择B：你深刻知道"磨刀不误砍柴工"的道理。确实，当一个组织的成员之间关系融洽，每一个人都感到心情舒畅时，组织的工作效率才会达到最高。在这种情况下，大家才能自由地做出他们最大的贡献。

选择C：你的民主作风让人欣赏，不过太过民主的做法本身有违效率的目标。

选择D：你喜欢不拘常态的工作方式，对于每种工作方式都会追求尝新。不过在这种新鲜的变化过程中，又会因为缺乏连续性而在执行任务的过程中出现问题，工作效率也会因此而受到影响。

173 在团队中你适合扮演什么角色

情景测试

阳光灿烂，我们相邀一起去水上公园划船！公园的草坪上有很多可爱的小朋友，其中有一个小女孩手里举着一个大红气球。一切看起来和谐而美妙！正当你觉得眼前的一切都非常美好的时候，突然，小女孩的手一松，气球居然从她手中飞走了！你觉得气球最后会怎样呢？

A.会有一位大人帮她把气球追回来

B.被鸟戳破

C.挂在树枝上

D.到高空里不见了

完全解析

选择A：你在团队中通常扮演着妹妹般的角色，在集体里很受众人疼爱。你可以继续发挥这种长处，让更多人喜欢你。

选择B：你在团队里话不多，但是心思缜密，只要一开口，意见就会很受重视。建议你继续保持优势，少说无谓的话，让自己显得更有权威感。

选择C：你是领导者的材料，你的高瞻远瞩受众人信赖。你应该继续引领大家走下去，因为很多人都把你当作是一种倚靠。

选择D：你富有创意与灵感，在团队中，你适合负责企划方面的事务。你的想象力和创造力往往与众不同，使得大家非常吃惊！

174 测测你的管理手段

情景测试

有人说，管理的最高境界就是"不管"，那么，打天下之后就要守天下。而你，是否有足够的管理手段，让公司一直在良性发展的道理上走呢？

通过下面的测试题来看个究竟吧！

1.你觉得强势地位和忙得昏天黑地才是管理者尽责的表现吗？

A.完全赞成　　　B.一般　　　　C.不赞成

2. 你常常花时间来教育下属：

A. 是的 　　　　B. 一般 　　　　C. 不是，教育是人力资源部的事情

3. 如果下属喜欢拿问题来问你，你认为：

A. 要帮他解决，因为这是表现自己权威的时候

B. 介于 A 与 C 之间

C. 他首先应想办法解决，而不是来找你

4. 在公司里，高层人员是否能分享权力：

A. 是的，可以分享 　　　　　　B. 介于 A 与 C 之间

C. 不是，权力在你手中

5. 每天你都忙着计划、协调、控制、指挥部下工作，恨不得一天有 48 个小时可以利用：

A. 是的 　　　　B. 一般 　　　　C. 不是

6. 你比较会偷懒，能不做的事情就不做：

A. 是的 　　　　B. 一般 　　　　C. 不是

7. 当你外出时，手机常常因下属的拨打而响个不停：

A. 是的 　　　　B. 一般 　　　　C. 不是

8. 你在组织中的授权：

A. 很充分 　　　　B. 一般 　　　　C. 不能大胆授权

9. 在公司，你特别喜欢凸现自己的个性，展现独特的领导才华和非凡的经营成果：

A. 是的 　　　　B. 一般 　　　　C. 不是

10. 在公司里你主要做的事情是：

A. 制定发展战略，监控执行、关键员工的培养与企业文化的培育

B. 除了 A 所列出的，还有其他一些事情也花去你不少时间

C. 公司很多事情还必须由你亲力亲为，还不能立即撒手不管

11. 当你想要和家人外出度假三个月时：

A. 走不开，因为你在公司不可替代，公司没有你不行

B. 现在还不行，但不久的将来可以放心去旅行

C. 公司能在你的放权下正常运作，自己可以外出旅行

12. 你已经考虑 "淡出江湖"：

A. 是的　B. 考虑过，但还有一段时间　C. 只是偶尔想想，哪有那么容易淡出

·计分方法·

单数题选 A 得 1 分，选 B 得 2 分，选 C 得 3 分。双数题选 A 得 3 分，选 B 得 2 分，选 C 得 1 分。

·完全解析·

12~19 分：你的企业是不是还处于创业期或者刚过创业期呢？你强有力地推动企业朝前发展，像亲自率军打仗的将军，你的组织及人员构架还不是十分成熟，使你不得不继续劳碌。要注意的是，一旦企业走向成熟，你就要积极转换角色，敢于

弱化自己，培养人才，以求组织强大，而非个人权力的扩张。

20~28分：你的企业应该具有一定规模和实力，你在管理中也能抓住重点，但仍有一些事务缠身。在管理的过程当中也确实有些让人身不由己的事，你要不断提高自我的教育程度，强化组织发展意识。

29~36分：得分很高的你，无论是价值观，还是对经营企业方略的把握，都十分成熟。在公司日常运行中，看不到你挥舞的手指或怀疑的眼神，也听不到你命令的口气，而组织又在你的管理下照常有序运行，这都归因于你善于创造好的工作氛围和企业文化！

175 你是否有独立做老板的潜质

情景测试

你是否野心勃勃想创立一番事业，又在担心自己是不是有足够的能力去开创这样的事业？如果你是个希望自己当老板的人，那么就可以看看下面的这些测试，也许可以给你一个明确的判断。

正逢经济不景气，公司发生了一点财务危机，已经一个月没发放薪水了，这时候你会怎么办？

A. 立刻辞职

B. 要求老板立刻补发薪水

C. 试图跟老板商量，请求至少发一半薪水

D. 再忍一个月看看行情再说

完全解析

选择A：你野心勃勃，随时都在寻找良机。你的观念十分简单，一切以自己的最高利益为上，只要认为自己的实力不比别人差，对于创业你就会跃跃欲试。你将来很有可能成为运筹帷幄、一统大局的领导人物。

选择B：你默默忍受着上班的苦楚，那是因为你自知目前一切条件都还不成熟。一旦时机成熟，你就会全力追求属于自己的事业。在未来的发展中，你的耐力会使你成为不可小视的关键人物，尤其是在出现危机时！

选择C：你有着身兼数职的本领，不甘心一辈子守着一项工作，因而你在公司之外还有其他的事业。两边都要抓是你的基本立场，一旦不能兼得，你会考虑得失后决定是否辞职。与其待在小公司里面当职员，还不如另辟蹊径，开拓自己的领域。

选择D：求稳求好是你的终极目标，对你而言，安定胜过一切。如果公司的前景尚不明朗，你一般会选择继续留守一段时间，静观其变；如果没有什么突发事件，你一般不会选择辞职，因为你不敢独自承担事业经营的风险。如果一直没有创新的想法的话，你可能也甘心一辈子做小职员啦！

第十章
职场解析：如何在职场中披荆斩棘

176 职场定位

·情景测试·

涉入职场，你是具备顶梁柱的潜能，还是只能做个跑龙套的？来测一测吧！

A.老虎　　　　B.狼狗　　　　C.孔雀　　　　D.鳄鱼　　　　E.兔子

·完全解析·

选择 A: 你理智乐观并且有领导才能，是老板眼中的可造之才。

选择 B: 你能够胜任领导交付的工作，可惜创新意识不强，只适合风格保守的团队。

选择 C: 你在工作中，女性化特征明显，很容易赢得同事好感，却升职无望。

选择 D: 你不默守成规，喜欢富于挑战的工作，适合风格激进的企业团队。

选择 E: 你工作认真负责，行事低调，是消极等待被伯乐发现的类型。

177 你在工作中的表现

·情景测试·

你在工作中的表现会直接影响老板对你的看法从而影响到你的个人发展。在工作中你的状态是什么样的呢？快来了解一下吧。

南方的茶餐厅各式点心异常丰富，一觉醒来，餐厅已经为你准备了营养全面的早餐。今天的茶点有煎双蛋、火腿、茄汁焗豆、吐司面包及一杯热奶茶，你会选择先吃哪一样呢？

A.煎双蛋　　　　B.火腿　　　　C.茄汁焗豆　　　D.吐司面包

E.热奶茶

·完全解析·

选择 A: 先吃煎双蛋的人，情绪很稳定，无论工作压力多大，都不会影响自己的工作表现，且具有良好的分析能力。

选择B：先吃火腿的人，讲原则且自律性高，不容易被诱惑。会将工作放在首位，先完成工作，做事情认真负责，同时也是个很守时的人。

选择C：先吃茄汁焗豆的人很有责任心，只要答应了的，无论多艰难都必会将任务完成，绝不会中途放弃；你对工作有一百分的投入，工作的回报率也很高哦。

选择D：先食吐司面包的人工作效率奇高，只要有工作在手，就要先将公事做完才安心；很会分配工作时间，又能一心二用，同一时间处理多项工作。

选择E：先喝热奶茶的人，是个很有创意的人，爱天马行空又能兼顾实际情况；同时沟通能力也很强；懂得享受工作，很会在苦闷中找到乐趣！

表现错了时机，莫不如不表现。

178 不要入错行

情景测试

俗话说："男怕入错行，女怕嫁错郎。"但其实，当今社会，选对行业、找准适合自己的位置，对于每个人来说都至关重要。你是否选对了行业呢？做做测试吧！

古时候，有位国王将两条20米长的绳索分别交给两个儿子，告诉他们要把绳子在地图上围起来的土地分给他们，不过不能用圆形或三角形，只能用长方形。绳子虽然同长，弟弟围起来的土地却比哥哥多了10平方米，为什么呢？

A. 哥哥很老实，弟弟则耍了小伎俩

B. 不为什么，两兄弟按规定各自用各自的方法测量

C. 不知道为什么

D. 以上答案都不是

完全解析

选择A：你在职场上认真又老实。此外，你天性善良，懂得内敛含蓄之道，会适当避开锋芒，做大家优秀的倾听者。因为你良好的品德，你的人际关系始终处于一种良好状态。在公司里，你德高望重，深得人心。发挥你在协调方面的优点，尤其在公司出现复杂局面的时候，你能成为大家的稳心剂呢！

选择B：你八面玲珑，深谙逢迎之术，你有主动谋事业赚钞票的愿望，所以工作态度是没有问题的，可贵的是，你会在岗位上充分发挥你的优点，因为对你来说，

成就感是你目前最需要的东西。在你的精心掌握下，凡事都会朝着你期望的方向发展！但因为你心机过深，别人也会对你加以防范。

选择 C：你比较刻板。对于有兴趣的事情投入精力会很多，不喜欢的工作则有强烈的排斥心理。你对待工作热情但缺乏理性，在人际关系上相当漠然。如果遇到合适的工作，你能够如鱼得水。如果工作不顺心，你就会把怨气发在同事身上。你在公司里面一向对事不对人，因而显得对人冷漠和苛刻。工作之外，你都没什么朋友。

选择 D：你不是个稳定派，常随心情而改变想法，也在不断寻找发挥自己专长的机会。因此，工作方面，今天一份工，明天一份工，对你来说是很平常的事情。

179 性格和职业

情景测试

性格具有一定的稳定性，但又不是一成不变的。客观环境的变化和个人的主观调节都会使性格发生改变，所以性格与职业生涯的匹配也并非绝对，而是具有一定弹性的。

你是哪种性格，适合做哪种工作呢？快来测试一下吧！

第一组

1. 就我的性格而言，我喜欢同年轻人而不是年龄大的人在一起。

2. 我心目中的丈夫（妻子）应该具有与众不同的见解和活跃的思想。

3. 我对于别人求助我的事情总是乐于帮忙。

4. 我做事情考虑较多的是速度和数量而不是在精雕细琢上下功夫。

5. 总之，我喜欢这个新鲜的概念，例如新环境、新旅游景点、新朋友等。

6. 我讨厌寂寞，希望和大家在一起。

7. 我读书的时候喜欢语文课。

8. 我喜欢改变某些生活惯例，以使自己有充裕的时间。

9. 我不喜欢那些琐碎零散的事情。

10. 我进入招聘职员经理室，经理抬头看了我一眼，说声请坐，然后就埋头阅读他的文件不再理我，可我看见旁边并没有座位，这时我没有站在那里等，而是悄悄搬来个椅子坐下等经理说话。

第二组

11. 我读书的时候很喜欢数学课。

12. 看了一场电影、戏剧后，喜欢独自思考其内容，而不是喜欢与别人一起讨论。

13. 我书写整齐，很少有错别字。

14. 不喜欢读长篇小说，喜欢读论文、小品或者散文。

15. 业余时间我爱做智力测验、智力游戏一类题目。

16. 墙上的画挂歪了，我看着不舒服，总想把它扶正。

17. 收录机、电视机出了故障，总喜欢自己动手摆弄、修理。

18. 做事情喜欢做得精益求精。

19. 我对一种服装的评价是看它的设计而不大关心是否流行。

20. 我对经济开支能控制，很少有"月初松、月底空"的现象。

计分方法

从第一题起依次划出是与否的答案。然后算出两组各有几个是。比较两组答案，如果第一组中答"是"比第二组多为A类型。第二组回答"是"比第一组多为B类型。如果两组回答"是"大致相等为C类型。

完全解析

A类型：你最大的优势是思维活跃，跟别人的人际关系比较好。你喜欢让别人去实现自己的想法，或是让大家来共同实现。你比较适合做推销员、采购员、服务员、人事干部、记者、演员、宣传机构的工作人员等等。

B类型：你最大的优势是很有耐心，肯钻研。你比较适合做技术人员、律师、工程师、编辑、医生、会计师、科学工作等职业。

C类型：你身上兼具AB两种人的长处，不但可以独立思考，还可以维持良好的人际关系。你比较适合做教师、理发师、美容师、讲师、护士、秘书、各类管理人员等。

180 职场社交

情景测试

职场社交是工作的重要组成部分，和同事间保持一种友好的关系对于工作的顺利进行会有很大帮助。你在社交方面的表现如何？下面这道测试题会告诉你哦。

如果上天赋予你艺术家的才能，使你能够留下一幅流芳百世的自画像，展示在罗浮宫那样的艺术殿堂里供人景仰，你会将那幅画用什么材质进行处理？

A.油彩

B.炭笔素描

C.水彩

D.黑板粉彩

完全解析

选择A：你对于出席社交场合出风头这类事情简直是沉迷其中无法自拔。你喜

打越级报告是一种危险的行为，会产生很多不良后果！

欢奢华的宴会，因为你天生是个万人迷，你的耀眼光环可谓倾倒众生。而且你完全不怯场，擅长于在公众场合之下从容自如地展现自己与众不同的特殊魅力，轻而易举就能捕获众人眼球。

选择B：你是个对外表言辞不加修饰的田园自然派。你希望以真实面目见人，待人诚恳，不喜欢过多伪装自己的想法。经常以一身便装现身的你，在纷繁杂乱令人眼花缭乱的社交场合中，反而树立了一种独特的个人风格。不过别人对你的评价总是非好即坏，非常极端。

选择C：你对于制造小环境气氛很有心得，三五好友聚在一起，享受温馨的下午茶，是你作为主办人的能力所在。

选择D：你虽然不会标新立异，看似有些因循守旧，实际上你在社交圈中扮演的角色不可小觑。你就是那些口若悬河的社交积极分子们最好的听众，是你的存在带给大家满足感和成就感。因为，你很自然地表现出对朋友的关心，让每个人都感觉跟你在一起很温暖。

181 工作忠诚指数测试

情景测试

假如要亲手制作一个复活蛋摆设送给情人，你会选择以下哪一种材料来装饰它呢？
A. 丝带　　　　B. 珠片　　　　C. 闪石　　　　D. 颜料

完全解析

选择A：专心致志、忠诚度高达90%。选择丝带，将它牢牢系于复活蛋上，这简直就表示你的花心程度几乎是零。在对待事业上，你一心一意，根本容不下其他任何干扰，就算有公司想挖你墙脚，你也可以视若无睹、不为所动。不过，出于你本能的自我保护的想法，你会要求你的公司对你也给予同样的待遇，一旦公司不再重视你，你也可能立即翻脸走人。

选择B：易受诱惑、忠诚度40%。虽然你也想专心一致对待你目前的事业，但是可惜你的意志力不够坚定，一旦有其他公司盛情相邀，你极有可能就会一头栽进去，因为可能你不好意思拒绝对方！不过，庆幸你仍然有丝丝的罪恶感，所以也不会主动跑到其他公司投怀送抱。

选择C：标准的花心萝卜、忠诚度20%。这种选择表示你希望事业有所成就，如闪石般闪闪发光，因此你是一个非常容易见异思迁的人。这山望了那山高、东食西宿对你而言根本不是什么不道德的事，不会产生任何的愧疚感。就算你有了固定的工作，还是会自己搞自己的一套私人事务。如果你的能力实在一般，劝你还是要珍惜目前现有的工作，省得两头都无法兼顾，到头来竹篮打水一场空！

选择D：害怕惹麻烦、忠诚度70%。只要有了固定工作，你就不会和其他公司有所瓜葛。这并不是说你对事业、对公司极度忠诚，而是你很怕惹麻烦上身。你会认为，万一跟其他公司瓜葛惹得本公司头头不高兴，还要找一堆理由来搪塞，倒不如轻轻松松做好本职工作。因此，怕找麻烦的你，就算心思在外，也绝对不会有太多留恋。对于本公司的工作，还是尽量保持脸面上的忠诚。

182 测试你的职场进取心

·情景测试·

在每个年轻人心中都怀揣着自己的梦想，可是当走出校门工作几年之后，你是否还在追随着自己最初的梦想呢？从下面这道测试中可以看出你的进取心哦。

你住在二楼左侧的房子里，某天，你要出门去倒垃圾，你的左边是一个窗子，而楼上和楼下都各有一个垃圾道，在二楼的最右边也有一个垃圾道，你可以有以下选择：

A. 上楼到上面那个垃圾道去倒垃圾

B. 下楼到下面那个垃圾道去倒垃圾

C. 从自己所在的位置一直向右走，去那里倒

D. 直接从身边的窗口爬出去倒垃圾（从那里可直接到垃圾道）

E. 从窗口直接倒出去

·完全解析·

选择 A：你的进取心很强，而且有很强烈的欲望，希望无论是学习还是工作都可以得到好名次，是一个非常有上进心人。需要注意的是不要太给自己压力，否则生活会很累。

选择 B：你可能陷入了一种懒惰的思想中，希望自己可以省力气。你也许觉得生活不应该背负太大负担，只想轻松地游戏人生。需要注意的是别太松懈，还是要努力才是！

劳逸结合，才能做好工作。

选择 C：你对现状很满意，不喜欢波动，而是喜欢平平淡淡的生活。不喜欢波折，越是简单的东西你越喜欢，甚至希望永远维持现状，就算不前进都无所谓。需要注意的是，你不觉得生活太单调了吗？

选择 D：你实在是太喜欢追求刺激了，几乎到了不可思议的地步。你认为平凡的生活太过单调，你需要时刻保持新鲜感。需要注意的是有的时候还是要务实一点。

选择 E: 你的素质需要培养, 你现在遇到的不顺利很可能出自你个人修养的问题。需要注意的是现今素质非常重要, 即使有了知识, 没有素质也难成功。

183 工作满足感测试

·情景测试·

很多人说, 非常热爱自己的工作并不是因为工作本身给他带来了多么丰厚的报酬, 而是因为这份工作给他带来了一种充实感和满足感。你对自己从事的工作有满足感吗? 做一做下面的测试就知道了。

当你要买或租房子, 为自己找个能落脚的安乐窝, 要选择地点时, 以下四种地理条件, 哪样对你来说是首先需要着重考虑的?

A.靠近地铁站或公交车站等交通便利处

B.靠近便利商店或大型超市

C.靠近电影院、网吧、公园等游乐场所

D.靠近学校或图书馆

·完全解析·

选择 A: 对于工作现况, 你有非常多不满意, 老觉得自己是个千里马, 身怀绝学却没人发现。如果有伯乐赏识, 给你一个一展所长的舞台, 你一定能够让那些总是批评你的领导和上司刮目相看。你总觉得自己还没遇到青云际遇, 所以雄心勃勃想要跳槽, 如果有机会, 你可就会另谋发展呢。

选择 B: 你对目前的工作状况大致上来还算是满意的, 你努力在现有环境中学习, 希望能充实自我, 让自己越来越进步, 累积好一身打拼的本事。所谓"艺多不压身", "艺高人胆大", 你坚信有了真才实学才能有往上爬的资本。目前你并不会想要乱跳槽, 因为你相信只要是有实力的人, 最后是不会被忽略掉的。

选择 C: 对于工作的要求, 你的权力欲望并不高, 倒是其他的工作条件, 比如说离家近不近, 同事和上级好不好相处, 爸爸妈妈同不同意, 这些对你来说反而比较重要。要是这些条件基本都能够满足你, 你可是非常乐在职场, 如果周边条件不能配合, 就算是钱再多事再少的工作, 你还是会有遗憾呢。

选择 D: 在他人眼光中, 你是沉默的大多数中的一员。看起来你似乎没有什么野心, 就像是办公室的一颗勤恳的螺丝钉。但实际上, 你对自己在职场中的定位并不局限于这些。你其实心比天高, 无奈命比纸薄。虽然有个声音不断逼迫和催促你要往前进, 可是你却始终难以放下身段, 个性又略显不够积极, 无法向别人的生存法则看齐, 所以只能想想算了。

184 你是否有拖延的毛病

情景测试

"明日复明日，明日何其多？我生待明日，万事成蹉跎。"这首被广泛传唱的明日歌，生动地描写出了许多人做事"拖延"的生活状态，说明了总是拖延无法成就大事。你是一个喜欢"拖延"的人吗？一测便知。请按顺序回答下面的问题：

1. 不到最后期限不交活。

2. 上班时间总在网上瞎逛，快到下班才开始忙工作。

3. 没工作计划，不懂时间管理。

4. 总是"伪加班"，白天可做完的事，总是拖到下班后加班做。

5. 总是认为时间还有，不急。

6. 懒散，日复一日，总想着明天再做。

7. 每当同事或上司询问工作进展时，经常说"让我再看看"。

8. 办公室里零食一大堆，上班时间经常吃零食。

9. 要做事时，脑子里能冒出各种理由，如现在先做别的事，这个稍后。

10. 自我麻痹，如还来得及，不行就通宵赶工。

11. 处理问题不分主次，忙了半天，最紧要的事没做。

12. 经常因为时间过于紧迫，草草交差，结果被同事或老板责怪。

13. 厚脸皮，别人怎么催，也定力十足，习以为常了。

14. 从不主动汇报工作。

15. 团队合作时，同事都面露难色，不愿和你合作。

工作中是没有任何借口的，借口是拖延的温床，只会给人带来消极颓废。

计分方法

选"是"得1分，选"否"不得分。

完全解析

0～4分：轻度拖延，要当心了，快点儿找到原因，将拖延扼杀在萌芽中。

5～11分：中度拖延，拖延可能已经成为你的工作习惯，改变需要时间和耐力。

12～15分：重度拖延，建议重新审视自我，进行职业定位，找一份自己兴趣和能力特长所在的工作。

185 面试的压力

情景测试

人们面试时都会产生不同程度的紧张，因为面试的结果会决定你能否被录用。下面这道心理测试题可以帮助你了解自己在面试时的压力情况哦。

1. 在面试的时候，我感到心慌意乱；

2. 想到面试的结果就会妨碍我进入面试状态；

3. 遇到重要问题时，我会发呆愣住；

4. 面试时，我在想能否通过面试；

5. 我越尽力地想如何答题，就越是慌乱；

6. 面试被拒的想法干扰我思想集中在面试上；

7. 在参加重要面试时，我感到异常心神不安；

8. 对面试已有充分准备，但我还是非常紧张；

9. 在进入面试间前，我感到非常紧张；

10. 在面试中，我感到非常紧张；

11. 我希望面试官不要烦扰我；

12. 在重要面试中，我紧张得连胃也不舒服了；

13. 在重要面试时，我似乎被自己击倒；

14. 在参加重要面试时，我感到非常恐慌；

15. 参加重要面试前，我非常担忧；

16. 在面试过程中，我发觉自己老想着失败的结果；

17. 在重要面试中，我感到自己心跳得很快；

18. 面试后，我试图不再担忧它，但做不到；

19. 面试中我很紧张，连知道的内容也忘了。

计分方法

从来没有测试题中提及的情况，计 1 分；偶尔有计 2 分；经常有计 3 分；总是出现计 4 分。最后请计算出总分。

完全解析

总分越高，说明你的压力程度越高。总分在 35 分以上：过度压力。这是非常不利的，因为人为过度施加的内在压力，使自己内心注意力很难集中，在面试中容易形成思维短路的情况，甚至情绪无法控制，造成失常发挥的后果。不过没有压力也并非良策，因为没有压力也意味着缺乏动力和斗志，责任感缺失，就容易在大意下犯一些低级错误。所以保持适当的压力，让自己有警觉又能控制情绪，做到有张有弛，就可以保证面试时正常发挥，甚至超常发挥。

186 同事的非议

情景测试

工作中会接触到各种各样的同事，你不会让所有人喜欢，因此也难免惹同事非议。你到底在哪方面容易引起他人的不满呢？快测试一下吧。

今天分组进行讨论公司的项目规划，你会选择和哪种人在一组？

A.聪明能提供好意见但是坚持己见的人

B.活泼搞笑但是不爱做事的人

C.擅于工作但是骄傲不已的人

D.你的最好朋友，但大家不喜欢他

完全解析

选择A：受同事非议程度60%。别人会认为你有点势利眼，有时甚至会说你是领导的马屁精，人前人后两面三刀，因此你要小心和领导及长辈的说话态度，可能会因此引起同事不满。

选择B：受同事非议程度80%，别人会觉得你会不惜手段想要当公司里的风云人物。如果你是公司里面的风云人物，别人就会因为嫉妒眼红在背后说你坏话，要注意对其他人的态度，不可以摆出有点骄傲的姿态哦。

站得越高的人，越要忍受是是非非、评头论足、指指点点。

选择C：受同事非议程度40%。你的个性可能有点固执，怕自己能力比别人弱，甚至可能有很大的疑心病，怀疑那个人怎样怎样、另外一个人怎样怎样，有些同事会受不了你这样的个性，就会在你背后讨论你的是非。

选择D：受同事非议程度20%，在同事眼中你是个重情义道义的人，无论别人对你的看法如何，你总是对他们很好。但如果是单位里面的小负责人，你可能也会有偏心的状态，并因此让别人对你不满。

187 团队精神

情景测试

下面是一道关于团队精神的测试题，请如实回答下列问题，记录下你的选项。

当你是小组成员的时候。

1. 我提供事实和表达自己的观点、意见、感受和信息以帮助小组讨论。（提供信息和观点者）

2. 我从其他小组成员那里征求事实、信息、观点、意见和感受以帮助小组讨论。（寻求信息和观点者）

3. 我提出小组后面的工作计划，并提醒大家注意需完成的任务，以此把握小组的方向。我向不同的小组成员分配不同的责任。（方向和角色定义者）

4. 我集中小组成员所提出的相关观点或建议，并总结、复述小组所讨论的主要论点。（总结者）

5. 我带给小组活力，鼓励小组成员努力工作以完成我们的目标。（鼓舞者）

6. 我要求他人对小组的讨论内容进行总结，以确保他们理解小组决策，并了解小组正在讨论的材料。（理解情况检查者）

7. 我热情鼓励所有小组成员参与，愿意听取他们的观点，让他们知道我珍视他们对群体的贡献。（参与鼓励者）

8. 我利用良好的沟通技巧帮助小组成员交流，以保证每个小组成员明白他人的发言。（促进交流者）

9. 我会讲笑话，并会建议以有趣的方式工作，借以减轻小组中的紧张感，并增加大家一同工作的乐趣。（释放压力者）

10. 我观察小组的工作方式，利用我的观察去帮助大家讨论小组如何更好地工作。（进程观察者）

11. 我促成有分歧的小组成员进行公开讨论，以协调思想，增进小组凝聚力。当成员们似乎不能直接解决冲突时，我会进行调停。（人际问题解决者）

12. 我向其他成员表达支持、接受和喜爱，当其他成员在小组中表现出建设性行为时，我给予适当的赞扬。（支持者与表扬者）

计分方法

总是这样：5分，经常这样：4分，有时候这样：3分，很少这样：2分，从不这样：1分。最后相加，得出总分。

完全解析

以上1～6题为一组，7～12题为一组，前一组与后一组得分用下例方式表达(0, 0)。

(6, 6) 只为完成工作付出了最小的努力，总体上与其他小组成员十分疏远，在小组中不活跃，对其他人几乎没有任何影响。

(6, 30) 你十分强调与小组保持良好关系，为其他成员着想，帮助创造舒适、友好的工作气氛，但很少关注如何完成任务。

(30, 6) 你着重于完成工作，却忽略了维护关系。

(18, 18) 你努力协调团队的任务与维护要求，终于达到了平衡。你应继续努力，创造性地结合任务与维护行为，以促成最优生产力。

(30, 30) 祝贺你，你是一位优秀的团队合作者，并有能力领导一个小组。当然，一个团队的顺利运行除了以上两种行为以外，还需要许多别的技巧，但这两种

最基本，且较易掌握。如果你得分比较低，也不要气馁，只要参照上面的做法，就
会有所提高。

188 你的职场优势是什么

◆情景测试◆

职场上谁都盼望自己能有升职的机会，来测试一下你升职的优势点是什么！

深夜由车站步行20分钟才回到家，门已锁，家人已沉睡，怎么都无法吵醒他们，
但二楼灯还亮着，你会怎么做？

A. 到附近的店坐坐，再打电话，如果不行就坐到天亮

B. 回到车站打电话

C. 弄坏门或窗的锁，或用铁丝想办法开门

◆完全解析◆

选择A：你是运动型，
把经营事业看作赌博或运
动，做事稳妥，但也很重
视新点子，偶尔冒险。

选择B：你是企业人
才型，你很重视人际关系
与团体工作，认为应与之
共存共荣，很用心去掌握
对方心情。

选择C：你是具有一
技之长型，有专门知识，

职场就好比是一个运动场，敢打敢拼才会赢。

若加倍提升素质，努力强化自己的专门技术，在各行各业中出人头地，就是所谓有
技艺在身的人。

189 你的工作态度合格吗

◆情景测试◆

最近你的工作状况还好吗？曾有科学家分析，一般人的专心程度是和成功成正
比的，所以工作的时候努力工作，玩的时候轻松去玩，这应该是最好的人生座右铭。
现在就以一个简单的问题，来测试一下你的工作态度。

许久没有背上钓竿了，今天如果和朋友一同去钓鱼，你会选择何处？

A.海岸边　　　　B.山谷的小溪　　　　C.坐船出海去　　　　D.人工鱼池

完全解析

选择A：你是个讲究投资回报率的人，会以最少的资本追求最高的利润，很有生意眼光，所以你会到海岸边去钓躲在岩缝的小鱼，虽然体积不大，但是数量却很多。

选择B：你对工作企划有一套，眼光远大，只可惜你做事太保守，缺乏冲劲，不能专一的投入，不然你为何贪恋山谷的美景，而不把全部心思投注在钓鱼上。

选择C：工作狂热症的代表，就像追求坐船时乘风破浪的快感，你是一股劲儿地拼命，也就是说，拼起命来没大脑，你只能听指挥行事，但是绝对不能让你做规划。

选择D：你只打有把握的仗，十足的现代人，有自信，会推销自己，商场上讲战术，头脑冷静，但你有点儿锋芒毕露，切记不要抢别人的功劳，否则会为你以后的失败埋下伏笔。

190 求职时你最引人注目的是什么

情景测试

要想拥有一份好工作，必须要抓住来之不易的好时机，要想抓住好时机，就必须把你最好的一面展示出来，才能让别人把机会交给你。什么才是你赢得机会的最佳武器呢？本测试可以诊断出你在求职面试时适合于你的有效的自我推销法。

你是一个经常迟到的学生，有一天你迟到时又被教导主任发现，这时你会怎么办呢？

A.主动承认错误，以期得到原谅

B.找寻新的借口

C.大声地哭

D.静静地听着训斥，找机会逃脱

完全解析

选择A：你可以通过突出你的女性魅力给面试官留下好印象。但是，如果一味地以性感来突出女性魅力则会产生负面效果。以后即便进了公司，也会有人说你是凭"美色"进入公司的。这样可就不好了。

选择B：你的最佳武器是你的坚强。你有自己独立的见解，不会轻易改变自己的观点。假如能够重点突出你的这一优点，会给对方留下"此人对工作不会半途而废，定会善始善终"的好印象。

选择C：你的"亮点"在于富有知性与教养。通过突出你的这种优点，可以给面试官留下很好的印象。你甚至可以谈及与公司业务无关的领域，总之重点是显示出你的博学多闻。尽量把自己的知识领域拓宽，以显示自己的综合素质。

选择D：你最大的武器是脑筋灵活，你能够举一反三。突出你的这一优势，对方会产生"此人工作肯定敏捷利落"的印象。但是此类人往往容易轻视别人，应务必克服这个缺点！

191 你有没有被"炒鱿鱼"的可能

情景测试

稳定的工作是每个人都想要的，但是老板从自己的利益出发，也会炒人的。那你有没有被炒掉的危险呢？来测试一下吧。

1. 如果你是女性：假如你是个胖得惨不忍睹的人或者某一天你突然变得"胖得惨不忍睹"，你会选择哪一种运动来减肥呢？

A. 跳舞毯　　　　　　　　　　B. 篮排球

C. 跳绳　　　　　　　　　　　D. 健美操

2. 如果你是男性：如果你的手臂突然变成大力水手的模样，而且力大无比，你会参加什么运动比赛？

A. 健美拉力器　　　　　　　　B. 拔河

C. 俯卧撑　　　　　　　　　　D. 倒立行走

完全解析

选择 A：如果裁员，你可能首当其冲。你不怎么了解官场，对各种关系的处理方面也不熟悉，比较天真，喜欢用自己的想法来推断事物。对工作不太用心，努力程度也不够。你只靠做表面功夫来混日子，就算暂时没有危险，也只是因为老板对你睁一只眼闭一只眼。

选择 B：虽然你的工作能力不是很强，但是领导为了不犯众怒，是不会轻易动你的，甚至还会适时给你一些小恩惠。所以，你目前暂时没有被炒鱿鱼的危险。有一点要注意，一定要居安思危，小心做得过火，老板拿你开刀！

选择 C：就算别人被大批裁掉，老板也不会让你走，因为你是最敬业的人，能够在危急时候担起大任。你视工作为生命，认为工作的辛苦和对自由时间的剥削是正常的。你不需要担心被炒鱿鱼，但是要注意自己的身体！

选择 D：如果公司近期不会大批裁人，你还不会有什么危险，因为你比较有耐心，而且做事细心。但是这也是你的缺点，因为你总是把精力放在一些无关紧要的事情上，老板就会认为你不够重要，一旦大批裁人，你也会成为其中一个。

第十一章
超级影响力：打造独特魅力的完美人生

192 你是一个受欢迎的人吗

·情景测试·

你受人欢迎吗？下面的 25 个问题是根据国外专家的心理测试而拟就的，目的是让你大致明了自己的性情以及你是否容易相处。

请在每项问题的下面写"是"或者"否"。

1. 你是否自动地和不经思考地随便发表意见？

2. 你是否觉得你 3 位最好的朋友都不如你？

3. 你喜欢独自进餐吗？

4.. 你看不看报上的社会新闻？

5. 你对这一类的测验有无兴趣？

6. 你是不是也向别人吐露自己的抱负、挫折以及个人的种种问题？

7. 你是否常向别人借钱？

8. 你和别人一道出去，是不是一定要大家平均分摊费用？

9. 你告诉别人一件事情，是不是把细枝末节都说得很清楚？

10. 你肯不惜金钱招待朋友吗？

11. 你认为自己说话毫不隐讳的态度是对的吗？

12. 你跟朋友约会时，是否让别人等你？

13. 你真正喜欢孩子（不是你自己的孩子）吗？

14. 你喜欢拿别人开玩笑吗？

15. 你认为中年人恋爱是愚蠢的吗？

16. 你真正不喜欢的人，是否超过 7 个？

17. 你是不是有一肚子牢骚？

18. 你讲话是不足常常用"坏透了""气死人""真要命"一类

做事情的方式和时机都非常重要，否则，即便有最大的诚意也不会受欢迎。

165

字眼？

19. 电话接线员和商品推销员会使你发脾气吗？

20. 你爱好音乐、书籍、运动，别人不喜欢，你是不是觉得他面目可憎、言语无味？

21. 你是不是言而无信？（多想一次再答）

22. 你是不是常常当面批评家里的人、好朋友或下属？ `

23. 你遇到不如意的事，是否精神沮丧、意志消沉？

24. 自己运气坏，你的朋友成功的时候，你是不是真的替朋友高兴？

25. 你是否喜欢跟人聊天？

·计分方法·

答是得 1 分，答否不得分。你的得分 _____

·完全解析·

得分愈多，就表示你愈受人欢迎。最高分数当然是 25 分。但是，假如你的分数不到 25 分，你也不要认为自己人缘不好。只要有 15 分，你就是一个很受人欢迎的人了。

193 你受异性欢迎吗

·情景测试·

你是不是在纳闷别人都已经成双成对了你却还是形单影只呢？不如从自己身上找找原因吧，看看自己到底受不受异性欢迎呢？

1. 你旅行时，最想去哪个地方？

北京→2

东京→3

巴黎→4

2. 你是否曾在观看感人的电影时泣不成声？

是→4

否→3

3. 如果你的男（女）朋友约会时迟到一个小时还未出现，你会：

再等 30 分钟→4

立刻离开→5

一直等待他（她）的出现→6

4. 你喜欢自己一个人去看电影吗？

是→5

不→6

5. 当他（她）在第一次约会时就要求要吻你，你会：

拒绝→6

轻吻他（她）的额头→7

接受并吻他（她）→8

6. 你是个有幽默感的人吗？

我想是吧→7

大概不是→8

7. 你认为你是个称职的领导者吗？

是→9

不→10

8. 如果可以选择的话，你希望自己的性别是？

男性→9

女性→10

无所谓→D类型

9. 你曾经同时拥有一个以上的男（女）朋友吗？

是→B类型

不→A类型

10. 你认为你聪明吗？

是→B类型

不→C类型

完全解析

A类型：恭喜！你对异性有很大的吸引力！在异性的眼中，你有一种魅力。你不只有美丽的外形，而且有幽默和大方的个性。你应该是一个很有气质的人而且深谙与人相处之道，你很懂得支配你的时间，所以你在异性之间很受欢迎。

B类型：很好！你很容易便可以吸引异性。但是你并不容易陷入爱情的陷阱。你的幽默感使得人们乐于与你相处，他（她）与你一起时非常快乐！

C类型：尚可！你并不能特别吸引异性，但是你仍然有一些优点，使异性喜欢跟你在一起。你应该是一个很真诚的人，而且对事物有独特的眼光。在你的朋友眼中，你是一个很友善的人。

D类型：哦呜！你并不吸引异性。你并没有十分渊博的知识，也没有什么特别的人格特质。对异性来说，你显得过于粗陋，所以你并不受异性的欢迎。

194 你对异性是否具备吸引力

情景测试

许多人都想成为异性的强力磁铁，让自己拥有致命吸引力。以下的心理测验，即是透过你潜意识中的欲望，测出你对异性的致命吸引力指数。

问题：你来到传说中的许愿池，听说在这儿许下的任何愿望都能实现，你觉得自己在许愿池前，第一眼看到的会是什么？

    A. 天鹅

    B. 荷花

    C. 浮萍

    D. 平滑如镜

◀ **完全解析** ▶

自信的人最有魅力。

选择 A：致命指数 99 分。你不自觉地就会引起异性的注意，对自己的外貌和魅力更是深具信心，更懂得在适当时机放电，经过你身边的人，很少不回头多看你几眼的。

选择 B：致命指数 60 分。你看起来有点冷峻孤傲，习于等待，不允许自己主动向人示好，就像沉静优雅的粉荷，相信有识者才能了解你的优点，但偏偏就是有人会疯狂爱上你这一点。

选择 C：致命指数 40 分。你压根儿就没想过吸引力这玩意，喜欢爱人甚于被爱，总是化被动为主动，去追求更有吸引力的人和物，只专注于眼前的目标，不会特意修饰自己。

选择 D：致命指数 30 分。一方面你的心情十分矛盾，因不确定别人如何看待自己，所以显得有点保守畏缩；另一方面又认为没人欣赏你的长处，然后又将自卑情绪转为自恋自满的防卫意识。

195 你扮演最好的角色

◀ **情景测试** ▶

每个人都希望找到自己最适合的定位，扮演一个最适合自我的人生角色。

问题：如果可以选择梦境，你最想体验哪一种梦境呢？

A. 与异性甜蜜亲热

B. 天天中彩的发财梦

C. 能治理国家的总统梦

D. 能成为国际巨星的明星

◀ **完全解析** ▶

选择 A：你扮演最好的角色是好爸妈。你非常有爱心，尤其是对孩子，一定会把最好的都给自己的孩子，自己省吃俭用也没关系，孩子要受最好的教育，享受最好的生活。你会把小孩照顾得无微不至，所以，你天生有强烈的父爱（母爱），做你的孩子，是非常幸福的。

选择 B：你扮演最好的角色是好儿女。你觉得人生当中，爱人、朋友都很重要，不过对你来讲，父母永远是第一位的。只要父母有需要，你不管在精神方面，还是金钱方面，只要做得到，就一定让父母过最好的生活。所以你是个非常非常孝顺的孩子。

选择C：你扮演最好的角色是好朋友。你重义气，不管是好朋友还是陌生人，只要能够帮忙，便义不容辞。你很珍惜友情，需要的时候，一定会站出来，帮助别人把事情解决。所以当你的朋友会非常的开心。

选择D：你扮演最好的角色是好情人。你在工作上一板一眼，回到家也一样。不过当在谈恋爱的时候，你越在乎对方，对方怎么凌虐你，你也觉得心甘情愿，觉得很甜蜜，所以选择这个答案的朋友，你是永远的好情人。

196 你在朋友中是什么印象

情景测试

你知道自己在朋友中的印象吗？从你对朋友的态度中便可知一二。请做下面的测试，当你发现你的朋友把东西遗忘在你家时，你认为采取以下哪种办法最合适？

A. 立即给朋友送去

B. 通过电话或信函，约他到咖啡馆见面，然后把东西交给朋友

C. 托人带给朋友

D. 暂时放在家里，以后再考虑如何办

完全解析

选择A：你是一个有大胆与冷静两种特性的人，凡事能以整体的利益为重，不会被眼前的小利所诱惑。

选择B：你是一个态度很积极的人？头脑很灵光，工作能力非常强，只是有一点小小的缺点——自信过头。

选择C：你是一个乐天派的人，喜欢帮助他人，只是一旦他人对你有所求时，即使自己做不到的也难以拒绝。

得体比精致更重要，否则，你的形象分只能大打折扣！

选择D：你是一个小心谨慎型的人，绝对不会鲁莽行事，有强烈的责任感，也因为责任感太强而产生了些压力，请特别注意。

197 外向与内向的测量

·情景测试·

内向和外向并没有绝对的分界线,就像很多人觉得自己外向,却被人说内向一样。通过这个测试来知道你是偏向于内向的,还是偏向于外向的。请用是或否回答下列问题:

1. 你有时会莫名其妙地高兴,有时又会莫名其妙的沮丧吗?

2. 你喜欢行动更胜于制订行动计划吗?

3. 你常常会因为某些明显的原因,或是没有什么原因的情况下出现情绪波动吗?

4. 当你参与到某种要求快速行动的项目中,是否感到最高兴?

5. 你易于出现情绪化吗?

6. 当你试图集中注意力时,是否会常常出现走神的情况?

7. 在结交新朋友时,你通常是主动的一方吗?

8. 你的行为是否倾向于快速、确定?

9. 甚至是在你参加一个会议时,是否会经常"魂游物外"?

10. 你认为自己是一个活泼的人吗?

11. 你有时会情绪高昂沸腾、有时又相当低沉吗?

12. 如果阻止你参与到大量的社交活动中,你是否会非常的不高兴?

·计分方法·

对于2,4,7,8,10和12这6个问题,如果你回答是"是",那么,就加上1分;如果回答"否",就减去1分。计算一下你的得分。这是你的"外向"分值,它的分值范围是–6到+6之间。如果某个问题没有清楚地回答"是"或"否"的话,就没有得分。

剩下的1,3,5,6,9和11这几题则反映了艾森科(Eysenck)关于"神经过敏症"的评估。对于这些问题,如果回答"是",就加上1分;如果"否"就减去1分。计算一下你这部分的分值。这是你的"内向"分值,范围在–6到+6之间。如果某个问题没有清楚地回答"是"或是"否"的话,就没有得分。

·完全解析·

"外向"部分得分较高(例如+6或是接近于+6),反映了一个较高的外向自我评价。而较低的得分(如–6或是接近于–6),则意味着一个高内向自我评价。

"内向"部分较高的得分(例如+6或是接近于+6),反映了一个较高的内向自我评价。而较低的得分(如–6或是接近于–6),则意味着一个高外向自我评价。

198 测测你的自信指数

情景测试

自信的意思你知道吗？就是个人对自己所做各种准备的感性评估，你对自己所做的事情有充足信心吗？来测一测你的自信指数吧。

你对自己的身体哪一部分比较在意？

A. 眼睛　　　　B. 眉毛　　　　C. 嘴巴　　　　D. 鼻子

完全解析

选择A：自信指数80分。做事有信心，有时甚至会演变成自负。你喜欢别人的赞美，当然，这是人之常情，没有人不喜欢得到别人的夸奖的，只是，你怕别人看出你的自满来，所以总是警告自己，行事要低调、低调、再低调。你表现得很高傲。

选择B：自信指数60分。你遇事冷静，知道如何处理坏情绪，尽管不善言辞，却往往一鸣惊人，令人刮目相看。但很少有人知道，你并不自信，尤其对于自己的相貌。

选择C：自信指数50分。看上去你好交朋友，实际上，知心的却没有几个。你经常感到落寞，对前途没有信心，得过且过，有时你又将自己打扮得很幸福很成功，唯恐他人知晓你狼狈的现状而取笑你，有些对自己没有信心。

选择D：自信指数95分。你很有主见，有毅力达成所设定的目标。你敢于主动推销自己，展示自己的优势，你认为这同样是种魅力。在别人眼里，你很强势，似乎永远没有被击垮的那一天，这才是你最自信的表现。

自信是成功的第一秘诀。

199 你容易得罪人吗

情景测试

你会不会时不时觉得自己很孤独，被同事、朋友孤立着，当看见他们的时候总觉得他们对你充满敌意，对方看你的眼神都是充斥着轻蔑、嘲讽和不快？快测试一下自己是否真的在社交中扮演着得罪人的角色，看看自己的社交能力行不行。

如果你的朋友不小心弄坏了你心爱的东西，你会：

A. 要求对方照价赔偿

B. 宽宏大量，不会生气

C. 算了！自认倒霉，只能气在心里

D. 大发雷霆，把对方骂得狗血淋头

· 完全解析 ·

选择 A：你是一个中立的人，你觉得人与人之间的相处都是对等的，没有谁该怕谁，谁一定是领导，因此，你对人对事的态度很客观。总的来讲你这样的为人处世之道会得到大多数人的认可。

选择 B：你在别人眼中是一个老好人，你在为人处世上很尊重对方的自尊和价值，对方就觉得自己受到了重视，所以对你的评价也比较高。正常人都会很感谢你，并且把你当作好朋友。在处理人际关系时，你会把他人的价值放在首位进行考虑，你会自觉地站在对方的立场来考虑利害得失。就是因为你重视朋友、给朋友面子，所以你的人际关系应该是很融洽的。

选择 C：你很怕得罪人，很多时候当你受委屈时就会自认倒霉，也不会反抗。整体来讲你是一个委曲求全的人，你很怕自己的和别人形成敌对状态，你害怕一旦与别人对立会造成自己的心理压力和精神负担，你对自己在处理人际关系上很不自信，所以宁愿自己吃一点亏，都不想破坏了这个局面。其实你这种压抑自己情绪的做法是对自己最大的伤害，久而久之你会真正地脱离群体，自我封闭，独自生活在自己的世界里。

选择 D：在你的观念中，朋友是互相利用的，朋友的价值是远不如自己喜欢的东西重要。正因为如此你很少有真正的朋友，有的朋友发展到最后还会成为你的敌人。很多时候你并不是要敌对某些人，但你就是不相信别人，觉得人际关系要真正走到心里面很难。某个角度讲你是拜金主义者，作为一个商人可能就是唯利是图了。

200 睡姿测试你的异性缘

· 情景测试 ·

世界上没有相同的两片树叶，没有相同的两个指纹，就连人们睡觉的姿势也不尽相同。有些人的睡姿很有气势，成大字形，古代称这种睡姿是皇帝；有些人的睡相很美，睡姿就像白雪公主、睡美人一样优雅，看了都会忍不住想摸一下她的脸颊；还有些人睡觉能把人乐死，第二天早晨都找不到他在哪里。现在就来看看你的睡姿，探探你对异性的关心度吧！

你经常会以什么样的睡姿睡去呢？

A. 脸朝上，双手交握放在身上　　B. 喜欢用手抓住娃娃或被子

C. 睡觉时手放在头或头发附近　　D. 侧睡，双手自然垂放在腿上

E. 以上皆非

·完全解析·

选择 A：你的身边经常围着一大群人，但却鲜有异性，也就是说，你适合做朋友，却不适合做情人。你的开朗和大度让你的身上满是"好朋友"的光环，但是也许正是由于这束光环太过耀眼，才刺得很多异性不敢靠你太近。怕你太过优秀，一旦追求你，就会成为众人攻击的对象；或者怕你太豪爽，没有女孩该有的温柔和细腻。如果你现在想谈一场恋爱，就稍微收敛一下你在同性朋友中所散发的魅力吧。

小丽啊，你为什么不要我了呢？

能够抢走的爱人，便不算爱人。

选择 B：你不会轻易和异性交朋友，因为你对异性的警戒心是天生的。你和异性在一起时精神会高度紧张。你很重视与异性的精神交流，崇尚柏拉图式的精神恋爱，有时会太过严肃。学会轻松地对待身边的人和事吧，那么就可以轻松地和异性相处。

选择 C：你很在意自己的外表，想通过外表来吸引异性的注意，并获得你想要的赞美。这种刻意源于没有足够的自信去赢得他（她）的心。积极地改变自己是一件好事，要让自己由内而外地自信起来，你就是最美的。

选择 D：你对异性颇为注意，但你只停留在想法上，并不付诸行动，所以机会总是白白溜走。如果你总是停留在空想的状态，纵是良辰美景也是只是虚幻呀！赶紧行动吧！有花堪折直须折，莫待无花空折枝。

选择 E：你是一个可以长时间独自生活的人，迄今为止，异性和同性对你来说没什么大区别。你对所有的人或物都一视同仁，而且能相处得很好。你的异性朋友也许不少，但还没有发展到男女朋友的阶段，别着急，慢慢来吧！

201 异性眼中你的"新鲜度"

◂情景测试▸

每个人都希望自己可以成为众人瞩目的焦点，特别是引起异性的注意，那你在异性眼中究竟是什么样子的呢？来测试一下。

假设你现在要参加水果大展，身为果农的你，会选择用哪种水果来参赛？

　　A. 菠萝　　　　B. 杨桃　　　　C. 木瓜　　　　D. 西瓜

◂完全解析▸

选择 A：新鲜度 80 分。你是一个热情坦率又大方的人，你周围的人可以轻易地感受到你的热情活力和魅力。

选择B：新鲜度20分。你是一个含蓄保守的人，希望你可以在穿着和心态上更加大胆一点。

选择C：新鲜度40分。你是一个和蔼可亲的人，在别人眼中你绝对是一个好人，但是一个缺乏活力的好人。但你有着开阔的人生观，所以你对很多事情都不会斤斤计较。

选择D：新鲜度60分。你是一个外冷内热的人，你的外表看起来是拒人于千里之外，却有一颗骚动的心，你还有很多空间可以发展成"新鲜水果"的。

202 你是大众情人吗

情景测试

几乎每个人的心中都藏着一个小秘密，那就是希望获得异性的青睐。尤其对于女性来说，了解自己在异性眼中的形象总是很有吸引力的。下面这个测试专为女人而设，希望你能通过它了解一下自己是不是男人心中的大众情人。

若你正在等公车，一辆红色的跑车开过来，里面坐的人对你说："我送你一程好吗？"你会有何反应呢？请选择：

A. 看他的样子，若看来可靠，不像坏人就可以搭乘。

B. 邀身边的人一起共乘

C. 微笑地礼貌拒绝

D. 不理不睬地表示不愿搭乘

完全解析

选择A：你的人缘很好，容易相信别人，广交各类型的朋友，因此你虽然让别人认为你是位大众情人，却不能认真交到个令自己满意的情人，你的白马王子常常移情别恋抛弃了你。你属于感情容易受创伤的大众情人。

选择B：你永远认真地爱别人，却没有人愿意认真地爱你。你好像花蝴蝶般地让别人去欣赏你的智慧、才华和美貌；

失去你，赢得世界有什么用？

骄傲的你为了维护形象，容易错失成为大众情人的机会。

选择C：你很懂得保护自己的形象，又很懂得体谅别人，如果能经常保持甜美的微笑，一定是令人羡慕又无法接近的大众情人。如果你不知道及早为自己选中一

个白马王子，就要担心自己成为只供人观赏的花朵了。

选择 D：你不能轻松地接受别人的好意，使自己常陷于孤独。你非常明理也能明辨是非，但是太高的道德观，常使你无法轻松地去交朋友，常常陷在小小社交圈内。即使再漂亮再多情，也无法使你变成大众情人。

203 测试男人眼中的你是什么样的

情景测试

你在异性眼中是什么样的女人？像阳光一样明媚？还是像水一样温柔？

周末晚上跟朋友去酒吧喝酒，你会点哪种鸡尾酒？

A.长岛冰茶　　　B.激情海岸　　　C.蓝色夏威夷

D.玛格丽特　　　E.椰林飘香　　　F.红粉佳人

完全解析

选择 A：神秘魅力女人

你，神秘而充满魅力，让男人觉得无法把握，从而被你深深吸引，你深邃的流波中，好像藏着全宇宙的神秘，令人情不自禁地想要靠近、靠近、再靠近……你就像一杯醉人的酒，让男人对你上瘾，以致慢性中毒。

选择 B：激情魅力女人

你，性感而充满激情，如同热烈的鸡尾酒，能点燃男人的野性和欲望，让他为你热血沸腾。你，就是一团热情的火焰，拥有无法抗拒的灼人的光和热，使男人如飞蛾一般，宁可被灼伤，也要向你靠近。

选择 C：浪漫魅力女人

你，充满女人味和浪漫气息，你满脑子里都是浪漫的小创意，即使生活如此平淡，也可以被你的梦幻装点成浪漫小夜曲。和你生活在一起的人，每一天都会感到生活的甜美和浪漫的惊喜，你的男人怎能不被你深深打动？

选择 D：优雅魅力女人

你，优雅，知性。坚持生活品位，对细节极其重视，完美主义。你的举止得体，一举一动，一颦一笑都自然而不做作。不仅是外表，你的内心也很丰富，从内到外自然而然地流露出动人的优雅气质，就像一件精致的艺术品，让男人爱不释手。

选择 E：明媚魅力女人

你，明媚如阳光，如春天，如五月玫瑰的笑靥。你活泼的言笑，灿烂的笑容，快乐自信的态度，让周围的人温暖舒服，不知不觉便为你倾心。你一举一动间散发出的阳光味道，让男人都变成你的向日葵，围绕你转动。

选择 F：柔美魅力女人

你，温柔如水，甜美如花，你气质娇媚，最能激起他们的保护欲，让他们时刻想把你抱在怀里。都说女人是水做的，你不仅如水一般柔美，你的个性也如同水一样温柔而包容，在你身边，男人会觉得放松而充满自信。

204 你会被排挤吗

·情景测试·

你的人缘好不好？是常有贵人相助，还是经常被排挤？测试一下吧。

看看自己的五根手指，你对哪一根最满意呢？

A. 食指　　　　B. 无名指　　　C. 大拇指　　　D. 中指　　　E. 小指

·完全解析·

选择A：你对朋友很好，甚至可以两肋插刀。只是有时你实在太敏感，甚至有点神经分分，一点点的风吹草动或是朋友无形中的一句话，你都认为跟你有关，也让你相当在意。放开心胸让朋友了解你，并试着让生活多点幽默，你会拥有更多的朋友。

选择B：你很容易就跟陌生人打成一片，成为无所不谈的好朋友。只是随着双方彼此越来越熟稔，你

竞争的本质不是比强壮、不是比敏捷，也不是比谁更聪明，而是比谁少一些愚蠢。

也会越来越分不清朋友之间的界线。你也许心中把他当成好朋友，有什么困难都可以直接找他；可是对方却觉得你越来越烦人，甚至认为你喜欢对他颐指气使。

选择C：你的个性过于心直口快，而且过于自负。在团体中你也经常居于主动领导的角色，久而久之，便容易让人觉得你很刚愎自用，凡事都以自己为主，而他们几乎都是敢怒不敢言。改善方法其实很简单，有时多听取旁人的意见，让他有受到尊重的对待，相信你的人气一定更上层楼。

选择D：你一直都很受欢迎，只是有时嘴巴太毒了，毒到让人心生反感。偏偏你对于这样的状况又过于无所谓，不会主动沟通道歉。其实幽默并不等于讥讽亏人，虽然你动机只是想引人注意，换个不伤人的方式相信效果会更好。

选择E：你不是人缘不好，只是朋友太少，这跟你的个性有很大关系。你交朋友的态度比较随缘也不积极，遇到问题也不喜欢解释，无形中自然朋友多不起来。建议你可以专攻一项才艺，并适时地秀出自己，就算不主动也能吸引人争着跟你做朋友喔。

205 你的幽默感如何

情景测试

有幽默感和逗乐是两回事。真正的幽默感需要迅速发现所看到事物的喜剧性质并做出反应，但这不一定使你成为说笑话的高手。讲有趣故事的能力需要其他的更复杂的特性，包括灵活性、社会成熟性、智慧、高度投入，当然也需要有很好的幽默感。现在测试一下你的幽默感吧！

1. 我认为我自己外向性格多于内向性格
2. 我有时冲着镜子做鬼脸
3. 看闹剧时，我喜欢慢镜头胜过快镜头
4. 有人开我玩笑时，我很不安
5. 我的大多数照片和生活中的我不一样
6. 我记得住许多笑话
7. 在动物园，我喜欢看狮子老虎胜过猴子和猩猩
8. 我通常不受社会约束
9. 我喜欢唱歌、跳舞或讲有关我自己的小故事娱乐他人
10. 随意涂画什么线条

计分方法

回答与下面相符的，每题得1分，如果第10题你所画大部分为曲线得1分。

1. 是 2. 是 3. 否 4. 否 5. 否 6. 是 7. 否 8. 是 9. 是。

完全解析

8～10分：你对你的幽默感很满意，是个不错的喜剧演员。

4～7分：你使别人发笑的能力为中等。

0～3分：你可能太严肃了，不爱开玩笑和打纸牌。或许你意识到你是众所瞩目的人物，试着稍微放松点儿，让自己更快乐些。

206 你对自己的美丽够自信吗

情景测试

关于美丽的测试，可以揭示你对自己外貌的真实看法，并给你最能凸显自我优点的妆容。

让你为自己的梳妆台挑选一面镜子，你会选择哪种风格的？

A. 简洁的木质边框镜子，没有任何花边装饰

B. 可爱的卡通镜子，像从童话中走来一般

C. 古色古香的圆形镜子，有仿古的雕刻花边

D. 方方正正、装饰朴实的镜子，类似于浴室常见的那种梳妆镜

·完全解析·

选择 A：你是个对自己的外貌有相当清醒认识的时代女性，懂得如何生活和善待自己。你认为自己的最大魅力在于气质而非脸蛋，这种自信也会使周围的人忽略你外表的东西，更注重你内在的美丽。

选择 B：你对自己拥有的年轻可爱特质十分了解并且相当自信，懂得如何运用外貌的优点去争取一些东西，而周围的人也很难拒绝你的一些要求，你的态度让无论是同性还是异性都有亲近的渴望。

有信心的人，可以化渺小为伟大，化平庸为神奇。

选择 C：你对自己的容貌缺乏认识，但潜意识中仍然期待有人赞赏自己的容貌。你也许在幻想中把自己当作过去时代的佳丽，觉得自己清秀的相貌缺乏竞争力。

选择 D：你对自己的外表没有什么自信，并且缺乏改变的勇气。爱美之心人皆有之，也许旧有的观念让你不能大胆追求美丽，因此你潜意识中拒绝装扮自己。

第十二章
锐眼识人：瞬间了解他人

207 你看人或事物的眼光如何

·情景测试·

中国有句古话："画龙画虎难画骨，知人知面不知心。"是说认识一个人的外表很容易，但要了解他的真实性格和实质却很困难，看来识人还是一种能力，那么你具有识人的慧眼吗？

想知道就请做下面的测试。

小时候看过的童话故事，就其内容你可曾质疑过？在《卖火柴的小女孩》的童话里，你对下列哪一项最感到不解？

A.小女孩不从父亲那里逃出来

B.没有一个人向她买一盒火柴

C.没有一个人帮助那小女孩

D.小女孩卖火柴

·完全解析·

选择A：在家被酗酒的父亲虐待，还要出来赚钱养他。不离开父亲，所以不断被折磨受苦；离开父亲的魔掌，就可能脱离苦海。你看出原因与结果之间的矛盾，表明你对别人的言行，有冷静的分析能力。

选择B：太着眼于表象，重视结果甚于过程。对你来说，最要紧的是结果怎样，而不是如何费心思做出来。在经商上，这也许行得通。不过你会对作弊得来的95分比靠努力与实力得到的60分，给予更高的评价。

一个细节，可以体现一个人的本质。

选择C：对"没有人帮助小女孩"觉得奇怪，正是中了原作者的下怀。这也表明你看人的眼光稍差。为人正直是件好事，但你竟毫无疑人之心，人家说的话照单全收，丝毫没有防人之心，这不是好事。

选择 D：贫苦的小孩极需要钱过圣诞，怎么会卖火柴？在这喜气洋洋、家家狂欢的年节，再奢侈的东西人家也舍得买。这时卖火柴，不是很不谐调吗？能表达这种观点的人，看人的眼光一级棒。

208 脱鞋方式里的人心

情景测试

脱鞋后如何摆放，可以看出一个人的内心世界。不信，你平时可以认真观察。

A. 鞋尖朝入口处排好

B. 鞋尖朝进来的方向排好

C. 就是脱掉的样子

D. 由同住在一起的人帮你脱

完全解析

选择 A：先苦后乐型。凡事都要准备得万全，追求完美。这种人在社会上树敌很多，对同事也毫不放松。会压抑感情，喜怒不形于色，遵守社会规范而行动。这种人防卫的盔甲太过坚硬，即使认为是为了社会公益而做的事情，也会引起很多误解。

选择 B：会适当地考虑方式方法，能够取得社会平衡的人。在现实生活中，也是办事周到的人。

选择 C：完全不考虑社会体制和规则的类型，以追求自我欲望为中心。较冲动，喜欢自由奔放的生活方式。这种人是为了追求欲望而行动的类型，仍然持续幼儿时期的性格。如果往好的方向发展，当然很好；但是，如果往坏的方向发展，就会变成"任性"。

选择 D：最任性的就是这种人。比起随便一脱、也不排好的第三种类型的人，更加任性。与其说是任性，倒不如说是被完全惯坏了。如果不注意与周围环境的协调，总有一天吃大亏。

209 从小动作看性格

情景测试

平时你有没有注意自己的言行举止呢？那些小动作时刻影响着你的形象和个性，甚至会影响你的工作能力和人际关系，因此，不良的小动作必须要改正喔！

当你与朋友一起谈天说地的时候，你常常不自觉做出以下哪些动作呢？

A. 手捂着嘴巴或是鼻子　　　　B. 手不停地抚摸下巴或托着下巴

C.玩弄头发　　　　　　　D.东张西望

·完全解析·

选择A：你很有主见，你在说话时总是用手捂住嘴巴或者鼻子，说明你似乎不是很同意对方的说法，只是你抹不开面子说，这种动作就是怕一不小心说走嘴的防卫姿势。一般来说，会以手遮住嘴巴或鼻子的人，有两种心理反应：一是想反驳对方，二是在说谎，所以你在人际交往中，不会把自己的想法和盘托出，让别人猜不透。

千万不要让人了解你的全部！

选择B：你很喜欢思考，在交谈中经常陷入沉思，听不到对方的话。如果对方问你什么，你就无言以对。虽然你喜欢天马行空，但是你不会算计别人，只是有时比较固执。因为你喜欢乱想，所以在交往中表现得比较神经质。知道这些后，你一定要改正，不然会让别人不满。

选择C：你平易近人，让人觉得你温和、柔弱，但是其实你内心很坚强，也就是"外柔内刚"。你朋友不多，但是个个都是知心好友。

选择D：别人在跟你说话，你却总是东张西望，说明你不专心，期望对方赶紧结束谈话。其实，你不怎么爱说话，觉得跟别人交谈很困难。你比较懒散，做事情无精打采，对于不熟的人你基本不说话，如果你不想得罪人，可以用微笑代替。

210 看一个人是否撒谎

·情景测试·

你是像大部分人一样只是为了客气而撒谎呢，还是为了利益而撒谎？你会撒谎吗？测一测吧。

奇幻的世界中，长了一棵恐怖的树，因为它有一个血盆大口，可以把人给吞下。你认为这棵树是利用什么方法来让人接近，进而捕食？

A.用美妙的歌声使人心醉

B.模仿对方恋人的声音

C.散发迷人的树香

D.利用飞翔在它周围的小鸟使者

E.什么都不做，只是静静等待好奇的人走过

完全解析

选择 A：为了讨人喜欢而撒谎。一般来说，你的谎言都是善意的，不过如果谎言逐渐扩大，就会让你丢脸，有时候就算你没说谎，也会因为过分夸张而引起误解。

选择 B：以认真的态度在说谎，而且擅于撒谎。当然，不管这谎言善意与否，在还没被揭穿之前，是很少人会因此而受伤的。一旦这个谎言被识破，就会让人遭受很重的打击，而且会让人觉得自己被出卖了。

选择 C：不会利用谎言去伤人，可称得上是诚实的人。坦白说，你不善于说谎，一说谎就露馅，所以大家会觉得你很可爱。

选择 D：有撒谎时喜欢找代罪羔羊的倾向。为了使谎言变得有说服力，你还会说"因为某某人说"或是"从某某人那里听来的"，这样，一旦谎言被识破时，那个无辜人的信用也跟着完蛋了。

选择 E：绝不撒谎。你最痛恨的就是欺骗别人，所以，就算对方不想听，你也会实话实说，有时候会很伤人。

211 从聊天场合了解他的为人

情景测试

人们喜欢聊天，因为聊天不仅是一种休闲方式，能够畅所欲言，抒发胸臆，更可以拉近彼此的距离，加强友谊和感情。由于聊天与正式会议所需的场合不同，所以多数人通常会为不同的谈话内容选择不同的场合。如果将谈话内容与人的谈话场所偏好做一个科学对比，则可以看出不同的性格特征。

如果你让朋友选择一个地方去闲聊的话，他会选择：

A. 酒店大厅里　　　　　　　B. 茶艺馆

C. 俱乐部或酒吧　　　　　　D. 办公室

E. 比较隐蔽的一个角落里　　F. 宽敞场所

完全解析

选择 A：多数胆量大，不在乎自己的隐私被其他人窃取，即使他人对自己构成了威胁，他们也有十足的把握避免和解决出现的难题，这是他们智慧超众的表现。

选择 B：一般而言都极为谨慎，认为茶艺馆中的人都是"有闲阶级"，对自己构不成威胁，即使听到了自己说出不该说的话也奈何不了自己；他们做任何事情都很小心谨慎，认为混在茶艺馆中可以掩饰自己的庐山真面目。

选择 C：大多数沽名钓誉，认为这种场合能够满足对方的很多欲望，而且名正言顺，以休闲和娱乐为目的；同时还可以提高自己的身份和影响，有助于自己目标的实现。

选择 D：对人多半诚意十足，因为办公室是一个单一性质的场所，不允许也没有其他人或事情影响谈话内容和气氛，自己可以和对方进行最实际的谈话；他们对工作充满了信心，认为工作可以帮助自己解决很多甚至所有的问题，所以办公室成了他们最信任的地方。

选择 E：他们通常达到了亲密无间、无话不谈的地步。他们之所以选择在比较隐蔽的一个角落里聊天，因为那里安静，不会有意外的人或事来扰乱谈话或情绪，说明他们对外界适

说别人，也就说出了自己。

应能力不强，而且有胆小怕事的软弱性格；在生活或工作当中受到很多的压抑，压力很大，为了发泄，而且不被他人察觉，他们往往向亲朋好友倾诉自己的苦水。他们也善于掩饰自己的情绪，他们的喜怒哀乐外人很难察觉。

选择 F：多为心胸宽阔、开朗直爽的人，但性格当中也有怯弱的一面。宽敞的场所通常人很稀少，选择在这种场所聊天完全可以不用担心隔墙有耳，给自己惹下什么麻烦。他们以男人居多，通常志向远大，目光长远，居安思危，给人一种成熟稳重的感觉；也善于掩饰自己的真情实感，其他人有时包括亲人也无法理解他们。

212 从鞋底磨损看人性格脾气

·情景测试·

人的日常行为能够反应一定的性格特征，鞋底磨损也能看出人的性格脾气哦。先看看右脚的鞋底，再看看你左脚的鞋底，损坏情况到底是什么样的呢？

A. 右侧鞋底耗损大 　　　　B. 左侧鞋底耗损大
C. 左右两侧鞋底耗损程度相同 　D. 鞋底前端耗损大
E. 鞋底外侧耗损大 　　　　F. 鞋底面耗损均匀
G. 鞋跟后侧耗损大 　　　　H. 鞋底内侧耗损大

·完全解析·

选择 A：有些心浮气躁，你的好奇心很强，性格外向。一有想法就会马上付诸行动，不管会遇到什么困难，如果有人要阻止你，你绝不会轻易放手。

选择 B：你看起来很温顺善良，像个老好人。但是遇事总是喜欢问个究竟，弄明白才行，你非常固执，坚持自己的主张。

选择 C：你做任何事都是谨慎又小心，事前会仔细思考，做好一切计划后再行事，但是有点太过优柔寡断。你不喜欢表达自己的感情，有时候因为没有帮朋友办到一些事情而内疚，却不表现出来。

选择D：你有很强的行动力，要做什么都会竭尽全力。如果能找到优秀的长辈提携，更是前途无量。

选择E：你的人际关系不错，很喜欢热闹，聚会或有很多人参加的场合一定能找到你的踪影。你比较受大家欢迎，这也很难让你乖乖待着。

选择F：你简直就是个玲珑型的人，任何事均可和周围的人士妥协。不过你比较缺乏耐心，遇事不能持续热情。

选择G：你有丰富的想象力，可以实现自己的理想。但是如果你过分沉浸在喜好之中，就会容易遭遇失败。

选择H：你比较优柔寡断，在做事之前会花费很多时间考虑，就算已经开始动手了也可能会中途改变主意，容易丧失很多机会。

213 文件的摆放透露员工品性

·情景测试·

美国科学家一直致力于研究什么样的工作环境可以创造出最高的工作效率。在研究过程当中，一位效率研究专家发现，员工办公桌上的文件的摆放可以展现出他们的某些品性。

你发现公司的员工在日常工作中是如何处理或摆放文件的？

A. 散放文件，不分主次　　　　B. 堆放文件，乱七八糟

C. 乱塞文件，没有条理　　　　D. 整齐摆放文件，有条有理

·完全解析·

A型员工：文件不分主次，这里一堆，那里一堆，像是要搬家似的。他们办事有一定的盲目性，做工作难以善始善终；自我控制能力差，无法迅速调节自己的情绪和习性以适应新的环境；虽然接受工作的时候很痛快，但干好工作就没那么容易了。

B型员工：文件堆放得乱七八糟，每找一份文件都要翻天覆地。他们工作能力较差，常常事倍功半；办事缺

你的办公桌在告诉老板，你的工作状态。

乏条理性，无法循序渐进，也缺少责任心，缺乏持之以恒的毅力，应该重新接受培训，或改做其他与之素质相应的工作。

C型员工：不要被他们干净的桌面迷惑住，也不要亲自查看桌面上是否有灰尘，只要拉开他们的抽屉一切就都可以明了了。他们的抽屉里乱七八糟，什么东西都有，根本让人分不清是杂货铺还是办公抽屉。他们多半机智灵活，但华而不实，喜欢要

些小聪明，过度注重表面，善于钻营，不太值得信任。

D型员工：不管是桌面上，还是抽屉里，所有的文件材料都收拾得整整齐齐，而且分门别类。他们办事条理清晰，有很强的组织能力和操作能力，所以通常办事效率都很高；责任心强，凡事小心谨慎，认真负责，而且精益求精。缺点是没有开拓进取的魄力，创新能力也较差。

214 眼睛泄露你的秘密

·情景测试·

在社交场合中，因为彼此之间都是陌生的，通过看对方的眼神便可了解他的爱好和性格趋向，便可以避免碰钉子了。

A.思考时眼珠向右上方转的人

B.思考时眼珠向右下方转的人

C.思考时眼珠向左上方转的人

D.思考时眼珠向左下方转的人

·完全解析·

选择A：据说眼珠向右上方转时，人的脑中便会浮现幻想中的事物，这说明这种人很喜欢做白日梦，不过也不能就此认定他们只会凭空想象。其实这种人很擅长逻辑分析，如果将他们的想象加以逻辑的分析，说不定会发明一些惊世产品呢！

选择B：这类人心思缜密，善于思考，疑心比较重，所以跟他们打交道的时候一定要小心。另外，一定不要跟他们有金钱上的瓜葛，不然会很麻烦。

选择C：这类人时常喜欢回忆旧事想当年，所以跟他们相处需要耐心。不过他们虽然身边有很多朋友，却没几个知心人，如果你想取得他们的信任，要拿出诚意。

选择D：这类人想象与思考力都很强，是当作家或编剧的好材料。他们喜欢无拘无束的生活，也许别人会认为他们好吃懒做，不过其实他们很懂得安排自己的生活。

215 从口红看心理

·情景测试·

许多女孩认为，不涂口红如同没穿好衣服一样别扭。你是否知道，使用过一些日子后的口红形状能反映使用者的性格。不信，你打开口红软筒，看看自己的口红呈什么形状。

A.光头形　　　　　　　　　　　B.内凹形

C. 一边形   D. 浅盘形
E. 半圆形

·完全解析·

选择 A: 女主人坚毅果断、精力充沛、办事目的性十分明确。这种女性有幽默感，但同时又认真、敏感。她随时准备帮助周围的人们，通常有许多朋友。

选择 B 普遍兴趣广泛，多才多艺，以至于有时遇事难以决断，往往为了一点点小事也会大发脾气。

选择 C: 爱搬弄是非，要点小诡计。此外，她们有热情，但易激动。喜欢旅游和体验新事物也是她们的一大特点。

选择 D: 虽难以置信，但却是事实：口红形状越扁平，该女性越富有浪漫色彩。此外，她是一个有理智的女人，可以信赖的女友，总能给你提出切合实际的建议。这样的女性记忆力惊人。

选择 E 深知自己想要什么。她有文化品位，富有审美情趣，常给人一种孤僻冷漠的感觉，但如果深入了解后你会发现，她善良和温柔。不过，谁要是欺负她，她会设法报复的。

216 从吸烟看性格

·情景测试·

从他吸烟的习惯，看他的性格特点：
A. 用水浇灭香烟
B. 烟还燃着，就直接丢入烟灰缸
C. 爱用脚踩灭香烟
D. 烟灰已经很长，却不在意
E. 香烟快烧到嘴巴，还一直吸
F. 喜欢将香烟叼在嘴角，烟头微微上翘

·完全解析·

选择 A: 此类型的人具有神经质的性格，做事太过考虑他人的感受，虽然他能够表现出对他人的责任心和细致关怀，但结果往往因考虑得过于周到，反而遭受损失。

选择 B: 此类型的人自我控制力不强，习惯将自己的感情任意表现出来或强加于人。做事自由散漫，不顾及旁人，经常在无意中就会伤害他人。

选择 C: 此类型的人渴望成为焦点，不管发生什么事，他都想吸引别人的注意力，诱惑周围的人。有时会刻意追求一些新异的刺激来自我满足，并且不服输。

选择 D: 此类型的人非常谨慎，一般用心很深，并且善于伪装，非常自信。由于不善与人交流，常常被误解。虽然考虑问题很全面，但也可能因此错失机会。

选择 E: 此类型的人往往过于相信自己的能力, 有时不能客观地分析当前的形势。他们属于发展性很高的类型。

选择 F: 此类型的人不够自信, 总是在理想与现实之间徘徊, 常把失败我的原因归结到自己身上。但是如果这类人具有积极向上的心态, 他会利用这一特点, 将自己引向一个比较高的目标, 不断地追求, 最终获得成功。

217 小姿态透露他（她）的性格

◆ 情景测试 ◆

想知道你朋友的性格吗? 很简单, 只要看看他（她）的一个小姿态就知道了。
你和朋友谈心事的时候, 他（她）的姿态是:

A. 一只手撑着脸颊　　　　　B. 不停地揉搓着耳朵

C. 手不停地抚摩下巴　　　　D. 拇指托着下巴, 其余手指遮着嘴巴或鼻子

◆ 完全解析 ◆

选择 A: 这种人是属于比较没有冲劲的人。他（她）会一只手撑着脸颊, 表示他（她）无法专心地听你讲话, 只期待你快点结束话题, 或者是轮到他（她）发言。事实上, 他（她）也不是真有什么话要讲, 只是觉得你的谈话很烦而已。这种人通常是整天懒懒散散的, 做什么事都提不起劲, 对于朋友的事也不会很热心, 似乎整

你的每一个行动都在说明, 你是谁。

天就想发呆。如果你跟他（她）不是很熟, 你在讲话时看见对方一只手撑着脸颊, 那你最好赶快结束话题, 不然就是换一个对方感兴趣的话题, 才不会得罪对方。

选择 B: 这种人是属于静不下来的人, 不然就是很喜欢讲话, 不喜欢当听众的人。通常一个人不耐烦的时候, 可以控制自己的声调和表情, 让你不会发现他（她）的不耐烦, 但是他（她）的肢体在无意识中就会做出一些透露自己心中信息的动作, 而这些是人无法去伪装的, 就算你的肢体表演功力很高, 也会不自觉地露出一些破绽。如果你发现你的听众一直在摸耳朵, 这个时候, 你最好停下来征求对方的意见。不然, 很有可能是你说你的, 他（她）烦他（她）的, 你们的关系就不容易搞好了。

选择 C: 他（她）是一个很喜欢思考的人, 常常一个人陷入沉思中, 连你在讲什么, 他（她）都听不见。如果不信的话, 下次你再看他（她）不停地抚摩下巴时, 问他（她）你刚刚讲什么, 他（她）一定答不出来。这种人虽然喜欢想东想西, 但是还不至于会去算计别人, 只是有时候会钻牛角尖, 一个人陷入思考的迷宫中走不出来。因为他（她）容易胡思乱想, 在人际关系的表现上也是比较神经质的。你了解他（她）

187

的人际特性之后，就要避免给他（她）一些暗示，对方是很敏感的人，什么事没讲开，就会一个人乱想，和这样的人相处或交谈是很麻烦的。

选择D：他（她）是一个很有主见的人，因为你在讲话时，他（她）总是以手捂住嘴巴附近的部位，这就暗示他（她）似乎不是很同意你的说法，只是他（她）不好意思说出来，而这种动作就是怕一不小心说出口的防卫姿势。通常会以手遮住嘴巴或鼻子的人，在心理的反应上有两种可能，一种就是想反驳你，一种就是在说谎。你了解了这种肢体的反应之后，如再遇到他（她）有这种姿态，就可更仔细地观察对方，是在听你讲话时遮嘴，还是说话时遮嘴。如果是说话时，那就很明显的是言不由衷；如果是听你说话时，那就是不同意你的说法，那么你说话时最好有所保留。

218 从喝水习惯看个性

◆ 情景测试 ◆

一个人的行为动作是内心感情的流露，一个人在喝水时，怎样拿杯子，可以透露他的个性：

A. 拿杯子上端　　　　　　　　B. 拿杯子中央

C. 拿杯子下端　　　　　　　　D. 以两手拿杯子

E. 喝水时摇晃杯子　　　　　　F. 一手拿杯子，一手拿其他东西

◆ 完全解析 ◆

选择A：对于细微之事不太在意，是一个爽朗乐观的人。

选择B：适应能力很好，信用好，人缘不错，有很强的交际能力。

选择C：比较敏感，对于许多事情都会感到很意外，甚至过度重视对方的意见。

选择D：多半内心空虚，需要有人慰藉。

选择E：通常具有很严重的不安全感，无法静下心来做一件事。

选择F：对于自己的生活和学习都有极度的自信，很善于交际。

219 男人心这样测出来

◆ 情景测试 ◆

"女人心，海底针"，我们都认为女人的心是难测的，但是当女人愿意把心思告诉你时，了解她的心就是一件很容易的事了。而男人和女人的思维方式和表达方式是截然不同的，他不会明确地告诉你他在想什么，那你如何才能了解你的男友呢？那就从他的鞋子开始吧！

他是下列哪种男人？

A. 能穿上就行的男人

B. 一双鞋能穿一辈子的男人（在不破的情况下）

C. 总是穿着锃亮的黑色皮鞋的男人

D. 喜欢穿优质的皮革制鞋或休闲运动鞋的男人

E. 总是痴迷于一种鞋型的男人

完全解析

选择A：他根本不会在意鞋子的好坏，一定是个不拘小节的人，向往无牵无挂的流浪生活，喜爱幻想，追求浪漫，容易满足现状。宁愿自欺欺人地相信自己会一夜暴富，也不愿脚踏实地地去努力，和他在一起的时候很可能是快乐的，但你需要考虑的是长久的生活。感情上他是个随意的人，爱你的同时很有可能会有别的想法。如果真的相爱了，就给他时间让他进步吧！帮他买鞋子，可能会是最简单的事了。

选择B：他的每一双鞋子都会让你印象深刻，因为买到一双鞋子之后，他就非常珍视它，希望鞋子能穿久一点，可以节省一笔置装费用，而他鞋柜中的鞋子，鞋龄都很长。在个性上，他是属于拘谨、内向的保守型男人，有时会沉浸在孤独中不能自拔。在为人处世上不够圆滑，常常会得罪人而不自知。因为有很多的时间是自己度过，所以在专业领域中，他会默默努力，成功机会很大。因此，你若是爱上了他，小心！他可是一位内心热情的男子。第一次约会时，心中就对你有着无限的遐想，希望能早日和你成为情人。他那拘谨、保守的个性，又压抑着他内心的波涛汹涌，不太敢向你表白，他的这种矛盾可能会让你们的爱情在一段时间内踯躅不前。所以，你不妨主动一些，多制造机会让他可以表白，让你们走向红地毯的步伐加快一些。

选择C：他有着传统的思想，甚至可能有轻微的男尊女卑的旧观念，如果他总会保持自己的鞋子一尘不染的话，他还可能有洁癖。他是个比较顾家的人，尤其是对自己的父母百依百顺。如果你被他玉树临风的外表、认真负责的态度吸引，就要搞好和他家人的关系。他可能会不习惯改变，包括他的生活习惯和为人处世的方式，当然还有他对你的感情，所以你几乎可以高枕无忧，不过可千万别试图支配他，那可是难于上青天的。

选择D：他是一个对生活质量要求很高的人，也非常会享受生活。性格上是个非常有主见的人，对自己和异性的要求都是非常严格的。生活有规律，绝不会像个性张扬的现代青年一样有酗酒、吸毒的恶习。他也会是个体贴的人，就算他对对方不感兴趣，也会像礼貌的绅士般送她回家，如果他对你情有独钟，更会让你觉得自己是世界上最幸福的女人。如果哪天你要送他一双鞋子，可千万要精挑细选！

选择E：他是很念旧的男人，对于自己习惯的人、事、物，总有一份深深的依恋，就算他的情人无理取闹、任性、孩子气，他也会以一种包容的心去待她、爱她，直到她渐渐成熟明理。而他的老朋友很多，对朋友十分讲义气，让老朋友觉得他是个值得信赖的人，他会为朋友出头且适时伸出援手。因此，你若是爱上了他，就别只顾着享受他带给你的幸福，两人的共同付出才能让爱情之花更持久地保持芳香，对他多些体贴，在生活的细微处显出你的柔情，你们的世界就会完美无缺了。对了，记得多和他的朋友交流，你会有意外的收获。

220 送礼可以透露人的性格

·情景测试·

在中国人的日常生活当中，送礼是一个延续了数千年的礼节，特别是逢年过节。由于目的不同，礼物的样式和价格等也就相差悬殊，但有一个共同的认识是，收到礼物会让人欣喜。送礼会让人头疼和心疼，结果送礼成为人们各种品位、爱好的集合，将人的性格显露出来。经常收礼的人不妨借鉴一下下面的内容，看看给你们送礼的人是真情还是假意；送礼的人也要注意，别让自己的真实想法被误解。

你的生日到了，很多朋友、同学、同事都会为你祝福，那么他们会选择什么样的礼物送给你呢？

A. 精心选择与众不同的礼物　　B. 送幽默礼物，如电动狗之类
C. 按自己喜好而选择的礼物　　D. 很便宜的礼物
E. 很昂贵的礼物　　　　　　　F. 自己精心制作的礼物

·完全解析·

选择 A：他们送礼不是为了讨好对方，或是让对方替自己做一些关照自己的事情，而是希望对方能够重视和尊重他们。他们喜欢在人多的地方使用特殊的方式显露自己，而且不怕受打击，具有很强的表现欲望。他们野心勃勃，在别人支持的情况下往往能取得成功。

选择 B：他们热情大方，随和而又善良，富有智慧，而且敏感，能窥透到他人的内心深处。但是他们不善于表达自己的感情，别人在接受他们快乐的一面后，还要面对他们的严肃与郑重。

选择 C：最典型的特征就是以自我为中心，有很强的自私心理。凡事都按照自己的喜好进行判断，很少考虑他人的感受。在生活和工作当中，他们没有长远的目光，只注重眼前的既得利益。值得庆幸的是他们有较强的自信心，虽然脾气得不到大众的认可，但不断进取常常使他们获得成功。

选择 D：追求表面现象，希望通过视觉上的假象让人相信自己是真心诚意的，其实他们的做法只是一种掩耳盗铃，最终受到欺骗的是他们自己。这种人自控能力较差，常常会心血来潮，凭借一时的冲动而想干出一番轰轰烈烈的业绩来，结果花费了很多时间、精力和金钱后才发现成功和自己实在是无缘。他们心胸狭隘，经常为鸡毛蒜皮的事大动肝火；总是期望用最少的付出换来巨大的回报，但在现实中总是碰到一个又一个钉子。

选择 E：认为礼品的价格越高，花的钱越多，价值就越大，自己就越有面子。

他们在送礼之前，要经过认真的考虑，想对方会喜欢什么样的礼物，对方值得自己花多少钱，其实这都是主观臆断，他们根本就确定不了对方能否真正喜欢自己送的礼物。

选择F：有丰富的想象力和创造力，能够制作出令人满意的礼品来，而且非常自信自己制作的礼品能博得对方的喜欢。他们善良勤劳，喜欢和周围的人一起分享劳动后的快乐和成功。但他们有些传统和保守，特别看重家庭和亲情，富有同情心，在条件允许的情况下周围的人都能得到他们无私的帮助，所以他们常常被人想念。

君子爱财，取之有道！

221 从笔迹分析人的性格

情景测试

笔迹作为人们传达思想感情，进行思维沟通的一种手段，也是传递信息的一种载体，是大脑中潜意识的自然流露，所以从笔迹可以看出人的性格。

他（她）的字体有何特征呢？

A.字体有棱有角、字迹潦草　　　B.字体方正、有规律

C.字体有棱有角，笔画细小　　　D.字体大、线条文明

E.字的大小、形状、角度都不定

完全解析

字体为 A 的人：有理性的一面，处事认真负责，具有较强的逻辑思维能力；性格笃实，考虑全面，有时近乎循规蹈矩；稍欠热情，不善交际，对与自己有关的事情非常敏感，对他人不甚关心，有时冷酷无情。

字体为 B 的人：处事认真仔细，慎重，有时过于拘泥，有板有眼，规规矩矩，但意志力坚强，热衷于工作；有时主观臆断，固执，听不进他人的劝告，同时缺乏幽默感，显得没有活力。

字体为 C 的人：气量狭小，对自己没有信心，办事犹犹豫豫，不果断；非常在乎别人的看法和态度，具有神经质性格。他们有把握全局的能力，能够统筹安排，积极听取他人的意见，关注他人的长处，可以成为很好的合作伙伴。

字体为 D 的人：平易近人，好相处，善于社交，为人真诚亲切，还有暴躁和抑郁的性格特征。他们趋于外向，兴趣广泛，思维开阔，做事有雷厉风行的魄力，但多有不拘小节、缺乏耐心和不够精益求精等小毛病。

字体为 E 的人：虚荣心强，重视自己的外表。谈话当中经常强调自己的观点，不能够站在对方的立场考虑问题，总是伤害别人，缺乏同情心和合作精神；由于常常以自我为中心，容易受到鼓动和干扰，有歇斯底里倾向。他们看问题很实际，有时很消极，遇到问题只看阴暗面，容易悲观失望；情绪不稳定，自控能力差，常常会受外界的影响。

222 养宠物容易见人乐趣

情景测试

养宠物是一种休闲方式，喜好不同，宠物自然相差悬殊。但是从心理学角度来看，不难发现其中的一个共性，那就是通过人们喜爱的宠物可以看出他们的真实性格。

你身边的人喜欢养什么宠物呢？

A. 狗　　　　　B. 鱼　　　　　C. 鸟　　　　　D. 猫

完全解析

选择 A: 随和温顺，显得很亲切，但他们好随波逐流，总是顺着他人的想法去做事；他们外向，不喜欢寂寞孤独，整天嘻嘻哈哈，与左邻右舍关系融洽；交际能力出众，爽快开朗，人情味浓，胸无城府，坦荡直接，真实想法会立即从脸上或行为举止当中显现出来。

喜欢狮子狗的人性情活泼好动，像个大孩子；喜欢牧羊犬的人虚荣心较重，有喜欢炫耀自己与众不同的倾向；喜欢贵族狗的人肯定家境殷实，且事业一帆风顺；喜欢收留流浪狗的人，富有同情心，而且小时候可能有过被歧视虐待的经历。

选择 B: 有生活情趣，是个充满自信的乐天派，对事业和生活没有过高的奢求，只想平平安安度过每一天。有人说他们胸无大志，但一生快乐却也令人羡慕。

选择 C: 性格细腻，心胸狭隘，同时会精心地打点属于自己的空间。不喜欢烦琐的人际关系，交际能力差，性格孤僻。养鸟使他们自娱自乐，帮助他们打发多余的时间和寂寞，鸟成为他们生活中不可或缺的伙伴。

选择 D: 崇尚独立自主，讨厌随便附和，直来直去，从来不委曲求全、言不由衷；他们内向，喜欢宁静和恬淡，抑制感情流露，很少有人能进入他们的内心世界；严于律己，不喜欢随随便便，让人感觉不到热情和活力，有时难免矫揉造作，所以人缘通常很糟糕。

我要像鱼一样自由自在！

我要自由！

养宠物是乐趣更是责任。

223 学会根据脚步声判断人

·情景测试·

脚步声是人脚落地时发出的声音，由于落地时的力量不同，脚步声可有轻、重、缓、急之分，同时受到人的性格影响。每个人都有自己独特的脚步声，有时候不用睁眼看，根据脚步声就能判断出是谁来了或离去。喜欢探幽索隐的专家们经过调查和研究，认为脚步声基本上可以暴露出人的性格。

平时可以留意一下身边的人，他的脚步声有什么特征呢？

A. 脚步声有节奏感　　　　B. 脚步声没有节奏感

C. 脚步声轻微　　　　　　D. 脚步声响亮

E. 脚步声漫长

·完全解析·

A类型的人：开朗，外向，平易近人，不会轻易地将接近自己的陌生人拒之千里；他们办事干净利落，不拖泥带水，有着很高的工作效率，是个非常难得的工作搭档。

B类型的人：意志力不坚强，无法勇往直前，精力集中不起来，所有追求理想的行动大都化为泡影。还有一些人可能是因为脊椎歪斜，压迫内脏，引发身体慢性病所致，应排除在外，不应仅从脚步声来判断他们的性格。

C类型的人：带有"猫"的特性，有很高的警觉性，对外界的人和事总是严加防范，对善意的接近也采取拒绝的态度；城府亦较深，既不允许他人越雷池一步，也不会主动向对方伸出友谊之手。

D类型的人：自我主观性极强，有时坚信自己的观点就是真理，结果会产生偏执的想法，若负责某项工作，可能会导致不良的后果；他们的领导欲强烈，喜欢支使他人，自高自大，目空一切，不易与他人合作。

E类型的人：傲慢，以自我为中心，对他人的感受和评价不理不睬；凡事只考虑到自身的想法和利益，损人利己、顾小不顾大是他们经常使用的手段，因而不容易被他人欢迎和接受。

224 走姿不同，个性有异

·情景测试·

走路看似平常，没有半点的特别，但却最能反映出一个人的性格特征。如循规蹈矩之人的走路姿态，与积极上进之人的走路姿态绝对是大相径庭。由于这种分析具有一定的准确性和科学性，所以我们要学会通过观察他人的走路姿态，从中找出他们的真实性格。

他（她）的走姿如何？

A.昂首挺胸、落地有声　　　　B.步履矫健、健步如飞

C.横冲直撞、不顾左右　　　　D.不疾不缓、文质彬彬

E.躬身俯首　　　　　　　　　F.连蹦带跳

G.故弄玄虚、左右摇摆

·完全解析·

A类型的人：这种人大多比较自信，其自尊心也较强，有时则过于自负，好妄自尊大，还可能有清高、孤傲的成分；凡事只相信自己，处处主观臆断，对于人际交往较为淡漠，经常是孤军奋战；但思维敏捷，做事有条不紊，富有组织能力，能够成就事业和完成既定目标，自始至终都能保持完美形象。

自卑者很难挺直腰杆。

B类型的人：这种人比较注重现实和实际，精明强干，往往是事业有成的代表；凡事三思而后行，不莽撞和唐突，不好高骛远，无论是事业还是生活，都能够脚踏实地，一步一个脚印地前进；这种人重信义、守诺言，有"君子一言，驷马难追"的魄力；不轻信人言，有自己的主见和辨别能力，是值得信赖的人。

C类型的人：他们办事比较急躁，虽然明快又有效率，但缺少必要的细致，有时会草率行事，缺少耐性。但是他们遇事从不推诿搪塞，勇敢正直，精力充沛，喜欢面对各种挑战；坦率真诚，不会轻易做出对不起朋友的事。

D类型的人：这种人胆小怕事，没有远大理想，而且不思进取，喜欢平静和一成不变，所以总是原地踏步和维持现状；遇事冷静沉着，不轻易动怒。据专家研究，以这种姿态走路的女人多属于贤妻良母型。

E类型的人：这种人给人最大的印象就是自信心不足，缺乏一定的胆识与气魄，没有冒险精神。谦虚谨慎，不喜欢华而不实的言辞，给人一种彬彬有礼的感觉；与人交往过程当中，不过多地表达自己的感情，虽然沉默冷淡，似乎对什么都没有兴趣或热情，但实际上他们特别重视友谊，一旦找到了知己，就会全力以赴，甚至不惜为对方两肋插刀。

F类型的人：这种人手舞足蹈、一步三跳且喜形于色，一定是听到了某种极好的消息，或得到了意想不到的或是盼望已久的东西。他们城府不深，不会隐藏自己的心思；此类人往往人缘极好，朋友很多。

G类型的人：这种人走路左右摇摆，一副弱不禁风的样子。他们好故弄玄虚，

明明一无所有却要摆出一副不凡的架势，遇到难题不是推卸转移就是不了了之，不允许别人有半点儿对不起他们；奸诈虚伪，得不到他人的信任，往往导致事业、爱情和生活上的失败。

225 从幽默方式看人的性格

·情景测试·

幽默是聪明和智慧的体现，一个具有强烈幽默感的人，往往更容易取得成就，获得成功。其实每一个人都是具有幽默感的，只是有不同的表现方式，并且受到时间、空间等各种条件的限制。当一个人将他的幽默感表现出来时，他的性格也就显示出来了。

他（她）用什么表现形式去表达他（她）的幽默呢？

A. 自嘲式　　　　　　　　　　B. 嘲笑、讽刺他人

C. 挖苦别人　　　　　　　　　D. 制造一些恶作剧似的幽默

·完全解析·

A 类型的人：他们的心胸多比较宽阔，能够接受他人的意见和建议，而且能够经常地反省自己，进行自我批评，寻找自身的错误，进行改正。他们这种气质，让他人看在眼里，很容易产生一股敬佩之情，从而为自己带来比较好的人际关系。

B 类型的人：这一类型的人给人的第一印象往往是相当机智、风趣的，对任何事物都有细致入微的观察，能够关心和体谅他人，但实际上这种人是相当自私的，他们最在乎的可能还是自己。他们在为人处世各个方面总是非常小心和谨慎，凡事总是赶着要比别人快一步。他们有仇必报，有谁伤害过自己，一定会想方设法让对方付出代价。有较强的嫉妒心理，当他人取得成就的时候，会进行故意的贬低。

C 类型的人：这类人心胸多比较狭窄，有强烈的嫉妒心理，有时甚至做一些落井下石的事情。他们有较强的自卑心理，生活态度较消极，常常进行自我否定。他们最擅长讽刺和挖苦他人，整天地盘算，自己却从未真正地开心过。

D 类型的人：他们多是活泼开朗、热情大方的人，活得很轻松，即使有压力，自己也会想办法缓解这种压力。他们在言谈举止等各个方面表现得都相当自然和随和，不喜欢受到约束。他们比较活泼，爱和人开玩笑，他们在这个过程中进行自我愉悦，同时也希望能够将这份快乐带给他人。

226 动作语言最能表现性格

情景测试

动作是表达情感的辅助工具，可从中窥出一个人的性格特征，所以要想深入了解周围人的真情实感，可以从留意他们的一举一动入手。

如果你和某人聊天，他会有什么行为表现呢？

A. 东拉西扯，频频打断别人的话

B. 心不在焉，不重视谈话过程，即使用心听了，也是粗枝大叶，丢三落四

C. 习惯性点头，并及时表达自己的认同

D. 乘人不注意，窥视他人

E. 动作夸张，哪怕是件小事，他也会大呼小叫的

F. 喜欢与别人的目光接触

完全解析

选择 A：倾向于冒进，欠缺稳重，给人一种毛头小子的感觉，很少有人会和他们长时间地交流，更别提促膝长谈，所以他们很少有真正的朋友和可以依靠的人。做事往往虎头蛇尾，雷声大、雨点小，所以千万不要把全部的希望都寄托到他们身上，否则定会吃大亏。尽管花言巧语可以赢得美人芳心，但由于有丈母娘严格把关，所以他们的婚姻很难完美。

选择 B：他们办事拖拉，一延再延，因为他们根本就不知道自己该做什么，而且得过且过；目标已经明确，条件也具备和成熟，却无法把精力集中起来，或是一心二用，或是驰心旁骛，接到手中的任务往往不了了之，毫无责任感。

选择 C：他们愿意向他人伸出援手的人，能够包容别人的弱点，在力所能及的范围内寻求解决方案。他们能够聆听对方的说话内容，并给予认真的思考，让说话者有被认可的感受，所以说话者会认可和欣赏他们，把他们当成可以深交的伙伴。他们也是爱交朋友的人，这不仅表现在能够给予朋友力所能及的帮助，而且还在内心深处关怀和体贴朋友。

选择 D：自身没有什么特长或过人之处，但却总是想着能够"不鸣则矣，一鸣惊人"。他们不知如何才能实现自己的理想，而现实当中又很少有人愿意理会这些空想家，结果使他们的自尊心受到很大的伤害。为了实现自己的白日梦，向世人证明自己的存在价值，他们学会了工于心计，擅使阴谋。

选择 E：本质是好的，并不是存心想要别人不舒服，之所以这样，是按捺不住热情和好强，他们认为光靠言语不足以表达自己心中炽热的感情，必须通过一些夸张的动作来表达自己的内心想法，以引起他人的注意。可是在他们的内心深处，通常存在着极度的敏感和不安，他们无法确定自己的这种方式能否被别人认可和喜欢。

选择 F：充满了自信，懂得为他人着想。做事专心，尽量满足大家的要求，希望做出好的成绩让公众认可自己，接纳自己；懂得礼貌在交际中的作用，能够把握分寸，非常适合需要面对面进行交流的工作。

227 从办公桌能知道人的性格

情景测试

办公室是人们工作的场所，内部都是与员工工作密切相关的陈设。由于每件陈设都融入了职工的喜好，所以在办公室里，每一个员工的办公桌都可以展现出这个人的性格特征。英国心理学医生思递恩教授在很多年前就开始研究办公环境与职工之间的关系，经过长期的实验和求证，找出内部陈设(如办公桌)与职工的性格千丝万缕的联系。

平时多注意一下别人的办公桌是怎样的?

A.办公桌里空空如也   B.办公桌里存放纪念物

C.办公桌里存放钞票   D.办公桌凌乱不堪

E.办公桌内部整洁

完全解析

A 类型的人：这类人通常是急性子，他们为了工作方便，免除工作中从办公桌里找资料的麻烦，常常把所需要的放在伸手可及的地方。他们通常很有事业心，一般都可以成为老板，为了工作其他的全然不顾，会把桌面弄得乱七八糟，不过有秘书小姐会帮他们收拾干净。

B 类型的人：他们不善于与别人打交道，也不愿意同别人有过多的接触，经常独来独往，但与故人联系得较为密切；靠着美好的回忆调剂生活和排遣孤独，常在夜深人静的时候独享愉悦；情感丰富，也较脆弱，很容易受到伤害。

C 类型的人：他们不完全相信银行，所以不把所有的钞票都存入银行；对家庭也不放心，时刻担心被盗，但也会留一些钱用于日常生活支出；对工作地点也不放心，所以办公桌中要放一点钱。为了到哪里都有钱用，他们会在很多地方存放钞票。

D 类型的人：他们温和善良，痛快直爽，办事干净利落，但往往做事没有计划，仓促应战，结

整洁的办公桌。

果不佳；喜欢追求简单，不愿把事情规划得透不过气来，没有长远的眼光，但比起一般人有较强的应变能力。

E类型的人：这类人有很高的工作效率，是个很出色的员工。他们严于律己，为着崇高的目标坚持不懈，特别珍惜时间，每时都有相应的工作，生活和工作都有条不紊。他们适应能力较差，对于突如其来的变故常常应接不暇，手忙脚乱，有时候会乱了阵脚，出现错误。

228 一眼看出他是否在说谎

情景测试

说谎是令人痛恨的不良行为，无论是出于何种动机，也不管谎话会导致怎样的后果，说谎就意味着欺骗，所以很少有人能在说谎的时候镇定自若，而总是借用某些肢体动作的掩饰来减轻欺骗他人过程当中产生的心理压力。

你跟他在咖啡厅闲聊，他有以下什么动作呢？

A. 捂嘴巴　　　　B. 碰鼻子　　　　C. 揉眼睛　　　　D. 摸脖子

E. 抓耳朵　　　　F. 东张西望

完全解析

选择A：说话时用手捂住嘴巴，说明他可能正在说谎。而他说话的时候对方也捂着嘴巴，则表示对方觉得他在说谎，提醒说话者不要继续说下去或立刻转换话题，否则继续谈话将毫无意义，甚至会出现不愉快。

选择B：这是一种比较世故的做法，或许由捂嘴巴动作转化

为了生活，很多人戴上了面具，却不记得该怎么摘下来。

而来，有的人在鼻子下方有意无意地轻碰几下，也有的人用非常不明显的动作很快地碰一下鼻子，有时候让人察觉不出来。采用这种动作的人是为了掩饰心中的慌乱，或是希望转移对方的注意力，因为他们觉得自己的其他部位更容易暴露出自己正在说谎。

选择C：这个动作有男女之分，女人多半是轻轻摸一下眼睑的下方，她们怕把眼睛周围的妆弄坏了；毫无顾忌的男人会用力地揉眼睛，如果谎撒得过大，他们还会把视线转向别处，较多的是看地面，也有的看周围的景致，为的是在说谎时避免目光与对方的视线接触。

选择D：用这种动作掩饰说谎行为的人通常有两个相似之处，那就是都用右手的食指，被挠的部位是耳垂下边的颈部。有人对此做了细致的观察，发现说谎者挠

颈的次数通常都在 5 次以上。这种动作也代表了怀疑或不能确定的意思，说话者也许正在想"我无法确定自己说的话是百分之百正确的"。

选择 E：这个动作犹如小孩用双手捂着两只耳朵的动作，但对于成年人则显得比较世故。除此之外，还有的人会搓耳朵、拉耳垂，或是把整只耳朵按住以掩住耳孔。他们比较胆小，岁数也不大，不成熟让他们在不经意间使出儿时的动作来掩饰自己内心的忐忑不安。

选择 F：说谎的时候东张西望的人通常比较胆小、怕事，也就是说他们根本就不会说谎，对于说谎感觉像做了亏心事似的，而且心中受到了谴责，同时等待接受对方的惩罚。他们通常善良老实，与人交往以诚相待，一般不会说谎，说谎必定有一定的原因，所以他们是可以原谅的。

第十三章
情感导航：完善爱的心路历程

229 你和恋爱对象邂逅的最佳地点

·情景测试·

在你心里，会不知不觉刻画出一个理想 TA 的模样，缘分会带 TA 在哪里与你见面呢？

如果有一天，让你选择在旅游节上为来宾赠送礼品，你会选择赠送：

A. 糖果礼盒 　　　　　　　　 B. 书籍

C. 有纪念意义的 CD 　　　　 D. 旅游节的设计图徽

·完全解析·

选择 A：你是个甜心式人物，对于爱情的幻想停留在梦想城堡中，有旋转木马的游乐场是你和 TA 邂逅的最佳地点。

选择 B：你盼望在学习闲暇之余，可以一睁眼就看到心爱的那位。不必说，你心里一定很希望在图书馆里隔着书架看到那个 TA 吧？

选择 C：你喜欢自由，不喜被束缚，却很看重生活品质，不如说你有点小资。有品位的画廊、街角的咖啡店将是你和 TA 撞出火花的好地方。

选择 D：你是个循规蹈矩的乖乖宝贝，你的 TA 就出现在你的身边，想想看，你的同学、校友或是同事里是不是有一个 TA 就要跟你擦出火花了呢？

230 心灵契合度测试

·情景测试·

想知道你和情人彼此间的内心距离吗？以下的心理测验，杯子代表男性，盘子代表女性，由两者的组合、盛装的食物或饮料，可以测知两人的心灵契合度到底有多高。

测试题目：假设某天，情人突然拿出一个盒子要送你，你打开后发现里头是餐具组，你认为会是什么餐具组合？

A.咖啡杯盘组　　　　　　　　B.啤酒杯和玻璃盘
C.汤碗与"和风小木盘"

完全解析

选择A：心灵契合度99%。你们感情很好，也很有默契，用不着说话，只要一个小动作就猜得出对方的心思。如果是白瓷咖啡杯，表示你们对彼此毫无隐瞒。

选择B：心灵契合度25%。你们的沟通不足，有时根本不懂对方在想什么，可能一言不合就会发生争执。你有分手的打算，一旦出现好对象，可能马上移情别恋。

选择C：心灵契合度70%。你渴望关系更加亲密，希望可以天天在一起，不过如果太过亲近，可能会忽略其他的事。腻在一起并不代表更了解，还是需要多沟通。

231 你对情人有什么期望

情景测试

吃完西式大餐后，酒足饭饱，再来一道美妙甜点，你会选择：
A.蛋糕或其他糕饼　　　　　　B.优格或奶昔
C.布丁或果冻　　　　　　　　D.圣代或冰淇淋

完全解析

选择A：你对情人的期望是真诚，两人能够相互信赖，相互交换内心的想法，因为对你来说，情人不仅仅是浓情蜜意的对象，超越爱情的狭隘境界，还要有一定程度的心灵和精神交融。不过你的情人的知性和感性的成长程度也要与你匹配，不然你的爱情很难长久。

选择B：你对情人的期望是梦想，只要对方有潜力，就算现在还没有出人头地，你也愿意赌一下。你愿意为现在投资，共

爱，就是为对方着想。

同经营梦想。不过如果对方的表现低于你的期望，你也可能会另寻他处。毕竟本来联系你们之间的爱情脐带，就是梦想，梦想要是幻灭了，爱情也就结束了。

选择C：你对情人的期望是自由，虽然已经有了共同的爱情生活，还要有自己的空间。你不喜欢对方总是盯着你的一举一动，如果对方的占有欲太强，最终你们只能以分手收场。

选择D：你对情人的期望是奉献，凡事都把你放在首位，因为你无法容忍被排在次要的地位。不过你总是心安理得地享受对方的金钱和其他东西，却没有同等的付出，这也许会让他不爽。

232 被暗恋指数

情景测试

一群人约出去吃吃喝喝闲嗑牙，当中还有你正在暗恋的异性，这时你会点什么饮料呢？

A. 香浓的印度奶茶 　　　　B. 甘醇的蓝山咖啡

C. 色彩缤纷的鲜水果茶 　　D. 清凉简单的冰绿茶

E. 健康原味的鲜榨柳橙汁 　F. 馥郁芳香的大吉岭热红茶

G. 滋味独特的鸡尾酒 　　　H. 香甜的冰淇淋苏打

完全解析

选择A：香浓的印度奶茶。被暗恋指数：40%

你最大的问题是无法真正表达内心的情感，有时甚至会表错情，因此很少被周遭朋友暗恋，也较容易因为你的表达不对而错失良机。

选择B：甘醇的蓝山咖啡。被暗恋指数：60%

成熟睿智的你对爱情非常羞涩，面对喜欢的人能侃侃而谈，却无法在交谈中表露自己的爱意。虽然比较容易被爱慕，却总是暧昧。

选择C：色彩缤纷的鲜水果茶。被暗恋指数：90%

活泼爽朗、热情幽默的你，极易招蜂引蝶，不过你在感情上有些大大咧咧，但这也是你迷人的一点，有时候被暗恋了你还不知道呢！

选择D：清凉简单的冰绿茶。被暗恋指数：20%

你纯真善良，很少在外形上下功夫，也不会用言语说出来，因此十分缺乏打动异性的魅力，不太容易赢得周遭朋友的爱慕，反倒容易成为知己。

选择E：健康原味的鲜榨柳橙汁。被暗恋指数：70%

随和风趣的你，很有自己的想法，极易获得朋友暗恋，不过很多人不会直言，多数会用暗示或迂回的方式表露。

选择F：馥郁芳香的大吉岭热红茶。被暗恋指数：50%

你中规中矩，善解人意，虽然不够浪漫有趣，却让对方很有安全感。只要对方懂得你的温柔，时间久了，便容易被你的个性所感动。

选择G：滋味独特的鸡尾酒。被暗恋的指数：80%

你拥有聪明成熟的独特神秘感，不但懂得散发自己的魅力，也善于用言语或文字来挑逗对方的情感，桃花很旺。

选择H：香甜的冰淇淋苏打。被暗恋指数：35%

你活泼可爱，性格直爽，没有坏心眼，虽然也会有朋友爱慕你，不过大部分都是你暗恋别人。

235 你会跟什么人谈恋爱

情景测试

两个人的脾气相投，恋爱才会长久。来测试一下你会跟什么人恋爱吧。

你决定搬出去一个人住，可是公寓里空无一物，你最先想买什么？

A. 窗帘　　　　B. 床　　　　C. 洗衣机　　　　D. 电话

完全解析

选择 A：选这个答案的人，你会跟老实可靠型的人交往，关上窗帘，就是你们的二人世界，无须浮华，朴朴实实就好。

选择 B：选这个答案的人，你会跟狂放不羁型的人交往。有人说床可以看出一个人对生活的享受态度，你是一个很重感觉的人，而狂放不羁的异性恰恰最能吸引你。

选择 C：选这个答案的人，你会跟罗曼蒂克型的人交往。你希望有更多的时间可以跟爱人一起营造浪漫，所以繁复的家事当然越简单越好了。

选择 D：选这个答案的人，你会跟开朗外向型的人交往。与朋友家人聊天，大大小小的社交场合会带给你欢乐，所以开朗善谈的异性最跟你对味。

234 你分得清"喜欢"和"爱"吗

情景测试

有时候，自己觉得对一个人爱得已经如痴如醉，但是亲爱的，那不是爱情，那只是喜欢。你知道喜欢和爱有什么区别吗？答案就在下面。

在路上突然被工读生堵上，要你填一份怪怪的问卷，你有点怀疑资料最后的流向，所以不愿太认真填写，下列哪一个项目你会谎报？

A. 姓名　　　　B. 电话　　　　C. 年龄　　　　D. 婚姻状况

完全解析

选择 A：要你爱上别人是需要时间的，在你看来，需要给对方清楚的交代。假如只是随口一说，不但会伤害对方，你也要担起这个责任。你宁可和对方表明"喜欢"的感觉，也让对方知道"喜欢"是什么样的交往程度，给彼此宽阔的空间，慢慢培养感情。进可攻，退可守，就算分手也不会太伤感。假如能继续发展，也是顺其自然。

选择 B：一开始，你只会在心中肯定你对对方的好感，但是不会轻易对别人说"我爱你"这三个字，因为爱情对你来说很重要，必须要考虑清楚，才可以许下承诺。你很看重自己的感情，需要经过长时间的思考才会投入进去，等到你确定那真的是你想共度一生的伴侣时，你的心就会放在对方身上，毫不动摇。

选择 C：当你开始喜欢对方的时候，会认为那就是爱。当你进入恋情，身边的人很容易可以察觉。做你的爱人实在很幸运，你不会隐藏自己的感觉，敢于表达爱意，对方知道你不会轻易变心，所以很有安全感。

选择 D：你不知道什么是"喜欢"，什么是"爱"，说白了，是根本不在意。对方爱听什么，你就说什么，对你而言，没有界定的必要。你不怕说"爱"，因为你看得不重，觉得它不会给你带来负担，因为你觉得自己想走就走，不需要为自己说的话负责。旧情人如同翻过的书页，当展开恋爱的新页后，对过往你便不复记忆了。

235 你的爱情是哪种类型

◄ 情景测试 ►

你尝过爱情的味道吗？想知道你的爱情味觉是脆弱，还是温醇吗？下面来做个小测试，看看你的爱情是哪种类型？

你来到一家装修清新的甜品店，服务员向你推荐了以下四款水果捞，你会选择：

A. 原汁木瓜椰味银耳捞　　　　　B. 什果串烧伴雪糕

C. 木瓜果冻宾治　　　　　　　　D. 红豆南瓜雪芭

◄ 完全解析 ►

选择 A：你的爱情味觉比较温醇。银耳可以滋润皮肤，滋阴止嗽，润肺化痰，润肠开胃，再加上木瓜和滑滑的椰块，如果再放进冰箱里冰冻一下，不愧为夏日清凉佳品。不过想要它原汁原味的话，就需要火候了。就像你的爱情，也需要火候，才会让人爱不释手。

选择 B：你的爱情味觉是极端的。串烧的热辣加上雪糕的冰凉，自然是极端。好起来甜甜蜜蜜，坏起来又冷若冰霜。你热得快，冷得也快，所以感情多半很短暂。不过，对于每段感情，你都会全身心投入。不过你的行为却与你的内心有极大反差，往往让情人无法揣测你的心思。

选择 C：你的爱情味觉是脆弱的。果冻的透明美丽，往往让人不忍下口；而宾治是印度地方饮品，与红酒有着密切的关系，二者混到一起，颜色非常漂亮。宾治与木瓜果冻的结合是美丽而精致的，就像你的爱情，漂亮而又脆弱。虽然酒里还有着木瓜的原汁原味，但是在面对爱情的时候，还是应该让自己更加坚强、勇敢一点。

选择 D：你的爱情味觉

一千对恋人，就有一千种恋爱风格。

是很平凡的。雪芭是用较少牛奶制造，因此脂肪含量比一般的冰品低，食用起来更加健康，糖分却很高，因此不能吃太多。而红豆可以减脂，一起食用，就不用担心会长胖了。虽然你的爱情很平淡，却又是那么和谐，一如大千世界中的男男女女，虽然偶有争执，却甜蜜非常。

236 你的醋劲有多大

情景测试

假若今天你看到自己喜欢的人，正和你的同性好友相谈甚欢，你会采取什么态度？

A. 若无其事走过去加入话题
B. 装有要事，把自己的同性好友叫出来
C. 假装没看见，匆匆退出
D. 等他们讲完，再刺探谈话内容
E. 当场醋劲大发，指责好友不够义气

完全解析

选择A：你自制力很强。凡事拿捏得恰到好处，既不退缩也不破坏，很适合当老师，或者做公关类的工作。

选择B：你的表现太过明显，一旦对方根本不喜欢你，那你的做法可能就会让他对你的印象不好。因为，现在的青年男女大多崇尚开放、自由的人际关系，如果你占有欲太强，只会招致反感。

选择C：你很传统，只会将情感隐藏起来。不好意思向对方表达自己的情感，只有自己藏在被子里哭，因此，这样的人一般长得较纤瘦、弱不禁风。

选择D：你醋性坚强，是颗纯情种子，认为一生只能爱一个人。但是，你吃醋的时候并不会让对方知道，只会旁敲侧击，辗转得知对方的一举一动。

选择E：眼里容不下一颗砂子形容你再合适不过。你心里容不下什么话，所以，当你发过脾气之后，也容易后悔不已。你当然是个醋坛了，但也是最容易哄骗的人了。

237 对爱情的依恋程度

情景测试

如果你今天正为扣了工资而有点郁闷,突然发生什么事情会让你觉得更加倒霉？

A. 七级强烈地震　　　　　　B. 产房电线走火
C. 医院大停电　　　　　　　D. 医生突然中风

·完全解析·

选择A：你心太软最容易被另外一半吃定。你外表很坚强，只要另外一半对你撒娇、耍赖，你就会觉得算了，原谅他吧！

选择B：你天生专情最容易被另外一半吃定。选择你觉得爱情最重要，只要一投入，就会非常忘我，所以另外一半只要哄哄你，你就一下被搞定了。

选择C：你在感情上太依赖最容易被另外一半吃定。虽然你在经济上或生活上很独立，但是在感情上却非常有依赖心，只要对方突然不见或搞失踪，你就会变得紧张兮兮的了。

选择D：太宠另外一半最容易被另外一半吃定。你很有母爱，会把另外一半当家人，既然是家人，当然就要好好照顾，所以会让另外一半觉得反正把事情丢给你就好喽！

238 哪种恋爱方式最能打动你

·情景测试·

你最容易被哪一种恋爱方式打动呢？是优厚的物质？贴心的关怀？还是共同的兴趣爱好？做完这个测试，答案就一目了然了。

为了欢迎你的偶像，你特地给他/她准备了一份礼物，那会是什么呢？

A.贴身物件如帽、颈巾、袜等

B.实用物件如水杯、笔等

C.装饰物件如毛公仔、相架等

D.食用物件如糖果、朱古力、零食等

E.DIY自制物件

·完全解析·

选择A：细心体贴

在你看来，温柔体贴型的异性吸引力最大。在他们的温柔攻势下，你也极易屈服。你不喜欢大大咧咧的人，觉得他们太粗枝大叶，关注不到你的需要。所以，那些性格细腻、关注细节、懂得体贴和关怀别人的异性最让你喜欢。他们要追求你，自然轻而易举了。

选择B：实际条件

比起浪漫，你更关注实际，在爱情上也这样，只有那些在各方面都与你

你喜欢平淡的爱情，还是喜欢在惊险中相爱？

匹配的人才容易追到你。比如，你会在心中定下如工作、收入、高度、学历、兴趣等等的一些标准，满足这些标准的异性，才可获得你的垂青。而对于各方面条件都十分"抢手"的人，你几乎毫无抵抗力，反而自动送上门。

选择C：型男索女

会送装饰性物件的人，把外表看得尤为重要，也就是说，对方能否追到你，取决于他/她是否有出色精美的卖相。就算他经济、职业等客观条件十分优秀，不过外形欠佳，必定会叫你大倒胃口。而你的要求也挺高，非要有一定水平的才行。而不幸地，若对方只是"绣花枕头"，没有内涵，你也会接受，因为他的外表至少可以"撑门面"，让你在朋友面前有面子。

选择D：识食识玩

选择食用的礼物的你，最容易被识饮识食、懂得玩乐享受的人吸引。除此之外，你认为开心最重要，及时行乐比将来重要，这也是你选择"吃完就完"的礼物给偶像的原因。所以，能带给你快乐，在一起时让你觉得开心的人，追求你就很容易。

选择E：浪漫心思

DIY礼物所花的时间、金钱和心血，都要超出以上几个选择。所以，肯费心思去讨好你又懂得浪漫的人特别容易讨你的欢心。此外，你对对方是否有耐性也非常在意，所以有着以上几个特点的异性要将你追到手，志在必得。而当你看到对方亲手替你做的一份礼物，你的心就被打动了！

239 你是否已错过了自己的爱情

◀情景测试▶

请凭直觉在下列4张牌中，选出其一。

A.有一个头发很长、不知是男是女的人，夜晚站在树上，好像在俯瞰，不知道在捕捉些什么东西，或者是她在看些什么事情，下面有白白的骨头，可能是人骨或者是动物的尸体的骨头。

B它是一个不知道什么样子的骷髅，不晓得是动物还是人类，或者是魔鬼的骷髅。而骷髅的眼睛里面好像还有个东西，不知道是人还是物品。

C.有一个人四周围呈现很多黄色，是阳光照下来的头发的颜色。他手上拿着一根针，那根针插着一个骷髅，骷髅旁边有一些很小的灵魂。

D.几个人在对抗一只硕大的熊，人都非常非常小，可是熊非常非常大。

◀完全解析▶

选择A：你已经错过了最爱你的人。这一张牌是圣杯，代表你过去比较重视外表或对方的才华，所以你们在一起时，你可以很快乐，不过你却没有好好享受；或者是你那时正要去结交其他人，所以你就把他放在一旁了。通常爱你的人都长得很一般，时间久了你才发现他是真心爱你的人，而且对你不错。但你喜欢挑战高难度，不喜欢没有挑战性的东西，所以其实已经错过了。

选择选B：最爱你的人还没有出现，如果你已经结婚或者有交往的对象，那他就是最爱你的那个人。如果你现在还是单身，就一定要把握时机，因为最爱你的人即将出现，要靠直觉结交新朋友。

选择选C：你基本上也已经错过了最爱你的人。这一张是塔罗牌的钱币国王，也就是说，以前你都忙于工作或者学习，所以那人对你好，你却没有注意，其实那个是最爱你的人或者已经暗恋你很久的人，不过你没有察觉。

选择选D：你没有错过！这个人已经出现了，并且已经被你留在身边。选这张牌的人真爱已经在你身边，可是你爱不爱他，只有你自己知道。

240 你的爱情何时到来

情景测试

缘分来和去的时候从来不会打招呼，也许不经意间它已经溜走了，你的缘分还在吗？测试一下就知道。

你面前有一杯咖啡、一罐可乐、一个苹果、一个汉堡，如果只能拿一样来吃的话，你会选哪样呢？

A. 咖啡　　　　B. 苹果　　　　C. 可乐　　　　D. 汉堡

完全解析

选择A：早熟型的你心智年龄比同龄人成熟，这并不表示你就有早恋倾向，属于你的缘分要到大学阶段才会出现，而且很有可能是一见钟情的哟！好好期待吧！

选择B：心思细密的你会过早掉入爱河哦！其实并不是每一段恋情都有美好回忆，好好提升自身魅力吧！属于你的缘分可能要等你进入社会之后才降临哟！

选择C：你就像个懵懂的小孩，什么都不放在心上，现阶段的你非常渴望缘分提前降临，可命运就是要在百般考验你之后，才会将属于你的那个他送到你面前哟！

选择D：热爱速食文化的你是个冲动派，喜欢冒险，越危险的事你就越喜

在孤独中坚持守望，爱情终会不期而至。

欢，也许现在的你已经谈过几次恋爱了，可这几次恋爱都像小朋友玩过家家的游戏一样。多爱惜自己一点，不要太过心急，属于你的缘分在大学阶段就会出现。

241 咖啡里隐藏的爱情模式

·情景测试·

每个人都有不同的恋爱方式,咖啡具有特殊的风味与魅力,很容易令人上瘾,而许多人也视咖啡为一种气氛与浪漫的代表。那么测测看,属于你的爱情模式是什么。

请问你喜欢在哪里喝咖啡?

A. 欧洲风味的露天咖啡座　　B. 舒适的家中客厅

C. 高贵豪华的大饭店　　　　D. 温暖雅致的咖啡厅

E. 像麦当劳一样的快餐店

·完全解析·

选择 A: 你会花一些心思去创造独特的浪漫方式,给双方对这份感情留下深刻的印象。你对自己有一定信心,也乐于跟大家分享这段爱情的喜悦与美好。有一点要注意,也许你不够实际,一旦感情出现问题,你可能难以招架。

选择 B: 你喜欢的爱情自在又舒适,希望与对方像家人一样相处,让你身心放松,充满安全感。两个人对未来有着一定的目标,并且一起努力。这种感情是稳定的,而且可以维持很久,不过在生活中还是需要有一些小惊喜来点缀的。

选择 C: 你喜欢用比较浪漫的方式来经营自己的感情,你希望你和情人之间的爱情历程、彼此的形象及相处方式等,都能让你很有面子。不过要注意,如果能够让这份感情长久,就要有付出。

选择 D: 你喜欢单纯而温馨的爱情,虽然你不是十分浪漫,却也会尽量制造浪漫的气氛来取悦对方,让对方知道你的爱。你希望那种渐进而扎实的感情,彼此能有良好的相知与默契。

选择 E: 你很容易动心,会被对方身上某一种特质吸引而陷入感情迷思。你和爱人的相处方式像朋友,不会特意去营造彼此的感觉。对你来说,感情只是你的一部分,其他很多事情,比如朋友,也会占据你生活的很大部分。

242 男人喜欢穿的鞋

·情景测试·

众所周知,很多女人苦恼于无法理解自己心仪的男人。有一句话说,细节决定成败,下面这道测试题就是教你如何通过观察男人穿鞋的细节来了解其性格,帮助你出招赢得心仪男人的青睐。快低头看看他喜欢的鞋子款式,探知他不为人道的内心世界吧。

A. 偏爱黑色皮鞋　　B. 偏爱休闲鞋

C. 偏爱凉鞋　　　　D. 偏爱短靴

E. 偏爱运动鞋

·完全解析·

选择 A: 传统男人

他有着十分传统的家庭观念，大男人主义，注重家庭生活，讲究伦理道德，就算父母有时不太讲理，也会尽力包容接受。

他很注重面子，在意朋友的看法，所以千万不要在众人面前嘲笑他的缺点，比如说你太胖、太笨、太瘦这些，否则你很可能被他列入"拒绝往来户"中哦。

你的夺心攻略：尊重他的成就、专业，让他知道自己以他为荣，甚至崇拜他，让他得到满足感。孝顺他的父母，和他的朋友友好相处。你会发现，在不知不觉中，他已经将自己的心交给你了。

选择 B: 看重第一印象

他喜欢主控，主观意识强烈，易先入为主，所以，请注意你给他的第一印象。

他明白自己想要什么样的女人，虽然有时候也会不小心迷失，爱上某个不该爱的女孩，可他却拒绝承认自己的过错，只会推说个性不合。

你的夺心攻略：若你有着独特的个性或是想法，他便对你产生好奇，并且希望进一步了解你。记得保持清醒的头脑，做个聪明又可爱的女人，千万不要无理取闹，不要试图左右他，让他听从自己。这些都只会让他离你远去，更别说抓住他的心了。

选择 C: 忠于自己的感觉

他非常忠于自己的感觉，认定了什么是生命中有意义的事情就会努力去做。千万不要否定他或是嘲笑他，即便他的某些"有意义"的事情过于理想化。相信你的他总会找到理想与现实之间的平衡点，不用为他担心。

你的夺心攻略：欲擒故纵，给他足够的空间和时间。此外，在他心情不好时，带给他乐观、开朗和阳光的正面力量，他便很容易心动而为你行动。也许他不会表示强烈的热情，但是在他的心中，一旦你占有了一席之地，他就很难将你忘怀。

选择 D: 内心脆弱的男人

为了伪装自己内心的脆弱，他选择以假面具保护自己。他常是一副叛逆或是不屑的样子，可他心里其实在乎得要命，得失心非常的重。不需要被他表面的行为所影响，也不要产生任何主观的印象，因为这往往是不真实的，甚至是完全相反的。

你的夺心攻略：心疼他、关怀他，让他感受到自己的体贴。有时候你的一个真心又窝心的小动作，会让他感动不已，自然也就俘获了他的心！

选择 E: 自然主义的男人

他不喜欢做作，讨厌一切不自然的人、事、物，当然更不能容忍有心计的女孩。另外，他喜欢大自然，希望心仪的女孩能和他一起于其中嬉闹，共享没有拘束的世界。

你的夺心攻略：你的纯洁心灵和自然态度，会深深地吸引他，亲切可爱的笑容和待人处事同样是重要的秘密武器哦。你不妨试着主动一些，和他分享生活中有趣的事情，和他自然地打成一片，有时候像哥儿们，有时候又让他觉得你是一个惹人怜爱的小女孩。不知不觉中，他的心就会跟着你走了哦！

243 你的爱情有什么致命伤

·情景测试·

一个价值连城而你又非常想得到的钻石项链锁在箱子里，箱子有六个把手，只有一个可打开箱子，拉错了，警报器就大响。你决定赌一赌，那你会拉哪个把手呢？

A.写着"要快一点哦"字样的把手

B.写着"喂！拉这里"字样的把手

C.写着"这可是假的哦"字样的把手

D.写着"这绝对是真的啦"字样的把手

E.写着"嘿！拉拉看"字样的把手

F.写着"祝你幸运"字样的把手

·完全解析·

选择A：如果你和男朋友无法天天见面，你就会感到烦躁。你很缺乏安全感，在爱情路上的致命伤就是时间和距离。但是，如果时空已经无法改变，但是你又不想放弃这段感情，就只能尽量去克服它。要克服这点，你必须勤于写E-mail，或是利用电话，及时传递爱意，给你们的爱情保温。

选择B：你是一只温驯的动物，任何斗争都会让你反感，情敌会成为你在爱情路上的致命伤。一旦有人介入你和男友之间时，不管是为了什么，你都会消极地退出竞争。你这样的态度正好中了情敌的下怀，一下子就把你打败了！喜欢和平不是坏事，但是在面对自己非常重视或对自己来说非常重要的人、事、物的时候，绝对不能逃避，不管有多么不情愿、多么害怕，都要鼓起勇气迎战，加入竞争的行列。

选择C：你很自信，不太容易相信别人。就算有人对你展开爱情攻势，你也会怀疑对方的动机，害怕对方有所图。甚至当你已经答应跟对方交往了，也不会停止怀疑，时时刻刻要保护自己。所以，你们之间的争执频率要高于别的情侣。你在爱情路上的致命伤就是你太看重自己的感觉而忽视了对方。建议你多换位思考，相互信任。如此一来，再大的外在阻碍出现时，也影响不了你们的爱。

选择D：如果爱情和面包只能选一个，你会选哪个？你对数字没什么观念，不太看重金钱，所以，面包会是你爱情路上最大的致命伤。你经历了太多收支不平衡的窘境，一旦生活上突然飞

真正的爱情是两个人的心心相印，而不是给别人看的昙花一现。

来个什么事情，就会使你立刻陷入困境。爱情诚可贵，生活更现实。

选择E：你是不是希望有一场宾客云集、热闹非凡的婚礼？因为你需要支持与喝彩。你在爱情路上的致命伤就是得不到祝福的爱，如果周围所有人都反对你的爱情，你会考虑放弃，更何况如果双方父母严重反对呢？

选择F：你很开朗，是一个天生的乐观主义者。你在感情上好像从没碰过什么致命伤，这一点不错。但是你要知道，有一个致命伤存在于你的爱情路上！你和男友的交往是不是安稳得几乎一成不变呢？一段没有任何冲突的平顺感情，会很容易出现"倦怠期"。也就是说，你的致命伤就是"一成不变"。建议你们换个接触的方式，找点刺激。

244 你是否会遭遇爱情危机

·情景测试·

当你遇到了爱情危机，你会怎样处理呢？通过下面的测试，一测便知。

不管哪个年代，每个女人总喜欢把自己打扮得美美的，但是怎么样才是女性真正的美呢？你认为下列哪项最能展现女人韵味呢？

A.肚兜　　　　B.凤冠霞帔　　C.三寸金莲　　D.旗袍

·完全解析·

选择A：你属于面不改色型。你充满自信和个人魅力，就算泰山崩于眼前，也能做到面不改色心不跳。当你知道另一半有外遇时，你也不会慌张，懂得给双方适度的自由，并相信经过自己的努力，一定可以挽回对方的心。

选择B：你属于兵败如山倒型。你很天真，对身边的危机也是后知后觉。当你遇到感情挫折时，很容易让情敌一举入侵，一败涂地。

选择C：你属于角落舔伤型。你会通过隐藏情绪和想法来保护自己，很多时候，就算你消极地表达了自己的感情，对方仍然不知道你有多么在意。所以，你一遇到挫折就躲在角落舔伤口，不敢直接面对，处理问题的做法很不干脆。

选择D：你属于侦探柯南型。你有很高的危机意识，一旦感到另一半有问题，马上就提高警惕，追查彻底，直捣问题核心。所以，因为深知你的爱情洁癖，另一半总会乖乖地不敢惹你。

245 让你恋爱失败的原因

·情景测试·

失恋给很多人带来无法言说的痛苦，但痛苦之中你是否也曾反省恋爱失败的原因呢？

在自家小阳台的躺椅上品着下午茶的时候，突然被一个响声吓了一跳，抬头一看，原来是窗台上的花瓶摔碎了，你认为这个花瓶摔碎的原因是：

A. 小猫小狗的恶作剧

B. 自己伸懒腰的时候不小心碰到摔碎的

C. 窗外的大风

D. 楼下小朋友对着小皮球的凌空一脚，小皮球飞上天掉下来砸到花瓶

完全解析

选择 A：你很有主见，并且能够坚持。但在爱情上，你的毫不退让和固执让你太过自我。在跟爱人产生分歧的时候，你从来没有放低姿态迎合 TA 的念头，这也让你的爱人大为受伤。

选择 B：你选择将花瓶打破的原因归咎于自己，这说明，当你的爱情出现危机，你会首先从自身寻找原因。不过这并不是什么好事，因为这有些一厢情愿，对方有可能不会领你的情，反而适得其反——你的爱成了甜蜜的负担，让对方感觉到压力，一旦承受不了，TA 就想逃跑。你们的恋情之所以会失败，可能就是 TA 受到你太多的压力，就像希腊神话中阿波罗拼命追求达芙妮一样，爱到达芙妮无处可逃，最后变身成了月桂树。

爱情是否也会随风逝去？

选择 C：你是个自然主义者，花瓶被风刮倒，打碎了，你不需要自责，也不用怪别人，因为风是避无可避的。你只要换一个新花瓶，就能解决这件事。这样的你好像失恋的绝缘体，因为你对什么事情都很客观。如果两人发生争执，你不会袒护 TA，也不会自责，对待恋爱问题，你有着良好的沟通力和协调力。

选择 D：这个选项形象地表现出你们的恋情被他人横插一脚。选择这个答案的你非常介意第三者，也许你之前的恋情就因为第三者插足才悲痛结束的；也可能你的朋友因此而分手，这让你有些畏惧。面对爱情危机，你不去想怎么解决，而是让内心充满恐惧，你选择逃避责任，这也正是你失恋的主要原因了。

246 透过肢体语言看穿他的心

情景测试

当一个人情绪不安的时候，经常会有各种各样的小动作。观察一下你的恋人，看 TA 常常表现出的肢体语言是什么样的？这个游戏可能会帮助你猜透他的心思哦！

A. 头歪一边，用手托住头　　　　B. 按住脸颊、头、头发

C. 用指尖拨弄嘴唇 　　　　　　D. 咬指甲

E. 双手交叉 　　　　　　F. 自己紧握自己的手

·完全解析·

选择 A：托着脸颊的手，就是代替安慰自己的母亲，或者恋人温暖的肩膀和胸膛，总之，托住头就是想得到爱人的拥抱或安慰。

选择 B：忘记带钥匙或电灯、煤气忘了关，总之出现失误的时候，就毫不犹豫地用双手用力压住双颊，是表示"希望所爱的人，能给予爱抚，并得到安慰"。

选择 C：用食指及拇指的指尖来触摸嘴唇，一面想克服不安，一面可以得到安定，指头是用来代替母亲的乳头的，人在婴儿时，通过吸乳头得到安定感，而长大后，为了稳定情绪，就用指头接触嘴唇。

选择 D：当不安加剧，光用指头触摸就不够了，就开始咬指甲及手指关节了，更有甚者，把指尖咬成锯齿状。

选择 E：双手交叉的动作，就好像小时候被吓着而大哭，母亲就会边哄边摇一样，在感到挫折的时候，身边却没有人，就会出现这样的动作。另外一种手交叉，是出现在有防卫意识的时候，双手交叉可以对对方产生防卫效果。

选择 F：自己紧握自己的手，一只手代表自己，另一只手则代表心目中最仰慕的那个人，有时紧张的时候，就会不自觉地紧握自己的手，就是表示"希望有双握紧自己的强而有力的手"。紧要关头，甚至会出现手心冒汗、手指毫无血色、僵硬地紧握等情况。

247 考验他的真诚

·情景测试·

在爱情之中，彼此真诚是最重要的，这也是女性对男性追求者重点考察的地方。不过感情的事非常微妙，所以，女性常常会苦恼于对方是否真诚。一颗心交给谁才能放心呢？

想知道他是否真心待你，可以做一做下面这个小测试哦！

跟他认识已经很有年头了，每次出门逛街时，他的双手总是：

A. 抓紧你 　　　　　　B. 被你挽住

C. 搂住你的腰 　　　　　　D. 插在自己裤兜里

·完全解析·

选择 A：他对你几乎死心塌地、唯命是从，你是他心目中的崇拜对象，他愿意永远拜倒在你的石榴裙下。

选择 B：这表示你对他心仪已久，在爱情中，你们平起平坐。你们会成为大家公认、赞赏的模范情侣。

选择 C：他跟你目前爱得死去活来。他之所以会向你大献殷勤，完全是因为他的主动和占有欲，这甚至会让别人反感。不过他对你可不一定是那么单纯哦！如果你很欣赏他，愿意把自己交给他，那别人也没法说什么。可是他的爱意里充满那种"欲念"，天知道，得手后，他会不会不见踪影？

选择 D：他只想让你成为他的红颜知己，如果你想进一步交往，就要付出非常大的代价，忍受没有名分的痛苦。

248 爱上别人的爱人时，你会怎么做

情景测试

如果有人和你同时爱上一个人，但你又非常爱这个人，你会：

A. 不择手段，要得到这个人的爱
B. 让这个人去选择，自己不做积极争取
C. 自己主动放弃
D. 不在乎结果，只是积极争取，表露自己的真心

完全解析

选择 A：会不择手段获得爱情

这类人的爱情观中带着很深的自卑感和自我中心观。因为自卑，所以觉得自己不可以输给别人，也不能被拒绝，而这种不服输是不是来源于真的爱对方，就很难讲了。而且这类人自我意识很强，所以时刻都是按着自己的意愿做事情，很少去顾及别人的感受，也不会问另一半的看法，是属于比较自我为主的人。

选择 B：是一个真正的君子

当觉得爱一个人的时候，懂得尊重对方。这种人的爱情心理是最健康的，你深知爱情不是一厢情愿的，尊重对方的选择才是最真实的爱情。你可以接受被拒绝，也不会报复对方，还会奉上最真挚的祝福，总的来说是一个很看得开的情人。

选择 C：是一个没有自信的人

当你发现有情敌的话就会马上退缩并且放弃。这类人的恋爱观是十分被动的，认为爱情应该随缘。这种人对自己没有信心，对恋人也没有信心，凡事总是想着消极的一面，有着这样爱情态度的人肯定不战而败，而且很难找到自己的恋人，因为你从不主动，就算有人喜欢你也觉得你没有安全感。

选择 D：是一个理性的人

你觉得爱得太深就是一种牺牲，你不是没有自信，而是对自己的感情负责，不管爱情最后的结局如何，总会真心付出，只求对得起天地良心，对得起爱的人。所以你对待感情是比较理性、超然的。对爱情不强求，选择比较达观的方式，这也许是一个不受伤害的方式。

249 过去的爱能不能重来

情景测试

音乐可以传递一个人的心声，尤其是在心爱的人面前，若是能够奏出你的心曲，一定可以让对方感动至深。若是想要挽回前任男友／女友的心意，你会选择演奏哪一项乐器，来为自己拉抬分数？

A. 钢琴　　　　B. 小提琴　　　C. 吉他　　　D. 长笛

完全解析

选择A：你一心想复合，却放不下架子跟身段，不肯放低姿态去道歉，而甜言蜜语你又觉得难为情。你的内心很高傲，只会通过一些自己才明白的小动作来暗示对方。这一点恰恰是对方以前最讨厌的地方。所以如果仍用旧方法求复合，绝对还是持久战。复合指数73%。

抓得越严的爱情，可能跑得越快。

选择B：你们在分手时都明白，也许分手是最好的结局了，但还是心不甘，因为在彼此心中有着无可取代的地位。所以有可能有一个契机，你们又不顾一切复合了，就算有外在环境的百般阻挠，你们也会尽力去克服。其实当双方的确不适合走下去了，就算重燃的恋情还是无法持续得太久，你们心中也是清楚的，但一旦冲动起来，你还是会投入旧爱的怀抱。复合的机会是87%。

选择C：在你心中，爱情是超乎一切的，只要你发现你自己还是爱着对方，分手是错误的决定时，你肯定会使出浑身解数，挽救爱人的心意，不惜放下个人尊严，低声下气，目的只有一个——就是想要对方回头。因为你诚恳的态度，还是可以将对方感动的，但前提是这个人不会对牛皮糖情人反感。你的成功率很高，有91%哦！

选择D：你们很可能是因为无可抗拒的因素而分手，所以想要复合的概率并不高。除非你们两个人都有坚定的意愿要复合，然后尽力改变自己，或是改变环境，才有可能出现转机，不然你们基本是很难了。还有一点要告诉你，如果你向对方承诺的话，要考虑一下自己能不能做到，不要开"空头支票"。你们复合的指数是30%。

250 爱人变心怎么办

·情景测试·

你的他在外国求学两年，所以你们成了异国恋，一开始打算好了一回国就结婚，但是在某天，你突然接到了他的信，信中说："亲爱的，我不得不与你分手，因为我爱上了另外一个人。"这时候的你肯定是失望伤心的，但你会如何面对这个失恋的处境呢？

A.立刻回信给他（她），试图挽回他（她）的心，或命令他（她）不准离开你

B.挥剑斩断情丝，心想：哼！天涯何处无芳草

C.什么都不再去想了！把该做的工作好好做好，想用拼命工作来忘却感情创伤

D.想尽办法找借口，用一百个理由让公司非放你的假不可，赶快飞到他（她）身边，无论如何弄个清楚

E.相信第三者比自己更适合爱人，认输吧

·完全解析·

选择 A：你是一个固执型的人，有时候过于固执而忽略了别人的真实感受，所以你的付出往往得不偿失。爱情的路上不一定是付出就会有回报的，而生活亦是如此，你应该反省一下自己，先了解别人真正的需要，再付出吧。

选择 B：你是一个理性又爽快不啰唆的人，当你发现自己不爱对方或者对方不爱自己了，你会马上斩断情丝。你是一个自信的人，在生活中也讲究自得其乐。你有着广泛的兴趣爱好，朋友也很多，但你要警惕太过自信而错失真爱。

选择 C：你是一个事业心强的人，你给人的感觉就是一个老好人，但你又不太懂得把握恋人的心理。有时候你会对恋人过于放纵或者关心不够，往往在爱情方面吃大亏还不自知。你应该好好平衡一下事业与爱情的关系，在感情上多投入一些吧。

选择 D：你是一个为爱痴狂的人，当你爱上一个人时会付出所有，爱情对你来说是一件重要的事。你的爱有时候会让人觉得很幸福也很痛苦，更多时候你的这种付出是一厢情愿的，这种爱总是让人受不了。或许你该反省是否爱上了不该爱的人。

选择 E：你是一个自卑感重的人，尽管你各方面的条件都很优秀，但也不能让你自信起来。你不想让人欺负，但又总经常吃亏。你常常觉得很矛盾，所以比较容易放弃，包括爱情、事业。你不是一个可以投机取巧的人，你是脚踏实地前进的人，千万不要半途而废。

251 恋爱时你会因什么翻脸

情景测试

恋爱时每个人都有不能让步的底线，一旦触碰了你的恋爱死穴，再有忍耐心的人都有可能会翻脸。

赶快来测试看看，你和你身边的人，在恋爱时绝不能触碰的死穴是什么！

当你一个人在夜店喝了一瓶啤酒之后觉得心情非常好，你会点哪一种点心？

A. 卤味拼盘　　　　　　　B. 花生坚果拼盘

C. 爆米花　　　　　　　　D. 辣鸡翅

完全解析

选择A：你跟朋友相处的时间与空间是你需要为自己保留的东西。友情爱情都不能割舍，陪情人的时间要有，但是到了和朋友相聚的时候，即使是情人也不能来打扰。

选择B：你的意见就是你的底线，你非常的自我，基本两个人是无法凭妥协来沟通的，凡事都必须听自己的，要不就翻脸。

选择C：爱情至上的你另一半就是你的全部，你没有其他需要捍卫的东西。他说什么你都愿意听，愿意去服从，觉得没有必要为了鸡毛蒜皮的事情伤感情。

选择D：公事至上，即使是儿女私情也要为公事让路，你的工作与生活分得很清楚，平时要怎么配合都可以，但是一旦有正事，任何人都不可以打扰你。

252 你最大的感情失误是什么

情景测试

感情需要两个人互相理解，互相迁就，但人是凡人，都有可能出错。想知道你究竟错在哪里了吗？通过小测试，就能为你揭晓。

如果有天晚上，本来已很疲倦的你，不知道为什么总是睡不着，你会用下列哪种方法来度过这个失眠夜呢？

A.打电话与别人聊天　　　　B.在家中四处找事做

C.继续在床上辗转反侧　　　　D.看书

E.多冲一次凉

完全解析

选择A：你是一个以自我为中心的人，做每一件事都只想着自己而已，独断独行，是绝不会替他人着想的。这样的你会让另一半吃不消，还是要改改你武断的性格，多问问伴侣对事情的想法，这样会很好地改善你们的关系。

选择 B：你有着一个死不服输的性格，你在恋爱来的时候，很可能会因为不够坦白而遭到对方的抛弃。你也有一个优点，就是过去了就过去了，绝对不会拖泥带水。劝你如果找到了心仪的对象，不妨来个闪电结婚。

选择 C：你是一个喜欢逃避的人，无论是对待生活还是爱情。而且你是一个拖泥带水的人，和恋人分手后经常会有藕断丝连的情况发生。还是果断一点吧，想做就做，想爱就爱吧，过了这个村就没有这个店了。

选择 D：你是一个十分理智的人，你对待每件事都小心谨慎，对待感情更是如此，因为怕受伤而对付出有所保留，但有时候聪明反被聪明误，因为你对爱人忽冷忽热，他会觉得自己不受重视，也会对你的热情大减。劝你还是不要过于精明，有时迷糊一下也是不错的。

选择 E：你是一个执着的人，而且有点神经质。你的风格别人很难适应，对待爱情你也是如此，一下子对恋人热情似火，一下子又对恋人冷若冰霜，这会让他感到十分困惑，即使对方很爱你，但你经常漂浮不定，对方也会吓跑了。你还是要控制自己的情绪，改变目前的恋爱方式吧。

253 你在谈恋爱时会有多自私

情景测试

谈恋爱是一件很甜蜜的事情，但爱情里的人多数是自私的，你想知道在潜意识里你是多自私的吗？

你在餐厅点了一杯超难喝的十全大补养生饮料，你下一步会怎么做？

A. 为了健康硬喝下　　　B. 另外再点一杯喝　　　C. 付钱不喝走人

完全解析

选择 A：你是一个超级自私的人。你的眼中只有自己，没有其他人，你的风格就是以自我为中心，爱自己多一点。你认为做好自己，包括工作、生活、健康等方面，这样才不会拖累对方，才是爱多方。这样的你多是有大男人或大女人主义的倾向。

选择 B：你不是一个自私的人。你可以为另一半牺牲奉献自己的所有，你喜欢恋爱的感觉，当堕入爱河时你会忘记了自己，会把自己的所有都给了对方。你认为爱情就要分享彼此的喜怒哀乐，而不需要分彼此。

真正的爱情，永远是专一和排他的。

选择C：你有一点自私。你对待自己和他人都有一个底线，当对方超过了你的底线时，你会毫不犹豫地离开，不管你是多么爱对方。在你看来，给自己一个底线是为了自己可以更好地得到爱情。

254 你最可能遇到的情敌类型

·情景测试·

想知道争夺你爱人的她（他）是什么性格吗？快来测试看看吧！

想象一幅图，一对情侣走在一条通往深山的路，如果在此路中央画一障碍物，以阻挡他们继续前行，你会画什么呢？

A. 画植物和矿物

B. 画动物

C. 画上人工做成的物体

D. 画上人物

E. 画上现实中不存在的生物

F. 画一些其他东西

·完全解析·

选择A：你的情敌是那种文静内向的人。由于他们太低调所以你经常都没有意识到情敌的存在。但是在你疏忽大意的时候他们却总出其不意地出击，偷偷地挖起了墙角。所以千万不能轻敌大意。最好就是时时保持低调，不要太显摆，并随时保持警惕，变被动为主动，和潜在竞争者建立友情，知己知彼。

选择B：你的情敌是彻底的行动派。虽然你也属于行动派，行事风风火火但是却很高效合理。你是一个实力不容小视的竞争对手，你们双方经常会陷入竞争的局面。同属行动派的你们都愿堂堂正正地对决，不会背后放冷箭。

选择C：你的情敌是属于智商很高的人，而你恰恰相反，心思单纯不懂得算计。很多情况下你们都喜欢上了同一类人而成为竞争对手。你们都喜欢酷酷的人，但是对方比你略显得知性，那么你就可能有被横刀夺爱的危险了。所以遇事要三思而后行，为自己的利益而战，而不是一味地向前冲。

选择D：你的情敌跟你同属一类人。对别人的事情都不上心，但是遇到与自己的行为举止、思维模式类似的人会特别留意。所以你自己的潜意识也创造了情敌。有时候，这种人未必是情敌，也许抛开先见，在工作上你们是可以齐心合力配合的。

选择E：你的情敌是活泼开朗的人，很容易吸引别人的目光。相比你的不自信，他们显得更加耀眼，而你就更加渺小。如果不小心成了情敌，对方会让你感觉彼此是朋友因而放低戒心达到他们横刀夺爱的目的。所以你要特别注意这类人。

选择F：任何人都有潜在可能成为你的竞争对手。你本身就是一个好胜心强的人，如果没有竞争对手，你反而会觉得没有意思。但是这个心理也会影响你的人际关系。

255 你会不会旧情难忘

·情景测试·

你和恋人一起去山上踏青。一时高兴，你想将风景画下来。通常你会怎么画呢？

A.云朵画得比山峰低　　　B.云朵画得和山峰一样高　　　C.云朵画得比山峰高

·完全解析·

选择A：你对旧情人耿耿于怀，如果你不想失去现在的情人，就绝对不能用这个问题责难对方，要记住用时间冲淡一切，只要耐心等候即可。

选择B：这表示你会喜欢上同一类型的异性，也许你喜欢现任恋人的原因就是因为对方和你前任恋人相似。不过你现在已发现他（她）的魅力，就会采取补偿行为。凡事不用太过担心，应把心思放在维系二人关系上，避免提及过去的感情。

选择C：你已经不再被过去的恋情所束缚，将过去的感情完全敞开，不会将旧情人埋在心底和他比较，热衷于现在的恋情。

256 你会爱上哪一种人

·情景测试·

"我的梦中情人在何方，他（她）长什么模样呢？"相信这是很多人经常思考的一个问题。

这个测验就可以帮助你明白最适合自己的人是什么样子。

利用下列4个要点，画出一幅简单的风景画：

A.花　　　　　B.女子　　　　　C.山　　　　　D.在跑的狗

·完全解析·

选择A：以花为中心而画的图：你对老实、温柔、不善言辞的异性感兴趣。对方是个性开朗，对工作热心，即使做别人不愿做的事也不觉苦恼。

选择B：以女子为中心而画的图：你喜欢年轻、可爱的异性，恋爱时会乐于工作赚钱。男性会喜欢古典型，顺从丈夫而文静老实的女人。

选择C：以山为中心而画的图：智慧、沉静，尊重他人，有修养的个性，是你喜欢他（她）的原因。一旦与他（她）认识，你会希望与他（她）共度一生。

选择D：以在跑的狗为中心而画的图：你喜欢的人很多嘴，有时他（她）让你觉得啰唆，离开又觉得寂寞，因此你很快地将爱表露出来。男性会喜欢身材修长，眼大而有神的女人。

257 恋爱智商

◄·情景测试·►

有人说，人一谈恋爱，智商就会变为负数。可见爱情的力量有多大。你在恋爱中的表现会如何呢？做一做下面的小测试就知道啦。

出门旅游，预订了一个高层酒店，如果可以自己选择，你更加愿意喜欢住进哪层楼的房间呢？

A.1 ~ 7 层　　　B.8 ~ 15 层　　　C.16 ~ 19 层　　　D.20 层以上

◄·完全解析·►

选择 A：你在所有事情中都很理性，包括爱情。你做事情很讲原则，处理问题有着很固定的衡量标准和评价机制。就算是遇到心仪的对象，你还是会一视同仁，绝对不会网开一面。

选择 B：在处理爱情事务中，你条理分明，集感性和理性于一身。你对爱人非常热情，也会理性对待双方之间的事情。在面临重大决定时，你都会三思而后行。

选择 C.在恋爱过程中，你比较情绪化。你外表坚强，内心柔弱，你喜欢把爱埋在心里，有心事自己扛着。这不是什么好现象，长此以往，很有可能抑郁。

选择 D：你在恋爱中智商几乎为零，热恋时你几乎毫无判断力，甚至会失去自我。有时候一冲动，你还会做出一些意料之外的事情。你喜欢在不受外界干扰的、自娱自乐的世界里，完全依照自己的喜好做一些有意义的事情。

258 你恋爱的致命弱点是什么

◄·情景测试·►

恋爱并不是一切皆如己所愿的，心中憧憬的场景和实际情况总是大相径庭，在表白的紧要关头却变得胆怯，无法让心爱的他（她）真正了解自己。是什么原因让你的恋情停滞不前呢？这个测验，就是要检验你恋爱上的弱点在哪里。

这里是南太平洋上的珊瑚岛，白沙、翡翠色的海、仿佛可看透的蓝天，构成一幅美景。在波浪拍打的沙滩上，有一位美女独自漫步，海风吹起她的金发，她拥有健康的肌肤，还有模特般的惹火身材。而且，她是一丝不挂的。她为什么一丝不挂呢？请选择一个理由。

A.那里是属于天体营俱乐部的小岛

B.她以为自己是穿着泳衣的

C.她是个女演员，正在拍摄电影

D. 那里是个无人岛，岛上只有她一个人

·完全解析·

选择 A：受伦理观阻碍的类型。你是个天生守规矩的人，在恋爱上常常受社会规范束缚，而无法踏出最重要的一步，何不率直地行动？

选择 B：受自卑感阻碍的类型。你是否常常自认没有很好的条件而自行放弃？你容易将自己的评价得太低而且有害怕被拒绝、害怕受伤害的想法，这正是你恋爱上最大的败因。请对自己更有自信之后，再开始谈恋爱吧！

选择 C：受完美主义阻碍的类型。任何事情不做到完美就无法释怀，这种心理羁绊了你的恋爱脚步，使应该有美好结局的恋爱也不了了之。最好能够明白没有人是十全十美的，也唯有如此你才能找到真正属于自己的幸福。

爱情本来就如同一团烈火，激情过后，寂寞相守。

选择 D：人际关系的多虑成为阻碍的类型。你过度在意周围的人，而无法自由恋爱，希望得到有父母亲和朋友们祝福的恋爱，你的这种想法太强烈，而致使最在意的恋爱失败了。不要奢望每个人都认同你的想法，最重要的是依自己的价值观行动。

第十四章

婚姻透析：永不褪色的婚姻需要经营

259 婚姻的态度

◁情景测试▷

婚姻是爱情的延续，也是爱情的升华。婚姻是一种责任，有婚姻就意味着一个家成立了。你对婚姻准备好了吗？你对待婚姻的态度是怎样的？就做个测试吧。

除了文身贴纸，想不想真来点酷酷的文身？当你终于鼓起勇气要去文身，最想在身上留下什么形式的永恒记号？

　　A.动物　　　　　　B.名字　　　　　C.各种符号　　　　D.代表超能力的神灵

◁完全解析▷

选择 A：你的心思单纯，因为交往的时间够多了，大家也在催促，所以才结婚。没想过将来会有什么改变，只是顺其自然。

选择 B：对你来说，婚姻是一辈子的事，一旦选择了一个人，你就不会变心。你的思想成熟，知道如何经营二人世界，婚姻制度对你来说非常合适。

选择 C：对于结婚这件事，你实在不太确定。生命中似乎还有很多未知的东西要发生。已婚只是某个时期的身份，包括你在内，谁都不知道什么时候会改变。

选择 D：结婚之后，你希望主宰家中的一切，另一半也要听你的。其实你在各个地方都想称王，但因为你的强势作风，你的婚姻可能会亮起红灯。

260 你的家庭温馨吗

◁情景测试▷

家，一个使人感到温馨的字眼。在你们这个小家里，能感受到家庭的温馨之处吗？家庭中的成员关系是怎样的？在你们这个家庭中，你们都需要特别注意什么呢？请做下面的测试吧。

你在熟睡中感到非常口渴，就在这时，有人递给你一大盘新鲜的水果，让你顿时感到垂涎欲滴。在迷迷糊糊的状态中，你觉得递过来的水果是什么呢？

A.苹果   B.香蕉   C.番茄   D.草莓

完全解析

选择A：你和家人之间是有爱的，不过家庭气氛比较压抑。虽然大家平时客客气气，可是，也正是因为你们之间这份客气，你们很难分享彼此的真实感受。外人无法理解你们的关系为什么这么冷漠，不过你们却对这种交流模式习以为常，也许这也是一种表达爱的方式吧。

选择B：家里的气氛很热烈，不是一团和气，而是紧张的热烈，

婚姻需要宽容。

是由于你们之间的沟通方式有待加强。很多事情，大家都认为自己是对的，往往谁也不服谁。所以，家中气氛经常陷入僵局。这或许也是一种家庭氛围，在大家争吵的过程中就已经体现出浓浓的家庭气氛。

选择C：你和家人之间的关系很密切，不过依赖程度也很深，你很少跟家人之外的人在一起，在别人看来，你们很排外，很容易让朋友就这样远离你们，而你们却不知道为什么。现在，你们需要反思一下，要试着独立生活了。

选择D：你生活在一个幸福的家庭中，家庭气氛非常和谐。家人之间的关系很亲密，不过，每个人都有自己独立的空间，外人会羡慕你的家庭。你一定要珍惜，避免无意中伤及亲情。

261 婚姻中的支配欲

情景测试

你平时怎样对待关于他（她）的事情？是不是一个控制欲极强的人？哪怕是他（她）跟谁聊天也要经过你的同意？玩什么样的游戏也要先问问你？还有，生活用品的摆放你也给他（她）列好了位置，不能随便乱放？快来看看吧，你在婚姻中的支配欲如何呢？

你平时看时尚杂志或是逛商场时，最喜欢看哪种款式的衣服呢？

A.吊带装   B.居家服饰   C.骑马装   D.运动装

完全解析

选择A：在婚姻中在乎的是身心和谐，因此对于婚姻中的地位支配也是互动式的。遇到大事小情，双方都会和气商量。

选择 B：最传统的婚姻生活的代表，也就是基本沿袭父辈们的婚姻模式："男主外，女主内"。

选择 C：非常愿意驯服他人，在婚姻中权力的欲望很大。这种人掌握家中大权的机会多，要求在婚姻中占据绝对支配地位。

选择 D：对婚姻的态度比较踏实，而且最愿意把付出当享受，乐意把自己的财富和感情都拿出来和另一半分享。

262 婚姻中你最在乎什么

情景测试

你渴望自己的婚姻是什么样的？是忠诚？是理解？是信任？或者其他……或者，你最讨厌自己的婚姻成为什么样子？是背叛？是怀疑？或者其他……也许，你现在还没有意识到自己的要求，那就赶快来测一测吧，婚姻中你最在乎的是什么？

有人说每个小孩都曾是艺术的精灵，如果让现在的你回到从前，能自由选择从事艺术工作，你的选择会是：

A. 画家 　　　　B. 摄影家 　　　　C. 雕刻家 　　　　D. 作家

完全解析

选择 A：你是个非常自我为中心的人，只为自己而活，想笑就笑，不愿意屈服于社会的僵化规范。爱人是不可能改变你的，因为你一向我行我素，换句话说就是自私。你的独断独行会让对方很辛苦，所以和你谈恋爱的确有点累。

选择 B：你喜欢爱情中的互动感，只要你爱的人让你快乐，你就会回报对方。你在乎对方，也尊重对方，喜欢默默

私藏老情人照片，
我跟你没完。

婚姻最大的危机，在于失去信任。

观察对方的需求或者喜好，再用特别的方式，在特别的时刻，给对方惊喜，让对方觉得你很贴心。

选择 C：在爱情中，你是个认真的人，总是采取主动，想要掌控自己的爱情，你用双手去捏塑自己想象中的爱情形态。如果爱人可以配合你的想象，两人就相安无事，你也会是个好爱人；如果有所差距，你那不能掌握一切的不安感就会发作。

选择 D：你不在意对方的外貌或者金钱，而在意有没有得到对方的真感情。你

会为对方着想，也希望对方可以对你忠诚。但反过来说，"己所不欲，勿施于人"，如果你强迫对方接受你自以为是的好意，不也是一种自私吗？

263 你有婚姻恐惧症吗

·情景测试·

有一些人，他们渴望拥有爱情，不过，当他们到了谈婚论嫁的地步时，面对即将步入的婚姻殿堂却总是选择逃避。你是不是也很恐惧走进婚姻这个围墙呢？

请凭直觉挑选 1 朵最喜爱的花，看看你的婚姻恐惧指数有多高吧！

A. 黑色或咖啡色的花　　　　　　B. 深紫色的花

C. 绿色的花朵或植物　　　　　　D. 白色的花朵

E. 粉黄色的小花

·完全解析·

选择 A：婚姻恐惧指数 100 分

你常常会压抑自己的感情，在爱情中较为内敛，其实你很有野心。只有对方成就非凡、独立能干，你才会认真考虑结婚。如果对方恋爱中表现出孩子气与不成熟，甚至玩弄爱情，那么你会果断闪人。

选择 B：婚姻恐惧指数 80 分

你对感情十分认真，有像大海一般的深情，却总是在担心付出的感情得不到回报。所以，就算已经到了适婚年龄，也不敢走进婚姻殿堂，眼睁睁地看着幸福溜走。你的外表冷静，不去刻意经营爱情，只希望能与另一半持续在爱情中寻求协调。

选择 C：婚姻恐惧指数 60 分

面对婚姻，你要求尽善尽美，所以在谈论婚姻生活时，你会把事业、兴趣，甚至彼此家庭的适应等层面考虑清楚，所以你对婚姻的基本立场就是冷静机智又含蓄小心。不过有时候，过度小心和谨慎会让你不敢突破和冒险。因此除非迫不得已，例如未婚先孕，否则你是不会轻易结婚的。

选择 D：婚姻恐惧指数 40 分

你喜欢稳定踏实的生活，认为谈恋爱的目的就是结婚，所以你谈恋爱的目的就是结婚，一旦锁定对象，就会坚定地维持彼此的感情。面对婚姻，你不是理想主义者，会从实际出发，考虑未来彼此的需要，也会先评估对方的外形、实力、年龄、职业等，看看对方是否符合结婚条件。

选择 E：婚姻恐惧指数 20 分

爽快、果断是你的性格，有异性追求你的时候，你会很快回复对方，让彼此都能够在有共识的状况下追求幸福，同时让伴侣感觉舒服自在。虽然你向往婚姻，不过你并非结婚狂，即使是面对婚姻，也不希望给对方任何压力。结婚之后，你会希望双方都可以温柔地呵护彼此，同时诚实、浪漫地经营婚姻生活。

264 你有能力进入现实的婚姻生活吗

◆ 情景测试 ◆

我们的生活，离不开柴米油盐，咸的甜的，一目了然，日常必需品，没有神秘，也就没有感觉。现实中，婚姻也如此，有感情的甜言蜜语在婚姻中不多见。你做好进入现实婚姻生活的准备了吗？

有一天，你收到一张楼盘广告，彩页上有一栋美丽的别墅，不过四周没有景物来搭配，如果要在别墅旁加入一些东西，你会选择哪一组来搭配呢？

A. 太阳和树木

B. 蝴蝶和一盆花

C. 星星和狗

◆ 完全解析 ◆

选择 A：你可以创造美好的家庭生活。因为树木和阳光都是现实生活中必不可少的部分，所以选择这个答案的人，对婚姻、生活有踏实的理念，并且会一步一个脚印地实践自己的理想，是一个标准的好配偶。

选择 B：意味着你还不能接受现实的婚姻生活。蝴蝶和花都是用来装饰的，所以选择这个答案的人，对婚姻充满了美好的幻想，却无法胜任实际的家庭生活。毕竟婚姻并不是单靠浪漫的气氛来维持的，还得付出辛勤的奋斗，才可能有幸福的结果。

选择 C：意味着你婚后会稍感辛苦。在这个选项中，装饰性的星星和实用性的狗各占一半，所以你兼具幻想与现实。不过，除了担起现实的生活责任外，你们还是得有充足的娱乐才行。

265 你现在可以结婚了吗

◆ 情景测试 ◆

想知道你目前是否适合结婚吗？你的心理年龄是否达到了结婚的年龄呢？你真正达到了合格妻子的标准吗？你真的能承担起一个家庭的责任吗？做完下面的测试，你就明白了。

跟男友约会时，一时兴起买了彩券，居然中了 500 万，你会如何处理呢？

A. 跟男友一起挥霍掉　　　　　　　B. 一半存起来，一半自己用

C. 把钱全部给男友　　　　　　　　D. 不吭声一个人独占

◆ 完全解析 ◆

选择 A：立刻想结婚型，选择将喜悦与男友分享的你十分渴望婚姻，如果可以

的话，要你立刻结婚也没问题。因为你早就打听好哪家喜饼好吃、哪家婚纱棒、哪家饭店有折扣，你的准备工作都已完成，只不过这样容易给另一半造成不小的压力，最好彼此多沟通一些会比较好。

选择B：时机成熟型，目前的你觉得自己该结婚了，只不过你可能对于另一半有所不满，所以才会选择一个人独占所有的钱。你的如意算盘是骑驴找马、走一步算一步，如果有更好的对象就把现在的男友给甩了，如果还是没有新发展的话，便会乖乖地与原来的他结婚。

选择C：时机未到型，现在的你觉得"结婚"是件离你很遥远的事，不管目前的状况如何，你都觉得一切言之过早。可能是你交往的对象不能让你有托付终身的信心，也可能是现在的他根本让你不敢指望有未来。总之你会暂时维持现状一阵子，然后再慢慢思考其他的可能性。

选择D：独身主义型，你有点瞧不起婚姻，根本不想进去这个恋爱坟墓。目前的你很喜欢单身。不过好男人会很容易被抢走，如果不是坚定的独身主义者，该把握的时候还是要把握，不然到最后很可能会徒留遗憾。

266 你对婚姻伴侣的要求是什么

情景测试

每个人对自己将来的婚姻伴侣都抱有一定的幻想，都有自己的择偶标准，为了使这种标准清晰化，请做下面的心理测试。

下面有5样物品，只能选一样的情况下你会选哪一样呢？由你的选项可以看出你对结婚对象的要求。

A. 名牌休闲服
B. 精美的对笔礼盒
C. 名家山水画
D. 高山茶礼盒
E. 心形项链

完全解析

选择A：你很重视对方的内涵。婚姻是要两个人在一起一辈子的，所以你坚信唯有"兴趣相投"的两个人，才能在一起长长久久。

今世，当繁华褪尽，浮生若梦，你若安好，便是晴天。

选择B：你很重视对方的学历。学历高的人通常能力也不差，所以依赖性较强的你，会喜欢有个人来为你打点好一切，生活没烦恼。

选择 C：你很重视对方的职业。爱情虽美，没有面包还是照样不行，所以你喜欢对方有固定的职业，尤其是还能够有一笔积蓄。

选择 D：你很重视对方的修养。理智的你最受不了歇斯底里，容易大惊小怪的人，所以结婚对象自然以个性好为第一标准。

选择 E：你很重视对方的外表。有实力的你只希望另一半能够满足你精神上的需求，所以对方没有好的外在条件，你会一切免谈。

267 你会选择丁克家庭吗

·情景测试·

丁克家庭就是夫妻双方都工作而不要孩子的家庭，生活中的你会选择丁克家庭吗？完成下面的图表测试，如果回答 Yes，就沿着实线方向前进，如果回答 No，就沿着虚线方向前进，看看你最终到达哪个字母呢？

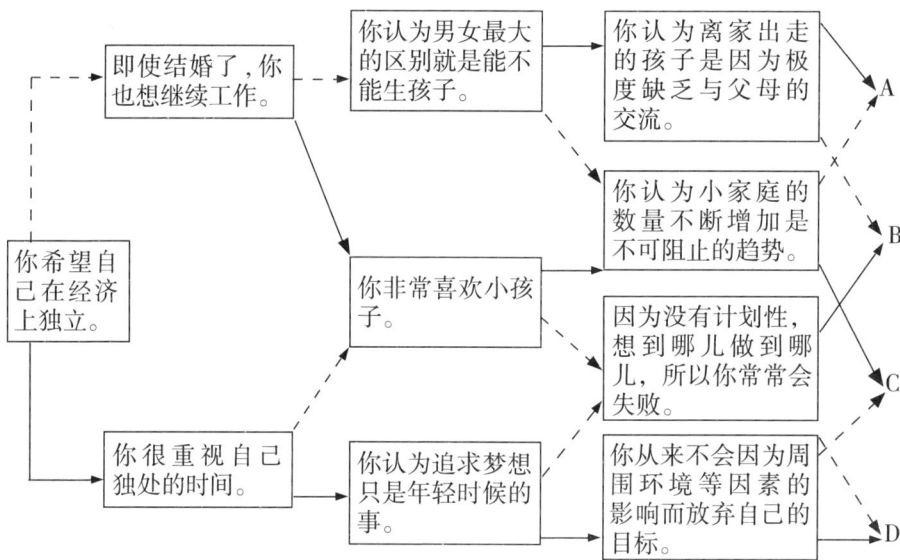

·完全解析·

选择 A：你是那种一旦结婚，就放弃工作的家庭主妇类型。你选择丁克家庭的可能性非常低。这类人认为结婚后养育小孩是理所当然的事情。另外，这类人通常在结婚后就想要辞掉工作，回归家庭。从这个意义上讲，也可以说这类人不够自立。

选择 B：你选择丁克家庭的可能性很高，但往往决定得很草率。这一类型的人，一般都会成为热心教育孩子的母亲。但同时也很有可能由于把精力都放在了孩子身上，而对丈夫照顾不周到，所以要特别注意这一点。

选择 C：你是那种生完孩子后，就会继续工作的人。你会因为担心生孩子耽误工作或影响自己的生活而选择丁克家庭。你可不愿意因为生了孩子，而失去跟朋友们一起出去玩的自由时间。

选择 D：你会在订立周密计划的基础上，选择阶段性的丁克家庭。这种类型的人，年轻时很喜欢丁克族的生活方式，但过了 35 岁，就会突然开始担心老了之后的生活了。到时候即使想生孩子也过了最佳生育年龄。所以建议这类型的人，在做出决定之前，要好好地规划一下未来。

268 你是家中的受气包吗

·情景测试·

在婚姻中不是双赢就是双输，不过在输赢之间还是会有一个人默默地在当受气包！看看你在婚姻中会不会是个受气包呢？

当你回家的时候惊讶地看到另一半正在翻跟斗，你的第一个直觉反应会是什么？

A. "你还好吧？怎么了？"

B. "哇！怎么这么厉害？"

C. "神经病！你在干吗？"

·完全解析·

选择 A：在感情的世界上，你会为了爱甘心当受气包，被蹂躏。你只要爱上对方的时候，会无限忍受另外一半，不管对方怎么说你或做什么事情惹得你不开心，你还是会忍耐下来，你觉得可以跟对方在一起其实就是个缘分，要好好珍惜。

选择 B：你会为了让另外一半在外人面前有面子，偶尔吃亏忍耐当受气包。你在感情中会觉得要在外人面前给另一半面子，表现自己很有风度很有修养，也会让另一半很开心、很有面子，不过这就是他的聪明之处，

爱可以让人心甘情愿地"受气"。

因为回家之后另一半会对他更好，是一个真正懂得经营感情的人。

选择 C：你常惹对方生气，让另一半当受气包而不自知。你很直，没什么心眼，而且有大男子或大女人主义的倾向，你觉得你是教导对方，觉得自己讲得非常有道理，可是对方会觉得非常委屈，觉得自己这么努力了还没有达到你的标准。

269 测测你配偶的心事

情景测试

俗语有云："女人心，海底针"。此话虽有一定道理，但在某些时候，却未必灵验。也许一个明明白白的女孩，在同恋人忘我的相处过程中，会感到对男友捉摸不定，琢磨不透，不知他帅气、温柔的外表下，隐藏着一颗怎样的心。对你的爱是真还是假？是浅还是深？有一种很简单的方法，助你测一测男孩的心事。

还记得他第一次为你庆祝生日吗？他费尽心思、绞尽脑汁为你准备的生日礼物，更接近或相当于下列答案中的哪一项？

A.称心如意的首饰，或一枚高雅而精致的戒指，令你芳心大悦

B.精心挑选的时尚服装

C.一块生日蛋糕，加一束色彩绚丽的花

D.一次别出心裁的两人外出旅行，他陪你度过了两天一夜的时光

完全解析

选择A：你可以完全放心，你心中的他是个富有责任感的男孩，对谈恋爱郑重其事，对你的爱亦是诚心诚意！或许，在他的心里，已经把你看作可以陪他走过一生的另一半啦！他是个温柔、体贴、善解人意的男子，相信他有很多方法令做女朋友的你感到幸福与满足。安下心来，好好爱他吧！

选择B：你的他，一定有一点大男子主义的倾向，虽然在爱情中表现得积极主动，但要说到婚姻为时尚早；相反，在这种男性心中，婚姻和恋爱是不能混为一谈的，即使他真的很爱你，也不会预备现在就同你步入结婚礼堂。大体而言，这种男人个性略显张扬，喜欢他爱的人能成为他想要的样子，因此，他才会事事主动替你打点，包括为你选定衣服的式样、怎样化妆等等。你有没有注意到呢？知道了他的心，你该为自己拿拿主意了，设法拴住他，还是忍痛割爱，抑或就这么下去，你自己决定吧！

选择C：你面对的他一定是个经历丰富、心思缜密的情场高手，最好多长个心眼！你是不是记得，他什么时候给你过明确的承诺？大约没有吧。因为你的恋人是个不喜欢爱有约束与压力的男孩。他自然很爱你，会带你四处露面，满足你的虚荣，但这可不表明他会一直爱你下去，因为谁也说不清你已经是他的第几任女友了。

选择D：哦，他可是有点危险的男友，不然的话，就是他急于同你结婚，只有你自己才清楚哪一种答案更适合他。相信这种男子思想比较"先进"，他对爱的追求，更多地侧重于性爱，有强烈的欲望，最好当心些！当然啦，他对你有所企图并不奇怪，因为他已经爱上了你嘛！关键在于，你怎么看爱情、婚姻与性爱这回事？

270 同床睡姿看夫妻

·情景测试·

想要看一对夫妻之间的关系如何，相处得好不好，那么"同床"这一事是最好的判断方法。不信就来试试吧！

A. 男正面贴着女性的后背沉睡

B. 男女平行着睡或面对面而睡

C. 两者背贴着背沉睡

D. 女方由后方紧抱着男方沉睡

·完全解析·

选择A：看得出你和另一半是十分相爱的，双方在价值取向、见解品性及性爱上都有一致的认同。在外人眼里，你们就是一对人人羡慕的模范夫妻。更深一点讲，如果是女性紧贴在男性胸口就寝，表示夫妻感情很好，到了难舍难分的程度，特别是女方对男方的依赖性很强；如果男方愿意紧抱着女方，则表示他有一些性行为的暗示，作为妻子应该明白其中的意思。

选择B：你们的夫妻关系可能有点不妙了，这看得出你们爱情的开始是甘美、浪漫的，但现在因为生活的琐事喧嚷不断，感情已经开始出现裂痕了。你们不擅长理性分析、冷静对待，一旦出现争相锋对的话题你们就会吵个不可开交，这样也使得你们的夫妻生活经常是在吵架。其实，你们都太以自我为中心了，应该想想当初在一起的美好，也要互相体谅对方，学着一旦吵架时就要退一步。这样的话你的爱情也可以出现"柳暗花明又一村"的新境地。

选择C：看得出来你们夫妻双方都是有主见的人，婚姻中的很多问题都可以通过适当的沟通，把各自的想法表达出来，从而获得解决。应该说你们夫妻是过着"夫唱妇随"的生活。当然，因为双方的个性都比较强，就有可能会过于吃透对方的个性，导致对对方失去新鲜感，甚而滋生异心。所以，你们双方都应该放一放自己的个性，主动营造畅快姻缘为佳。

选择D：表明这样的妻子是个心思细腻、宽宏大量的人，对丈夫的爱和关心是无微不至的。所以你们的婚姻有一个高程度的互相依存，感情应是很不错的，也没有给第三者留任何空隙。但如果这个男方是一个依赖性很强的人，那么他可能会对妻子过分地依赖，这样的婚姻很难周全。所以作为妻子的你就不要过分宠你的丈夫了，即使你真的很爱他，他也有一颗温柔的心，但就怕长期的依赖会让你失去更多。

271 你能在幸福的婚姻中安度晚年吗

"最美不过夕阳红，温馨又从容"，当最美的夕阳映照在你的脸上，你的身边会有一个和你共度余生的人吗？人们常说，少时夫妻老来伴。的确，人步入老年后，退出了工作岗位，全身心地回归到了家庭当中，夫妻成了生活中的唯一，抬眼看去，也都是那张老夫老妻的脸。这时候，对方便成了自己生活的全部内容。此测验可预知你未来的晚年婚姻状况，早知道早补救吧。

现在在你眼前有一张祖父母合照的照片。祖母笑容满面，而祖父却表情严肃。这时祖父的手是摆出什么姿势？

A. 直立不动，手部紧握

B. 手握着祖母

C. 手放在背后

D. 手放在前面

E. 手臂高举挥动的姿势

◆完全解析◆

选择 A：年轻时候的你就一直在沿着既定的人生轨道前进，没有任何越轨行为。你对婚姻生活或自己的工作都有一定的理念，墨守成规。但是，由于你太过坚持自己的理念，等年纪大了之后，往往会被认为是老古董，但这也会让你过稳定的生活。坚持稳定的情绪对老年时的身体大有好处。因为你的专一，你在老年的时候会拥有一个可以相互依靠的伴侣。

选择 B：你的选择让这一对老人的风采丝毫不比年轻人逊色。祖母依然保持着女性的魅力，而祖父依然那样潇洒。也就是说，虽然年事已高，却比年轻时更具有魅力。在夫妻感情方面，虽然不可能保持像年轻时那样形影不离、如胶似漆，但会培养出另一种爱情表达方式，使彼此关系更为亲密。

选择 C：对女性来说，在年轻时喜欢强壮的男性，并且会建立以丈夫为主的家庭。不过，这种情况只会维持到他退休，他之后的下场将非常悲惨。因为你不仅认为丈夫无所事事，还会马上厌倦目前的生活形态。这时，就会产生"我的人生究竟是什么"的疑问。如果是男性则正好相反，由于年轻时属于大男子主义者，晚年时还是自尊心强烈，这时反而会变成孤独的老人。

选择 D：崇尚自然，想法也非常前卫，虽然年纪大了，也会很拘谨。当然，在生活方面，不再像年轻时那么强硬，而是保持着积极的态度。此外，希望老伴能参与自己的活动，所以会一起旅行，或培养共同的兴趣。在别人看来是一对理想的老夫妇。由于你年轻时个性奔放，夫妻之间偶尔会发生争执。不过，随着年龄的增长，反而成为一项长处，使老年的夫妻生活更增添活力。

选择E：你比较会考虑自己的生活，特别是女性。在你看来，与其追求家庭中的小小幸福，还不如参加社会活动，让自己的生活更有意义。当然，如果丈夫也认同这种方式的话，两人可以一起参与。由于不愿意承认自己是老人，所以，宁愿带孙子出外游玩，也不愿在家中待着。这种个性，在家庭中反而会受到尊敬。不过，虽然自己是这样的，千万不要强迫另一半也要过同样的生活，否则反而会发生问题。死后有可能会留下一屁股债，使你无法安心地走。

272 你想要什么样的婚姻

·情景测试·

如果你下个星期就休年假了，你准备去旅游散心，你会选择什么旅行方式？

A. 一个人到没去过的地方探险

B. 和他一起享受浪漫之旅

C. 找朋友一块热闹出发，制造回忆

D. 温馨的家庭旅行

E. 带着宠物一起驾车出游

F. 参加旅行团

·完全解析·

选择A：你是一个理性、勇敢的人，因为你会选择自助旅行，而且是去探险，这要求你必须十分独立自主。这种性格的人在婚后也很注重个人的空间，不喜欢夫妻整天腻在一起；你很爱自己，不会委屈自己，时刻把自己的感受放在第一位。

选择B：你很注重婚后自己另一半的互动，所以在选择旅行的时候也喜欢两个人一起去。你最大的心愿是你的婚姻生活永远保持着新婚一样的新鲜、甜蜜。

选择C：你选择和朋友一起去旅行，代表你是一个喜欢热闹，喜欢轻松、愉快气氛的人，你不能接受一成不变的生活。这种喜好婚后也会一直延续，你会时不时邀请朋友到你家玩，没事还会开一个派对。

选择D：你是一个恋家的人，所以你的计划里肯定是要全家出动。你喜欢结婚后家庭可以给你带来温暖。当你忙碌了一天，回到家看见家人们其乐融融是你最开心的时候。

选择E：你是一个有爱心的人，出游还会带着宠物一块上路！所以在婚后你会把所有的重心都放在自己的小孩上。不管你生一个宝宝还是好几个宝宝，你都会自动角色代入，变成一个孩子王，陪着孩子笑闹嬉戏。

选择F：的确，你喜欢融入团体生活中，你旅游时会选择参加旅行团，就是因为旅行团比较方便、安全，又有人替你打理好、安排好一切，减少了很多后顾之忧。所以即使你结婚后，还是会维持好与朋友的关系，不会让自己与社会脱节。

273 婚姻暴力倾向测试

情景测试

如果深夜你从梦中惊醒，突然发现屋里停电了，你最害怕的是下列哪一种情形？

A.朦胧的夜色下，窗外突然闪过一个黑影。

B.房间的门突然被打开，不知发生了什么意外状况。

C.走廊上传来沉重的脚步声。

D.沉沉的暗夜中，隐约听见有人在旁边啜泣。

完全解析

选择 A：你对婚姻暴力这件事是深恶痛绝的。或许可以这么说，你对婚姻暴力感到非常恐惧，可能以前你也是一个受害者。你很自卑、内向，不相信任何人，所以你很少对爱人表达自己的感受，别人又以为你沉默寡言。如果希望结束你的恐惧感，你一定得试着把话讲出来！

选择 B：在你眼中动粗是极端野蛮、不文明甚至卑鄙的行为，因此你强烈谴责婚姻中的暴力行为。你认为家庭的任何问题都可以用和平的方式解决，比如沟通或者找他人帮助。不过，你不是一个好惹的人，当对方试图对你施暴的话，你会马上反击，并把对方吓一跳。一般而言，你的家中出现婚姻暴力的可能性不大。

选择 C：你把婚姻暴力看得太简单了，在你的意识里觉得家庭暴力只是做妻子（或丈夫）的正常举动而已，不用引起多大的在意。更多的时候你只关注自己的利益得失，而忽略了对方的感受。你要记住，如果你继续这么做，当对方忍无可忍、反戈一击时，你们的婚姻就已经面临着解体的危险！

选择 D：你的潜意识里有种渴望暴力的倾向，你认为婚姻暴力是解决问题的途径之一，这样的心态表明也许你在家庭中已经受到很多压抑了，有时候你觉得暴力可以把你心中的苦闷发泄出来。但事后你是很后悔的，觉得下次肯定不能这样了，可往往"下次"没有多久又来了，这样反反复复只给夫妻双方留下更多的情感隐患，轻易尝试不得。

274 他和你交往的真实心理

情景测试

在你们坠入爱河之后，也许你会问他，你为什么爱我呢？有时候他会支支吾吾回答不上来，用这个问题来考验他，你就能得到最真实的答案。

把题目给他回答：当你的手上有十张纸要你丢掉时，你会以什么样的方式丢掉呢?

    A. 就这样丢掉   B. 对折后丢掉

    C. 拧弯了之后丢掉   D. 揉成一团后丢掉

    E. 撕成一小片一小片之后才丢掉

完全解析

    选择 A: 对女性很尊重, 追求男女地位要平等, 也接受双方独自有独立的思维与做决定的权利, 爱自由, 喜欢无拘无束的生活, 重视肉体享受多于感觉的类型。

    选择 B: 对女性温柔体贴也容易信任女性。把纸折成两半代表重视女性的感受, 但是万一遇到玩弄你感情的女人, 那就只能自认倒霉。

    选择 C: 有恋母情结, 所以跟其他女性交往有挫折感, 喜欢比自己年长的女性。但是如果对方没有按照自己要求去做, 说不定会动武, 拳脚相向。

    选择 D: 要求对方听自己发号施令, 不能忤逆自己的意思, 以自我为中心, 甚至是夫妻生活时也不会考虑妻子感受, 自己没付出还诸多要求。

    选择 E: 喜欢打女人, 或许是曾被女性伤害过, 有心理创伤, 所以对女人会怀恨在心。生活上甚至性生活里也可能有暴力倾向, 非常危险, 女性该远离。

275 测测你为什么会有外遇

情景测试

    工作了许久, 如果现在你有机会可以有一个月的假期, 你终于可以放松一下, 而这时也是解放头发的好时机。你决定彻底改头换面, 改变你原来的黑发, 为头发换个不一样的颜色, 也换一下心情, 体验一下前卫和"酷"的感觉! 你会选择染下面哪种颜色?

    A. 金发

    B. 红发

    C. 蓝发

    D. 绿发

完全解析

    选择 A: 你不会甘于平凡过一生的。你的人生目标有很多, 一旦口袋有钱, 或是体面性感的新对象, 你就会忍不住心动起来。对你来说, 外遇最大的理由除了找刺激外, 你还想得到更多物质和精神的满足。你喜欢找一个和爱人个性完全不同的对象, 因为这样可以给你更大的成就感, 也可以满足你的性欲或者占有欲。

    选择 B: 你外遇的理由会让旁人跌破眼镜, 你认为自己是为了自由而外遇。你觉得生命就是一个个人化的过程, 在你眼中不是伴侣不够好才外遇的, 你觉得婚姻是荒唐的, 如果一纸婚书, 就要将个人后半生的恋爱和性自由也全数抵押掉, 你宁愿不要结婚。所以当你遇到不错的人，在天时地利又两情相悦的条件之下，你会偶尔出轨一下，你觉得这是让灵魂和肉体释放的一个好办法。

选择C：如果要问你外遇的理由，你会说现实生活压力太大，你快要承受不住了。你认为释放这种压力最好的办法就是偷情，做这种双人情色运动，能让你松弛身心，得到不一样的满足。你没想过要离婚，偷情也不是因为好色，纯粹是为了减压。

选择D：你会外遇最主要的原因是伴侣无法再给你爱的感觉。你向往的爱情是可以无时无刻地包围你的，如果你感到爱人没有以前浪漫体贴，也没有婚前对你那么关心了，你就会很失落。你很想重温这种感受，那么最方便快捷的办法就是去外面另起炉灶，享受被追求和被捧上天的滋味。

276 你会被第三者踢出局吗

◆ 情景测试 ▶

爱情里出现第三者，只有两个结局：你把她踢走，或者她把你踢走。如果你的爱情里出现第三者，会是怎样的结果呢？

在公共汽车上，你会选择以下哪一个位置坐？

A.坐在跟自己差不多年龄的同性旁

B.坐在漂亮的异性旁

C.坐在中年男人旁

D.坐在看似智慧的君子旁

◆ 完全解析 ▶

选择A：你对爱情幻想得很纯洁也很单纯，所以，你很可能一不留神，就被好朋友抢了自己的恋人。而且你在恋爱的战斗中，容易心软，往往被踢出局的就是你。

选择B：你向往白马王子、白雪公主的爱情故事，但现实常常没有你想的那么美好，你对现实生活也有很多不满。特别是面对自己的男友，你会给他很多要求。在恋爱争夺战中，你会稳守有利位置，作战力强。

信任是婚姻关系中两个人所共享的最重要特质，也是建立愉快的、成长的关系所不可短缺的。

选择 C：你是一个缺乏安全感的人。也许你现在已经有男友，可能你会很快跟对方分手。因为你会觉得他给不了你安全感，所以你想"另谋高就"。

选择 D：你喜欢将自己的恋人跟其他人比较。当你发现恋人不能给你安稳的生活时，就会看不起他。你是一个自信满满的人，但也有报复心理。如果你在恋爱战斗中被踢出局，你肯定会报复的，但由于你的个性过于好强，往往最后失败的还是你。

277 当艳遇送上门你会如何对待

情景测试

当艳遇送上门你会怎么对待？毫不考虑地享用还是理智的回绝呢？

你突然有一笔意外之财，它对你非常重要，把钱藏在房间的什么地方，你会觉得最安心呢？

A. 冰箱里　　　　　　　　　　B. 两本书之间
C. 抽屉里　　　　　　　　　　D. 画的后面

完全解析

选择 A：理性指数 ★★★★★★

你很清楚自己在做什么，玩归玩，但绝对不会误了正事。你遇上强烈吸引你的对象时，会很干脆地跳下去玩玩。但你却不会笨到去玩火，尝鲜后就会立刻回头。

选择 B：理性指数 ★★★★★

你是个坚持自己原则、洁身自爱的人，即使有艳遇送上门来，你嘴里仍会喊着"拒绝一夜情"。不过，你心底真正的潜在欲望可是比别人都来得强烈！

选择 C：理性指数 ★★★

你是一个很随性、跟着感觉走的人，当你遇上浪漫艳遇时，很快就能 high 在激情里。而当感觉没了时，你冷下来的速度也和投入的时间一样快。

选择 D：理性指数 ★

你的感情很丰富，一旦起了个头、沾上了边，就会慢慢地陷进去，甚至痴到无法自拔的地步。在遇上致命吸引力时，你会抛开一切飞蛾扑火。

278 你是否有外遇的可能

情景测试

你是否会对你们之间的感情保持始终如一的忠诚？保证一生都不会做出越轨的事情？即使外界的条件怎样诱惑你，你都不会做出对不起对方的事情？你想不想知道，骨子里的你，是否有外遇的可能？来做一下小测试吧。

239

当你在公园里散步时，看见一个长相不错的异性，坐在长椅上沉思，你会联想到什么呢？

A.你会仿佛没有看见一般，从他身边走过

B.你会想：他是一个人吗？是否在等人

C.你会想：他是否有烦恼？看起来好可怜

D.你会想：他一定是不受女人欢迎的大男人

·完全解析·

选择A：你不易有任何外遇，对目前的情人非常满意。想要你变心，除非你的情人与你之间的感情转变，同时又有优秀的异性追求。因为你的个性不易移情别恋，忠诚度非常高，所以在你结婚之前，你要确认一下你的他是否可靠。

选择B：你的爱情忠诚度非常不错，但是与答案A又有所不同，因为你比较善于观

疑神疑鬼，也是外遇的推手！

察别人，绝对不会把自己的爱情托付给一个不值得爱的人。你不仅有忠诚度，也懂得掌握幸福的婚姻，既体贴又善解人意。

选择C：你的答案里充满同情心，虽然忠于爱情，但也难免会因为同情心与多情而卷进一些与异性的是非之中，甚至会移情别恋。你是很好的朋友、情人、配偶，不过你太多情，一旦机会出现，就会让爱情的忠诚度大打折扣。

选择D：你的答案里虽然有许多防御之心，不过它却是来自潜意识里的好奇心。你对其他各种类型的异性好奇心还是很强。就算你很爱目前的情人，忠诚度很高，不过时间久了，爱情褪色时，机会来到，你是不会放过外遇机会的。

279 看鬼片测你的忠贞程度

·情景测试·

在你渴望对方对你忠贞的时候，也应该想想自己有没有做到这一点，那你的忠贞程度到底是什么样的呢？

假如你在看鬼片，你觉得鬼最有可能在哪里出现？

A.厕所　　　　B.电梯　　　　C.桌子底下

D.储物室　　　E.老板办公室

·完全解析·

选择A：忠贞度55%

你的忠诚程度来源于对方对你的态度，如果对方对你好，你肯定是万事好商量；如果对方对你有所保留，你当然也不会客气了。

选择B：忠贞度80%

你是一个忠诚的人，你一旦认定了就不会改变。当你认定一个人作为你的伴侣，你肯定会为他付出一切。

选择C：忠贞度30%

基本上你没有忠诚度可言，你是一个花心大萝卜。在爱情上，你一旦喜欢上新的异性，之前的那位肯定会变成"旧爱"了；对待工作你也是如此，如果正好工作上出现了什么困难，而外界又极力给你诱惑的时候，你就会难免犯错了。

选择D：忠贞度99%

你就是一个要吊死在一棵树上的人，你的伴侣和朋友遇到你真是他运气，因为现在这样的人很难找了。不过还是要劝告你，人心难测，千万不要给有心人利用了。

选择E：忠贞度20%

你是一个有着强烈的大男人或大女人倾向的人，你可能会对别人不忠诚，但你要求别人100%对你忠诚，所以凡是和你在一起的人都会感到莫大的压力。

280 测你婚后能否抵制诱惑

·情景测试·

现代都会生活诱惑越来越多了，而且都很危险，强度也越来越大。婚后你面对诱惑的时候，自制力会高吗，你能做到美色当前纹丝不动吗？快做一个小测试吧。

婚后要你这辈子负责做一件家事，你会选择哪一种？

A.洗马桶　　　　B.洗碗　　　　C.拖地　　　　D.倒垃圾

·完全解析·

选择A：你属于"超人"的级数。

你是一个恋家的人，所以任何诱惑都不可能使你动心。你只要安定下来决定结婚了，他就会断了那些情感的纷纷扰扰，任何诱惑对你来讲根本就是空气，完全看不见也没有感觉。因为你对家庭负责，为了家庭的和睦什么都可以放弃。

选择B：你属于"平凡人"的级数。

你是一个平凡人，所以诱惑来临的时候你也会有摇摆现象：总的来讲你是一个色大胆小的人，婚后遇到心动的异性还是会欣赏，甚至觉得如果对方主动一点，一夜情也是一个不错的选择，但给你机会行动的时候你也会有更多考虑的。

选择C：你属于"圣人"的级数。

你在面对任何诱惑时都用道德规范约束自己，在你看来，婚姻就是一纸神圣的契约，就算遇到诱惑时你也会不断告诉自己，"我已经结婚了"，并且想方设法地把自己在婚姻中的角色扮演好，任何诱惑都会忍痛不去接触。

选择 D：你属于"禽兽"的级数。

你的个性随缘，当遇到诱惑时你就会去行动了，你完全没想过去抵抗，也许婚后的你也每天在家里等着有没有诱惑从天上掉下来，当这个诱惑来了，你肯定是毫不犹豫地行动，你觉得错过了就不会再有了。

281 他为什么想离婚

◆ 情景测试 ▶

眼下离婚好像成了一件时髦事，是什么原因导致这种现象的发生呢？他为什么想离婚呢？做完下面的测试，答案就会揭晓。

假设你已婚，而你的配偶想和你离婚，你认为是什么因素造成他想和你离婚？

A. 他在外面有了外遇，爱上了别人

B. 经济上的问题

C. 彼此的人生价值观有明显不同

D. 觉得彼此已经没有吸引力，不想再爱下去

◆ 完全解析 ▶

选择 A：他是多情种子，经常难抑心中热情，需要寻找更多的爱情体验，或者结婚太多年，使他对你的吸引力感到乏味。要想挽留这样的丈夫，你应该给他更多的自由空间。但是如果你受不了一个花心伴侣，就赶快跟他说再见。

选择 B：为经济问题离婚，是离婚三大问题之一，你们的婚姻已亮起了红灯，他常常拒绝和你接近，有钱去招待朋友，也不愿邀请你，你成了他的累赘，他甚至不愿正视你，只有你赚到很多钱时，才有他的爱情。

家花没有野花香。

选择 C：他或许已经有了外遇，或随时准备外遇，你们的爱情正在触礁状态，可能他需要得到非常重要的东西，而你浑然不知；可能需要有人帮助他在事业上有所表展，或赚更多的钱，而你却无力帮他。赶快去满足他吧！否则赶快为自己分手后做些打算。

选择D：他是个浪漫的人，情调对他非常重要，他的外遇概率很高，为了挽留你的配偶，应当在生活中多制造相处乐趣及愉快气氛，你应当多为他而打扮自己，多穿他爱看的衣服，多说他喜欢听的甜言蜜语。

282 破镜重圆有戏吗

◆情景测试◆

分手里，总有一方会恋恋不舍，觉得你们是天生地设的一对，不明白你们为什么会分手，所以，总会提出"我们还可以做朋友"这样的问题。分手前两个非常熟悉的人，转眼间成为陌路人的TA，你们还能破镜重圆吗？

分手的时候，TA将过去的纪念品退还给你。仔细整理这个盒子的时候，你发现，有一样东西TA保存了起来没有退还给你，它是：

A.合影相片　　　B.首饰　　　　C.书　　　　D.明信片和信件

◆完全解析◆

选择A：TA很在乎和你在一起的甜蜜生活。你们分手的原因也许是分隔两地太久，也有可能是你长期忽略了TA内心的真实需要。TA性格的弱点在于无法忍受长期的寂寞。

选择B：TA重实际又爱面子，心中还有你。TA是个忠于婚姻家庭的人，你们分手的原因可能是得不到契约的保障。你为什么一再伤害TA的自尊，为什么迟迟不提结婚事宜呢？

选择C：TA是个追求精神生活甚于现实生活的人，不喜欢受到任何束缚，离开你也是很自然的事情。

选择D：在TA的内心深处，依然对你依依不舍，TA仍会时常记起你俩共同拥有的美好时光。如果你仍有心与TA重修旧好，赶紧去解开那些曾让TA伤透脑筋的误会吧，你们的复合率高得惊人！

283 从吃菜顺序看择偶观

◆情景测试◆

食欲和爱欲在心理学上有互为表里的关系，透过饮食行为，可以窥见一个人的爱情观。你想要先吃的第一道菜，反映你选择朋友的必备条件。

你到餐厅吃饭，服务员把你点的套餐一口气全都送上桌子。如果把用餐的礼仪顺序抛开一边，你会从哪一道吃起？

A.主食　　　B.肉　　　　C.汤　　　　D.色拉　　　　E.甜品

·完全解析·

选择 A：从主食先下手，表示你最在意男方的经济能力，对你而言，爱情就是经济上的安定。

选择 B. 你对男方的外表十分挑剔。五官不够俊的不行，个子不够高的不行……总而言之，你的他一定要能带得出去，和你走在一起不会丢你的脸才行。

选择 C：汤的作用，在给其他的菜色提味，这表示你的对象必须是博学多才的金头脑，既能当你的老师，又能给你安全感。

选择 D：生菜色拉是一道补给维生素、增加饱足感的菜。选择先吃这道菜的你，属意具有包容力的男性，像你这种类型的人，通常依赖心理比较强。

选择 E：甜点在餐桌上具有最佳的华丽装饰效果，先吃甜点的你，最在意异性的品位。对方即使长得很抱歉，如果懂得穿出自己的品位，仍旧得到你的青睐。

第十五章
"性福"曝光：揭开"性"的神秘面纱

284 他是不是想跟你做爱

·情景测试·

交往了一段时间后，你是不是觉得他有点跟以前不一样了？想了解他的小心思，让他做一个测试吧。

你自认是一个无敌摔跤选手，竞赛场上高挂的那条冠军腰带让你充满了斗志，你很想赢得它。这里有四位选手，你希望哪一个是你下一场比赛的对手呢？

A.力气不大，但技巧很好的选手

B.善于从柱子上跳下来攻击对方的蒙面选手

C.很会违规偷偷使用凶器的选手

D.肌肉结实、夸张的大力选手

·完全解析·

选择A：在想和你做爱的时候，你的他会变得十分温柔。这个时候他的笑容不但会特别多，而且还很温柔、灿烂。同时，他的嘴里会冒出一些他平常不会出口的甜言蜜语。不用怀疑，这就是他想做爱的语言。下次当你感觉到他异常温柔，而你的情绪也高涨时，直接告诉他你也想要，他会非常高兴的！

选择B：空中杀技是在没有预警下使出的招数。你的他选的是擅长这种技巧，而且还蒙面的对手，说明他在想和你做爱时，没有什么特定的表现，让你无法判断他是不是想要。他也许会一下子变得很温柔，也许会突然吞吞吐吐……反正都不确定。不过，也不是绝对无迹可寻，只要你平时多注意观察他，一旦发现他有什么反常，应该就会发现他想要传达给你的语言了。独处时，当你觉得他有些坐立难安、有点怪，但是又不知道哪儿不对劲时就要注意了，这可能就是讯息呢！

选择C：他想和你做爱的时候不会用什么手段，也不会用肢体语言表现。不过，他也不会直接告诉你说他想要。你们每次做爱，是不是都在一顿大餐或一场电影的约会之后？这是因为他想和你做爱时，不会直说，而是会通过事、物慢慢向前推进，让自己达成目的。如果哪天他突然送你个小礼物，或是刻意带你去享用你喜欢的美味，就不要怀疑了，那可就是他发出的讯息。

选择D：一般来说，他是一个直来直往的人，不会兜圈子。如果他想和你做爱，会很明显，让你一眼就可以看出来。他常常会直接拥抱你、亲你、抚摸你，偶尔还会坦率地跟你说："我们做爱吧！""我现在想和你做爱耶！"这种做法说不上好与不好，反正你的他绝对是个开朗、没心机的人，属于大而化之型的。这样的他堪称完美，唯一的遗憾，就是少了点儿细腻的感觉。

285 你如何看待性爱

情景测试

古语有云，"食色，性也"，性爱在生活中的重要地位不言而喻。在你的内心深处，是如何看待性爱的呢？又怀有什么样的幻想？想知道的话就来测试一下吧。你的卧室正在装修，正对着柔软大床的墙面还缺一幅装饰画来渲染气氛。你会选择什么类型的挂画呢？

A. 自然风景类　　　B. 栩栩如生的动物　　　C. 人体画　　　D. 不规则图形

完全解析

选择A：性格温顺，清新纯情，十分渴求自己被爱、被保护，被拥抱入怀，被轻轻抚摸，总而言之就是被动透顶啦。所以，在做爱时，你较喜欢正常体位，只有于他怀里仰视其刚毅的轮廓和淋漓的汗水，你才能感到安全，获得幸福感。若情人希望尝试新的体位，你总是感到害羞，行动扭捏不安，也不肯主动配合。另外，你有性爱洁癖，坚持不在彼此的居室以外的地方做爱，也拒绝在床和沙发以外的地方做爱，而且你还会逼着对方在激情之前洗浴，这才能让你放心，共赴最佳状态。

选择B：性情狂野不羁，喜欢寻求野性的征服或被征服的刺激。做爱时，你时而像猛狮，在房间里与他玩起疯狂追逐的游戏，浴缸、厨房、过道甚至是壁橱都留下你们翻云覆雨的身影，你贪恋着一种狂野的享受；你时而又像温顺的绵羊，娇弱地蜷缩在沙发一角，温柔地引诱他的进攻，在他粗重的动作中体会力感的神奇。不管是征服还是被征服，都会给你带来无限的快感。

选择C：浪漫唯美。在你眼里，人体本身便是一幅精美绝伦的姿体画。爱美是人的本性，在每一次打开对方身体之前，你都会细细地欣赏他起伏有致、健康俊美的身体。你喜欢在他光洁的身体上涂上红酒、放点儿小水果，甚至是用菜肴涂抹出凌乱的图案，而后再俯身抚摸、亲吻，这是你最擅长的前奏。同时，你也把握着主动权，在做爱过程中，只有按你的方式来释放激情，你才能真切地感受到快乐。

选择D：你有着丰富的想象力，精力十足，好奇心重。性爱影碟，或是从其他途径上获知的各种做爱姿势和技巧，你总会跃跃欲试，渴望新的感受，这一类尝试本身就给了你极大的刺激。你常常坐在他的怀里，将自己搜集而来的图片一张张展示给他看，大胆地要求他与你配合。你是将"性"福洋溢到极致的女子，不断变换着花式，只求挖掘深处的快乐。

286 测测他的情欲

情景测试

在爱情的国度里，男人和女人来自不同世界，亲密关系的维系要用心体会，别说你不懂，你的男人事实上已经把他的情欲潜意识透露给你。

每一个男人在他内心深处，都有着令他兴奋的"激情幻想"，特别是在服装上的诱惑，那可是会引爆他内心最原始的冲动。

他对什么服装最容易产生"性幻想"？

A. 黑色的蕾丝内衣裤　　　　　B. 透明的贴身衣服

C. 性感的迷你短裙　　　　　　D. 勾勒乳沟的低胸服装

E. 偷窥女子的内在美

完全解析

选择A：他是个渴望能征服情人的男人，对性充满着激情的期待，希望让对方不仅充分满足之外，还对他有着英雄式的崇拜，并且盼望他能再一次占有她。

选择B：他是个对"性"依然有着浪漫情怀的男人。在爱的基础下温柔深情的彼此拥有，这种感觉是他最期盼的。

选择C：他喜欢尝试各种"不可能的任务"，尤其是当他遇到他无法拥有的女子时，他更是会积极追求，希望能有进一步发展。对于各种新恋情，渴望去尝"鲜"。

选择D：他有着传统男人的优点和缺点，喜欢稳定又安心的情人，和一份"习惯性"、"模式化"的性爱；另一方面，又极度渴望自己能"脱轨"，产生一些不一样的激情。

选择E：他容易压抑自己的性欲，对自己的"期望"很高，因此，压力也相对大了许多。在情人或老婆面前，他希望能表现出最好的"战况"。

287 你会是性冷淡吗

情景测试

下文提供的测试仅供参考，不能作为诊断疾病依据。

下午茶是都会人的饮食习惯，当你站在糕饼台前，看到各色各样的美食，你的第一盘会是以下哪种？

A. 装满满一盘　　B. 七分满　　　C. 半盘　　　　D. 少少一些

完全解析

选择A：你性欲望非常强烈，或许别人从你的外表下无法看出你的执着，但是事实上性爱对你来说就像吃饭喝水那样不可缺少。当你初尝双人床上游戏后，你就迷恋上那种销魂的美妙滋味，热衷于性爱。你乐于尝试各种新招式，所以一般情况下来说，你是不容易性冷淡的，不过有时做爱过于频繁，你的体力消耗过多，才有可能出现性冷淡。性冷淡概率15%。

选择B：即使是床上运动，你也信奉中庸之道，不会过犹不及，和你恋爱或是做爱，你都控制得恰到好处，不冒险也不失情趣，不油嘴滑舌，但总是非常贴心，让伴侣身心都舒爽。你的个人表现大都在水准之上，除非天不从人愿，床边人是不解风情的对象，外加在"办事"时念念鸡毛蒜皮的小事，弄得你"性致"全无，才会让热情的你，在床上熄火。性冷淡概率30%。

选择C：你的性欲不强。你对这方面还是有点洁癖情结，不过好在你并没有中毒太深，当情欲来袭时，你还是会在时地人都配合的前提下做爱，因为你还是很在乎正当"性"的。如果这些条件有一项不合，你就会浑身不对劲。建议你放宽心，适时放纵一下，尝试其他体位，或是换换做爱地点，为已陷入僵化的性生活注入新的激情。性冷淡概率55%。

选择D：你是个小心翼翼的人，对"性"更是如此，不容易放开自己，因此本来就不容易完全解放，尽情享受到性的欢愉，如果又不小心遇上不够温柔体贴的对象，对你的床上表现出言埋怨，或是表情和肢体有所嫌恶的暗示，就会在你心中形成巨大阴影，让原本"爱做"的事情变成"做不爱做"的事情，变成冷淡一族啦。性冷淡概率70%。

288 路边小猫测试你的性能力

·情景测试·

你是不是有想知道自己的性能力的欲望，却不知道该从何下手呢？这个测试可以帮你！

在冷冰冰的街角，有一篮漂亮小猫被遗弃。他们虽然毛色七彩斑斓，活泼可爱，但却无人领养。如果你是好心人，你会收养哪一只小猫呢？

A. 色彩斑斓的小猫　　　　　B. 鲜黄色的小猫
C. 黑白色的小猫　　　　　　D. 纯黑色的小猫
E. 虎纹小猫　　　　　　　　F. 白色小猫

·完全解析·

选择A：性能力指数★★★★★

性感而色彩斑斓的小猫，代表了性能力十分活跃，而且对性要求很高，男性测试者选中此猫，多是对胸部丰满的女郎有特殊迷恋的人。

选择B：性能力指数★★★★

鲜黄色的小猫，代表了好奇而对性又未有足够经验的人。多数是年轻人，所以性能力也十分强，年纪稍长，会是很好的性伴侣。

选择C：性能力指数★★★

黑白色的小猫，代表了对性伴侣甚为花心的人，性能力只是普通，但却时刻希望转换对手。幸好调情能力甚佳，深得伴侣喜爱。

选择D：性能力指数★★★★

纯黑色的小猫，神秘而迷人，所以就算性能力只是一般，也能叫人倾倒。不过容易沉迷在性爱之中，不能自拔。

选择E：性能力指数★★★★★

虎纹小猫，代表性能力过盛，极为野性的人，对性时时刻刻都有需要，喜欢粗鲁的方式，使伴侣很感吃力，所以选到此猫，要多考虑对方感受。

选择F：性能力指数★★★

纯情的白色小猫，代表可爱兼温柔的人，喜欢由爱而开始的性关系，特别需要对方的呵护，所以对性要求不高，性能力较弱一点。

289 从画看性欲态度

情景测试

《蒙娜丽莎的微笑》这幅画可以说是举世闻名，但你能想象出，如果蒙娜丽莎是裸足坐在椅子上会是什么姿势呢？请你选出一种最为接近你想象的坐姿，来测知你对性的欲求态度吧！

A. 双腿双脚张开　　　　　　　B. 只有一只脚弯曲

C. 双腿双脚并拢　　　　　　　D. 双脚交叠

完全解析

选择A：双腿双脚张开

男人：喜欢探险，也非常向往冒险，但真正遇到突发事件时，勇气又有些不够。性子比较直，朋友大都认为你个性耿直，可一旦尝过婚外情的滋味后，可能会发生彻底的改变。在性方面，你虽然喜欢性幻想，但在这方面却不见得很强哟。

女人：个性非常独立，不喜欢被束缚，尤其是来自男人的束缚，非常希望可以自在地安排自己的生活。这种女性内心渴望和各种类型的男性在一起，体验爱情的乐趣。选择这一项的女性，对任何的人或者事物，一般不会喜欢很久就会厌倦，需要不断有新鲜的事物来使自己保持活力和热情。

选择B：只有一只脚弯曲

男人：喜欢和年纪大于自己的女性交往，或者和可以忍受自己的任性、包容自己的女性在一起。这种男性非常关心性，觉得性在男女关系中的地位不可取代。这类男性对平凡的事物并不满足，工作上的失败多因为女性，所以一定要多加小心！

女人：有很强的性欲。通常这种类型的女性在遇到突发事件或者某些变故时会有些不知所措，没有什么切实的好办法付诸行动，或者会因为没能更好地掌握时机而异常焦躁。一旦冲动或是为了自暴自弃，很可能会被举止不合常理的男人所骗，一定要多加提防。

选择C：双腿双脚并拢

男人：选这一项的男性对不解人事的花季少女不感兴趣，却希望能和年纪比自己大的有成熟韵味的女性在一起。这种类型的男性不太关心性，认为性在男女交往中并不怎么重要。另外，这种男人非常重视柏拉图式的精神恋爱，因此对于性，有时或许会不经意地产生自卑感。

女人：这种类型的女性大多属于贤妻良母型，做事认真踏实，没有冒险心。并不是对性没有欲求，也不是对男性毫不关心，只是一直所受的教育让自己对"性"羞于启齿，因此在碰到心仪之人提出共度良宵的建议时，最终会表现得较为理性。但是，一旦遭到背叛时，这种类型的女性所受到的伤害会超过别的人。

选择D：双脚交叠

男人：这种类型的男性做事细心、行事谨慎，有着的较强自尊心。喜欢比较理想的女性，建议这种男人在遇到自己心仪之人时，一定要有信心，不要错失良机。虽然你在性方面的表现不算高明，也会积极配合对方。

女人：对男性比较关心，情欲也比较强。讨厌陈腐庸俗的恋爱，喜欢冒险。这种类型的女性喜欢惊喜、刺激，有时候憧憬能和各种男人发生恋情，或是追求危险的恋爱，所以，这种女人可是极易发生婚外情或是充当第三者的。

290 你的性心理健康吗

◄情景测试►

你的性心理是否健康呢？这个测试就告诉你答案哦。

下面的条款里，看看你能符合多少项。

1. 你不会用性惩罚来处理夫妻间的矛盾，你知道那样会让你们的关系变得更加糟糕。

2. 怀孕时，你不会无知地认为不再能和丈夫过性生活了。你会在医生的指导下，选择安全而有效的性活动方式。

3. 你会以平常心看待自慰，并觉得那是女人了解自己，探索自己身体的很好方式。让那些"自慰有害论"见鬼去吧。

4. 如果你今天身体不适，你会坦然地告诉丈夫：亲爱的，我不想做。

5. 你没有性冷淡，你讨厌某些动辄说女人"性冷淡"的理论。

6. 你热爱性，总是把它看成通往天堂之路的快乐之源，试想想，如果没有男欢女爱，即使最丰饶的生命又显得多么贫瘠。

7. 你不会纵欲，任何时候，都需要性的清教精神，因为纵欲的后果是对爱情的轻视，而没有爱情附丽的性，只是一团肉欲之火。

8. 你不把性当成解决夫妻矛盾的手段，因为你知道有时候，吵架后可能会有激情的性爱，但更深层次的问题被掩盖了。

9. 你不会为了防止丈夫有外遇，用频繁的性要求分散丈夫的精力，因为你知道这样只会加深丈夫的反感之心。

10. 孩子看见你们在做爱，你会告诉他：小宝贝，爸爸妈妈在做一个很好玩的游戏，性教育之路由此起步。

11. 丈夫有了外遇，伤心欲绝之时，你不会用选择和另一个男人发生性关系的方式来报复他。

12. 他突然有了器质性的困难，你却在兴头上，这时你会巧妙地安慰他，绝不会加重他的负疚心。

完全解析

如果你符合 6 项以上，说明你的性心理健康达到了"小康"标准，如果你符合 6 ~ 10 项，说明你的性心理健康达到了"中产"标准，如果你符合 10 项以上，说明你的性心理健康达到了"贵族"标准。

291 你的性生活会出问题吗

情景测试

追求感情生活、认识心仪对象的方法，随着时代的前进而不断翻新花样。有些人非常大胆，进攻方式超乎你的想象。如果你遇到一位美妙绝伦的女子或一位风流潇洒的男性，经常对你示威挑逗，想认识你，你是否会给他机会呢？你将采取何种态度来对他呢？这将能测试出你婚后的性生活是否会出现问题。

A. 认为他无理取闹，因而不理不睬。

B. 终于忍不住找他好好谈一谈，晓以一番大义。

C. 以其人之道还治其人之身，用他的方法对他示威挑逗。

D. 骂他是疯子，然后便转身离去。

E. 一边嫌他恶心，一边观察他的行为，充满好奇心。

完全解析

选择 A：你是非常传统保守的人，性爱方式相当落伍，性伴侣不易开启你的热情。你可能因为责任的关系，在婚后应付你的配偶，但是过于传统和保守，使你无意了解或尝试任何性爱技巧。所谓的性冷感，你当之无愧，小心后悔！

选择 B：无论在婚后遇到何种情况，你都有办法改进你的性生活。你有相当好的适应能力，无论性伴侣有任何怪异要求，都可以得到你的谅解，并且尽力配合，使双方都能有美满的性生活。

选择C：你有出奇制胜的点子，开放与大胆正是你性生活的写照。你对"性"有浓厚的兴趣，因此无法安于保守的性生活。婚后的你难免不安于室，外遇机会多，而且很能享受性爱的乐趣。

选择D：在性生活上，你自命清高，不能接受热情的调情。你的性生活一向采取有板有眼的方式，有多少人能适应你，这才是严重的问题。切记不要苛责别人的爱情与性，以免显得自己太古怪。

选择E：你是个绝对闷骚型的人物，外表有令人敬仰的道德观，骨子里却风骚得一塌糊涂。你能够享受性生活，但有很多奇异的性幻想。婚后的你若有外遇将非常隐蔽，若无外遇则是精神出轨型，是自恋情结式的性生活。

292 你对做爱地点的接受度如何

·情景测试·

你今天和他约会，到了中午，你们俩肚子都饿了，经过商量决定去吃带点辣味的牛肉面。附近有几家地道的面馆，最后你们会选择哪一家呢？

A.有名、好吃，但店面狭小，而且生意太好，要站着吃

B.牛肉面好吃得不得了的便当店

C.装潢豪华、干净、漂亮的牛肉面店

D.辣得过瘾的传统牛肉面馆

·完全解析·

选择A：你不会挑剔做爱地点。你认为做爱最重要的是两个人的感觉，所以不会为了追求刺激而选择地点，一切顺其自然。但是如果硬要你在感觉很不好的地方，或是有可能会被人看见的地方做爱的话，你一定想都不想就拒绝的。

选择B：你的性经验还不是很丰富，也就因为这样，如果不是在你的房间或是他的房间这类比较熟悉、能让你心情放松、有安全感的地方，你就完全没有做爱的欲望。你认为做爱一定要先淋浴，然后在浪漫的气氛下相互拥抱，进而接吻、爱抚……对不对呀？因为你是一个非常重视做爱过程的人。

选择C：你是属于超浪漫派的。不管你有多兴奋，要你在脏兮兮的小房间，或是便宜的三流旅馆里做爱，你可是绝对不会同意的。怎么说呢？虽然你很兴奋，但是你的热情是需要美美的环境配合的，如果不是在很漂亮、很浪漫的地方的话，你可是一点做爱的兴致都没有。换言之，这也意味着只要是在像五星级饭店那样的地方，不管多刺激的爱你都能做，也都能给他配合呢。

选择D：你是有一点点变态的人，如果在一般正常的地方做爱，是绝对燃不起你的热情的。如果能在刺激、惊险的地方做爱的话，绝对可以让你得到百分百的满足。唯一遗憾的是，要找到能配合你的男性交往，可能就没那么容易了！

293 你现在的性趣如何

·情景测试·

觉得性的话题难以开口？不如做个测试，既可以为你答疑解惑，又可以保密，因为结果只有你自己知道。

有一辆跑车停在草原上，请想象这画面中的角色正在做什么？

A. 情侣正躺在树荫下相互拥抱着

B. 男人独自来此，因为风景优美，所以停车拍照

C. 女人为忘记不愉快，来这儿散心，正捡起小石头投向水里

D. 男女四人的小团体来这儿露营，正准备架帐篷并准备食物

·完全解析·

选择 A：强烈期待着罗曼史，特别是来自心仪对象的甜蜜诱惑。如果你正在热恋中，你会想更进一步，或一起旅行，或看完电影到饭店休息，此时的你，性欲正浓！

选择 B：你工作第一，所以可能令异性失望或厌恶。而且你对恋爱感到失望，认为性是不洁的，也许在你心里潜藏了虐待狂的性格，所以当你见到别人因你困惑，或被你虐待时，反而很容易感到愉悦。又因好忌妒，所以当见到自己喜欢的人很温柔地对待别人，就会忌妒得受不了。

选择 C：你富冒险心，有强烈欲望想从事大胆的事让周遭的人大吃一惊。但是过于哗众取宠或精力过于旺盛，很可能招致麻烦或失败。对性的欲求不满，已濒临爆发的边缘。

选择 D：这时的你正渴望着与朋友好好地疯狂作乐，生活一旦变得单调乏味便无法忍受，所以你宁愿与一伙人快乐地玩在一起，也不愿一对一来往。

294 你需要怎样的性与爱

·情景测试·

人在睡觉的时候，是最不设防的，睡姿就能体现出内心最真实的需要，对于性也是如此。睡眠时你的姿势是：

A. 两手呈祷告状　　　　　　　B. 手放在头发或头附近

C. 手握盖被　　　　　　　　　D. 手放在大腿上

E. 以上皆不是

·完全解析·

选择 A：这是对同性感兴趣的姿势。

选择 B：这是具有强烈烦恼的姿势，显示你对自己没有信心。恋爱方面，也非常胆小。另外，好奇心强烈的人也以这种姿势居多，在无意识之中会自然地保护头部。

选择 C：你内心深处对异性有强烈警戒心，认为性是下流的。恋爱方面，谈一场精神恋爱，才是你心目中的理想爱情模式。

选择 D：意喻着你在性方面欲求不满，因常常想又无法如己所愿，所以也常会梦见自己和所憧憬的人约会。

选择 E：对性的兴趣普通，日常生活中，你的性格比较温和，没有特别烦恼或忧虑的事情。

295 打开性之门的钥匙

情景测试

在性生活中，你是脚踏实地型，还是浪漫情调型，或是积极挑战型？要想知道自己的类型，就请开始下面的测试。

请想象有一个小屋。请试着在脑海中想象这栋小屋的大门钥匙。打开这栋小屋大门的钥匙是什么样的形状？请从 A ~ E 的钥匙中挑选一把最接近你的想象的钥匙。

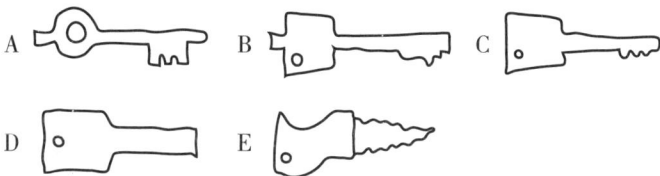

完全解析

A 钥匙：不会无理强求或表现过大的欲望，渴望能脚踏实地、按部就班地向前努力的类型。

对于性也是不去冒险的老实人。即使有另一个邂逅的机会，也会因胆怯而不敢积极采取行动。

B 钥匙：追求浪漫情调的人。为所爱的人奉献自己，凡事站在对方的立场为对方思考的温和类型。

内心充满着怀念过去爱的经历或已经结束的恋情。喜欢身材苗条的对象。

重视二人独处的情调或感情胜于性爱的类型。

C 钥匙：具有行动力、不服输的性格。积极地向新事物挑战的类型。

在性方面也是积极而强烈，平凡的恋爱方式无法获得满足，也是热情高涨的人。但是，很可能变成过于执着或纠缠不休。

D 钥匙：对工作或赚钱充满着欲望，会标榜自己远大的目标而采取行动的类型。目前处于积极地向新事物挑战的状态。

这种类型的人渴望拥有另一个恋爱故事的意愿也极为强烈。

E钥匙：因欲求不满而心浮气躁或感到强烈不满的人。反抗心强、个性有些扭曲。缺乏坦率接受对方忠告的坦荡心胸。

这种类型的人对性也经常抱有强度的焦躁感。追求不平凡或变态的性爱，也常有外遇的念头。

296 你心中的婚姻与性的关系如何

情景测试

在你的心中，婚姻与性有着什么样的关联呢？谁处于更重要的位置呢？完成下面的测试，就会给你一个明确的答案。

假设你是一个保险公司的职员，一天就要下班的时候，你的顶头上司——一个年轻有为的男性主管，他说有两张票，邀请你有空一起去。这个英俊潇洒又年轻能干的主管是你仰慕已久的对象。所以你满口应承，连声说好。那么，这时你来猜测一下这位上司手中持的会是两张什么票呢？

A.摇滚音乐会票　B.游园票　　　　C.电影票　　　D.服装秀票

完全解析

选择A：你在生活中追求刺激与冒险，在婚姻中你似乎只追求性的愉悦。因此，你很有可能与多名男性发生性关系。对于家庭你似乎并不热衷。你是否时常出入于容易被骚扰的场所？或者主动与男性搭讪？这种行为的危险性在于到了你失去魅力的时候，也同时失去了拥有家庭的资格。

选择B：你的婚姻往往因为性而趋于危机。你似乎不太追求性的价值。简而言之，属于晚熟型。即便确定了婚姻关系，也不乐意发生性关系，结果往往被抛弃。也许你因为性而受到过精神创伤。要认清性与爱的关系，无性的爱不能长久，无爱的性不能接受。

选择C：你很可能会发生婚前的性关系，因为你认为性是证明爱的手段，或者是与他进行交流的一种方式。所以，你开始不会草率地与某个人发生肉体关系！但是，一旦认定就觉得性是增进感情的一种必要方式。如果你没有认识男性的眼光，即便你自以为是爱的证明，对方也会认为你不过是一个便宜品。所以付出前一定要把眼睛放亮一些。别把你的一生交给一个不懂得珍惜的男人！

选择D：你的观念需要马上改变，你的这种观念是受到了中西方文化的双重影响。就开放的一面来讲，你似乎只当性是吸引男性的唯一工具。为了让意中人眷顾自己，或者为了让他买给你想要的东西，你是否总希望通过性得到回报？就保守的东方观念来讲，你又认为男人一旦与你有了关系，自己可以为所欲为了，而且你同时也会非常忠贞地对待你的爱人。

297 女性自测性功能障碍

·情景测试·

据统计，女性性功能障碍的发生率在 35% ~ 60% 之间，其中以性欲低下和性高潮功能减退最为普遍。那么你有性功能障碍吗？做完下面的测试即可得知。每题只需回答"是"或"否"。

1. 对性没有兴趣，总是丈夫主动要求。

2. 持续性地对性生活产生心理上的憎恶感。

3. 在性接触时总是不会产生正常的性兴奋反应，阴道总是干涩的，从未肿胀或湿润过。

4. 从来没有获得强烈的性快感和性满足。

5. 性交时感到疼痛。

6. 性交时阴道发生痉挛。

·计分方法·

答"是"得 1 分，答"否"得 0 分。汇总得分。

·完全解析·

4 ~ 6 分：你肯定具有性功能障碍，应尽快调节自己的心理，到医生处咨询。

2 ~ 3 分：你可能有性功能障碍，应调节自己的心理。

0 ~ 1 分：你的性功能正常，可以安心享受性生活带来的乐趣。

298 脱衣习惯看性态度

·情景测试·

一个人脱衣的方式，可以显露出他们的性格。这套理论，可以用于测试你的性爱态度。

你的脱衣习惯是怎么样的？

A. 一进门或寝室，便迫不及待把鞋子踢掉

B. 把衣服脱去之后，散放在屋子每一个角落，逐一收拾

C. 脱衣服时整齐而有条理，并且把每一件衣服折好或挂起

D. 脱衣的方式并无一定的模式或程序，次次都不同

·完全解析·

选择 A：你带着梦想并且浪漫天真，你心地善良，对人包容兼疏爽，对待爱情

是重量不重质，喜欢别人对你甜言蜜语。你的思维方式很思古怪，经常做出别人难以想象的事情来，比如在床上时会突如其来地做出一些奇怪动作，吓人一跳。

选择B：你是一个事业心很重的人，但由于你的性格过于火爆，而且性方面也不够成熟，每当听到别人讲荤笑话，你就会蹙眉不悦。对性事你也采取排斥态度，你这种人基本没有性爱技巧可言。

选择C：你是一个率直的开门见山的人，你没有主见，别人说什么你也跟着说，身边朋友想去哪里，想做什么，你一律奉陪。说好听你就是一个随和的人，说难听点你就是一个跟屁虫。其实你大可以表达出自己的意愿来，比方在性生活上有些什么要求，不妨说出来。

选择D：你是一个知性的人，可以在肉体与精神间保持平衡。你喜欢活力四射的东西，对于那些有强烈生命力的人和事都显得特别有兴趣，视改变为人生动感之源。也许别人觉得你是一个四平八稳的人，但在性爱路上却多迷惑，易做出越轨的事。

299 你现在"性福"吗

情景测试

你现在"性福"吗？你在享受"性福"的时候，了解对方的感受吗？请做下面的测试。

到了西餐厅，点餐后，冒热气的牛（猪、鸡）排端上桌来，可以开始享用了，拿着刀叉的你，请观察自己或别人是如何下手切割的，然后再开始享用美味。

A.从中间切成两半，向两边分吃

B.从右边开始切，吃一块再分切其他

C.从左边开始切，吃一块再分切其他

D.先全部切完，再一块块吃

完全解析

选择A：在两人的性爱关系中，这种人常常都是享受的一方，以自己舒服为第一优先。事前事后的相关"动作"都少得可怜，中间也只顾着自己不会在意伴侣到底是否快乐，办完事就会翻个身就又睡着了；要是单身的人，还会急急忙忙穿衣回家，连给对方一个拥抱都很吝啬。

选择B：这是个温柔的对象，在享受两人的肉体欢娱时，他（她）关心伴侣"性"不"性"福。这种人会愿意顺从各种姿势，或是穿性感内衣，来满足伴侣，达到灵肉合一的快感。

选择C：这种人对性的要求不高，对性的想法也很单纯，不会想得太多，有时兴趣来了，也会罗曼蒂克起来，来个床前的烛光晚餐等；但有时也是草草了事，不过也不是故意这么做的，所以这类伴侣的"性福"指数，就是忽高忽低的。

选择D：这类人看似平常，可实际上占有欲很强，对于爱情与性，也都占有欲强烈，所以在床上，他（她）会尽全力来讨好对方，用这些招数努力来套牢爱人，让爱人无力再外出偷吃。卖力的背后，是为了满足自我的占有欲。

300 你了解爱人的需求信号吗

·情景测试·

两个人的"性福"之路已经走了很远，那你知道你爱人的需求信号吗？当他（她）向你暗示的时候，你能很敏感地体会到吗？想知道答案就请做下面的测试吧。

号称"印度国食"的咖喱食物，特殊的口味让人难忘。如果到咖喱店，不常吃咖喱的你会选哪种口味来尝试？要是你的他（她）是个正宗的咖喱迷，就选他（她）平常最常吃的口味吧！

A. 鸡肉或其他肉类口味　　　　B. 超辣口味

C. 蔬菜口味　　　　　　　　　D. 海鲜口味

·完全解析·

选择 A：当他或她想要做爱时，就会比往常殷勤，例如接送对方上下班、做家务，或是送花等礼物，态度也比平日温柔许多，不过天下没有白拿的礼物，爱人做这些举动，都是为了让你甘愿和他（她）亲热。

选择 B：他（她）的性暗示，都是很明快的，例如主动建议看些有亲热场面的片子，或是告诉你他（她）又买了新内衣裤，要是你还是听不懂，他（她）也懒得再暗示什么。

了解需求，并给予适当安慰。

选择 C：这种人想做那种事时，是死也不会开口说什么，不过仔细观察，还是能看出一些蛛丝马迹，因为他（她）行为会变得怪异，对你忽冷忽热，有时还会痴痴望着你半天，或是在浴室待的时间比往常多很多，这些都是暗示，要是你不明白，他（她）就生闷气，行为会更怪。

选择 D：你的爱人想做爱时，会单刀直入，暗号就是一直黏着你，会用肢体不断碰触你，如抚弄你的手掌，爱抚你躯体的某些部位，还带着色色的笑容，只差没明白说出"快来做吧"的字眼了！

下 篇

200 个心理游戏

第一章
揭开假面：发现未知的自己

1 看清自我游戏

·游戏目的·

检测你是如何看待自己的。

·游戏准备·

人数：不限。

时间：不限。

场地：室内。

材料：白纸、笔。

·游戏步骤·

1.给每人一张白纸，把纸纵向均匀地折叠成四部分，形成比"川"字还多一竖的折痕。

2.在第一列把以下各项一一写出，身高、体重、相貌、文化程度、性别、性格、人际关系、职业、配偶、家庭、收入、爱好、住宅面积、理想抱负……

3.在第二列的上方从左至右写上：真实的我、理想的我、别人眼中的我。

4.按照刚才列出的条目在第三列和第四列填上答案。具体填法有两种：

一种是竖填，也就是说，先一鼓作气地填出真实的自己的情况。比如你是一位男士，身高172厘米，体重65公斤，相貌中等，文化程度是大专……填完了第一竖列，你的大致情况就勾勒出来了。

然后再填右边的那一栏，就是"理想的我"，建议你也一气呵成。期望自己怎样，就大大方方地写出来，不必担忧它是否可行。比如身高，你希望自己高大如NBA球星，不妨就写个198厘米，还觉得不过瘾，填上222厘米也无妨。如果一个女士期望窈窕如模特，也可以大胆设想身高175厘米，体重48公斤。至于相貌，可大笔一挥写上"刘德华"或"凯瑟琳·赫本"。总而言之，你怎样想，就老老实实写出来。照此接着填第三栏。

另一种方法就是横填，将真实的我、理想的我、别人眼中的我三项对照着填。

 **游戏心理分析**

做完这个游戏，你会发现，我们每个人对自己的评价和自己的理想之间，竟有那么大的差距。95% 以上的人都嫌自己的个子不够高，太胖或太瘦，相貌不够俊秀，出身不是名门望族……归根到底一句话——世上有一些事情可以改变，也有一些事情不能选择。

一个敢于真正面对自我的人，才能冷静清晰地直面自己的缺点和优点，才能将自己真实的一面展示出来。这其实是一种心理态度，也是一个人的个人态度。态度是人们对某一种事物的评价和准备行动的心理倾向，含有认知、情感以及意向等方面。坦白面对自己的人，必定是一个敢于面对生活的人。

2 形象卡

游戏目的

使人们互相分享对彼此的看法。

游戏准备

人数：不限。
时间：20 分钟。
场地：室内。
材料：每人 1 张白纸卡片、1 支笔。

游戏步骤

1. 将人们分成 8 人一组，每个小组围成一圈。

2. 每个成员将自己的姓名写在卡片上，并画出自己印象最深的一幅图画。

3. 将卡片交给自己旁边的人，这样，每人拿着的就是另一成员的卡片。

你的形象，和你心中你的形象。

4. 拿到别人的卡片后，请在卡片上填写自己对留名人的第一印象。

5. 将填完的卡交给另一人填写，以此类推。

6. 将填满的卡片交到主持人手上。

7. 收集齐所有卡片后，主持人再发回留名人本人。给大家 4 分钟时间看卡片，然后展开讨论。

 **游戏心理分析**

每个人对自己的形象都有认知。形象，是人们的第一张名片。它是你给别人的

第一感觉。通过这个游戏，我们对自己的形象可以有一个深切的了解。形象虽然是外在的一种因素，但是，良好的形象会给人一种积极的心理暗示。这种积极的因素会在人们的脑海中产生一些现成的信息，这也是一种提示，无形中会夺走人们的判断力，这种形象指引会无形中对人们的思维形成一定的导向。

所以一个人的形象对自己来说很重要。形象是你的一个品牌，不要毁了自己的名片。

3 猜猜我是谁

游戏目的

训练人们熟练使用封闭式问题的能力，利用所获取的信息缩小范围，从而达到最终目的。

游戏准备

人数：20人左右。

时间：30分钟。

场地：不限。

材料：四项写有名人名字的高帽。

游戏步骤

1. 横着摆放四把椅子，将人们分成4组。

2. 每组选一名代表扮演一位名人坐在椅子上，面对小组的队员们。

3. 主持人给坐椅子上的每一位名人戴上写有名人名字的高帽。名人的名字可以任意选择。

4. 每组的组员除了坐在椅子上的人不知道自己是什么名人外，其他人都知道，但谁都不能直接说出来。

5. 从第一个戴着写有名人名字帽子的参与者开始猜，他必须要问封闭式问题。例如，"我是……吗？"如果小组组员回答"是"，他还可以问第二个问题。如果小组组员回答"不是"，他就失去机会，轮到2号发问，以此类推。

6. 最先猜出自己是谁者为赢队。

游戏心理分析

封闭式问题很容易让人们在问答时产生紧张心理。人们在紧张的状态下，大脑就会处于停滞状态，很容易发挥失常。在这种情况下，坦然地面对人们的问答，冷静地面对突发状况的人，才能在陷入心理困境的时候，掌握住调试的方法。

4 自我分析游戏

·游戏目的·

1. 增强对自我的认识，了解自己的差距。

2. 找出指导自我学习的最佳方法。

3. 理解这种方法如何应用于团队分享。

·游戏准备·

人数：10~15 人。

时间：10 分钟。

场地：室内。

材料：分析表。

·游戏步骤·

1. 主持人给每个人发一张分析表。

2. 人们把自己的优势、劣势、威胁及机遇填在分析表中。

3. 人们组成小组与其他成员分享自己的心得。

游戏心理分析

认知自我是对自己的一种肯定。这是心理的一种自我认识状态。自我认知感强的人通常对自己有相当清楚的了解和自知，对自己的优点和缺点知道得一清二楚，善于扬长避短。对自己的优点有了一定程度的了解，可以在适当的时机把自己的优点最大化，对缺点的认知可以让人们减少犯错误的概率。懂得自我的人对自己充满了信心，坚信付出就会有回报，所以会脚踏实地地为自己的目标奋斗。

讲究实际，注重现实，才能不会沉湎于虚无缥缈的幻想之中。现实的人遇事镇静沉着，对事情的判断坚决果断，但不能综观全局的弱点往往使他们收获甚微。

5 才能清单

·游戏目的·

使人们能够对他人及自己的能力与特点形成系统性的认识。

·游戏准备·

人数：20 人左右。

时间：20 分钟。

场地：室内。

材料：纸、笔。

·游戏步骤·

1.让人们写下自己的名字，在每个名字下面列出他（她）的能力和才干。这些才干不一定体现在工作中，也不一定经常展现出来。

2.在房间四周为每个人贴一张大彩纸。

3.让人们拿着他们建立好的清单，将他们已确定的那些才干描述写到大彩纸上。

4.以组为单位检查这些列表，确保每张列表中的每一点都被注意到。主持人询问正在讨论其才干的人们，他们是否有什么才干被忽视了。如果是这样，将它们添加上去。对每一张列表确定以下两点：

（1）游戏中正在全力开发的才干。

（2）游戏中未在全力开发的才干。

5.为每个人至少选择一个未在全力开发的才干，向小组询问："如何更好地使用此才干？"

6.对每个组依次提出这些问题，并检查多数人的意见。

（提示：将人们各自的才干清单让他们自己保管，建议他们将这些清单张贴出来，以提醒他们在整个游戏中充分利用他们的这些才干。）

游戏心理分析

了解自己的人才能对自己有一个系统的认识。一个人的才能，是指任何你能运用的才干、能力、技艺与人格特质。这些优点是你能有所贡献、能继续成长的要素。所以我们要善于发现自己的才能，并强化自己的优点，使其真正为自己的发展服务。

6 优点与缺点

·游戏目的·

真正地了解和认识自己的优点和缺点。

·游戏准备·

人数：不限。

时间：不限。

场地：不限。

材料："优点与缺点"表格，每人一支钢笔。

·游戏步骤·

1.告诉所有参与者，他们将有机会对每一个人的优点与缺点进行反馈。这是一项保密的活动，没有人被告知他的优点与缺点是谁写的。

2. 给每个人一张"优点与缺点"表格，并告诉他们每人为其他人至少写出一条喜欢或不喜欢。

3. 写完后，主持人将意见汇总，念出写给每个人的意见。

游戏心理分析

这个游戏可以调节人们的精神状态和认知。人们都希望自己的心理处在和谐的状态。一个成功的人知道别人的优点，也知道自己的缺点，并且可以克服自己的缺点。有缺点并不可耻，隐藏自己的缺点，不能与他人彼此了解，这才是真正的可耻。世上没有十全十美的人，最重要的是清楚自己的优点与缺点，并能扬长避短。

7 角色互换

游戏目的

通过游戏认识自己眼中的我及他人眼中的我。

游戏准备

人数：不限。

时间：不限。

场地：团体活动室。

材料：A4 纸、笔。

游戏步骤

1. 发给每位参与者一张 A4 纸。

2. 将参与者两两分组，一人为甲，一人为乙（最好两人相互不熟悉）。

3. 甲先向乙介绍"自己是一个什么样的人"，说了一个缺点之后，就必须说一个优点，乙则在 A4 纸上记下甲所说之特质，历时 5 分钟。

4. 5 分钟后，甲乙角色互换，由乙向甲自我介绍五分钟，而甲做记录。

5. 5 分钟后，甲乙两人取回对方记录的纸张，在背面的右上角签上自己的名字。

6. 将三小组或四小组并为一大组，每大组有 6 至 8 人。由两人小组中负责统整的人向其他人报告小组讨论的结果。

7. 分享后，主持人请每个人将其签名之 A4 纸（空白面朝上）传给右手边的同学。而拿到签名纸张的人则根据其对他的观察与了解，于纸上写下"我欣赏你……因为……"。写完后依序向右转，直到签名纸张传回到本人手上为止。

游戏心理分析

在这个游戏中，介绍自己的优点与介绍自己的缺点同样困难。在别人面前，我们都担心自己的优点能不能得到别人的认同。这也是一种从众心理反应。当个人的感觉与群体中的感觉不一致时，个人就会有强烈的动机怀疑自己的判断和决策。这样人们会在短时间内做出拒绝自己感官做出的选择。人们在认同自己的同时，要从心理上肯定自己。做到真正的心理认可，才不会轻易改变自己的决策，从而认识真实的我与接纳真实的我。

8 让别人了解自己

游戏目的

通过游戏了解彼此的感受。

游戏准备

人数：不限。

时间：不限。

场地：不限。

材料：纸、笔。

游戏步骤

1.将参与者分为两人一组，面对面坐下。

2.请两人中的一人写下最近发生的一件事，由另一人辨识他的情绪是：愤怒、伤心、快乐、紧张、烦躁。

3.写下事情的参与者叙述此时的感受，如"我很开心"，由另一人来确认其想法背后的原因，如"你是因为快要升职了吗"？

4.每个人必须获得对方三个肯定的回答才算过关，然后再交换角色。

5.大家表达参与活动的感受。

游戏心理分析

让一个人了解另一个人的感觉是非常美妙的一件事情，但要真正了解一个人的内心，沟通是很重要的。

在很多情况下，我们常常感情用事，不够理智，不懂得换位思考，这为我们带来了许多麻烦，所以我们应该以一颗包容的心，忍受别人不合理的行为和各种不顺心的情况，学习去欣赏并接受不同的生活方式、文化等。如何培养换位思考的能力呢？要做到以下几点：

第一，要有"同理心"。同理心是一个重要的心理学概念。它是说，你要想真正了解别人，就要学会站在别人的角度来看问题。在人际的相处和沟通中，"同理心"扮演着相当重要的角色。用"同理心"指导人的交往，就是让我们能设身处地地理解他人的情绪、处境及感受，并迫切地回应其需要。可见，"同理心"是同情、关怀与利他主义的基础，具有"同理心"的人还能从细微处体察到他人的需求，从而发现商机。

第二，正确地表达自己。表达自己在换位思考中也是至关重要的。了解别人固然重要，但我们也有义务让自己被人了解，这通常需要相当的勇气。在商业活动中，只有被人理解，我们的商业策略才有可能被执行。

9 流星雨

◆ 游戏目的 ◆

1. 让人们学会挑战自我。
2. 培养人们的竞争意识。

◆ 游戏准备 ◆

人数：不限。

时间：20~30分钟。

场地：空地。

材料：1件可以扔的东西（如比较软的球、飞盘、打了结的旧毛巾、钉在一起的旧报纸等）。

你是逃避，还是迎接挑战？

◆ 游戏步骤 ◆

1. 主持人需要将队员划分成若干个由20~30人组成的小组。让每个队员从材料中找到一件可以扔的东西。
2. 每人手里都有了1件可以扔的东西之后，让小组队员面向圆心站成一个大圈。
3. 邀请3个参与者站在圆圈的中心，这3个参与者要背对背，站成一个紧密的小圆圈。
4. 主持人对站成大圆的队员们说："听我数到3后，大家要把手中的东西一齐高高抛给这3个站在中间的人。"并告诉站在圆心的3个人："你们的任务是尽可能多地接住抛过来的东西。"
5. 大喊："1——2——3，抛！"
6. 检查3个人各接住了多少件东西。
7. 让3个人回到原位，另外请3个人站在中间，重复前面的步骤，直到每个人都已得到过一次站在中间的机会。
8. 重复整个游戏过程，告诉人们这次他们需要打破自己先前的"接球"纪录。

🎩 游戏心理分析

在挑战自我的过程中，我们面对的最大敌人就是逃避。许多人面对困难，会不自主地逃避。有人说，"人生最大的错误是逃避"。的确，在成功的道路上，逃避是一个极大的障碍。心理学家认为，逃避心理是一种"无法解决问题"的心态和没有勇气面对挑战的行为。

如果一个人不能在重大的事情上接受生命的挑战，他就不可能有快乐的感觉，同样，也不可能摆脱这些困扰。

10 我有一个梦

游戏目的

通过想象放松自己的情绪和情感，将自己最好的一面呈现出来。

游戏准备

人数：不限。

时间：不限。

场地：不限。

材料：笔和纸。

游戏步骤

1. 让大家进入放松状态，自由地呼吸并闭上眼睛。主持人用舒缓的语调复述下面的内容：

"自由呼吸，心无杂念。我将带你进行一次想象之旅。集中注意力于我的语音，并感觉你的身心开始越来越放松……继续放松……你周围是一片黑暗……你完全被夜色所包围……你感到温馨、放松和

梦想必须通过努力才能实现，否则，终究只是梦想。

自如。集中注意力于你的呼吸，轻松地慢慢呼吸。集中注意力于你周围的令人舒服的夜色，在远处，你仿佛看到了一个圆圆的小物体。慢慢地、逐渐地，它离你越来越近，最后离你只有 1 米远；它悬挂在黑夜中，就在你的眼前。这个物体上有一个钟表，它的时针和分针都指向了 12，这是一个普通的表，普通的有黑色指针和普通的……白色的……表盘。

"当你继续集中神志于表盘和指向 12 的指针的时候，你开始感到时间好像开始凝固了。现在，慢慢地，分针开始沿着表盘走动，开始的时候很慢，然后稍快，后来更快。在几秒钟的时间之内，它已转了一圈，时针现在指向 1 点了。分针继续转动，而且速度越来越快，因此时针也从一个数字跳到另一个数字，速度越来越快……当指针继续绕着表盘旋转的时候，你感到自己正被轻轻地拉……轻轻地被拖进未来

之城……当你穿越时间的时候，缕缕的空气轻轻地擦着你的肌肤……直到最后，你开始慢下来……表针终于停下来了，整整10年已经过去了。

"你向左边的远处看去，你看到在光亮的地方有个人。那个人就是你，10年后处在理想的工作环境中的你。对你来说万事如意。将你的意识融到未来的你身上，感受未来的温馨和积极。现在环顾四周，谁和你在一起？你看到了什么样的工作环境？你看到了什么样的设施和家具？周围的人们在说什么？这里有一扇窗户吗？你能看到窗外吗？如果能，你看到了什么？尽量集中神志于声音，让意象越来越清晰。集中神志于你能看到的、感觉到的和听到的细节，并让自己感受未来的你的成就和纯粹的满足。

"当你又被轻轻地拉向黑暗时，光明之地开始暗下来……当我告诉你睁开眼睛时，你将重新回到现在，你将回忆起你美好的未来形象，那些美妙的成就感和满足感将在心中留驻……好了，慢慢地、慢慢地，睁开你的眼睛，你又回到了现在。"

2. 让参与者记下某些意象中的细节。让他们写下一个简短的计划，表明从现实到想象意象的过程中，他们有什么收获。

游戏心理分析

这是一个充分激发人的想象力和生活热情的游戏，通过憧憬美好的未来，你可以暂时忘掉压力和不愉快，得到一定的放松和休息。同时，对未来的憧憬也不会白费，你可以带着这份美好的希望投入到学习和工作中，潜移默化地向着这个目标奋斗。

有希望生活才会充满活力。一个合理的理念会引起人们对事物适当的思考和行为反应。不合理的理念会导致不适当的情绪和行为反应。想象力也是如此。人们通过对未来合理的想象和憧憬，从自己的意愿出发，带着希望和美好，也就能更乐观、坦然地面对自己。

11 我的五样

游戏目的

通过放弃生命中最重要的东西，看自己心理状态的变化。

游戏准备

人数：不限。

时间：不限。

场地：室内。

材料：白纸、笔。

游戏步骤

1. 主持人引导大家放松身心。

2.在白纸顶端，一笔一画写下"×××的五样"。这个 ××× 就是你的名字。这五样东西，可以是实在的物体，比如食物、水或钱；也可以是人和动物，比如父母、妻子或狗；可以是精神的追求，比如宗教或理想；也可以是爱好和习惯，比如旅游、音乐或吃素；可以是抽象的事物，比如祖国或哲学；也可以是具体的物品，比如一个瓷瓶或一组邮票。总之，你可以天马行空地想象，只要把你内心最珍贵的五样东西写出来就是了。不必考虑顺序，排名不分先后。

3.生命中最宝贵的五样，保不住了。你要舍去一样。请你拿起笔，把五样之中的某一样抹去。

4.生活又发生了重大变故，来得更凶猛急迫，你保不住你的四样了，必须再放弃一样。

5.生命进程中，你又遇到了险恶挑战。这一次，你又要放弃一样宝贵的东西了。

6.你的生活滑到了前所未有的低谷，你必须做出你一生中最艰难的选择。你只能留下一样。

游戏心理分析

这个游戏让人们在选择和放弃中真正认知自己的内心。人们在生活中，轻易地放弃一件对自己不重要的事情不难，可是，放弃一件对自己很重要的事情就会很难。人的情感在外界刺激的影响下，会做出对自己最有利的决定。人们在最无助的时候其实最清醒，做出的决定也是最有利于自身的。虽然，心理效应与人们所处的环境、角色以及人们的情绪有很大关联，但是，人们的终极目标是一样的，就是让自己的利益最大化。

12 你的重要他人

· 游戏目的 ·

从重要他人那里认知人们独立世界的能力。

· 游戏准备 ·

人数：不限。

时间：不限。

场地：室内。

材料：白纸、笔。

· 游戏步骤 ·

1.在白纸上写下"×××的重要他人"，这个"×××"就是你的名字。

2.然后，另起一行，依次写下"重要他人"的名字和他们入选的原因。

游戏心理分析

通过游戏，人们可以清晰地看到，现在的自己是不是一个独立的人，每个人的成长都会遇到对他生活影响很大的人。在人们的思想还没有形成一定的系统的时候，父母教我们独立认识世界的能力。他们说过的话，做过的事，他们的喜怒哀乐和行为方式，会以一种近乎魔法的力量，种植在我们心灵最隐秘的地方，生根发芽。随着年龄的增长和心理的成熟，我们的重要他人有老师也有对你很重要的朋友，从他们身上你可以对生活有更深刻的理解。这也是人们的精神世界独立的一个阶段。这个游戏让我们加深了对自己和他人的认知。

13 再选你的父母

·游戏目的·

通过重新选择，进行一次心灵探索。

·游戏准备·

人数：不限。
时间：不限。
场地：室内。
材料：白纸、笔。

·游戏步骤·

1. 在白纸的上方写下"再选×××的父母"几个字。×××就是你自己。

换一个父母，是否真的能换一个人生？

2. 完成了上述步骤之后，请你郑重地写下你为自己再选的父母的名字。

父：

母：

谁是再选父母的合适人选呢？你很可能陷入苦苦的思索之中。不必煞费苦心，把头脑中涌现的第一个人名写下就可以了。

游戏心理分析

这个游戏并不是要对你的亲生父母有什么不敬，只是进行一次特殊的心灵探索。你再选的父母是谁，是什么类型这不重要。重要的是你在这个游戏中，弥补缺憾，在表达长久以来压抑的情感，在重新构筑你的世界。生活中不可能事事顺心如意，也不可能一切永不改变，有些东西我们是不能更改的，只有换一种心理去面对，生活才能变得更加坦然。所以，要克服刻板的心理，灵活地面对人生。

14 糖 豆

◆ 游戏目的 ◆

学会赞美别人，才能更深刻地认知自己。

◆ 游戏准备 ◆

人数：不限。

时间：不限。

场地：不限。

材料：纸、铅笔或钢笔和一些奖品。

◆ 游戏步骤 ◆

1. 给每个人5分钟的时间，让他们如实地匿名地对其他人写出尽可能多的赞扬，每一个赞扬就是一颗"糖豆"。这些赞扬可以是比较肤浅的（你的领带真不错、你的衣服和你很相称，等等），也可以是比较个人的（任何赞扬者乐意的东西）。唯一的原则是，在相互写下赞扬时，必须进行目光的交流。

学会赞美，也就是学会欣赏。

2. 直到所有的成员把自己写的赞扬（糖豆）都给了别人，每个人都坐下来后，同时打开他们收到的礼物。

3. 在向大家发出信号让他们看自己手中的"糖豆"前，向他们提问："你们中有多少人从某个你们从未给过他糖豆的人那儿收到了至少一个糖豆？""你们对此感觉如何？"

通过这个游戏，我们会思考如下问题：

为什么我们总是抑制自己如实赞扬我们所关心的人，一起工作的人，甚至是一直留心观察的人呢？

当你看到别人所写的关于你的一些东西，你的感受如何？

赞扬是匿名的，这样做有什么目的？为什么？如果署上真名，会不会更好？

如果你要将收到的糖豆与那些和你有过眼神接触的人对应起来，你会怎么做？这对促进双方的关系有什么帮助？

你还要再送一些糖豆给其他人吗？当你想做的时候，为什么自己不去做呢？

🎩 游戏心理分析

一句由衷的赞美或一句得体的建议，会让人们感觉到你对他的重视，也会在无形中增加对你的好感。赞美会让人们觉得自己得到了更多的关注，让人们处在兴奋的心理状态中。不过，需要注意的是，不要盲目赞美或过分赞美，这样容易有谄媚之嫌。多一些尊重和真诚，赞美才会更容易消除心理的保护膜，让人们之间更加亲密。

15 过"鬼门关"

·游戏目的·

让人们真切地体味自己的梦想，并且了解在梦想的路上行动力的重要性。

·游戏准备·

人数：不限。

时间：不限。

场地：室内。

材料：高台。

·游戏步骤·

1. 第一阶段，走自己的路，全体参与，时间15分钟。

每个人最清晰地表达自己的人生目标，合格者通过意愿关。表达方式："我想成为……请允许我通过！"主持人允许后可以通过。

每个人从A点走到B点，用任何不同于其他人的姿势走过去，与他人相同者将被淘汰。通过者每人得1分。

2. 第二阶段，身心考验，每组4位男队员参加，时间15分钟。

最响亮地表达自己的人生目标，至少要达到80分贝，合格者通过意愿关。表达方式："我想努力成为……请允许我通过！"主持人允许后可予以通过。

做俯卧撑20次以上。

通过者每人得2分，每增加10次俯卧撑加1分。

3. 第三阶段，战胜自我，每组3位队员参加（可重复），时间30分钟。

最响亮最清晰最快速地表达自己的人生目标，至少要达到100分贝，每秒6个字。合格者通过意愿关。表达方式："我一定要成为……请允许我通过！"通过者每人得3分。

游戏心理分析

这是一个集体参与的游戏，让每个人都觉得实现梦想的路并不孤独，有这么多志同道合的人相伴左右。要注意游戏控制：时间、打分、标准把握和气氛渲染。使大家得到以下的游戏感悟：成功＝意愿 × 方法 × 行动。追求行动力的人是积极向上的。不同的态度也就决定了生活方式的不同。任何一种方式都是自己选择的，最终的目的都是幸福。

16 虚拟空间

· 游戏目的 ·

鼓励每个人展示自己的才华，更好地了解自己。

· 游戏准备 ·

人数：20 人左右。

时间：不限。

场地：不限。

材料：无。

· 游戏步骤 ·

1. 在不使用语言的前提下（即"哑剧"表演），表演者"建造"很多个或某个建筑空间，并在这个空间中做自己想做的任何事情。最佳的表演无疑是要让他人明白该空间是什么样子和你在做什么。

2. 每组成员依次出场做自己的表演。时间是每组 6 分钟，另外，有 3 分钟的准备时间。

3. 其他的人是观众，他们只需要观看表演，不能发问或评论。

4. 现在正式开始演出了。建筑空间是由第一位表演者来完成的。在想象的空间中，他可以自由地发挥。但他需要划定空间的界限，比如"门"、"墙"，比如室内的"物品"，如椅子、床或被子等。

5. 接着小组中另一个人进来了，他须认可这个空间。通过表演，他可以为这个空间添加一些内容，让空间变得更丰富。

6. 第二个人离开后，后面的人依次入场，扮演想扮演的角色。例如，第一个人设定自己进入教堂。在教堂门口，有宽阔的大门，他虔诚地走进去，然后，双手合十，跪下，并做一些手势。然后，他从原路返回，或者从另一个出口离去。

第二个人进入了教堂，他手擎一个烛台，点燃了蜡烛……后面或许还有人偷走了烛台；一名旅行者在拍照片；一个人在好奇地观看祈祷的人们和欣赏教堂的建筑；还有一个清洁工在打扫教堂里座位下的地面等。再比如，第一个人表演的是他在自己的家里，洗漱后上班，第二个人扮演一个慵懒的少妇在沙发上看电视，旁边有一只猫走来走去蹭她的脚……表演中可以有声音或噪音，但不能是清晰的语言。

游戏心理分析

在这个游戏的正式表演中，若第一个人在表演中没有明显设定空间界限，后面的人要根据自己的理解完成这个空间的建构，当然无论第一个人有没有完成空间的建构，后面的每个人都有充分发挥改建该空间的权利。这样游戏更富戏剧性。也即是说，该游戏鼓励每个人充分展现自己的表演才华。

在人们面前展示自己的才华也是一种积极的心理暗示。人们在大众面前都有展示自己的心理，这种心理不是每个人都能很好地表现出来的。很多人因为想更好地展示自己却使自己处于更加紧张的状态，致使最后发挥失常。所以，人们在实现自我价值的时候，良好的心态是根本。

17 我还能做什么

·游戏目的·

发掘自己没有认识到的能力，帮助我们重新审视自己的能力。

·游戏准备·

人数：不限。

时间：10分钟。

场地：不限。

材料：白纸、笔。

·游戏步骤·

1. 主持人问大家，你能做什么？你的能力在哪里？事实上每个人所具备的能力可能有上百种之多，所以认真地探索你的技能，你会惊讶自己竟然如此多才多艺。

2. 就下列题目，请参与者在空白纸上填写：

（1）在纸上列下你曾经成功完成的工作（如：成功举办一次活动、数学考90分以上，等等），列举完成这项工作需要哪些技能。

（2）回顾你曾受过的教育、所修的课程，在这些过程中，你学会了哪些技能，将它们列下来。

（3）再想想你平时常常从事的活动，列下这些活动需要的技能，继续扩充你的技能表。

（4）请回想一次你在工作（不是单指职业，而是指你曾做过的事）上曾经历的一次高峰经验（意指很快乐、很感动的一刻），与你旁边的同学分享这次的经验，并分析在这经验中显现出你的哪些能力，把它们列出来。

3. 将游戏参与者分为4人一组，分享彼此所列的能力表，同时互相讨论与这些能力有关的职业有哪些。

游戏心理分析

认知自己是一个自我提升的过程。人们在认知自我的过程中，其心理也不断变得成熟。只有认识到自己还能做一些平时想都没想过的事情，才能够帮助我们更好地发挥自己的能力，做出让人意想不到的事情来。每个人都有自己的闪光点，切勿妄自菲薄，轻视自己。

第二章

透析人性：不可不知的人性弱点

18 同心协力

◆ **游戏目的**

调动参与者的兴趣，并从游戏中体会友谊和协作的乐趣。

◆ **游戏准备**

人数：不限。
时间：不限。
场地：室外。
材料：无。

◆ **游戏步骤**

1.将参与者分成几个小组，每组在 5 人以上为佳。

2.每组先派出两人，背靠背坐在地上。

3.两人双臂相互交叉，合力使双方一同站起。

4.以此类推，每组每次增加一人，如果尝试失败需再来一次，直到成功才可再加一人。

5.主持人在旁观看，选出人数最多且用时最少的一组为胜。

游戏心理分析

别看这个游戏简单，但是依靠一个人或几个人的力量是不可能完成的。因为在这个游戏中，大家组成了一个整体，需要全力配合才可能达到目标。它可以帮助人们体会团队相互激励的含义，帮助他们培养团队精神。

另外，这个游戏还考验每个小组的领导者，看他怎么指挥和调动队员。如果步调不一致，大家的力气再大也不可能顺利完成。这种情况下，作为小组的领导者，应该想一些办法来解决这个问题。比如可以让大家跟随他的动作；或想出一个口号，既可以鼓舞士气又能统一大家的节奏。

无论队员还是领导者都应该明白，任何一个人的不配合都会对小组的行动产生负面效果。因此，主持人应注意，在游戏结束后，要帮助完成效果不好的小组找出原因，帮助他们树立团队意识，引导他们总结自己的失误。

19 我没做过的事

游戏目的

看看你的诚实度。

游戏准备

人数：不限。
时间：不限。
场地：不限。
材料：白纸和笔。

说到做不到，不如别说到。

游戏步骤

1. 众人围坐，每人轮流说一件只有自己没做过，别人都做过的事情。例如：我从没放过女朋友"鸽子"。

2. 如果在场有人这么做过，就必须接受惩罚。

游戏心理分析

所谓真，便是真真切切做人，真心实意对人，真情真意留人。而所谓诚，便是诚实守信，诚恳真挚。真诚的人，人前人后一个样，少了掩饰多了自在；真诚的人，心存宽厚，面露和色，少了烦恼多了欢乐；真诚的人，话语中肯，将心比心，少了虚伪多了温情。本着你的真心，借着你的诚意，必能迎来完美的人缘。

20 听与说

游戏目的

通过人们对生存意识的强烈需求看人性的弱点。

游戏准备

人数：7人，选其中一人充当游戏组织者。
时间：不限。
场地：室内。
材料：无。

·游戏步骤·

私人飞机坠落在荒岛上，只有6人存活。这时逃生工具只有一个只能容纳一人的橡皮气球吊篮，没有水和食物。

1. 由游戏组织者进行角色分配：

（1）孕妇：怀胎8月。

（2）发明家：正在研究新能源（可再生、无污染）汽车。

（3）医学家：经年研究艾滋病的治疗方案，已取得突破性进展。

（4）宇航员：即将远征火星，寻找适合人类居住的新星球。

（5）生态学家：负责热带雨林抢救工作组。

（6）流浪汉。

2. 针对由谁乘坐气球先行离岛的问题，各自陈诉理由。先复述前一人的理由再申述自己的理由。最后，由大家根据复述别人逃生理由的完整性与陈述自身理由的充分性，决定可先行离岛的人。

游戏心理分析

通过这个游戏可以看出人们的性格具有多重性。人们在濒临危险的时候，为了自保，往往会想出各种办法，甚至不惜牺牲他人的利益。这是人性的弱点——自私充分暴露出来。

在这个游戏中，理由最充分者才能首先离岛。理由越真诚，人们才会相信你，才会让你去寻求支援。

21 即时演讲

·游戏准备·

让人们克服不自信的心理。

·游戏准备·

人数：不限。

场地：室外。

时间：不限。

材料：写有各种不相关话题的纸条（可以是任意内容，如，足球、可乐、网络等）、透明的瓶子。

·游戏步骤·

1. 主持人将准备好的纸条放入透明的瓶子内，面向参与者。

2. 每个参与者从瓶内抽取任意一个纸条，由主持人宣读内容后，参与者不允许有任何思考时间，就所抽内容进行5分钟的即时演讲。

3.活动结束后,由主持人对所有参与者的演讲情况进行总结和打分,并现场评述。

 游戏心理分析

此游戏既能锻炼人们的演讲与表达力,同时人们也可在演讲的过程中激发自信心。自信是一种"良性情感"。拥有自信心的人,做事情常常毫无畏惧,容易获得成功。而不自信是许多人的一个弱点,人们要学会克服这种心理,将自己的优势展示出来,从而增强自己的信心。

22 虚荣心强

游戏目的

帮你看清自己的虚荣心。

游戏准备

人数:不限。
时间:不限。
场地:室外。
材料:游戏卡和笔。

别人的阿谀永远无法填满自己内心的空虚。

游戏步骤

在这个游戏中,参与者每个人手中会有一张游戏卡,根据游戏卡上面的问题,参与者用"是"或"否"来回答。然后根据自己的得分,看自己属于哪一个类型。

1. 你每天梳头超过三次吗?

2. 跟一个邋遢的朋友走在路上,你会觉得烦吗?

3. 每到一个地方,你都会照很多照片吗?

4. 度假回来时,你会向别人展示纪念品吗?

5. 你经常停留在商店橱窗前,悄悄欣赏自己的身影吗?

6. 你偏爱名牌手提箱吗?

7. 你定期花钱保养指甲吗?

8. 你曾经做过整形手术吗?

9. 你希望自己拥有一些头衔吗?

10. 你很注重穿衣打扮吗?

11. 你喜欢身上戴许多首饰吗?

12. 你时常会翻自己的相册吗?

13. 你有过整形的念头吗?

14. 你偏爱名牌衣服吗？

15. 你花在打扮和保养上的费用超过预算吗？

选择"是"计1分，选择"否"不计分。将各题得分相加，算出总分。

15~10分：无可否认，你是个虚荣心相当强的人。你对自己的外表非常在意，在他人面前，无时无刻不注意自己的仪容，因为你希望永远留给别人最佳的印象。

9~4分：你有点虚荣，还好，不算很严重，也许你只是比较在意自己的外表和给他人留下的印象，但你仍觉得人生还有别的事比外表更重要。

3~0分：你一点虚荣心都没有。即使有些虚荣心强的人会觉得你很邋遢，但是你一点也不在乎，宁愿把注意力放在重要的事情上，也不愿花许多时间和金钱在外表上。

游戏心理分析

虚荣心是指一个人借外在的、表面的或他人的荣光来弥补自己内在的、实质的不足，以赢得别人和社会的注意与尊重。它是一种很复杂的心理现象。虚荣心强的人喜欢在别人面前炫耀自己昔日的荣耀或今日的辉煌业绩，他们或夸夸其谈、肆意吹嘘，或哗众取宠、故弄玄虚，自己办不到的事偏说能办到，自己不懂的事偏要装懂。

如何克服虚荣心理呢？

1. 改变认知，认识到虚荣心带来的危害

虚荣的人外强中干，不敢袒露心扉，给自己带来沉重的心理负担。

2. 端正自己的人生观与价值观

自我价值的实现不能脱离社会现实的需要，必须把对自身价值的认识建立在社会责任感上，正确理解权力、地位、荣誉的内涵和人格自尊的真实意义。

3. 摆脱从众的心理困境

虚荣心正是从众行为的消极作用的恶化和扩展。我们要有清醒的头脑，从实际出发处理问题，摆脱从众心理的负面效应。

23 心　胸

·游戏目的·

检测自己是否心胸开阔。

·游戏准备·

人数：不限。

时间：不限。

场地：室外。

材料：游戏卡和笔。

·游戏步骤·

主持人事先准备了一些问题，参与者用"是"、"不知道或都有可能"或"否"来回答下面的问题。

1. 你做决定时是否经常会受当时情绪的影响？

2. 在与人争论时，你是否情绪失控，导致说话嗓门太大或太小？

3. 你是否经常不愿跟人说话？

4. 你是否时常因某些人或事而心情不快？

5. 你是否受过自卑心理的折磨？

6. 是不是连可口的饭菜或搞笑的影片都无法使你低落的情绪好起来？

7. 你是否会长时间地分析自己的心理感受和行为？

8. 假如地铁里有人盯着你，或袖子沾上汤汁，你是否因此长时间感到懊恼？

9. 假如与你谈话的那个人怎么也弄不明白你的意思，你会不会发火？

10. 你是否对所受的委屈一直耿耿于怀？

11. 你在做重要工作时，旁人的谈话或噪音是否会让你分心？

12. 你夜晚是否会被蚊虫折腾得心烦意乱？

13. 你是否时常情绪低落？

14. 你是否容易产生怒气？

回答"是"得0分；回答"不知道或都有可能"得1分；回答"否"得2分。最后统计你的得分，对照分数分析问题。

23~28分：你一定是个心胸开阔的人。你的心理状态相当稳定，能够驾驭生活中的各种情况。你给人的印象很可能是独立、坚强，甚至还有点"脸皮厚"。但你不必在意，大家都羡慕你呢！

17~22分：你心胸不够开阔。你可能比较容易发火，对使你受委屈的人说一些不该说的话，这会导致单位和家庭中出现矛盾。之后你可能又会后悔，因为你人不坏，心肠也不硬。你要学会控制自己，事先尽量多想想，考虑清楚，然后再对让你受委屈的人以坚决的回击。

0~16分：你心胸狭窄、多疑、计较、睚眦必报，对别人态度的反应是病态的。这对你的生活不利，你需要尽快进行自我改善。

游戏心理分析

狭隘是心胸狭窄，气量小。狭隘心理是许多不良个性的根源，嫉妒、猜疑、孤僻、神经质等不良表现都源于狭隘心理。每个人难免都会有狭隘的心理，但是杰出的人往往能用理性去抑制这种不良的心理的。但是那些被狭隘心理迷乱理智的人，往往会做出极端的行为。如何才能做到心胸开阔呢？

1. 拓展心胸

加强个人的思想品德修养，遇到有关个人得失、荣辱之事时，经常想想集体和他人，想想自己的目标和事业。

2. 充实知识

人的气量与人的知识修养有密切的关系。一个人知识丰富了,视野也会相应开阔,此时也就会对一些"身外之物"拿得起、放得下了。

3. 缩小"自我"

你一定要不断提醒自己,不要与人斤斤计较,不要以自我为中心。要尊重他人,这样才能赢得他人的尊重。

4. 走向自然

当情绪低落时,你不要一个人闷在屋子里,而要亲近大自然,去欣赏自然中美好的风光,让自己恢复平静。

24 动机

游戏目的

看看人们是否贪婪。

游戏准备

人数:不限。

时间:10分钟。

场地:教室。

材料:用于贴在椅子下面的几张一元的钞票。

游戏步骤

1. 主持人对人们说:"请举起你们的右手。"过一会儿,问他们:"你们为什么举手?"

2. 得到3~4个答案后,说:"请大家站起来,并把椅子举起来。"

3. 如果没人动,主持人继续说:"如果我告诉你们,在椅子下有钞票,你们会不会站起来并举起椅子看看?"

4. 如果还是没人动,于是主持人说:"好吧,我告诉你们,有几张椅子底下真的有钱。"(通常2~3个人会站起来,然后很快,所有人都会站起来。)于是,有人找到了纸币,叫着:"这里有一张!"

游戏心理分析

动机,在心理学上一般被认为涉及行为的发端、方向、强度和持续性。动机为名词,在作为动词时则多称作"激励"。在组织行为学中,激励主要是指激发人的动机的心理过程。激发和鼓励,可以使人们产生一种内在驱动力,使之朝着所期望的目标前进。金钱是天使和魔鬼的结合体,它具有极强的诱惑力。它可以用来干好事,也可能滋生罪恶。有人说,金钱是"万恶之源",会带来贪婪、欺骗,会蒙骗人的眼睛,甚至使至亲反目成仇。金钱在我们的生活中占据着重要地位，但金钱充其量是与我们密切相关的身外之物罢了，我们不应该对此过分贪恋。

25 追求完美

◆ 游戏目的 ◆

看看你是否是一个完美主义者。

◆ 游戏准备 ◆

人数：不限。
时间：不限。
场地：室外。
材料：白纸和笔。

◆ 游戏步骤 ◆

游戏开始前，主持人给每一个参与者发一张白纸，然后，主持人拿出事前准备好的问题提问，参与者可以用"是"或"否"来回答。

过于追求完美会让人无法控制嫉妒之情。

1. 是否只做有把握的事，尽量不碰不会或可能犯错的事？

2. 是否凡事都要争第一？

3. 是否做错了一件事就会闷闷不乐？

4. 是否很在意别人对你的看法？

5. 是否非得把自己打扮得美美的才会出门，即使快迟到了也毫不在意？

6. 是否常常处于神经紧绷的状态，即使在家里也一样？

7. 是否认为如果让别人发现你有缺点，他们一定会不喜欢你？

8. 如果事情未达到预期目标，你是否会一直耿耿于怀？

9. 当别人赞美你时，你是否觉得他们言不由衷？

10. 是否总希望能把事情做得十全十美？

如果以上 10 条中，有 8 条选"是"的话，你就是一个真正的完美主义者了。

游戏心理分析

完美主义是指对事物要求尽善尽美，愿意付出很大精力把它做到天衣无缝。完美主义并不是完全不好的，对于某些人和职业有时是很有必要的，比如音乐、美术、服装设计等。但是如果对周围的一切事物都追求尽善尽美的话，就脱离了现实，容易引发心理问题。

从心理学的角度来看，如果你每做一件事都要求务必完美无缺，便会因心理负担的增加而不快乐。心理学研究证明,试图达到完美境界的人获得成功的机会并不大。追求完美会给人带来焦虑、沮丧和压抑,事情刚开始,他们就担心失败,生怕干得不够漂亮而辗转不安,使他们无法全力以赴,也就难以取得成功。为了避免这种情况发生,我们应该这样做:

1. 放松对自己的要求

为自己确定一个短期的合理目标。目标定得太高,形同虚设;目标定得太低,轻轻松松就过关,自身的潜能受到抑制,不利于自己水平的提高。目标定位的原则是"跳一跳,够得着",正因为目标合理,每次总能接近或超过目标,这样,才能培养成就感和自信心,在以后的学习和工作中也才会取得优异的成绩。

2. 宽以待人

完美主义者是仔细周到的人,但是要小心,不要总是指出别人的错误,让别人反感和紧张,也不要因为做事不合自己的要求就牢骚满腹,尤其是对孩子。

3. 学会接受不完美的现实

没有十全十美的人,没有十全十美的事物,这是客观事实,不要逃避,也不要苛求。

26 沼泽地救儿童

游戏目的

俗话说,两强相遇勇者胜。在寻求财富的路上,我们会遇到各种各样的困难,勇敢地面对苦难是一种做事的智慧。本游戏可以看出人们遇到困难时,是否够勇敢。

游戏准备

人数:不限。

时间:30分钟。

场地:空地。

材料:30米长的绳子一条,20米长的绳子两条,塑料娃娃一个,短竹竿两根。

游戏步骤

1. 将人们分成若干组,10人一组。将一个塑料娃娃放在地上,然后用一条长30米的绳子在娃娃的周围均匀地围成一个圈。

2. 主持人给参与者讲下面的故事:

(1)绳子围起的区域是一片沼泽地,这一天,一个孩子不小心陷到了沼泽地里出不来了,急需援救。

(2)你们现在就是特工人员,任务就是将孩子安全地救出沼泽地,不得有任何闪失。

(3)注意:圈内为沼泽,所有人都不可以进入圈内,只可以使用两条绳子和两根竹竿,不得用竹竿碰触孩子,以免弄伤孩子(小孩已处于昏迷状态)。

（4）全体队员必须在30分钟内将娃娃救出来。

 **游戏心理分析**

勇敢是人们敢为人先的一种气质和精神。勇敢是一种自信品质，也是不退缩不逃避的一种心理状态。丘吉尔说："一个人绝对不可在遇到危险的威胁时，背过身去试图逃避。若这样做，只会使危险加倍。但是如果面对它毫不退缩，危险便会减半。绝不要逃避任何事物，绝不！"在这游戏中，为了营救沼泽地的儿童大家都表现出了勇敢的精神。在困难面前，我们要勇敢地面对，积极应对暴风雨的到来，相信风雨之后总能见彩虹。

27 强迫症倾向

·游戏目的·

检测人们是否有强迫症。

·游戏准备·

人数：不限。

时间：不限。

场地：室外。

材料：白纸和笔。

·游戏步骤·

游戏之前，参与者每个人可以拿到一张白纸，在参与者之中推举一名主持人，主持人拿着准备好的问题，参与者根据主持人的提示在白纸上用"是"或"否"来回答下面的测试题。

1. 一些不愉快的想法常违背我的意愿进入我的头脑，使我不能摆脱。

2. 当我看到刀、匕首和其他尖锐物品时，会感到心烦意乱。

3. 听到自杀、犯罪或生病的事，我会心烦意乱很长时间，很难不去想它。

4. 我经常反复洗手而且洗手的时间很长，超过正常所需。

5. 在某些场合，我很害怕失去控制，做出令人尴尬的事。

6. 有时我毫无原因地产生想要破坏某些物品或伤害他人的冲动。

7. 我觉得自己穿衣、脱衣、清洗、走路时要遵循特殊的顺序。

8. 我经常迟到，因为我花了很多时间重复做某些不必要的事情。

9. 我不得不反复好几次做某些事情，直到我认为自己已经做好了为止。

10. 我常常设想自己粗心大意或是细小的差错会引起灾难性的后果。

11. 我有时不得不毫无理由地重复相同的内容、句子或数字好几次。

12. 在某些场合，即使我生病了，也想大吃一顿。

13. 我对自己做的大多数事情产生怀疑。

14. 我时常无原因地计数。

15. 我常常没有必要地检查门窗、煤气、钱物、文件、信件等。

16. 我为要完全记住一些不重要的事情而困扰。

17. 我时常无原因地担心自己患了某种疾病。

回答"是"得1分，回答"否"得0分，然后计算总分。

0~4分：你丝毫没有强迫症的症状。

5~10分：有强迫症的可能性不大，但也要注意调整自己的情绪，减轻压力。

11~15分：疑似强迫症，需要引起高度注意，要放松自己，减轻压力。

15分以上：可能患有强迫症。

游戏心理分析

强迫症是以反复出现强迫观念和强迫动作为基本特征的一种神经症障碍。患者体验到冲动和观念来自于自我，意识到强迫症状是异常的，但又无法摆脱。强迫症是神经症的一种特殊类型，表现形式多样，给患者带来许多痛苦，干扰和破坏了其日常生活。

28 争夺奖金

游戏目的

提高人们的竞争意识。

游戏准备

人数：不限。

时间：5分钟。

场地：不限。

材料：事先列好选项，准备好题板纸，面值10元的人民币。

游戏步骤

1. 主持人选出一些曾经向参与者讲授过的知识，比如一个新市场的开拓，或者一种新的销售理念等。

2. 对每个问题想出一些正确选项和错误选项，把它们混在一起，写在一个大的题板纸上，不要让参与者看到题目。

3. 将参与者分成3~5人一组，让他们来分别答题，要求他们在正确的选项前画√。

4. 3分钟后停止游戏，各组参与者回到座位上。

5. 把题目公布出来，让大家指出答案中的错误。

6. 每挑出一个真正的错误，可加1分，获胜的小组可以得到10元钱奖励。

游戏心理分析

竞争意识是个人或者团体力求压倒或者胜过对方的一种心理状态。一个人竞争力的大小必须通过竞争突出出来。竞争能使人精神振奋、努力进取，促进事业的发展。这个游戏可以激发人们的竞争意识，提高人们做事的积极性。

29 奖励的妙处

游戏目的

这是一个激励人们努力思考、不断进取的游戏。

游戏准备

人数：不限。

时间：3分钟。

场地：不限。

材料：事先准备好的强化刺激奖品。

游戏步骤

1. 准备一些参与者感兴趣或想得到的奖品。

2. 向他们说明游戏的奖励机制，告诉参与者他们是可以获得这些奖励的，只要他们做出积极的举动。

3. 在奖品上贴上速贴标签，上面写着"成功来自于能够，而不是不能"，参与者大喊这一口号。当看到自己的行为被大家认可并因此得到奖励时，他们会喜欢上这个游戏，并作出相应的反应。

4. 任何时候，只要有人提出了一个深刻的见解或者用一句幽默的话语打破了房间的沉闷气氛，就奖励此人一件奖品，这会促使其他人也加倍努力去赢得他们想要的奖品。

如果主持人想鼓励参与者继续有益的想法或行为，有效的方法是用正强化法对他们给予鼓励。有时你会发现得到奖励的参与者会表现得更加积极，会有更好的想法。主持人应该及时地对参与者的积极表现给予正面肯定，发奖品时也必须准确、慷慨，否则会打击游戏参与者的积极性，并怀疑主持人的信用。这种方法运用到工作中也是非常有效的。

游戏心理分析

"正强化"是指对人或动物的某种行为给予肯定或奖励，从而使这种行为得以巩固和持续。这种理论认为，如果某一行为获得正面激励，这一行为以后再现的频率会增加。

希望好的情况会继续出现时，可以采用鼓励的方式，这一点无论在工作中还是在教学中，都是非常有用的。本游戏采取正强化的方式，鼓励游戏参与者保持好的状态并继续发挥这种状态。

30 该出手时就出手

·游戏目的·

这是一个鼓励参与者确立自信心的游戏。

·游戏准备·

人数：不限。

时间：30分钟左右。

场地：教室或者会议室。

材料：每人一张白纸和一支笔。

·游戏步骤·

1. 主持人发给每位参与者一张白纸和一支笔。

2. 为参与者讲述下面的故事：

柏拉图问他的老师苏格拉底："什么是爱情？"苏格拉底说："你到麦地里不能回头地走一遭，摘一个最大最好的麦穗。不过，只能摘一次。"柏拉图听了，信心百倍地去了麦地，他觉得这个要求简单极了。但是他去了很长时间，回来的时候却两手空空。在解释自己为什么没有摘到麦穗时，柏拉图说："我看了很多的麦穗，有的看上去很不错，但是又不知道是不是最好，加上只有摘一次的机会，所以就放弃了，想看看有没有更好的，结果到了麦地的尽头时，也没有摘一颗麦穗。"苏格拉底说："这就是爱情啊。"虽然麦地里有无数个麦穗，但是，选来选去，最后，柏拉图的手里却一无所有。

3. 让每位参与者在15分钟之内写出5点关于故事的体会，并组织大家进行分享。

游戏心理分析

柏拉图未能找到最大最好的麦穗，是因为他相信最好的在最后。

很多事情的失败，并不是我们本身能力不足，而是不自信、不果断所导致的。我们必须要明白，机会不可能永远等着我们，我们要懂得把握机会，该出手时便出手。

31 成功的秘诀

·游戏目的·

告诉人们不要忽视自身的力量，要勇于进取、勇于行动。

·游戏准备·

人数：不限。

时间：10分钟。

场地：不限。

材料：无。

◆ 游戏步骤 ◆

1. 让参与者坐好，尽量采用让他们舒服和放松的姿势。

2. 主持人给参与者讲述如何获得成功的故事：

一个年轻人想要获得成功，他听说一个智者知道成功的秘密，于是就去找智者。经过漫长而艰苦的长途跋涉后，年轻人最后终于找到了智者。

"大师，我请求你教我如何成功的秘诀。"年轻人对智者说。

"你想获得成功就跟我来吧！"智者回答说。

智者没有理睬年轻人的反应来到了海边，年轻人立即跟了上来。智者走进大海，身体被水淹没。突然他将年轻人的头按在了水中，年轻人拼命挣扎最后终于挣脱了。这时智者紧紧握住了年轻人的手，一分钟后他放开了年轻人。年轻人跳出水面大口地喘着气。

"你想淹死我吗？"年轻人愤怒地朝智者喊叫。

"如果你希望获得成功的愿望像要呼吸到空气这样强烈，你就已经找到了成功的秘密！"智者说。

3. 讲完故事后，让参与者就此故事展开讨论。

◆ 游戏心理分析

就像故事中的年轻人一样，我们每个人都在寻找成功的方法，希望有一个"高人"给我们一些点拨。也像故事中的年轻人一样，我们总是固执地认为受人点拨或帮助是取得成功的捷径，却忽略了自身的力量。任何事情的成功，归根结底在于追求者的坚持不懈。

32 心中的浓雾

◆ 游戏目的 ◆

告诉人们不要轻易放弃。

◆ 游戏准备 ◆

人数：不限。

时间：10分钟。

场地：不限。

材料：无。

◆ 游戏步骤 ◆

1. 让参与者坐好，尽量采用让他们舒服和放松的姿势。

2. 主持人给参与者讲述如下的故事:

20 世纪 50 年代，一个女游泳运动员发誓要成为世界上第一个游过英吉利海峡的妇女。为了实现这个理想她开始了艰苦卓绝的训练，最后当横渡开始的时候，她在媒体和所有人的关注和祝福声中开始了她的历程。开始天气非常好，她离目标越来越近，但是当她快到达时浓雾开始降临海面。雾越来越浓，她已经几乎无法看到面前的任何东西。她在黑暗中完全迷失了方向，不知道还要游多远而且越来越困乏，最后她还是放弃了。

内心的卑怯会导致行为的偏激。

当救生艇把她从海里拉上船时，她发现她离目的地十分近，所有的人都为她感到惋惜。媒体采访时她这样说："如果我知道我离目标如此近，我一定可以游到并创下纪录。"

3. 讲完故事后，让参与者就此故事展开讨论。

 游戏心理分析

目标在心理学上通常被称为"诱因"。明确的目标可以激发人的动机，达到调动人的积极性的目的。本游戏通过讲故事的形式，向人们展示了目标激励的重要性。

33 不放弃

· 游戏目的 ·

这是一个激励参与者勇敢挑战、不言放弃的游戏。

· 游戏准备 ·

人数：不限。
时间：10 分钟。
场地：不限。
材料：无。

· 游戏步骤 ·

1. 让参与者坐好，尽量采用让他们舒服和放松的姿势。

2. 主持人给参与者讲述如下的故事：

一个父亲总为他的儿子担心，因为他的儿子已经 15 岁了，但还不是一个男子汉，

于是他去拜访一个禅宗大师并要求大师点化自己的儿子。大师说："你必须把你的儿子留在这里3个月，而且不能来探访他。我保证你的儿子会在3个月内成为一个男子汉。"

3个月以后父亲来接他的儿子。于是大师安排了一场空手道比赛让父亲看到儿子在3个月里取得的训练结果。这个父亲的儿子要和空手道的教练对打，当教练第一次进攻的时候，那个小男孩就倒下了，但是他立刻站起来接着搏斗，就这样他倒下去又站起来一共反复了16次。

这时，大师问父亲："你觉得你的儿子怎么样？他是不是像一个男子汉？"

"噢！我为他感到羞愧！我无法想象经过3个月的训练他还是被人一打就倒！"父亲回答说。大师长叹一声后说："你只看到成功的表面，实在让我太失望了。你忽视了你的孩子倒下后又站起来，其实这后面隐藏的就是勇气和坚定不移的信念。这才是一个真正的男子汉啊。"

3.讲完故事后，让参与者就此故事展开讨论。

游戏心理分析

即使一个人很能干，却经不起大的挫折和困难，那么只会停步不前，相对地也就意味着退步了。真正优秀的员工时时刻刻都在进步，他们敢于向困难挑战，以战胜困难为乐趣，是财富的创造者。

第三章

情绪处方：挖掘你的情绪潜能

34 生命线

◆游戏目的◆

端正人们的生活态度，让人们对自己的人生重新定位。

◆游戏准备◆

人数：不限。
时间：不限。
场地：室内。
材料：白纸、红蓝笔。

◆游戏步骤◆

1. 先把白纸摆好，横放最好。在纸的中部，从左至右画一道横线，长短皆可。然后给这条线加上一个箭头，让它成为一条有方向的线。

2. 在线条的左侧，写上"0"这个数字，在线条右方，箭头旁边，写上你为自己预计的寿数。可以写68，也可以写100。在这条标线的最上方，写上你的名字，再写上"生命线"三个字。

3. 按照你为自己规定的生命长度，找到你目前所在的那个点。比如你打算活75岁，你现在只有25岁，你就在整个线段的1/3处，留下一个标志。之后，请在你的标志的左边，即代表着过去岁月的那部分，把对你有着重大影响的事件用笔标出来。比如7岁你上学了，你就找到和7岁相对应的位置，填写上学这件事。注意，如果你觉得是件快乐的事，你就用鲜艳的笔来写，并要写在生命线的上方。如果你觉得快乐非凡，你就把这件事的位置写得更高些。又如，10岁时，你的祖母去世了，她的离世对你造成了极大的创伤，你就在生命线10岁的位置下方，用暗淡的颜色把它记录下来。或者，17岁高考失利……你痛苦非凡，就继续在生命线的相应下方留下记载。依此操作，你就用不同颜色的彩笔和不同位置的高低，记录了自己在今天之前的生命历程。

4. 在将来的生涯中，还有挫折和困难，比如父母的逝去，比如孩子的离家，比如各种意外的发生，不妨一一用黑笔将它们在生命线的下方大略勾勒出来，这样我们的生命线才称得上完整。

5.看看你亲手写下的这些事件，是位于线的上半部分较多还是下半部分较多？也就是说，是快乐的时候比较多，还是痛苦的时候比较多？如果你觉得目前的状况还好，你不妨保持。如果你不甘心，可以尝试变化。

 **游戏心理分析**

态度是人们在自身道德观和价值观基础上对事物的评价。积极的生活态度应该是乐观、豁达、向上的生活状态。人们在生活中不管遇到挫折或者磨难，都要积极地面对生活，对自己的人生有一个清晰的规划，这样人们对自己的定位也会更加清晰。

35 潮起潮落

·游戏目的·

让人们学会信任对方，拉近人们之间的距离。

·游戏准备·

人数：20 人左右。
时间：不限。
场地：不限。
材料：无。

·游戏步骤·

1.所有人分两列纵队站立，两列队员要肩并肩站齐，彼此尽量靠近。

2.选队列前面一名队员作为"旅行

为什么大家都不相信我，我不过是……

信任只有一次，失去了就再也回不来了。

者"，让队员们把这位"旅行者"举过头顶，沿他们排成的两列纵队，传送到队尾。这是一个能真正体现"人多力量大"的例子。"旅行者"到达队尾，后面几个队员举着他的身体下落时，应保证他的双脚安全着地。

 **游戏心理分析**

人与人之间需要消除的不仅是彼此之间的空间距离，也需要消除人们之间的心理隔膜。如果说空间距离在决定人们的情感方面有着极大的影响，那么信任是拉近人们心理距离的最好办法。人与人之间需要多一点信任和关怀，这样人们之间才能更加和谐。

如果你对周围的人表现冷淡，这就意味着你不可能从周围的人群中获得乐趣。你应该放松自己的心情，不妨和每次见面的人打打招呼，或者和刚结识的新朋友一道参加郊游。信任他人和你自己，多与他人沟通，这样才能赢得他人的信任。

36 暗中寻宝

· 游戏目的 ·

用游戏的方式展示人们面对黑暗和恐惧时的状态，并提供了应对的方法，锻炼人们的自信心和勇气。

· 游戏准备 ·

人数：不限。

时间：不限。

场地：室内。

材料：眼罩、15~30个糖果或其他小玩意、装糖果的袋子、手表或计时器、哨子或是其他能发出声音的东西。

· 游戏步骤 ·

1.首先选出4~12个人，两人一组。然后对他们说："认识一下你的搭档，你们中一人为A，另一人为B，指甲较短的或修得较好的为A，然后让他们到屋外等候。

2.在他们离开后，余下的人迅速行动起来：一半人把糖果分别藏在屋内各处不大好找的地方，另一半人很快地摆好椅子及其他东西作为障碍，但一定要使房间的布置合理。房间布置好了，让B戴上眼罩，然后都进屋。

3.让A抓着搭档B的胳膊。告诉他们，屋内藏有许多小礼品，他们的工作就是尽可能多地找出小礼品，时间为三分钟。在寻找的整个过程中，每一组的两个人必须一直保持在一起，由B带路，只有B能拾起小礼品，然后递给他的搭档，A不能给予任何暗示，只能用"是"或"不是"来回答B提出的问题，如，"我该向左吗？""如果我再走两步，会撞到东西吗？"其他人可以大声喊，提供一些帮助性建议，告诉他们到哪儿去找。告诉其他人，参加游戏的人会与他们分享战利品。

4.吹响哨子，开始游戏。

5.三分钟后，再吹一声哨子，让每个小组数数他们找到的糖果数。

6.然后开始第二轮，这次，A可以给B任何提示。时间同样是三分钟。

7.三分钟后，吹响哨子结束游戏，让各组数数找到的糖果数，看看哪组的"战利品"最多，并把糖果与帮助过他们的人一起分享。

游戏心理分析

恐惧是一种极度紧张的心理状态，伴有明显的生理变化，如面色苍白、呼吸急促、冒虚汗等。情绪是我们每个人不可缺少的生活体验，"人非草木，孰能无情"。我们的情绪在很大程度上受制于我们的信念、思考问题的方式。如果是因为身体的原因而使自己产生不愉快的情绪，则可借助药物来改变身体状况。但我们非理性的思维方式就像我们的坏习惯一样，都具有自我损害的特性，而又难以改变。这正是情绪不易控制的真正原因。找到症结所在，我们才能真正看清自己，才能深刻了解自己。

37 乐 观

游戏目的

看看你的乐观程度。

游戏准备

人数：不限。

时间：不限。

场地：室内。

材料：白纸、笔。

游戏步骤

参与者会在游戏开始前收到一张白纸，在主持人的提示下，参与者在白纸上针对主持人的问题写出答案，参与者可以用"是"或"否"回答提问者的问题。

1. 如果半夜里听到有人敲门，你会认为那是坏消息，或是有麻烦发生了吗？

2. 你随身带着别针或一根绳子，以防衣服或别的东西裂开了吗？

3. 你跟人打过赌吗？

4. 你曾梦想过中了彩票或继承一大笔遗产吗？

5. 出门的时候，你经常带着一把伞吗？

6. 你会用收入的大部分买保险吗？

7. 度假时你曾经没预订宾馆就出门了吗？

8. 你觉得大部分的人都很诚实吗？

9. 度假时，把家门钥匙托朋友或邻居保管，你会把贵重物品事先锁起来吗？

10. 对于新的计划你总是非常热衷吗？

11. 当朋友表示一定会还时，你会答应借钱给他吗？

12. 大家计划去野餐或烤肉时，如果下雨你仍会按原计划行动吗？

13. 在一般情况下，你信任别人吗？

14. 如果有重要的约会，你会提早出门以防塞车或别的情况发生吗？

15. 每天早上起床时，你会期待美好一天的开始吗？

16. 如果医生叫你做一次身体检查，你会怀疑自己有病吗？

17. 收到意外寄来的包裹时，你会特别开心吗？

18. 你会随心所欲地花钱，等花完以后再发愁吗？

19. 上飞机前你会买保险吗？

20. 你对未来的生活充满希望吗？

回答"是"得1分，答"否"得0分。

0~7分：你是个标准的悲观主义者，总是看到不好的那一面。身为悲观主义者，唯一的好处是你从来不往好处想，所以很少失望。然而以悲观的态度面对人生，却又有太多的不利。你随时会担心失败，因此宁愿不去尝试新的事物，尤其遇到困难时你的悲观会让你觉得人生更灰暗。解决这一问题的唯一办法，就是以积极的态度来面对每一件事和每一个人，即使偶尔会感到失望，你仍可以增加信心。

8~14分：你对人生的态度比较正常。不过你可以再乐观些，学会以积极的态度来应付人生的起伏。

15~20分：你是个标准的乐观主义者。你总是看到好的一面，将失望和困难摆到一旁，不过过分乐观也会使你掉以轻心，这样反而误事。

游戏心理分析

开朗乐观既是一种心理状态，也是一种性格品质。调查显示，开朗乐观的人不仅较为健康（如癌症罹患率明显低于悲观抑郁者），而且婚姻生活较为幸福，事业上也较易获得成功。用乐观的态度对待人生就要微笑着对待生活。无论何时，都不要忘记用自己的微笑看待一切。微笑着，你才能征服纷至沓来的厄运；微笑着，你才能将有利于自己的局面一点点打开。

38 宽 容

·游戏目的·

帮助你确定自己是否属于一个容易记仇的人。

·游戏准备·

人数：不限。

时间：不限。

场地：室内。

材料：白纸、笔。

对人宽容，对己负责，是心灵最好的保护伞！

·游戏步骤·

游戏开始前，每个参与者可以拿到一张白纸和笔，然后根据实际情况，按照提问者的问题把答案写在白纸上。只要选择"经常"、"有时"和"很少"这三个答案中的一个，并根据得分进行分析。

1.晚上躺在床上你是否会回想白天与人发生争执的情景？

2.你是否感到你在家里或学习上所付出的努力没有得到回报？

3.你是否一想起很久以前感情上的伤害就愤愤不平？

4. 你是否认为有必要对伤害你的人进行报复？

5. 你是否特别留意别人是支持你还是反对你？

6. 你能原谅对你态度很坏的人吗？

7. 你是否嘲笑或贬低与你意见不一致的人？

8. 你是否因为一点头痛、腰痛、脖子痛以及身体其他部位的无关紧要的疼痛就痛苦不安？

9. 同学或同事是否指责你过分敏感？

选择"经常"的得 3 分，选择"有时"的得 2 分，选择"很少"的得 1 分。

9~15 分：说明你是一个特别宽宏大量的人，很少因为感情上受到伤害而烦恼。由于你宽宏大量的性格，你很容易与朋友友好相处。

16~21 分：表明你既不是一个特别宽宏大量的人，也不是一个容易记仇者。当你发现自己滋长了有害的情绪时，你通常可以在它发生之前就克服它，使你不至于沉湎于无法解脱的沮丧和怀恨的情绪之中。

22~27 分：你可能是一个容易记仇的人，采取不公正的态度是你烦恼的根源。你要学会原谅别人，否则你的身心健康将受到损害。

游戏心理分析

人在社会的交往中，吃亏、被误解、受委屈的事总是不可避免地发生，面对这些，最明智的选择就是学会宽容。一个不会宽容、只知苛求别人的人，其心理往往处于紧张状态，从而导致神经兴奋、血管收缩、血压升高，使心理、生理进入恶性循环。要使自己成为一个宽宏大量的人，请记住以下几点：

想一想你和现在记恨的那个人在一起的愉快时刻，回忆一下他过去曾经对你的帮助，这将有助于你下决心消除隔阂。

别忘了当你做错事的时候，别人给你改正的机会，你也要尽量像别人那样宽以待人。

认识到怀恨只能是对自己有害，原谅他人和忘记怨恨将会使你愉快起来。

冷静地对待你记恨的人，他也许不是有意的，如果你以平静、和缓的态度处理你们之间的矛盾，问题是很可能得到解决的。

39 踩尾巴

·游戏目的·

看看自己的精神状态以及学会怎么样保持良好的精神状态。

·游戏准备·

人数：5~10 人。

时间：不限。

场地：室外。

材料：卷成条的纸，充当尾巴。

·游戏步骤·

1. 在所有参与者的裤腰带上挂上一条用纸做的尾巴，根据各人的身高，纸做的尾巴长短不一，但拴好尾巴后落地部分都是 7 厘米长。

2. 每个人既要保护自己的尾巴不被别人踩断，同时又要用脚踩断他人的尾巴（不许动手）。在踩别人尾巴时，自己的尾巴必然暴露在第三者的面前。

3. 尾巴被踩断者被淘汰出局，最后一位尾巴没有被踩断者为胜。

（由于参与者的快速跑动，拖在地面上的 7 厘米长的纸尾巴会在空中飘舞，并不着地，这给踩尾巴又制造了难题。因此，要取胜你要敏捷、机智和勇敢，还需要谨慎。在这种状态下，保持好的精神状态是不被踩到的关键。）

游戏心理分析

良好的精神状态是在游戏中取胜的关键。积极的心理状态可以给人积极的暗示，在良好状态的鼓舞下，一个人的士气就会高涨，同时，你的士气也会感染身边的人。相反，一个人的精神状态不好，他的低落情绪也会影响身边的人，使人们的情绪变得低落，这样会影响整个团队的欢乐气氛，也会影响整个团队的工作效率。

40 善用注意力

·游戏目的·

使人们懂得善用"注意力"的重要性，学会凡事都能够用积极的态度去应对。

·游戏准备·

人数：不限。

时间：5~10 分钟。

场地：会议室。

材料：一张数字图幻灯片。

天才——首先是不知疲劳、目标明确地劳动，在一定事物上集中注意力的能力。

·游戏步骤·

1. 给大家 1 分钟的时间，寻找屋子里面所有的红色，然后请大家闭上眼睛。

2. 问大家，屋子里的绿色在哪里？黑色在哪里？白色在哪里？黄色在哪里？

3. 通常，大家这时候脑子中是一片红色。

4.随后，主持人开始游戏意义的引申与提问。

 **游戏心理分析**

人在日常的生活中免不了会出现好情绪和坏情绪。情绪"病毒"就像瘟疫一样，其传播速度有时要比有形的病毒和细菌的传染还要快。如果不能很好地调节并保持情绪平稳，势必会陷入痛苦的泥潭之中。如何主宰自己的情绪，以下是专家提的几点建议：

第一，尊重规律。我们的情绪与身体内在的"生活节奏"有关。吃的食物、健康水平及精力状况，甚至一天中的不同时段都会影响我们的情绪。因此不同的时段要做不同的事情，比如早晨精力旺盛，可做相对烦琐的工作，而下午不宜处理杂事。

第二，保证睡眠。每天睡眠时间最好保持在 8 小时左右。

第三，亲近自然。

第四，经常运动。

第五，合理饮食。

第六，积极乐观。

41 通天塔

·游戏目的·

用故事激发人们的工作热情。

·游戏准备·

人数：不限，5~6 人一组。

时间：15 分钟。

场地：室内。

材料：无。

·游戏步骤·

1.主持人给大家讲述下面的故事：

人类的祖先最初讲的是同一种语言。他们在两河流域发现了一块异常肥沃的土地，于是就在那里定居下来，修起城池，建造起了繁华的巴比伦城。后来，他们的日子越过越好，人们为自己的业绩感到骄傲，他们决定在巴比伦修一座通天的高塔，来传颂自己的赫赫威名，并作为集合全天下弟兄的标记，以免分散。因为大家语言相通，同心协力，阶梯式的通天塔修建得非常顺利，很快就高耸入云。上帝得知此事，立即从天国下凡视察。上帝一看，又惊又怒，因为上帝是不允许凡人达到自己的高度的。他看到人们这样统一强大，心想："他们语言相通，同心协力，以后会不可限制。"于是，上帝决定让人世间的语言发生混乱，使人们互相言语不通。人们操起不同的语言，感情无法交流，思想很难统一，就难免出现互相猜疑的情况。人类之间的误解从此开始。修造过程因语言纷争而停止，人类的力量消失了，通天塔终于半途而废。

2. 每组分别用模型建造一座塔。第一次允许大家相互交流。

3. 第二次让大家不要说话，也不许发出任何提示性的声音，再分别建造一座模型塔，观察不同的反应。

游戏心理分析

交流可以拉近人们之间的距离，不交流人们之间就会疏远，心理也会产生隔膜。人们心理的距离需要一些言语和行为来拉近，所以，如果无法进行情感上的交流，同一件事情，在相互交流的状态下和不交流的状态下得出的结果是不一样的。人们在交际中，想要达到某一种结果，首先要保持心理上的平衡，这样才能做到彼此之间和谐的交流，事情才会更容易成功。

42 潜在忧伤

游戏目的

检测人们面对困难时的勇气以及怎样消除生活中的忧伤。

游戏准备

人数：不限。
时间：不限。
场地：室内。
材料：白纸、笔。

忧伤是一种负面情绪，但并非就是负面能量。

游戏步骤

给参与者每个人一张纸和一支笔，根据主持人提出的问题在纸板上面用"是"或"否"来回答下面的问题。

1. 你是否回忆或讲述许多过去的故事？哪怕人们都已经听了很多遍了，你还在讲同样的故事。

2. 为将来做一些具有建设性的、乐观的计划，并按照计划进行是一件困难的事吗？

3. 你是否感到你必须隐藏自己的脆弱和眼泪？

4. 你会因为一些似乎非常小或不重要的原因生气或受到伤害吗？例如，有人走路的时候意外撞到了你，你会发脾气吗？

5. 你有没有使自己感到压抑、后悔或内疚的感觉？

6. 你很容易哭吗？例如，读那些似乎和你不相关的人的故事的时候。

7. 当你身边的人无意中提到了你失去的那个人，你是否感到悲伤或不舒服？你是否避免这样的情况出现？

8. 你是否有时候被一些无缘无故出现的强烈的情绪所控制？

9. 你是不是每天都躲到自己的世界中或逃到一个幻想的世界？

回答"是"得1分，回答"否"得0分。

1~3分：每个人都不得不面对正在发生的变化。尽管这些变化对你有影响，你已经意识到了，并尽最大努力来处理，但是不要忘了在这些问题上给自己一点特别的关注。不要对你敏感的事情置之不理，在这些情况下，听听你的感觉告诉你什么：它是不是你真正需要或渴望的东西？你是不是需要时间关注一下自己的感觉，并将它们仔细地列出来？

3分以上：你遭受了损失和挫折，或许你还不能战胜这些困难。你可能勇敢地面对了一些事情，但是有没有正在忽略一些更深的感受呢？你对发生的事情感到内疚或生气吗？你认为事情不会变好或你不具备开始新生活的条件吗？你有没有一直抓住以前的损失或问题不放，而在现实中阻止自己前进？

游戏心理分析

忧伤是人们的一种心理感受。沉浸在忧伤中的人们还会引发烦躁和紧张的情绪，造成一些诸如抑郁症的心理疾病。与长期的忧伤做斗争是一件困难的事。在需要的时候向别人寻求帮助是很重要的。

1. 和别人谈谈你的失落，确信你有很多良好的社会关系，你不是孤立的。选择和你有同感并且容易交流的朋友和搭档。

2. 把自己的回忆、梦想、思考记录下来，无论什么时候你想到了一件新的事情，请给它足够的时间与空间。

3. 从你的失落中发现益处，意识到你从中得到的一些东西是非常重要的。这样做的人会重新享有幸福的感觉。

4. 给自己固定的时间反思自己的损失，这样你就能随时知道你现在是怎么想的。

5. 把你的失落写成故事，面对那些难受的情感并把它们变成文字。通过这些故事你能使自己更加从容地面对那些失去。

6. 做一些特别的、有意义的事情，当然这些事情是对已经发生的事的直接回应。

43 空虚游戏

游戏目的

时下，我们常常会听到"唉，真没劲，干什么都没意思"、"算了，就这样吧，没啥干头了"等话语，这是一种心理空虚的表现。通过游戏可以让人们了解到空虚对人们心理的危害，以及我们应该怎样面对空虚心理。

·游戏准备·

人数：不限。

时间：不限。

场地：室内。

材料：白纸、笔。

游戏步骤

参与者根据主持人的提示在自己的纸板上诚实作答，这样可以清晰地了解自己的精神状态。参与者用"是"或"否"来回答下面的测试题。

1. 不看重别人看重自己。

2. 常常想改变自己的生活方式。

3. 没什么特殊的爱好。

4. 对工作或学习感觉很痛苦。

5. 生活还好，可就是不快乐。

6. 对一切都不抱乐观的态度。

7. 经常与他人发生口角。

8. 认为各方面都有很多不如意的地方。

9. 不喜欢和别人交往。

10. 吃饭时不感到愉悦。

11. 常常因零钱少而感到不满。

12. 常常一有钱便购买想要的东西。

13. 不大喜欢单位（学校）的领导（老师）和同事（同学）。

14. 经常埋怨单位（学校）离家太远。

15. 认为无论干什么都不值得高兴。

回答"是"得0分，回答"否"得1分。

6~9分：生活充实度不够，比较空虚。对生活和工作多有不满，难以感觉到生活的乐趣。但因态度诚恳，从而表明你具有改变生活、工作现状的愿望。有这种愿望还应认真分析不满的原因，并应积极想办法解决。

9分以上：对生活工作现状满意，精神上较充实，往往生活态度乐观，充满热情。但如果答题时不够诚实，则说明对生活、工作中的种种不满被隐瞒了起来，也许你没有改变这种现状的愿望，因此很难自我改善。

游戏心理分析

空虚是一种病，是一种危害健康的心理上的疾病。它是指一个人没有追求，没有寄托，没有精神支柱，精神世界一片空白。空虚的心理，可能来自对自我缺乏正确的认识，对自己能力过低的估计，整天忧郁、思想空虚；或是因自身能力和实际处境不同步，常常感到无奈、沮丧、空虚；或是对社会现实和人生价值存在错误的认识，以偏概全地评价某一社会现象或事物，当社会责任与个人利益发生冲突时，过分地讲求个人的得失，一旦个人要求得不到满足，就心怀不满，"万念俱灰"；或是因退休、下岗、失恋、工作挫折、投资失误、经济拮据等导致失落困惑感。

 44 幸福人

游戏目的

幸福是一种感觉，是一种超脱世俗的美好感觉，满足、快乐、健康等都是幸福。通过游戏看看幸福的真正含义。

游戏准备

人数：不限。
时间：不限。
场地：室内。
材料：白纸、笔。

幸福总是在比较中得出。

游戏步骤

游戏开始前，主持人会给每个人发一张白纸，根据主持人提出的问题，人们在白纸上根据自己的实际情况，用"是"、"否"或"不确定"来判断下列说法。

*1. 当我年龄增长时，我发现事情似乎要比原先想象的好。

*2. 与认识的多数人相比，我更好地把握了生活中的机遇。

3. 现在是我一生中最沉闷的时期。

4. 回顾以往，我有许多想得到的东西均未得到。

5. 我的生活原本应该有更好的时光。

*6. 即使能改变我的过去，我也不愿有所改变。

7. 我所做的事大多是令人厌烦和单调乏味的。

*8. 我估计最近能遇到一些有趣而令人愉快的事。

*9. 我现在做的事和以前一样有意思。

10. 我感到自己老了，有些累了。

*11. 回首往事，我相当满足。

12. 与同龄人相比，我曾做出过更多的愚蠢决定。

*13. 现在是我一生中最美好的时光。

*14. 我感到自己确实老了，但我并不为此感到烦恼。

*15. 与同龄人相比，我的外表更年轻。

*16. 我已经为一个月甚至一年后该做的事制订了计划。

17. 与其他人相比，我惨遭的失败次数太多了。

*18. 我在生活中得到了相当多的我所期望的东西。

19. 不管人们怎么说，许多普通人是越过越糟，而不是越过越好。

*20. 我现在和年少时一样幸福。

带＊号的题，如果答"是"得2分，"不确定"得1分，"否"得0分；反之，不带＊号的题，如果答"是"得0分，"不确定"得1分，"否"得2分。将各题得分累加，算出自己的总得分。

0~7分：你的生活满意度极差，在生活中你无法获得幸福感，你很有必要找个思想成熟的人或心理专家为自己把把脉，重新勾画和设计一下自己的生活蓝图，调整一下自己的生活方式，以期让日子过得好起来。

8~15分：你的生活幸福感较差，日子过得不怎么样，这让你容易沮丧，情绪低落。你不妨检讨一下自己的观念，看看是不是目标太高，过分追求完美。

16~34分：你的生活状态一般，有喜有忧的日子使你和多数人一样。

35~40分：你有相当高的生活满意度指数。你不一定就是富人或有地位的人，但你的心态很好，一个人能感到幸福是件不容易的事，"知足常乐"是你信守的生活准则。

游戏心理分析

幸福是心理状况得到满足并希望这种状况得到满足的状态。如何才能拥有幸福呢？试着做到以下几点，就能使你倍感幸福：

克服虚荣心理。做到自尊自重，绝不能为了一时的心理满足，不惜用人格来换取浮华的东西。物质生活再富足，也无法弥补心灵的空洞。

正确对待舆论。他人的评论不应当影响自己的情绪，在冷言冷语中，最可贵的便是自信自强，不为所动。不用在意别人拥有多少，关键是看清自己拥有多少。

不为失去烦恼。失去的也许无法挽回，不必大惊小怪，耿耿于怀。一味地伤感于事无补，人生中还有更重要的事，调整心态去面对失去，想想自己拥有的。

抛弃完美主义。用完美主义指导人生，就会终日沉湎于自我嫌弃和挑剔他人中，无法享受生活的快乐。与其空谈完美，不如踏实地努力，抓住自己能够得到的东西。

立刻停止抱怨。一个愁眉苦脸、唠唠叨叨的女人不仅毫无女性的美感可言，还会令身边所有人望而生厌。抱怨会让青春可人的女人提前进入衰老期。

45 大树与松鼠

游戏目的

本游戏可以调节气氛，缓解人们的疲劳。

◆游戏准备◆

人数：不限。

时间：5~10分钟。

场地：不限。

材料：无。

◆游戏步骤◆

1. 3人一组，2人扮大树，面对对方，伸出双手搭成一个圆圈；1人扮松鼠，站在圆圈中间。主持人或其他没成对的人们担任临时人员。

2. 主持人喊"松鼠"，"大树"不动，扮演松鼠的人就必须离开原来的"大树"，重新选择其他的"大树"，主持人或临时人员就临时扮演松鼠并插到"大树"当中，落单的人应表演节目。

3. 主持人喊"大树"，"松鼠"不动，扮演大树的人就必须离开原先的同伴，重新组合成一对"大树"，并圈住"松鼠"，主持人或临时人员就应临时扮演大树，落单的人应表演节目。

4. 主持人喊"地震"，扮演大树和松鼠的人全部打散并重新组合，扮演大树的人也可扮演松鼠，松鼠也可扮演大树，主持人或其他没成对的人亦插入队伍当中，落单的人表演节目。

🎩 游戏心理分析

工作、休闲应该合理搭配，不能忙时累个半死，闲时又闲得让人受不了。可以隔三岔五地安排一个小节目，比如雨中散步、周末郊游、烛光晚餐等。适时地忙里偷闲，可以让人从烦躁、疲惫中及时摆脱出来，从而获得内心的平静和安详。

要养成一种松弛有道的习惯，以最佳的精神状态应对工作，当你进行每天的工作时，就会获得一种放松的状态，更加理性、有激情。每天默默对自己说几次："我觉得愈来愈放松。"你会惊奇地发现这样不仅能大大缓解你的疲乏，还会提高你的办事效率，更由于经常放松，你就可以清除这些干扰你的忧心、紧张和焦虑了。

46 一杯水的重量

◆游戏目的◆

使人们学会管理压力，在适当的时候放松一下自己，才能更好地面对压力。

◆游戏准备◆

人数：不限。

时间：5~10分钟。

场地：宽敞的会议室。

材料：纸杯和水。

·游戏步骤·

1. 主持人举起一杯水，问大家："各位认为这杯水有多重？"

2. 大家的回答可能各种各样。

3. 这时主持人继续说："这杯水的重要并不重要，重要的是你能举多久。"

游戏心理分析

这个游戏中这杯水的重量是不变的，但你举得越久，就越觉得沉重。这就像日常生活与工作中我们承担的压力，如果一直把压力放在身上，到最后就会觉得压力越来越重，难以承担。我们必须做的就是放下这杯水，休息一下，然后再举起水杯，这样才可以举更久。对待压力是同样的道理。

压力是心理压力源和心理压力反应共同构成的一种认知和行为体验过程。生活中许多状态可以通过对人的生理及心理的微妙作用影响人的心理健康。压力越大，心理负担越大，人们的承受力也需要跟着改变。

第四章

智商测试：给你的智商打打分

47 头脑风暴

游戏目的

1. 练习创造性地解决问题。

2. 启发和引导人们的创造性思维。

游戏准备

人数：20人左右。

时间：10分钟。

场地：教室。

材料：回形针、可移动的桌椅。

游戏步骤

1. 进行头脑风暴的演练。头脑风暴的基本准则是：

（1）不提出任何批评意见。

（2）欢迎异想天开。

（3）要求的是数量而不是质量。

（4）寻求各种想法的组合和改进。

2. 将全体人员分成每组4~6人的若干小组。

3. 他们的任务是在60秒内尽可能多地想出回形针的用途。

4. 每组指定一人负责记录想法的数量，而不是想法本身。

5. 1分钟之后，请各组汇报他们所想到的主意的数量，然后举出其中"最疯狂的"或"最激进的"主意。

游戏心理分析

创造力是开创和发展自己事业的一种良好的个性心理条件。它与一般能力的区别在于它的新颖性和独创性。现在已经有名目繁多的心理游戏来测量个体的创造力，而这种游戏只是对创造成就的一般预测。

头脑风暴法是一种智力激励法，也是一种创造能力的集体训练法。头脑风暴中，人们的观点应该建立在其他参与者的观点之上，这种做法唯一的一个目的是为后面的分析得到尽可能多的观点。在众多的观点提出后，人们会得到一些非常有用的价值。在这个自由思考的环境，头脑风暴会帮助促进产生那些突破普通思考方式的激进的新观点。

48 小虫罗斯的故事

游戏目的

训练想象力。

游戏准备

人数：不限。

时间：10分钟。

场地：不限。

材料：小虫罗斯的介绍。

游戏步骤

1. 给大家讲述一下小虫罗斯的故事。

小虫罗斯是一只虚构的且有点奇怪的虫子。在它的世界里，它有如下的能力和局限：

（1）它的世界是扁平的。

（2）它只能跳。

（3）它不能够向后转。

（4）它每一跳的距离不会少于2~5厘米，也不会多于150米。

（5）它只能够正对着北、南、东和西方向跳，而不能斜着跳（如东南、西北）。

（6）在天气不错的时候，它每一跳的平均距离是4米。

（7）没有其他生物能够帮助它。

（8）一旦开始朝一个方向跳，它必须在相同的方向上连跳四次才能够跳到另一个方向上。

（9）它完全依赖于它的主人给它提供的食物。

2. 让他们独自或是一起解决问题。然后，引导团队对这个游戏进行讨论。

问题：

罗斯在做完必需的锻炼时，已经跳遍了所有的地方。事实上，它已经非常饿了，但它感到非常高兴的是，它的主人在它西面1米远的地方放了一大堆食物。罗斯想得到食物，而且想快点得到。当它看到这些诱人的食物后，它停住了，一动不动（它正面向北方）。在经过了锻炼之后，它非常饿，同时也很虚弱，因此它想尽可能快地得到食物，而且要用最少的跳跃次数（起跳的时候，它腿部的弹跳力花去了它的大部分力气）。在简短地了解了情况之后，它意识到它不能够一下子正好跳到西边。突然，它大叫一声："有了！我只要跳四次就能得到食物了！"

你的任务：

接受罗斯是一只聪明虫子这个事实，并相信它的结论是完全正确的。为什么罗斯跳四次后，正好使它花费最小的力气得到食物？描述一下罗斯得到这个结果的具体情况。

 **游戏心理分析**

想象是一种特殊的思维方式，也是人们对外在事物加工的一种心理过程。它是人类特有的对客观世界的一种反映形式。人们通过想象打开了自己的思维空间，也打开了人们的思路。正是有了无穷的想象力，人们的思维才不会枯竭。想象是人们智商和思维的一种挑战，不断地挑战自我，思维才能够有飞跃。

49 案情推理

游戏目的

如何根据有限的线索与背景资料分析出事件的因果关系。

游戏准备

人数：不限。

时间：20分钟。

场地：不限。

材料：无

想做超人，靠能力而不能靠斗篷。

游戏步骤

1. 给大家讲述一个案情：一个男人，走到河边的一个小木屋，同一个陌生人交谈以后，就跳到河里死了（具体案情见附件）。

2. 人们只可以通过问封闭性问题的方式去判断案情的起因。

3. 主持人只负责回答人们的问题，且只能说"是"或"不是"。

4. 5分钟后结束。

 **游戏心理分析**

分析能力是一种可以把一个看似复杂的问题,经过理性思维的梳理,变得简单化、规律化,从而轻松、顺畅地解答出来的能力。分析能力的高低还是一个人智力水平的体现。分析能力是先天的,但在很大程度上取决于后天的训练。在工作和生活中,

我们经常会遇到一些事情、一些难题，分析能力较差的人，往往思来想去不得其解，以致束手无策；反之，分析能力强的人，往往能自如地应对一切难题。

50 在细节中学习

游戏目的

通过游戏看看人们的逻辑思维和判断能力，同时也给人们一些关于提高学习能力方法上的启示。

游戏准备

人数：个人完成。

时间：3分钟。

场地：不限。

材料：无。

游戏步骤

1. 有两个房间，一间房里有三盏灯，另一间房有控制着三盏灯的三个开关。这两个房间是分开的，从一间里不能看到另一间的情况。

2. 现在要求参与者分别进这两房间一次，然后判断出这三盏灯分别是由哪个开关控制的。

答　案

先走进有开关的房间，将三个开关编号为1、2、3。将开关1打开5分钟，然后关闭，然后打开2。最后走到另一个房间，即可辨别出正亮着的灯是由2开关控制的。再用手摸另两个灯泡，发热的是由开关1控制的，另一个就一定是开关3了。

游戏心理分析

许多时候我们看问题要调整思维，换个角度，另辟蹊径，这样不但可以替自己打圆场，还能为你的言行平添几分雅趣。这就要靠你的应变能力了，而这种能力又是靠平时培养出来的。因此，要学会多角度分析问题，举一反三，旁征博引。

51 巧取乒乓球

游戏目的

1. 倡导多角度思考问题。

2. 展示同心协力的益处。

人数：不限，6人一组。

时间：20分钟。

场地：户外。

材料：一截竹筒（长约30厘米，内径约大于一个乒乓球的直径）、一个乒乓球、一团绳子、一小瓶蜂蜜、一听未开封的软饮料、2卷卫生纸、一瓶未开封的酒、2个瓷杯。

游戏步骤

1. 将乒乓球放进竹筒，每组成员尽量想出多种办法取出乒乓球，但不能破坏乒乓球、竹筒，也不能破坏地面，只能利用上述材料完成任务。

2. 想出办法最多的小组即为获胜者。

游戏心理分析

逻辑思维能力是指正确、合理思考的能力，即对事物进行观察、比较、分析、综合、抽象、概括、判断、推理的能力，采用科学的逻辑方法，准确而有条理地表达自己思维过程的能力。逻辑思维能力可以考察一个人的判断力、思考力等。如何提高自己的逻辑思维能力呢？

灵活使用逻辑。有逻辑思维能力不等于能解决较难的问题，仅就逻辑而言，有使用技巧问题。熟能生巧，平时多做练习。例如，在头脑中练习简单的数学计算问题，阅读包括科学和新闻的报纸杂志。

参与辩论。思想在辩论中产生，包括自己和自己辩论。

敢于质疑。包括权威结论和个人结论，如果逻辑上明显解释不通时要敢于质疑。

52 印泥作画

游戏目的

鼓励人们使用他们右脑思考问题，让人们体会右脑在学习中的作用。

游戏准备

人数：不限。

时间：不限。

场地：室内。

材料：印泥、白纸。

游戏步骤

1. 几个人共同使用一盒印泥。请个人把他们的拇指按在印泥上，然后把他们的拇指印在白纸上。

2.用拇指印作画（例如，臭虫、轿车、宇宙、碟等）。

3.让人们彼此交换作品，分享各自的创意。

 游戏心理分析

大脑分为左右两个半球，左半球称为左脑，右半球就称为右脑，它们主管的功能有区别。

右脑是感性直观思维，这种思维不需要语言的参加，掌管音乐、美术、立体感觉等。而左脑是抽象概括思维，这种思维必须借助于语言和其他符号系统，主管说话、写字、计算、分析等。例如，成人严重中风，如果病变发生在左脑，往往会造成失语症，出现部分或完全丧失语言能力，但他却有意识，能够理解别人说的话，只是不能用语言来表达自己的思想。

左脑和右脑的这种优势不是先天就形成的，它与后天的劳动是分不开的。大多数主要用右手的人的左脑具有言语优势功能，即听、说、读、写的语言能力高度发达。主要用左手的人的右脑具有非言语优势功能，各种感知高度发达，善于形象思维。左右脑虽然具有各自不同的主要功能，但它们在"工作"时是不能截然分开的，它们互相协助，共同反映客观事物。

53 应答自如

游戏目的

在压力下，看看人们的应变能力。

游戏准备

人数：不限。

时间：不限。

场地：不限。

材料：无。

游戏步骤

1.将所有人分成4人一组，在组内任意确定组员的发言顺序，两个组构成一个大组进行游戏。

2.让小组确定的第一个发言者出来，对着另一个组喊出任何经过他脑子的词，比如，姐姐、鸭子、蓝天等任何词。

3.另一个小组的第一个发言者必须对这些词进行回应，比如，哥哥、小鸡、白云等。

4.发言者必须持续地喊，直到他不能想出任何词为止，一旦发现自己在说"哦，嗯，哦……"就宣告失败，回到座位上，换小组的下一位上。

5.哪个小组能坚持到最后，哪个小组获胜。

游戏心理分析

这种给大脑巨大压力的做法对于你思考问题是否有帮助？你会发现在大脑短路的同时，你可能会有了一些以前连想都没想过的想法，而说不定就是这些想法可以帮助你更好地解决问题。解决问题是大脑应对问题的一种策略。人们只有开动自己的大脑，才能在最短的时间内找到问题的症结，这样就能很快地把问题解决掉。

54 预测后果

游戏目的

在游戏中通过推断看看人们预测未知事情的能力。

游戏准备

人数：不限。

时间：不限。

场地：不限。

材料：无。

游戏步骤

游戏组织者举例向大家说明游戏步骤：

如果太平洋的水位在 10 天之内涨高 100 米，将会出现什么样的后果？

可能出现的后果有：

（1）陆地减少，地价暴涨。

（2）耕地减少了，全世界的粮食会严重短缺。

（3）海边的许多城市将被淹没。

（4）人类将更加重视研究开发利用海水。

（5）世界许多港口将被淹没。

......

其实有很多不固定的答案。大家开动脑筋，看看你的预测能力如何？

游戏开始，请大家预测如果出现下面的情况，结果会怎么样？

（1）如果动物比人聪明，会出现什么样的后果？

（2）如果没有了白天，会出现什么样的后果？

（3）如果水往高处流，会出现什么样的后果？

（4）如果地球失去了引力，会出现什么样的后果？

（5）如果汽车和自行车的价格一样，会出现什么样的后果？

游戏心理分析

这是一个很有趣的游戏——一种不可能出现的假设，突然出现了，然后要求你预测其后果。游戏没有固定的答案，只要你敢想，什么可能都有，当然前提是答案要相对合理。其实，每件事情的后果我们是无法预料的，可是，我们可以凭着我们的推断能力和思考力做出一些预料和推测。这也是一种能力的体现。

55 巧接故事

游戏目的

想象是一种特殊的思维方式，在这个游戏中人们可以充分发挥自己的想象力，开动自己的思维能力。

游戏准备

人数：不限。

时间：不限。

场地：不限。

材料：一张纸和一支笔。

游戏步骤

游戏组织者举例向大家说明游戏步骤：

为下面的幽默故事写一个结尾。

法拉第是电动机的发明者，他也被人们称为"现代科学之父"。但是在法拉第时代，很多人不明白发明电动机有什么用，甚至有人认为法拉第是"邪人"、"疯子"。有一次法拉第正在演说，一个人突然站起来对他喊道："你疯啦，你弄的那鬼东西有什么用？"

法拉第没有和他争辩，而是对听众说："……"

答：法拉第对听众说："这个问题大家都知道！还有哪个疯子能提出这样的问题——'婴儿有什么用？'"

答案有很多，当大家已经理解了这种游戏的要领，就让大家续写下面的寓言的结尾了。

1. 借驴

一天，一个朋友来找张力说："张力，我想借你的驴。""对不起，"张力说，"我已经借给别人了。"可是他的话音还没落，他的驴就叫了起来。"张力，我听见驴叫了，它就在你家圈着。"张力关上门，冲着他的朋友高傲地说："……"

2. 秘诀

爷爷：记住，孩子，成功需要诚实和智慧。

孙子：诚实和智慧？那什么是诚实呢？

爷爷：诚实就是要信守诺言。

孙子：那什么是智慧呢？

爷爷：……

3. 狮子

有一次狮子吃了一头野猪，走到湖边去喝水，突然看见自己的倒影，满嘴是血，样子十分难看。

于是狮子……

 **游戏心理分析**

这是一个培养人们的创造力和想象力的游戏。人们在游戏中可以充分发挥自己的想象力，释放自己的思维能量。人们的视野得到开阔，思维也会变得活跃，这样才能将自己的潜能最大化。保持自己的好奇心也是发挥想象力的重要条件。

56 玩转文字

游戏目的

这是一个开发人们智力和想象力的游戏。

游戏准备

人数：不限，4人一组。

时间：不限。

场地：不限。

材料：随意写着各种词汇的小纸条，词汇包括各种名词、动词、形容词、量词等，还有一些平时不大常见的事物、不常经历的场景和不常做的活动等，几个盘子。

游戏步骤

1. 随机造句

将写着词的纸条折好，按形容词、名词、动词、量词、名词的顺序分别放在不同的盘子里。

参加游戏的人每人依次去每一个盘子里分别取一张纸条。

根据顺序读出由随机抽取的词组成的句子，可能很滑稽，如："灵活的奶牛编织窗子"。每个参与者都会想象这样一个奇怪的情景，会捧腹大笑，也会记住那些画面，有更多离奇的想法。

2. 随机编故事

将写着名称、场景和活动的词语的各类纸条放在不同的盘子里。

参加游戏的人每人随机取三张不同类的纸条。

给五分钟的时间，每人根据三个词编一个故事，要求情节完整流畅、表达清楚、合乎语法逻辑。这个过程是很难的创造过程，要在三个可能看起来一点关系也没有的词之间建立一种联系，没有丰富的想象力是不可能的。

游戏心理分析

智力是人们在认识过程中所形成的比较稳定的、能确保认识活动有效进行和发展人脑聪明智能功能的心理特征的综合。它具体表现为注意力、记忆力、思维能力、想象力、创造力等几个方面，是它们有机结合而成的。在此我们应先明白一个观点：头脑是控制人类心理活动的枢纽，所有的心理特征实际上都是有关头脑的特征，而人的智力是控制和调节各种心理活动的关键。

57 迷宫探宝

游戏目的

这个游戏可以开发人们的创新能力和思考能力。人们在游戏中可以发挥自己的创新能力，将自己的创新思维淋漓尽致地展现出来。

游戏准备

人数：不限。

时间：不限。

场地：不限。

材料：选择一个有大落地镜子的场地，准备好制作一个复杂的迷宫所需的材料：任何能移动的有固定形状的物体，如凳子、椅子、桌子、垫子、积木、饼干筒、脸盆、锅、书等，一些小礼物。

游戏步骤

将参与者分成两人一组，一人制作迷宫，一人迷宫探宝。两人轮流交换。

1. 制作迷宫

用积木组成一个正方形或其他形状的圈，在相对的两条边上各留出一个口，分别作为出口、入口；在圈内再排一个圈，不留口，圈间的甬道里放一个球或其他障碍物，这是最简单的迷宫；在圈上开两个口，在甬道里再放一个障碍物，难度就增加了，障碍物和口的位置决定了迷宫的水平；在圈上开三个口，在甬道里放两个或三个障碍物，具体位置是可以随意安放的，不过最好的迷宫是每个开口和每个障碍物都会经过；再增加一个圈，难度更大了。

就这样，用增加圈数、开口数和障碍物的数量，设计开口和障碍物的位置来控制迷宫的难度。在这个过程中，参与者的创造力和空间想象得到很好地发挥。

在迷宫的甬道中放置一些如水果、糖、笔、粘贴纸等的小礼物，不一定是在可行的甬道上，可随机分布。

2. 迷宫探宝

迷宫制作完成后，让探宝者看着大落地镜子中的迷宫穿越。镜子中的图像与现实中的正好左右颠倒，需要做一些空间旋转思维活动才能完成这个游戏。穿越过程中有小礼物就捡起来。

迷宫的基本原理是：从起点到终点之间有一个圆、正方形或其他什么形状，圈中又有几重圈，各个圈有几个开口，圈与圈之间的通道上不规则地分布着一些障碍，使得穿过的人不能随意通行，必须找到避开障碍的路径。制作迷宫的人则应努力增加难度。

如果参与者在制作迷宫时总是重复某个策略，如总是逢口右转，组织者要有意识地提示，既安排向右转的路径，又安排向左转的路径。这样可以更好地发挥创造力。

游戏心理分析

创造力，是人类特有的一种综合性本领。一个人的创造力是知识、智力、能力及优良的个性品质等多种因素综合优化构成的。创造力是指产生新思想，发现和创造新事物的能力。它是成功地完成某种创造性活动所必需的心理品质。创造力的发挥也是人们新思想的一种散发，人们在新的思维中可以发现一些常规思维看不到和想不到的。

58 海盗分金

游戏目的

看看人们的推理能力。

游戏准备

人数：不限。

时间：不限。

场地：不限。

材料：无。

游戏步骤

1. 组织者给大家讲故事：

10 名海盗抢得了窖藏的 100 块金子，并打算瓜分这些战利品。这是一些讲民主的海盗（当然是他们自己特有的民主），他们的习惯是按下面的方式进行分配：最厉害的一名海盗提出分配方案，然后所有的海盗（包括提出方案者本人）就此方案进行表决。如果 50% 或更多的海盗赞同此方案，此方案就获得通过并据此分配战利品。否则提出方案的海盗将被扔到海里，然后下一位提名最厉害的海盗又重复上述过程。

所有的海盗都乐于看到他们的一位同伙被扔进海里，不过，如果让他们选择的话，他们还是宁可得一笔现金。他们当然也不愿意自己被扔到海里。所有的海盗都是有理性的，而且知道其他的海盗也是有理性的。此外，没有两名海盗是同等厉害的——这些海盗按照完全由上到下的等级排好了座次，并且每个人都清楚自己和其他所有人的等级。

这些金块不能再分，也不允许几名海盗共有金块，因为任何海盗都不相信他的同伙会遵守关于共享金块的安排。这是一伙每个人都只为自己打算的海盗。

2.参与者根据上面的提示分析：最厉害的一名海盗应当提出什么样的分配方案才能使他获得最多的金子呢？

分析所有这类策略游戏的奥妙就在于应当从结尾出发倒推回去。游戏结束时，你容易知道何种决策有利和何种决策不利。确定了这一点后，你就可以把它用到倒数第2次决策上，依此类推。如果从游戏的开头出发进行分析，那是走不了多远的。其原因在于，所有的战略决策都是要确定："如果我这样做，那么下一个人会怎样做？"因此在你以下的海盗所做的决定对你来说是重要的，而在你之前的海盗所做的决定并不重要，因为你反正对这些决定也无能为力了。

记住了这一点，就可以知道我们的出发点应当是游戏进行到只剩两名海盗（即1号和2号）的时候。这时最厉害的海盗是2号，而他的最佳分配方案是一目了然的：100块金子全归他一人所有，1号海盗什么也得不到。由于他自己肯定为这个方案投赞成票，这样就占了总数的50%，因此方案获得通过。

现在加上3号海盗。1号海盗知道，如果3号的方案被否决，那么最后将只剩2个海盗，而1号将肯定一无所获——此外，3号也明白1号了解这一形势。因此，只要3号的分配方案给1号一点甜头使他不至于空手而归，那么不论3号提出什么样的分配方案，1号都将投赞成票。因此3号需要分出尽可能少的一点金子来贿赂1号海盗，这样就有了下面的分配方案：3号海盗分得99块金子，2号海盗一无所获，1号海盗得1块金子。

4号海盗的策略也差不多。他需要有50%的支持票，因此同3号一样也需再找一人做同党。他可以给同党的最低贿赂是1块金子，而他可以用这块金子来收买2号海盗。因为如果4号被否决而3号得以通过，则2号将一文不名。因此，4号的分配方案应是：99块金子归自己，3号一块也得不到，2号得1块金子，1号也是一块也得不到。

5号海盗的策略稍有不同。他需要收买另两名海盗，因此至少得用2块金子来贿赂，才能使自己的方案得到采纳。他的分配方案应该是：98块金子归自己，1块金子给3号，1块金子给1号。

这一分析过程可以照着上述思路继续进行下去。每个分配方案都是唯一确定的，它可以使提出该方案的海盗获得尽可能多的金子，同时又保证该方案肯定能通过。照这一模式进行下去，10号海盗提出的方案将是96块金子归他所有，其他编号为偶数的海盗各得1块金子，而编号为奇数的海盗则什么也得不到。这就解决了10名海盗的分配难题。

为方便起见，我们按照这些海盗的怯懦程度来给他们编号。最怯懦的海盗为 1 号海盗，次怯懦的海盗为 2 号海盗，依此类推。这样最厉害的海盗就应当得到最大的编号，在这样的编号提示下大家开始思考吧……

游戏心理分析

逻辑推理能力是以敏锐的思考分析、快捷的反应、迅速地掌握问题的核心，在最短时间内做出合理正确的选择。逻辑推理需要雄厚的知识积累，这样才能为每一步推理提供充分的依据。

逻辑思维有较强的灵活性和开发性，发挥想象对逻辑推理能力的提高有很大的促进作用。很多问题，根据我们的推理能力，认真分析，我们可以找到最好的解决方案。每一个问题都会有一个解决方案，有的问题不只是一个答案，不同的角度解决问题的方法就会不同。

59 快速记词

游戏目的

转换人们的思维模式。

游戏准备

人数：不限。

时间：不限。

场地：不限。

材料：每人准备一支铅笔和一张白纸。

游戏步骤

游戏组织者把下面的词语写在黑板上，参与者用 5 分钟时间，按顺序记忆下列词语，然后把它们写在纸上。看谁又快又对。

桌子、云朵、坦克、铅笔、大树、看戏、开水、气球、母牛、说话、自习、武术、百货大楼、公路、怪物、房间、大炮、校园、美国、暖气。

如果死记硬背，5 分钟内要按顺序记下 20 个独立的词语，确实有些难度，那么，让我们用联想记忆法试试，体会一下，可将这些词联想为：自己吃饭的桌子突然变成了七彩云朵，托起了坦克，飞过之处落下了许多铅笔，到地上变成了大树，坐在大树上看戏，口渴了，想喝开水，拽着气球飘下树，正落到一头母牛身上，母牛说话了，让你快去上自习，自习课上教了武术，使你一下跳上百货大楼楼顶，不知什么时候，楼顶修成了公路，公路上跑来一只怪物，托着你的房间往大炮里送，要打通校园地面连接美国的暖气。怎么样，轻松多了吧？

游戏心理分析

如果一个办法行不通，我们可以转换自己的思维方式，换一种方法，或许你会发现问题没有想象中的难。人们的思维都有惯性，固守一种思维模式会让我们的思维停滞在某一点。思维和逻辑必须灵活而且多变，这样才能找到解决问题的最佳方案，同时也能找到最简便的方案。

60 硬币"跳舞"

·游戏目的·

看看你的实践能力。

·游戏准备·

人数：不限。

时间：不限。

场地：不限。

材料：准备一枚五分硬币，一只小口的玻璃空瓶（可用汽水瓶、牛奶瓶或合适的药水瓶），要求瓶口稍小于硬币。

·游戏步骤·

先在瓶口边缘上滴几滴水，小心地把硬币盖在瓶口上，并刚好封住。现在，把你的双手捂住这只空瓶。如果想表演"露一手"，可以夸张地做出挤压瓶子的动作。不一会儿，瓶口的硬币就一跳一跳，好像是你挤出瓶里的空气，使硬币跳起舞来。

要让这个实验成功，得注意以下事项：

（1）在气温较低时，可以先把双手在热水里浸一下，或者将手心不断对搓，提高手温。

（2）当气温较高时，若先把瓶子放在冰箱的冷藏室里冷却一下，成功就更有把握了。

游戏心理分析

硬币怎么会在瓶口上"跳舞"呢？其实，任何人都不至于力气大得能挤得扁玻璃瓶，再说玻璃瓶要真能挤得动，也就碎了。"硬币跳舞"的真正原因，是你手上的热量把瓶里的空气焐热了，热空气膨胀，瓶内空气压强增大，一次次地顶开瓶口的硬币，放出一部分空气。甚至当你的手离开瓶子后，硬币还会跳上几次。

实践能力是人类自觉自我的一切行为。科学的原理以大量的实践为基础，故其正确性为实验所检验与确定。从科学的原理出发，可以推衍出各种具体的定理、命题等，从而对进一步实践起指导作用。在这个游戏中，你可以让理论变成现实，只有你有动手动脑的能力。开动自己的脑筋，让思维旋转起来，你会发现生活中处处都是理论，到处都有实践。

61 积木对抗

游戏目的

这是一个激发人们创新力的游戏，人们在游戏中可以创造性地发挥自己的智慧。

游戏准备

人数：不限。

时间：不限。

场地：不限。

材料：规格不等的积木一堆。

游戏步骤

将参与者分成两人一组，每组发给一堆积木。

（1）两人轮流你拿一块、我拿一块，选择积木，然后一人搭一堆，看看谁的塔高？倒掉了要从头开始，所以尽量不要中途倒掉。因为积木大小不一样，要选择大的、竖立的积木以使高度快速增加，如，一块圆柱形积木竖立起来比一块方积木高，但下一块放上去就难一点，由于难度增加，倒掉的机会也就增加，双方要做出是否冒险的选择。

（2）两人共同搭积木。搭的过程中，一方面保证自己的一块放上去，还要考虑后面可以继续搭上去，同时要增加另一方放下一块积木时的难度。谁的积木放上去，搭好的积木倒了，谁就输了。这需要能很好地掌握空间概念，在摇摇欲坠的时候怎样放上一块才能恢复平衡？在平衡的时候怎样制造不平衡？

（3）摩天51。这是一套清水积木，长约5厘米的积木共51块，很流行。一人先将51块积木垒成一个柱体，每层6块，相邻两层方向垂直。然后两人轮流从下面抽出一块放在最上面，注意不要让它倒下来，要轻轻地抽出被压住的积木而不碰动其他积木。最后的结果是每层都只剩下一个积木，游戏就成功了。如果中间倒了，就要从头再来。

游戏心理分析

积木的玩法很多，可以单独玩，也可以一起玩。积木游戏可以很好地激发青少年的创造力。激励通过外部刺激来唤起人的需要，诱发和引导人的动机，并按照激励者的意图产生行动的一种方式或手段。以下的激励方法，是生活中经常使用的。

榜样激励。通过具有典型性的人和事，营造典型示范效应，让人们明白提倡或反对什么思想、作风和行为，鼓励人们学先进、帮后进。要善于及时发现典型、总结典型、运用典型。

集体荣誉激励。通过给予集体荣誉，培养集体意识，从而使集体产生自豪感和光荣感，形成自觉维护集体荣誉的力量。各种管理和奖励制度，要有利于集体意识的形成，以形成竞争合力。

数据激励。用数据显示成绩和贡献，能更有可比性和说服力地激励人们的进取心。对能够定量考核的各种指标，都要尽可能地进行定量考核，并定期公布考核结果，这样可使员工明确差距，迎头赶上。

行为激励。一个好的行为能给人们带来信心和力量，激励人们朝着既定的目标前进。这种好的行为所带来的影响力，有权力性的和非权力性的，而激励效应和作用更多的来自非权力性因素，包括品德、学识、经历、技能等方面，而严于律己、率先垂范、以身作则等，是产生影响力和激励效应的主要方面。

62 "盲人"指挥

· 游戏目的 ·

从概率中看随机现象。

· 游戏准备 ·

人数：不限。

时间：不限。

场地：不限。

材料：桌子、三枚硬币。

· 游戏步骤 ·

将参与者分成两人一组。甲背对桌子站立，乙在桌上将三枚硬币放成一排，正面还是反面向上是任意的，只是不能三枚都正面向上或者都反面向上。

甲不能看硬币，只能口授"将第几枚翻身"的指令，由乙来执行。甲的目标是使三枚都正面向上或者都反面向上。乙每次都报告甲是否达到最终目标了，其他就什么都不说。

显然，甲第一次指令取得成功的可能性是1/3。现在请你设计一种最佳方案（如，先翻第几枚，再翻第几枚），使得你在第二次（或第二次后）成功的概率尽可能大。如果遵循你的最佳方案，至少在几次后就可以确保对任何初始情况都可成功？

在你不知道"初始情况是什么"的条件下，通用的最佳方案是：先任意指一币翻身；如不成功，再另翻一币；再不成功，将第一次翻过身的那枚硬币再翻回来。这样三次就可以确保成功。

可以针对六种可能的初始情况：（1）正正反；（2）正反正；（3）正反反；（4）反正正；（5）反正反；（6）反反正。分别试一试。

你会发现：如按最佳步骤（为讨论方便起见假设先翻第一枚，再翻第二枚），在第一次，对（3）与（4）这两种初始情况都可成功。在第二次，对（1）与（6）都可成功。而在第三次，则对余下的（2）与（5）都可成功。

游戏心理分析

随机现象是指事前不可预言的现象，即在相同条件下重复进行试验，每次结果未必相同，或知道事物过去的状况，但未来的发展却不能完全肯定。

概率是对随机现象发生可能性的一种度量，它不仅是一件事情出现的频率的表现，也是人们根据事物的发展规律和经验做出的一种总结性结论。善于利用概率，就会发现解决问题的方法会便捷很多。事物的发展总会存在一些规律，善于利用规律，事情也会得到更好的解决。

63 防水纱布

游戏目的

发挥人们的思考力，让人们的智力在游戏中得到充分发挥。

游戏准备

人数：不限。
时间：不限。
场地：不限。
材料：准备一个瓶子，一块纱布，一根细绳或一根皮筋。

游戏步骤

纱布能防水吗？这个问题很简单，但是，并不是每个人都能正确回答上来。看上去，纱布织得那么疏漏，网眼又多又大，要想用它来"防水"，恐怕办不到。让参与者来试试。先找来一个瓶子，在里面灌上一瓶水，然后用纱布蒙在瓶口，用细绳或皮筋把纱布紧紧扎在瓶口。这时，大家把瓶子倒过来试试看，瓶里的水会不会流出来。结果，水并不往外冒——纱布能"防水"，它把水堵在瓶子里，一滴也没流出来。

这是什么原因呢？纱布防水的原因有两点，一是因为空气压力的作用；二是因为水的表面张力的作用。

空气的压力很大，完全可以托住压在瓶口处水的重力，所以水不会往下漏。另外，水的表面像一层有弹性的皮肤，这层"皮肤"上的分子紧紧地被水面下的那层分子所吸引，把水裹了起来，不让水随便乱跑。我们用的布伞、雨衣能防水，也是因为水滴表面张力很大，不容易进到伞或雨衣的里层去。

 **游戏心理分析**

这个游戏通过看人的思考力，考察出人的智力指数。一个人的智力不仅是一个客观的数值，也是人们认识客观事物并运用知识解决实际问题的能力。心理学上认为，智力包括观察力、记忆力、想象力、分析判断能力、思维能力、应变能力等。积极的思考是提升智商的一个重要标志，肯开动脑筋的人，解决问题的办法也会很多。

64 回力飞标

·游戏目的·

看一个人的智商。

·游戏准备·

人数：不限。

时间：不限。

场地：不限。

材料：明信片或硬卡纸、量角器、剪刀。

把握角度，找准方向，定位才能更精准。

·游戏步骤·

澳洲土著居民最早使用硬木制造回力标，他们用这种曲形飞标来捕捉小动物和鸟类。回力标在掷出后，如果没有击中目标物，会再改变方向，回到原持有者的手中。这是一种非常奇特、令人觉得不可思议的东西，现在，你也来试试回力标的威力吧。

（1）制作回力标

在硬卡纸上画一个角度在90度~120度之间且长5公分、宽2公分的回力标，然后剪下回力标。

（2）发射

用手指拿着回力标的夹角外部。

用另一手指头去弹，看看回力标是否能顺利地飞出去。

生手发射时，回力标能顺利飞出，即告完成，否则，就有待多练习了。

想想看：回力标会飞得远吗？回力标飞行的路线如何？回力标的角度会影响飞行的角度吗？可多剪几个试试看。把回力标略为扭曲，使形状像螺旋桨再试试看，会怎么飞？回力标角度不同是否会影响其飞行？有何影响？

 **游戏心理分析**

回力标的奇特之处在于制作时的角度，把握住它的角度，回力标才能找到准确的方向，这样它的定位才能更精确。我们在制作回力标的时候，要开动自己的脑筋，怎样才能把握好回力标的角度问题是问题的关键。

人们通过思考可以掌握事物的发展方向或者事物发展的规律。所以，冷静的思考以及周密的构思是解决问题的关键。

65 自测湿度

游戏目的

测试人们的思考能力。

游戏准备

人数：不限。

时间：不限。

场地：不限。

材料：氯化亚钴粉末、图画纸、棉花棒、空胶卷盒、吹风机、美工刀、小茶匙、夹子、衣架。

游戏步骤

1.按以下步骤制作湿度计

（1）在空胶卷盒内倒入约5毫升的清水，再加入一小茶匙的氯化亚钴粉末。

（2）用棉花棒搅拌均匀，取出棉花棒在图画纸上画自己喜欢的图案。

（3）拿到阳光下晒干（或用吹风机吹干），当所画的图案变成蓝色时，湿度计即制成。

2.测量湿度

（1）将自制的湿度计用夹子夹在衣架上，再将衣架吊在想测量的地点，如门把上、窗框上，或任何阳光晒不到的通风地方均可。

（2）测量蓝色的图案变成红色所需的时间，即可预测当时湿度的大小。

（3）再将变成红色的自制湿度计晒干（烘干、吹干），当变回蓝色时，则又可重复使用。

3.想想看：自制的湿度计是利用什么原理制成的？为什么将湿度计放在空气中，它就会变色？为什么湿度计晒干后又可重复使用？

由于自制的湿度计是利用氯化亚钴水溶液画在图画纸上制成的，而氯化亚钴试纸具有干燥时会呈现蓝色，遇水则会呈现红色的特性，所以可用来测试空气中的水汽。当空气中水蒸气含量多时，此时湿度高，自制的湿度计就会由蓝色快速变成红色，所以可以由自制湿度计变色的快慢来判断空气中水汽的多少，进而大略知道当时的湿度。

将自制湿度计上的水分去除（可烘干、晒干），又会变回蓝色，则又可重新测试空气中的水汽，所以可重复使用多次。

游戏心理分析

思考能力是影响人生发展的重要核心能力，也是人们的思维发散的表现形式。人们针对某一个或多个对象进行分析、综合、推理、判断等思维活动是思考力的一种形象表达。一个人如果缺乏思考能力，他永远是一个平庸之辈，永远在原地踏步，没有发展。遇到问题，多思考，多角度考虑，解决问题的方案才会更多。

人对事物进行剖析、分辨、单独进行观察和研究，分辨出事物的本质和内在规律是智商的一种表现形式。通过这个游戏，我们不仅可以看到人们解决实际问题的能力，还可以看出一个人的制作能力，这样人们可以在思考之后，做出正确的选择和决策。

66 焰花双开

游戏目的

看一个人的制作能力和发散思维能力。

游戏准备

人数：不限。
时间：不限。
场地：不限。
材料：蜡烛、一根两头通的玻璃管、铁丝。

游戏步骤

先在桌上立一根蜡烛，再拿一根两头通的玻璃管，将它的中部用铁丝绞住，可以当手柄用，把玻璃管举起来。

把蜡烛点燃，拿起玻璃管，让玻璃管的一头放在烛火的火焰中间，再在另外的一头引燃，管子口里竟也会发出一朵火，这时一根玻璃管便出现了两朵火焰，一直要等到蜡烛熄灭了，管子口的火焰才会熄灭。想一想，为什么会出现两朵火焰呢？

因为烛火的焰心中间，有着未曾燃烧的碳氢化合物（蜡油蒸气），当把玻璃管插上去的时候，它便从管子里逃出，这时用火一引，它便在另外一头烧了起来。但是，如果拿玻璃管插在火焰的旁边，那么就引不着了，因为火焰旁边没有可供燃烧的碳氢化合物。

游戏心理分析

发散思维是一个人智力水平高度发展的产物。它与创造性活动相关联，是多种思维活动的统一。

在这个游戏中，人们在物理原理的基础上，开动脑筋，打开自己的思维。认真地思考问题，才能找到问题的答案。所以，一个人的思维越活跃，他的创新能力和动手能力也会很强。

67 声音图案

游戏目的
用眼睛"看"出声音的大小。

游戏准备
人数：不限。
时间：不限。
场地：不限。
材料：空易拉罐、橡皮膜（可用旧塑料手套来代替或大气球膜）、开罐器、小镜子、橡皮筋、红光笔（激光笔）、双面胶带。

游戏步骤
1. 根据以下步骤制作游戏材料
（1）将易拉罐的两端封盖用开罐器完全去除。
（2）剪下一块橡皮膜（塑料手套的掌心部分可以利用）。
（3）将橡皮膜套在易拉罐一端的罐口上，并用橡皮筋固定住。
（4）在橡皮膜上用双面胶带贴上一面小镜子。

2. 开始观察
用红光笔对镜子照射，并使红光反射在墙壁或白纸上。

此时，对着易拉罐口发出大小不同的声音，看看墙上的红光点有什么变化？当你小声地叫时，你发现了什么？当你大声叫时，又有什么变化呢？别人小声地叫，和你的图形相同吗？为什么？

做完这个游戏，你是不是在想是什么原因使墙上的图形发生了变化呢？我们知道，空气的振动可以产生声音。我们透过简单的器具，看见所产生的声波，利用小镜子的反射，更能看出有趣的声圈，随着你所发出声音的不同，图样也会有所不同。

游戏心理分析
在地球上所有的生物中，只有人类具有思考、分析、储存、评估、组合的能力。但科学家告诉我们，即使像爱因斯坦、苏格拉底和爱迪生这样的天才，也只用了不到 10% 的脑力。

以下教给人们几种发展脑力的方法：
培养人们的理解力，让自己去做一些新的组合游戏。
要有开放的心，绝不视任何主意为无用。倾听跟我们不同的观点，任何人都有东西值得学习。

训练自己的思想来为你工作。

使思想明晰。把所有不确定的和自我失败的思想，从思想中过滤掉。

获得常识，真正的智慧是学以致用。

培养好奇心。对不懂的事提出问题来，发展想象力。

警觉训练。思想会因训练而成长，使"思维雷达"不断工作。

组织思想。实践已知道的事，发现所不知道的事。

"喂饱"思想。读、听和观察一切事情，要让脑子一直有东西输入。

客观地实践。永远肯去查明一个跟自己不同的意见。

68 数数大挑战

·游戏目的·

提高自己的注意力，保持清醒的头脑。

·游戏准备·

人数：不限。

时间：不限。

场地：不限。

材料：无。

·游戏步骤·

1. 所有人围成一圈，大家一起数数。数数的规则是每人按照逆时针一个人数一个数，从1数到50，遇到7或7的倍数时，就以拍巴掌表示。然后，由原来的逆时针顺序改为顺时针开始数。

2. 开始按逆时针方向数到6以后，数7的人拍一下巴掌，然后按顺时针方向数8，当数到14的时候，拍一下巴掌，方向又变为逆时针。以此类推，直到数到50。

3. 数错的人要表演小节目。

游戏心理分析

越是简单的游戏，人们的心理最容易放松警惕，也最容易出错。所以，我们在任何时候都要保持清醒的头脑。

一个人成功的时候，还能保持清醒的头脑，而不趾高气扬，他便往往会取得更大的成功。许多人努力过、奋斗过，战胜过不知多少的艰难困苦，凭着自己的意志和努力，使许多看起来不可能的事情都成了现实；然后，他们取得了一点小小的成功，便经受不住考验了。一旦懈怠，放松了对自己的要求，你就容易跌倒了。

69 记忆关键字

·游戏目的·

你对自己的记忆力有信心吗？有没有因为忘了不该忘的事而造成不必要的麻烦？其实，好记性不完全是天生的，利用有效的记忆方法，你一样可以记得更牢。

·游戏准备·

人数：10~20人
时间：15分钟。
场地：不限。
材料：无。

·游戏步骤·

1.通过关联法来学习，认识大多数事物。这项练习会提供一个简单快速记忆十个关键字的方法。为简便起见，以教室作为联系物。

2.先给教室的每堵墙和每个角落指定一个数字。1、3、5、7为角落，2、4、6、8为墙，地板为9，天花板是10。主持人和参与者一起一遍遍复习数字的指向。如"这堵墙是几"直到学员准确记住10个数字的指向。

3.给每个数字指定一个具体事物：

1（角落）——洗衣机

2（墙）——炸弹

3（角落）——公司职员

4（墙）——药

5（角落）——钱

6（墙）——青蛙

7（角落）——小汽车

8（墙）——运货车

9（地板）——头发

10（天花板）——瓦片

4.为了快速有效地记住每个指定的具体事物，非常有必要赋予每个事物一个不寻常的、傻乎乎的、甚至是过分夸张的视觉效果。比如："1是一台很大的，足足有10米高的洗衣机。它正在洗衣服，弄得到处是水。"而学员必须去想象这个情景。"2呢，假象那堵墙坍塌了下来，因为有一枚炸弹爆炸了。""3呢，看！一个2米高的公司职员戴着一顶可笑的白帽子，从那个角落朝我们笔直走了过来。"就这样，赋予每个数字和事物以视觉效果。

5.当参与者通过这个方法有效记住10个相互之间毫无关联的事物后，讲师总结：

"把记忆方法收入你的记忆库中。下次当你要回想起那10个关键字时，就想想你在这个房间每堵墙，每个角落，天花板和地板上所看到的那些傻乎乎的夸张景象。记住，你设想的东西越有趣，你以后越能轻易地回想起来。"

游戏心理分析

记忆这种存在人们脑中的思维形式，是心智活动的一种。许多心理学家认为，记忆代表着一个人对过去活动、感受、经验的印象累积，有相当多种分类，主要因环境、时间和知觉来分。记忆也是人们智慧的仓库，经常梳理过去的记忆，不仅可以让沉淀的那些影像清晰，还可以增进人们的记忆力。

记忆，是获取知识的必要条件和重要手段，也是衡量一个人智商高低的一个重要方面。

70 神奇的大脑

游戏目的

通过联想发挥人们的想象力，发掘人们的智商。

游戏准备

人数：不限。

时间：5分钟。

场地：不限。

材料：无。

游戏步骤

1. 人类的大脑是人们至今没有探寻清楚的领域之一，它就像一台计算机一样，存储着很多我们曾经经历过和学习过的东西，有些事你以为自己已经遗忘了，却会突然在某些时候想起它。

2. 主持人告诉大家他将会给大家演示这一理论的正确性。

3. 主持人问大家："谁能告诉我你们一年级班主任的名字？"

4. 另一个方法是问参与者他们小时候邻居家小朋友的姓名。

游戏心理分析

实际上，人的大脑的存量应该是有限的。我们总是在无意识地存储或删除某些东西，总是那些能够给我们留下深刻印象的人或物能够长时间地占据我们的脑容量。一旦我们想要记住某些比较重要的东西的时候，我们可以采取各种方法例如联想法，然后不断地重复联想，达到记住它的目的。

71 侦察敌情

游戏目的

从判定乒乓球的位置看人们的勘察力。

游戏准备

人数：不限。

时间：不限。

场地：室内。

材料：乒乓球。

游戏步骤

1. 参与者围成一个圆圈站或坐着。每人之间相隔50厘米，双手背在身后，用一乒乓球作为被侦察对象。

2. 选出一人站在圈中央当"侦察兵"。

3. 游戏开始后，乒乓球在围圈人背后手中传来传去，传球人也可不将球传出，只做一个假动作（传或不传），而下一个接球人未接到球也要做个接球动作，并连续"传"下去，以迷惑侦察兵。

4. 侦察兵经仔细观察，判定球在谁手中时可指着对象喊："不许动。"如球在该对象手中，侦察兵即胜利完成任务，两人互换，拿球人当侦察兵；侦察兵如果喊了三次还没有侦察到敌情，就是没有完成任务，得表演一个节目。

游戏心理分析

本游戏对提高观察力颇有帮助。侦查不仅是行为上的一种勘察，这种侦查需要人们缜密的观察以及细致的分析才能得到想要的结果。这也是人们一种敏锐的观察力的体现。人们通过对客观事物的观察，有计划、有耐心的思考，就能根据一些细节评判出最好信息。

72 到底吃啥

游戏目的

这是一个考察人们的推理能力的游戏。在游戏中，开动大脑，飞快地转换思维，才能够找到更好的答案。

·游戏准备·

　　人数：不限。
　　时间：不限。
　　场地：室内。
　　材料：白纸。

·游戏步骤·

　　布置一个模拟餐厅，从参与者中推荐三个人出来，由他们分别扮演阿德里安、布福德和卡特，并把各自扮演角色的名字用一张白纸写上，贴在胸前。

　　组织者向大家介绍：

　　阿德里安、布福德和卡特三人去餐馆吃饭，他们每人要的不是火腿就是猪排。

　　（1）如果阿德里安要的是火腿，那么布福德要的就是猪排。

　　（2）阿德里安或卡特要的是火腿，但是不会两人都要火腿。

　　（3）布福德和卡特不会两人都要猪排。

　　参与者根据上面的提示分析：谁昨天要的是火腿，今天要的是猪排？

　　根据（1）和（2），如果阿德里安要的是火腿，那么布福德要的就是猪排，卡特要的也是猪排。这种情况与（3）矛盾。因此，阿德里安要的只能是猪排。

　　于是，根据（2），卡特要的只能是火腿。

　　因此，只有布福德才能昨天要火腿，今天要猪排。

游戏心理分析

　　判断推理是人类智力的核心部分，它的强弱反映一个人对事物实质及事物之间联系的认识能力的高低。通过联系上下给出的条件和关联的地方，再通过缜密的思维，人们可以准确地判断出事情的真相。只要肯开动脑筋，认真分析问题，人们很快就能在推理中找到答案。

73 谁是主角

·游戏目的·

　　看看人们的识别能力。

·游戏准备·

　　人数：不限。
　　时间：不限。
　　场地：室内。
　　材料：准备几张白纸、几支铅笔和一块题板。

·游戏步骤·

组织者在题板上写出下面的题目：

亚历克斯·怀特有两个妹妹：贝尔和卡斯；亚历克斯·怀特的女友费伊·布莱克有两个弟弟：迪安和埃兹拉。他们的职业分别是：

亚历克斯：舞蹈家

迪安：舞蹈家

怀特家贝尔：舞蹈家

布莱克家埃兹拉：歌唱家

卡斯：歌唱家

费伊：歌唱家

六人中有一位担任了一部电影的主角；其余五人中有一位是该片的导演。

（1）如果主角和导演是亲属，则导演是个歌唱家。

（2）如果主角和导演不是亲属，则导演是位男士。

（3）如果主角和导演职业相同，则导演是位女士。

（4）如果主角和导演职业不同，则导演姓怀特。

（5）如果主角和导演性别相同，则导演是个舞蹈家。

（6）如果主角和导演性别不同，则导演姓布莱克。

参与者根据上面的提示分析：谁担任了电影主角？

根据陈述中的假设，（1）和（2）中只有一个能适用于实际情况。同样，（3）和（4），（5）和（6），也是两个陈述中只有一个能适用于实际情况。根据陈述中的结论，（1）和（5）不可能都适用于实际情况。同样，（2）和（3），（4）和（6），也是两个陈述不可能都适用于实际情况。因此，要么（1）、（3）和（6）组合在一起适用于实际情况，要么（2）、（4）和（5）组合在一起适用于实际情况。

如果（1）、（3）和（6）适用于实际情况，则根据这些陈述的结论，导演是费伊，一位布莱克家的女歌唱家。于是，根据陈述中的假设，担任电影主角的是埃兹拉，一位布莱克家的男歌唱家。

如果（2）、（4）和（5）适用于实际情况，则根据陈述中的结论，导演是亚历克斯，一位怀特家的男舞蹈家。于是，根据陈述中的假设，担任电影主角的是埃兹拉，一位布莱克家的男歌唱家。

因此，无论是哪一种情况，担任电影主角的是埃兹拉。

根据陈述中的假设与结论，判定哪三个陈述组合在一起不会产生矛盾。

游戏心理分析

判断，对任何人来说都是重要的。准确的判断有利于我们掌握事物的发展趋势，并做出正确决策。当对自己的生活、工作、学习等各方面的事情都有了准确的判断后，我们会透过一切扑朔迷离的迷雾，清晰地看到事物的本质。

74 大女子村

游戏目的

培养人们从不同的角度来分析问题的能力。

游戏准备

人数：不限。

时间：不限。

场地：室内。

材料：无。

游戏步骤

主持人给大家讲故事：

它发生在一个地点不明的大女子主义村子里。

在这个村子里，有50对夫妇，每个女人在别人的丈夫对妻子不忠实时会立即知道，但从来不知道自己的丈夫如何。

该村严格的大女子主义章程要求，如果一个女人能够证明她的丈夫不忠实，她必须在当天杀死他。

又假定女人们是赞同这一章程的，她们聪明且很仁慈（她们从不向那些丈夫不忠实的妇女通风报信）。

假定在这个村子里发生了这样的事：

所有这50个男人都不忠实，但没有哪一个女人能够证明她的丈夫的不忠实，以致这个村子里的人能够快活而又小心翼翼地一如既往。有一天早晨，森林的远处有一位德高望重的女族长来拜访。她的诚实众所周知，她的话就像法律。她暗中警告说村子里至少有一个风流的丈夫。

参与者根据上面的提示分析：这个事实，根据她们已经知道的，只该有微不足道的后果，但是一旦这个事实成为众识，会发生什么？

答　案

在女族长的警告之后，将先有49个平静的日子，然后，到第50天，在一场大流血中，所有的女人都杀死了她们的丈夫。

要弄明白这一切是如何发生的，我们首先假定这里只有一个不忠实的丈夫A先生。

除了A太太外，所有人都知道A先生的背叛，因而当女族长发表她的声明的时候，只有A太太从中得知一点新消息。作为一个聪明人，她意识到如果任何其他的丈夫不忠实，她将会知道。因此，她推断出A先生就是那个风流鬼，于是在当天就杀了他。

现在假定有两个不忠实的男人，A先生和B先生。除了A太太和B太太以外，所有人都知道这两起背叛，而A太太只知道B太太家的，B太太只知道A太太家的。A太太因而从女族长的声明中一无所获。但是第一天过后，B太太并没有杀死B先生，她推断出A先生一定也有罪。B太太也是这样，她从A太太第一天没有杀死A先生这一事实得知，B先生也有罪。于是在第二天，A太太和B太太都杀死了她们的丈夫。

如果情形改为恰好有三个有罪的丈夫，A先生、B先生和C先生，那么女族长的声明在第一天不会造成任何影响，但类似于前面描述的推理过程，A太太、B太太和C太太会从头两天里未发生任何事推断出，她们的丈夫都是有罪的，因而在第三天杀死了他们。

借助一个数学归纳法的过程，我们能够得出结论：如果所有50个丈夫都是不忠实的，他们的聪明的妻子们终究能在第50天证明这一点，使那一天成为正义的大流血日。

🎩 游戏心理分析

处理问题的答案是多种多样的，人们可以从不同的角度来分析问题。人们看问题的角度不同，得到的答案也会不一样，但只要开动脑筋，问题就会很轻易地解决。

75 开火车

◆游戏目的◆

训练人们的反应能力。

◆游戏准备◆

人数：两人以上。
时间：不限。
场地：室内。
材料：无。

◆游戏步骤◆

1. 每个人说出一个地名，代表自己。但是地点不能重复。

2. 游戏开始后，假设你来自北京，而另一个人来自上海，你就要说："开呀开呀开火车，北京的火车就要开。"大家一起问："往哪开？"你说："往上海开。"代表上海的那个人就要马上反应接着说："上海的火车就要开。"然后大家一起问："往哪开？"再由这个人选择另外的游戏对象，说："往某某地方开。"如果对方稍有迟疑，没有反应过来就输了。

🎩 游戏心理分析

这个游戏可以训练人们的反应能力。反应能力是人们处理事情的一个最原始的表现。面对任何事情，尤其是突如其来的事情，人们最初的反应最容易反映出一个人的内心世界。这也是人们沟通的一个基本。人们在游戏中不仅可以看到自己的反应能力，也能增进人与人之间的沟通。

76 抢凳子

· 游戏目的 ·

通过抢凳子看人们的反应能力。

· 游戏准备 ·

人数：5人。
时间：不限。
场地：室内。
材料：4张凳子，音乐设备。

· 游戏步骤 ·

1.将4张凳子围成一个圆圈，5位参与者站在凳子周围。

快速反应，会让你抢占先机！

2.开始放音乐，音乐一停，5个人抢凳子坐，有4个人坐下，剩下没坐上凳子的那个人就被淘汰。

3.去掉1张凳子，剩下3张凳子，4个人又听音乐，音乐一停，3个人坐下，剩下的那个又被淘汰……最后剩下1张凳子两个人抢，最后抢到凳子的那个人获胜。

游戏心理分析

在这个游戏中，人们的竞争意识得到提高，反应能力也随之加强。在竞争的状态下，人们会高度集中自己的注意力，反应能力比在平常状态下更敏捷。

第五章

情商管理：你的情商密码

77 判试卷

游戏目的

1. 培养人们的情商。
2. 提高人们的思维能力。

游戏准备

人数：不限。
时间：10 分钟。
场地：不限。
材料：每人一张白纸。

游戏步骤

学校进行了一次语文考试，共有 10 道是非题，每题为 10 分，"1"表示"是"，"0"表示"非"。但老师批完试卷后，发现漏批了一张试卷，而且标准答案也丢失了，手头只剩下 3 张标有分数的试卷。

试卷一：

①	②	③	④	⑤	⑥	⑦	⑧	⑨	⑩	
0	0	1	0	1	0	0	1	0	0	得分：70

试卷二：

①	②	③	④	⑤	⑥	⑦	⑧	⑨	⑩	
0	1	1	1	0	1	0	1	1	1	得分：50

试卷三：

①	②	③	④	⑤	⑥	⑦	⑧	⑨	⑩	
0	1	1	1	0	0	0	1	0	1	得分：30

待批试卷：

①	②	③	④	⑤	⑥	⑦	⑧	⑨	⑩	
0	0	1	1	1	0	0	1	1	1	得分：

请算出漏批的那张试卷的分数。

·答 案·

1.整体比较

	①	②	③	④	⑤	⑥	⑦	⑧	⑨	⑩
70分	0	0	1	0	1	0	0	1	0	0
50分	0	1	1	1	0	1	0	1	1	1
30分	0	1	1	1	0	0	0	1	0	1
待批	0	0	1	1	1	0	0	1	1	1

发现：第1、3、7、8题的答案相同，由30分的试卷可推得其中至少有1题的答案是错误的。

2.70分试卷和30分试卷比较发现，第1、3、6、7、8、9答案相同，第2、4、5、10题答案不同。

（1）70分的试卷应该是答对7题，那么在答案相同的6题中应该至少有3题是正确的。

（2）30分的试卷只有3题是正确的，所以得出这正确的3题在相同答案的6题中，那么答案不同的4题在30分试卷中的答案都是错误的，相反，在70分试卷中是正确答案。

（3）结论：70分试卷——②④⑤⑩正确。

3.50分与70分比较得出：50分卷②④⑤⑩为错误。

50分试卷中有4题错误，而其他未得出结论的题中只存在1题错误，从第一次比较中得出这1题错误在第1、3、7、8题中，剩余的第6、9题则是正确答案。

得出结论：①③⑦⑧题中有1题错误，其余正确答案是：②为0，④为0，⑤为1，⑥为1，⑨为1，⑩为0。

4.批阅试卷：①③⑦⑧题有1题错误，②正确、④错、⑤正确、⑥错、⑨正确、⑩错。

故错误为4题，得分为60分。

游戏心理分析

情商主要是指人在情绪、情感、意志、耐受挫折等方面的品质。心理学家认为，情商是一种自我管理、自我激励的形式。批改试卷可以考验人们的耐力和认知能力，人们在批改试卷中可以让自己的思维变得更加清晰明确。人们勇敢地面对自己厌恶的事情，就可以迅速地成长，可以坦然面对自己害怕的和担心的，这样，人们的情商水平也会提高。

78 穿越绳网

·游戏目的·

1.锻炼人们的合作能力。

2.对身体素质和意志力的训练。

游戏准备

人数：不限。

时间：40分钟。

场地：空地。

材料：绳网、头盔、软垫。

游戏步骤

1. 参与者必须集体穿越一张与地面垂直的绳网。

2. 网上的一个洞就是一条生路。通过时，身体的任何部分，包括衣服，都不许碰到其边缘，碰到即为失败。

人生的绳网有很多，有勇气的人才能穿过。

3. "幸存"的人可以继续前进，但每条生路只能使用一次。

游戏心理分析

美国作家诺瑞丝拥有一套轻松面对生活的法则：人生比你想象中好过，只要接受困难、量力而为、咬紧牙关就过去了。许多心理学家认为，面临生活考验时，耐力越高，通过的考验也越多，所以要放松心情，靠意志力和自信心冲破难关。

79 应聘技巧

游戏目的

求职面试对于每一个人来说都是很重要的事情，如何在短短的30分钟内让招聘人员了解你，展现出自信和良好的沟通能力起着很大作用。本游戏用于测试人们的情商，并且培养人们的自信心。

游戏准备

人数：不限。

时间：60分钟。

场地：室内。

材料：白纸、计分器、笔、角色描述卡片。

游戏步骤

1. 将人们分成几个小组，每一组负责某一个方面的问题，每个方面都需要提出3~5个问题。例如：

（1）关于应聘者个人的问题。

（2）关于情商的问题。

（3）关于价值和态度的问题。

2.给每个小组5分钟时间，大家设想在面试过程中可能会遇到的问题，并将其记录下来。

3.请每个小组选出他们将要提问的三个问题，这三个问题可以以一个标准选取。

4.挑选出4位参与者充当志愿者，其中一位是面试考官，三位是应聘者。发给三个应聘者每人一张角色描述卡片。

5.现在，面试官给每个应聘者10分钟时间回答问题，问题可以是刚才大家提出来的，也可以是面试官认为很重要，但大家并没有提到的。应聘者轮流回答问题，一直到10分钟的时间停止。

6.请面试官选出他想要录取的应聘者，并陈述理由。

7.大家投票表决招哪个人，记录每个应聘者的支持人数，并排序。注意，每个人只有一次投票机会。

游戏心理分析

自信是树立个人良好形象的资本和优越条件。自信能体现出一个人的自尊自爱，能使人们赢得他人的欢迎，所以我们一定要有自信。在社会中，有自信的人才是最引人注目的。尤其是在面试的过程中，自信最能彰显一个人的神采，也是自己智慧流露的表现。自信的人懂得如何在面试中更好地展示自我形象。

80 扩大市场份额

游戏目的

训练人们冷静分析问题的能力。

游戏准备

人数：不限。

时间：20分钟。

场地：能将20米的绳子悬挂至3~4米高的位置。

材料：乒乓球90个、水桶3个、3条长粗竹竿（3米）、每组三条短绳（2米）、一条长绳子（20米）。

要有信心，但不能盲目。

游戏步骤

1.主持人事先准备3个乒乓球，并将其编成1、2、3号，分别放在编号为1、2、3的三个桶内，然后将人们分成若干组，每组10人左右。

2. 将三个水桶分别挂在长约 20 米长的绳子上面，并且要保证它们的高度相同。

3. 主持人发给每组一根 3 米长的粗竹竿，3 条 2 米长的绳子。

4. 各组队员要将球传到离桶中心还有 3 米远距离的一个装乒乓球的容器里面，在规定的时间内，哪一组传的球最多，哪一组就是获胜小组。

游戏心理分析

本游戏通过一个很简单的争抢领地的方式，训练人们冷静分析问题的能力，从而更好地利用和优化手中的资源。在商场上，掌握了有效的信息后，就要静心思考，根据自己掌握的信息对自己能够掌控的资源进行有效合理的利用和配置。如果对资源不加利用，就会造成很大的损失。在寻求财富的路上，如果我们不能很好地利用手中所掌握的资源，我们就会与财富失之交臂。

81 七个和尚分粥

游戏目的

公平原则可以影响人们的情绪。

游戏准备

人数：不限。

时间：10 分钟。

场地：不限。

材料：无。

游戏步骤

和尚分粥的故事也许大家都耳熟能详，但是如何才能公平做这件事情呢？在这个游戏中需要我们大家开动脑筋。

1. 主持人首先给大家讲述下面一个场景：

有七个和尚曾经住在一起，每天分一大桶粥。要命的是，粥每天都是不够的。因此，他们心里都十分不满。

一开始，他们抓阄决定谁来分粥，每天轮一个。于是乎每周下来，他们只有一天是饱的，就是自己分粥的那一天。

后来他们开始推选出一个道德高尚的人出来分粥。强权就会产生腐败，大家开始挖空心思去讨好他，贿赂他，搞得整个小团体乌烟瘴气。

然后大家开始组成 3 人的分粥委员会及 4 人的评选委员会，互相攻击扯皮下来，粥吃到嘴里全是凉的。

2. 直到现在，那七个笨和尚还在为吃粥的事情头疼不已，在座的诸位有什么办法吗？

游戏心理分析

能够想出很多的办法，不管是轮流分粥还是一个人专职分粥，分粥的人要等其他人都挑完后拿剩下的最后一碗。为了不让自己吃到最少的，每人都尽量分得平均。因为平均分配，大家心里才会觉得平衡，才乐意接受。你的分配也才能得到大家的认可。因此，我们都希望有一个完全公平、公正、公开的严格的奖勤罚懒制度。一个好的制度可以激发人们的工作积极性，反之，则会打击人们的工作积极性。如何制订这样一个制度，是每个人需要考虑的问题。

82 99.9% 又怎样

游戏目的

用精益求精的精神激励人们。

游戏准备

人数：不限。

时间：20分钟。

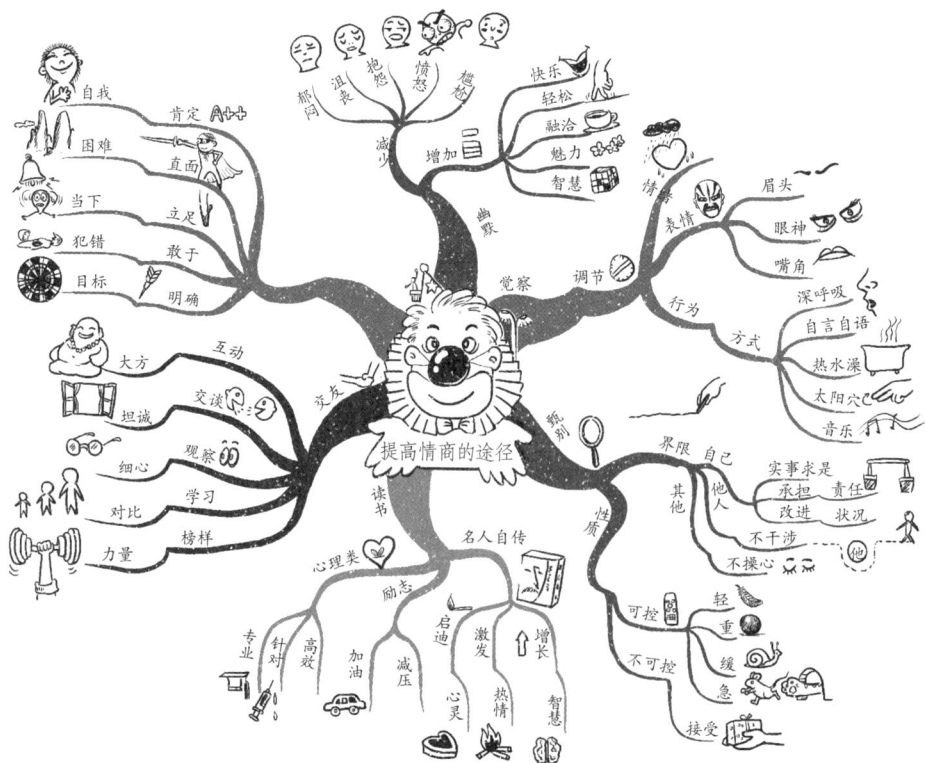

场地：室内。

材料：无。

游戏步骤

1. 提问：如果让在座的参与者奉命去主管一条生产线，你们可以接受怎样的质量标准？（质量标准用合格品占全部产品的百分比来表示。）以举手方式统计人们可以接受的质量标准。

2. 告诉参与者，现在有些公司正在努力把合格率提高到99.9%。提问：是否99.9%的合格率已经足够？

3. 举出材料上令人震惊的统计数字，说明即使是99.9%的合格率也会造成严重的不良后果。

4. 最后告诉参与者，摩托罗拉的承诺是达到"六星级"的质量标准——在每一百万件产品中，不合格品应少于三件。

在现实的生活中，我们每个人都想当然地认为99.9%的合格率应该是最好的了，不可能存在100%的准确率，但是我们忽视了比率的基数。当比率的基数足够大的时候，合格率99.9%是远远不够的，最好是100%。

游戏心理分析

本游戏可以测试人们的进取心，培养人们精益求精的精神。精益求精是我们要学习的一种人生态度，也是一种重要的生存智慧。

83 挪亚方舟

游戏目的

在紧张的氛围下，看看人们的心理状态。

游戏准备

人数：不限。

时间：不限。

场地：室内。

材料：椅子（比参加游戏人数少一张）。

游戏步骤

1. 将椅子围成一圈。先选出一人当挪亚，除了挪亚外，其余的人坐在椅子上，挪亚站在场地中央。

2. 每个人必须为自己选个代表的动物。

3. 挪亚走到每个人面前，他可叫任何一个"动物"，被叫到的"动物"必须站起来跟着他走。当挪亚说："洪水来了！"站着的所有人，包括挪亚必须赶紧找个空位坐下，没有座位的那人则变成挪亚，原挪亚则变成该动物。

4.当挪亚三次的人则算输。

这个游戏适合聚会时玩，可以活跃气氛。

 **游戏心理分析**

这是一个活跃气氛的游戏,但是在轻松的气氛中,我们可以看出其中的紧张环节。紧张的气氛往往会让人变得拘束,因而无法很好地做事。人们在游戏中要有很好的记忆力,并且要有很快的反应能力,要想不出错,则需要保持良好的心理,不让不良情绪影响自己。

84 聪明囚犯

游戏目的

看一个人如何在两难境地时，保持积极的心态，并从中受益。

游戏准备

人数：不限。

时间：3~10分钟。

场地：不限。

材料：一个小奖品。

游戏步骤

准备一个小奖品，大家围成一圈坐好。

主持人向大家叙述以下故事：

古希腊有个国王，想把一批囚犯处死。当时流行的处死方法有两种：一种是砍头，一种是处绞刑。怎样处死，由囚犯自己挑选一种。

挑选的方法是这样的：囚犯可以任意说出一句话来，这句话必须是马上可以检验其真假的。如果囚犯说的是真话，就处绞刑；如果说的是假话，就砍头。

结果，许多囚犯不是因为说了真话而被绞死，就是因为说了假话而被砍头；或者是因为说了一句不能马上检验其真假的话，而被视为说假话砍了头；或者是因为讲不出话来而被当成说真话处以绞刑。

在这批囚犯中，有一位是极其聪明的。当轮到他选择处死方法时，他说出了一句巧妙的话，结果使得这个国王既不能将他绞死，又不能将他砍头，只得把他放了。

然后，请大家猜猜这个聪明的囚犯说了一句什么话？谁先猜出，发给一个小奖品。

聪明的囚徒对国王说："你们要砍我的头！"

国王一听感到为难：如果真砍他的头，那么他说的就是真话，而说真话是要被绞死的；但是如果要绞死他，那么他说的"要砍我的头"便成了假话，而假话又是要被砍头的。他说的既不是真话，又不是假话，也就既不能被绞死，也不能被砍头。

游戏心理分析

聪明的囚徒取胜的关键在于，在困难面前，他能运用积极的心态思考解决问题的方法，让国王陷入推理的两难境地。推理是将一些未知的事物从已知的一些零散的事情中推断出来，需要缜密的思考和反复推敲，最后做出决断。而只有保持积极乐观的心态，才能让自己于冷静之中推理出最佳方案。

85 你说我做

·游戏目的·

让人们知道积极的心态有利于缓解压力，让人们在竞争中获胜。

·游戏准备·

人数：20~30人。

时间：不限。

场地：活动室。

材料：七彩积木、彩笔、白纸。

·游戏步骤·

1. 主持人自己先用积木做好一个模型。

2. 将参加人员分成若干组，每组4~6人为宜。

3. 每组讨论三分钟，根据自己平时的特点分成两队，分别为"指导者"和"操作者"。

4. 请每组的"操作者"暂时先到外面等候。

5. 这时主持人拿出自己做好的模型，让每组剩下的"指导者"观看（不许拆开），并记录下模型的样式。

6. 15分钟后，将模型收起，请"操作者"进入教室，每组的"指导者"将刚刚看到的模型描述给"操作者"，由"操作者"搭建一个与模型一模一样的造型。主持人展示标准模型，用时少且出错率低者为胜。

7. 让"指导者"和"操作者"分别将自己的感受用彩笔写在白纸上。

游戏心理分析

勇敢的思想和坚定的信心是治疗压力的良药，它能够中和压力情绪。当你心神不宁时，当忧虑正消耗着你的活力和精力时，你是不可能获得最佳效率，不可能事半功倍地将事情办好的。

所有的压力在某种程度上都与自己的软弱感和力不从心有关，因为此时你的思想意识和你体内的巨大力量是分离的。而一旦你重新找到了让自己感到满意和大彻大悟的那种平和感，那么，你将真正体味到做人的荣耀。感受到这种力量和享受到这种无穷力量的福祉之后，你绝对不会满足于心灵的不安和四处游荡，绝对不会满足于萎靡不振的状态。

86 联想记忆法则

· 游戏目的 ·

帮助人们记住彼此的姓名，并快速熟悉起来。

· 游戏准备 ·

人数：不限。

时间：3~10分钟。

场地：不限。

材料：无。

· 游戏步骤 ·

1. 请向大家做自我介绍，尽可能温柔地、有感染力地介绍。要求他们站起来说出自己的姓名，并把与姓名相关联的事物一同说出。例如：

（1）"我叫梅兰，我爱吃话梅。"

（2）"我叫丹尼，我要开一辆面包车。"

（3）"我叫小雷，我不喜欢打雷。"

（4）"我叫翁奇，我不是老头。"

2. 请每位选择一个能帮助别人记住他自己特点的方式，也可以用押尾韵的方式说出来。例如："我是快乐的叶乐。"

游戏心理分析

记忆联结着人的心理活动的过去和现在，是人们学习、工作和生活的基本机能。这是人们获取知识的必要条件，也是衡量一个人智商高低的一个重要方面。如何帮助一个人更好地记忆呢？你可以借用情商的力量，用有感染力的话语吸引他人的注意力，以更好地记住你传递的信息。

87 橡皮筋

· 游戏目的 ·

这个游戏不仅可以活跃气氛，还教会人们坦然面对痛苦和挫折，迎接生活中的挑战。

人数：不限。

时间：3~10 分钟。

场地：不限。

材料：凳子、牙签、橡皮筋。

游戏步骤

1. 将参与者分成两组，一组参与者排成一排，站在凳子上。

2. 给每位凳子上的参与者发一支牙签，让其衔在嘴里，给第一位参与者的牙签上套一个橡皮筋，要求第二名参与者用牙签接住后向下传。

3. 第三名接住后再往下传……直到最后。

4. 而站在地上的一组参与者除了不能推凳子上的人外，可以用任何办法进行干扰，如果橡皮筋掉了的话，就要重新开始。

5. 一组传完后，两组队员交换角色。

游戏心理分析

面对压力和磨难，常有人以逃避来麻醉自己，以减轻痛苦。在能够直面一些困难之前，他们一直是恐惧的、不快乐的。这样只会让可能变成不可能。面对困难时，我们应该相信只要自己多思考、多请教他人，积极面对，总有柳暗花明的一天的。你的心态是你成功与否的关键。

88 推手游戏

游戏目的

让人们积极地面对竞争。

游戏准备

人数：不限。

时间：不限。

场地：不限。

材料：无。

游戏步骤

1. 每名参与者选一个搭档。

2. 各组搭档双脚并齐，面对面站立，距一臂之隔。

3. 两人都伸出胳膊，四掌相对。整个游戏过程中，不允许接触搭档的其他部位。

4. 每对搭档的任务是尽量让对方失去平衡，以移动双脚为准。未移动的一方将积一分。如果双方都失去平衡，均不得分。若触摸到对方身体的其他部位，则扣除一分。

5.让搭档们准备好后大喊一声"开始"。

6.各组的获胜者继续找搭档，开始下一轮淘汰赛。重复下去，直到诞生总冠军为止。

游戏心理分析

这个游戏可以让参与者体会到竞争的技巧和乐趣。遇到竞争对手是再正常不过的事情。对待竞争对手，我们要采取一种和风细雨的态度。即使他当众对你无礼，你也要抱之以友善的话语或者笑容。你这种宽容大度的表现，能够化解对方对你的敌意，并最终接纳你。

89 再撑一百步

游戏目的

让人们在游戏中学会勇敢地面对生活。

游戏准备

人数：不限。

时间：10分钟。

场地：不限。

材料：无。

游戏步骤

1.让游戏参与者坐好，尽量采用让他们舒服和放松的姿势。

2.主持人给游戏参与者讲述如下故事：

一座山的一块岩石上，立下了一个标牌，告诉后来的登山者，那里曾经是一个女登山者躺下死去的地方。她当时正在寻觅的庇护所"登山小屋"只距她一百步而已，如果她能多撑一百步，她就能活下去。

3.讲完故事后，让参与者就此故事展开讨论，让他们讲讲听完这个故事后得到什么启发。

游戏心理分析

故事告诉我们，倒下之前你只要再撑一会儿就能够获得成功。在绝望时，我们更要调整自己的心态，尽快让自己拥有积极乐观的心态，多给自己一些鼓励。胜利者，往往是能比别人多坚持一分钟的人。即使精力已耗尽，人们仍然有一点点能源残留着，运用那一点点能源的人就是最后的成功者。人生中充满风雨，懂得竭尽全力抵抗风雨的人才不会被命运打倒。

90 穿衣服

·游戏目的·

沟通的一大误区就是假设别人所知道的与你知道的一样多，这个游戏就以一种很喜剧的方式说明了这一点给人际交往带来的不便。

·游戏准备·

人数：不限。

时间：20分钟。

场地：不限。

材料：西服一件。

·游戏步骤·

1.挑选两名参与者扮演"小明"和"小华"，其中小明扮演老师，小华扮演学生，小明的任务就是在最短的时间内教会小华怎么穿西服（假设小华既不知道西服是什么，又不知道应该怎么穿）。

2.小华要充分扮演学习能力、办事效率比较弱的人，例如：小明让他抓住领口，他可以抓住口袋，让他把左胳膊伸进左袖子里面，他可以伸进右袖子里面。

3.有必要的话，可以让全部参与者辅助小明来帮助小华穿衣服，但注意只能给口头的指示，任何人不能给小华以行动上的支持。

4.推荐给小明一种卓有成效的办法：示范给小华看怎么穿。

在游戏的开始阶段，小明就觉得很恼火，这主要是因为小明认为一般人都应该会穿西服，而小华恰恰不会穿西服。以下是工作指导的经典四步培训法：

（1）小明解释应该怎么做。

（2）小明演示应该怎么做。

（3）向参与者提问，让他们解释应该怎么做。

（4）请参与者自己做一遍。

游戏心理分析

在沟通的过程中，微笑和肯定是非常重要的。因为你的积极的情绪能够有效地影响他人。肯定别人做出的成绩，即使是微不足道的，也可以帮助他们巩固自己的自信心，更快地掌握所要学习的知识。

第六章
逆商追击：找出阻碍生活的绊脚石

91 时间管理

游戏目的

启发人们在工作中如何对有限的时间进行合理分配，以取得最好的工作成绩。

游戏准备

人数：不限。

时间：10 分钟。

场地：教室。

材料：两个储物桶、若干水果。

游戏步骤

1. 桌上有一个装了半桶黄豆的储物桶及若干水果。这些水果分别代表着人们想得到的美好事物。

2. 请一位参与者上台，让他把水果尽可能多地放入箱内，但要保证能把箱盖盖好。

3. 当桌上还有几个水果时，箱子已经装满，这几个水果无法放进去。

4. 这时，我们再选用另外一种方法：先将水果全部放入箱内，再将小豆子倒入。这时，全部的水果和小豆子就都被放进了箱内。

游戏心理分析

一个成功者往往懂得计划时间。时间的价值非比寻常，它与我们的发展和成功关系非常密切。同样的工作量，为什么有时候我们总不能像别人那样在第一时间完成？计划时间，就是要制定目标，使自己明白自己是如何利用时间的。

制订详细的计划利用时间固然重要，但如何最大化地利用你的时间呢？将你的时间完全置于目标中，会取得最大化绩效。你可曾想到，制定目标，计划时间，有多么重要。我们总是抱怨当今社会竞争激烈，然而，我们是否想到，给自己的生活制订一个详尽的计划，并且按照计划的要求去执行呢？我们把时间浪费在没有用的争吵、抱怨、牢骚中，唯一缺少的就是管理自己的时间，制订自己的计划。

92 小丑精神

游戏目的

敬业就是要在任何时候都表现出关于自己职业的良好素养。本游戏就是训练人们随时保持职业作风。

游戏准备

人数：不限。

时间：30分钟。

场地：室内。

材料：一些较难叫出名字的物品。

游戏步骤

1. 将参与者分成3大组，现在教人们体会小丑精神。面对失败与挫折学会向周围人表达对自我的嘲笑，可以说："你看我真是个白痴，真是让大家见笑啊！"

2. 要求人们在自嘲时做出夸张的表情或动作，可以模仿电视演员的表演。

3. 让小组站成一个长队，或者两队。让人们按顺序跑到屋子的前面，拣起事先摆好的物品，说出它的名字，并描述出它的用处，然后跑回队伍中。

4. 如果人们想不出什么话来说了，那么他可以进行自嘲表演。

游戏心理分析

自嘲是一种自我解嘲的交际方式，它是要拿自身的失误、不足甚至生理缺陷来"开涮"，对丑处、羞处不予遮掩、躲避，反而把它放大、夸张、剖析，然后巧妙地引申发挥、自圆其说，以博取他人一笑。没有豁达、乐观、超脱、调侃的心态和胸怀，是无法做到的。自嘲的人通常拥有积极自信的心理。只有敢于正视自己缺点的人，才能坦然地做到自我解嘲。这需要一种勇气，也体现了一种气度。

93 瞎子吞蛋

游戏目的

让人们学会如何面对生活中的挑战。

游戏准备

人数：不限。

时间：不限。

场地：室内。

材料：气球15个、蒙眼布3个、小方凳3个、小盘3个、鸡蛋若干。

◆游戏步骤◆

1. 把参与者分成若干组，各队抽出两名队员。

2. 比赛开始后，一队员用最快速度吹爆5个气球，吹完后另一队员蒙住双眼寻找鸡蛋，找到后以最快速度吃完两枚鸡蛋则获胜。

◆游戏心理分析

生活处处都存在挑战，游戏中也不例外。也正是挑战丰富了我们的生活。因为挑战，人们的心理也会变得强大，变得坚韧。

94 智慧钥匙

◆游戏目的◆

这是一个富有挑战性的游戏，可以培养人们寻找问题答案的能力以及从多角度思考问题的能力。

◆游戏准备◆

人数：不限。

时间：不限。

场地：不限。

材料：（每个小组）一把椅子；一把扫帚或拖把（那种手柄拧进拖布或者扫帚头的样式）；一串钥匙，挂在一个直径约2.5厘米的圆环上。圆环的直径尺寸很重要，要求扫帚或拖把的手柄刚好不能插进钥匙环内，但拧在扫帚头或拖布里面的那部分手柄却能插进钥匙环；一根长16米的绳子；一个花瓶、杯子、饼干盒、剪刀、胶带、书和报纸。

◆游戏步骤◆

1. 首先选2名参与者，让他们立刻离开游戏场地，他们不能听到其他人说话，也不能看到其他人在干什么。

2. 布置材料。把椅子放在开阔场地的中心位置，同时把那串带有钥匙环的钥匙放在椅子上。把绳子放在地上，距椅子约2米远，然后以椅子为圆心把绳子围成圆形。圆的直径约为4.5米。

3. 让其中一个参与者过来参加游戏。他的任务是从椅子上取走钥匙串。要求不能跨入绳子围成的圆圈中，只能利用扫帚或拖把取走钥匙，并且钥匙不能掉到地面。把扫帚或者拖把交给那位参与者，其余队员观看他如何完成任务。

4. 参与者采用的方法明显不妥后（例如试图把扫帚把或者拖布把手插进钥匙环），让他寻找其他办法解决问题，或许他用扫帚头或者拖布钩住椅子腿，把椅子拉到绳子边缘，取下钥匙。

5. 参与者解决问题之后，祝贺他，但同时说明那种方法不是你们所期望的。把椅子和钥匙放回原处，让他用其他办法再试一次。

6. 一直做下去，直到他采用了你们期望的方法——把拖把或者扫帚的把手拧下来，用较细的一端把钥匙环挑出来。

7. 之后，重新摆好材料，让另一个参与者参加游戏。要求他按着同样的规则去做。但这次他可以利用所有材料，包括扫帚或者拖把。

8. 让第二个参与者一直做下去，直到采用了你们希望的方法为止。或许会占用一些时间，但相信他最终会成功的。

 **游戏心理分析**

这个游戏可以培养人们解决问题的能力。当遇到困难时，如果想不出解决的方案，这时应该反思一下自己的思路是否有问题；然后再从其他角度寻找解决问题的方法。

95 突 围

游戏目的

凭借突围游戏帮助人们打破常规，找到解决问题的方法。

游戏准备

人数：10~20 人。

时间：不限。

场地：宽敞的场地。

材料：无。

勇气，可以让你突破人生的困境。

游戏步骤

1. 全体成员手拉手围成一个圆圈，一个人站在中间，用任何方法突围。如果最后仍然不能成功，可找一人协助。每人逐一尝试。

2. 开始的时候，大家一般都很"文明"，怕伤害到其他的人；而这时也是被围者突围的最佳时机，因为包围者的围困力度是最弱的。

3. 随着游戏的进行，大家慢慢地放开了。中间的人往哪儿冲，外围的力量就向哪边集中，而且外围的圈子越变越小，原来的手拉手也渐渐变为胳膊挽着胳膊，中间几乎没有空隙。

4. 外围的人多，中间只有一个人，力量对比悬殊，突围的人硬闯是闯不出去的。

5. 要打破常规，找男女交叉点，因为那里的"堡垒"是最容易被攻破的。

6. "不择手段"：给怕痒的人挠痒，装出咬人的样子，甚至是钻裤裆……

游戏心理分析

问题的解决往往各有诀窍。对于个人问题的解决，团体有时是一种助力，有时候是一种障碍。

通过这个游戏可以讨论：比较各人解决同一问题的不同方法；学会聆听自己内心的真实感受；学会用多种角度思考同一问题。

96 自我表现分寸

游戏目的

为了检测你是否能恰到好处地表现自己，根据下面的 20 个问题，来了解你的自我表现力。

游戏准备

人数：不限。

时间：不限。

场地：室内。

材料：游戏卡。

游戏步骤

参与者手中拿到的游戏卡上面有 20 道题，请在与你相符的题目后画"√"，并计 1 分，然后算出总分。

1. 你喜欢对电影或者电视连续剧做出评论。（　）

2. 你曾经想要成为小说家或者词作者。（　）

3. 舞会前，你会积极地调查对方男生队伍的情况。（　）

4. 学生时代，在文艺会演时，你基本上都是主角。（　）

5. 你一次都没有被男性甩过。（　）

6. 你经常被朋友说："好时髦啊！"（　）

7. 学生时代，你是舞蹈队的一员。（　）

8. 认为自己并不是个很积极的人。（　）

9. 你不喜欢因为"约会次数太少"而跟恋人分手的女孩子。（　）

10. 舞会上，即使不是有意表现，你也会成为男性注目的对象。（　）

11. 你大致上知道自己的优点和缺点。（　）

12. 求职时，比起笔头考试，你更擅长面试。（　）

13. 你有时会对不会说话的朋友感到很不耐烦。（　）

14. 即使在家你也经常打扮得好好的。（　　）

15. 不知为什么，你周围的人经常会为你担心。（　　）

16. 你正过你自己希望的人生。（　　）

17. 你洗澡时会先洗脸。（　　）

18. 你很擅长化妆。（　　）

19. 即使做了妈妈，你也想继续保持年轻的面孔。（　　）

20. 你认为随着年龄的增长，应当学会根据对象而改变说话的态度。（　　）

5分以下：你非常不喜欢自我表现，众人关注的目光只会令你如坐针毡。

这类型的人，几乎从来没有站在队伍的最前面去做某些事情，而是经常躲藏在人群后面，极少被人发现和注意。对你来说，你不会干涉任何人，同时也不希望谁来干涉你。你的私人空间是块神圣不可侵犯的领地，你只想独享自我的世界，在你看来，那才算得上是一个最舒适的地方。

6~10分：你表面看上去很温顺，但在家人面前却自我意识很强。

你不太善于自我表现，即使内心有很强的自我意识，也不会将其表现出来。

这类型的人，很多都是压抑自我、默默无闻的人，更多时候只是配角，在外人面前很内向的你，在家人面前却又显得很任性。你会将在外面积聚的郁愤发泄在家人身上。虽然家人会包容你的一切，但这种不分青红皂白地态度却不值得欣赏。建议你寻找一些能消除压力的兴趣爱好。

11~15分：你能够恰如其分地表现自己，令人欣赏又印象深刻。

你掌握了自我表现的分寸，既能有效地表现出自己的优势，又能被别人普遍接受，这样的你，经常被周围的人环绕和瞩目。

这类型的人，非常了解自己的优点和缺点，所以虽说表现力很强，但也不是那种喜欢显摆自己的类型，能够很有效地给他人留下"好印象"。

16分以上：你极擅自我表现，抢尽他人风头。

你非常善于自我表现，在人群中显得很抢眼，但是这类型的人，也很喜欢"我如何如何"地尽说自己的事情，希望把大家的注意力都集中在自己身上，与其说你喜欢自我表现，不如说你自我主张更为恰当。所以很多时候你会让人讨厌。在单纯地自我介绍的时候，你的自我表现力会发挥很好的效果。但在集体生活中，要注意避免被人认为是个任性的人。

表现过了头，只能招人厌烦。

游戏心理分析

一个人的表现能力很容易在日常生活中表现出来。自我表现能力强的人，很容易在人群中突显出自己。其实，生活中恰如其分地表现自己是最合适的，这样既可以很好地将自己的优势表现出来，又可以获得别人的认可。

97 众鸡争食

·游戏目的·

让人们认识到配合的重要性。

·游戏准备·

人数：不限。

时间：不限。

场地：室内。

材料：绑绳3根、啤酒瓶3个、小盆4个、小碗3个、大米若干。

·游戏步骤·

1. 把参与者分成若干组，各队抽出三名队员，两队员两腿绑在一起，另一队员拿啤酒瓶、小盆。

2. 比赛开始后绑在一起的两队员拿一小碗奔向鸡盆，盛满后奔向各队。另一队员将鸡食倒入小盆中，拿啤酒瓶队员迅速将小盆中鸡食装入啤酒瓶中，哪队啤酒瓶装得最多则获胜。

游戏心理分析

人与人之间，相互配合是交际顺利进行的重要因素。因为配合，人们之间的沟通会更加容易，更加方便。互相配合，也会让人们之间的工作和生活变得简易，变得和谐。

98 倒着说

·游戏目的·

通过颠倒说话调整人们的言语表达能力和心态。

·游戏准备·

人数：不限。

时间：不限。

场地：室内。

材料：无。

·游戏步骤·

先规定出题的字数，比如这一轮出题必须在四个字以内，也就是说出题的人可以任说一句话："我是好人。"那么答题人必须在5秒钟之内把刚才的那句话反过来说，也就是"人好是我"。如果说不出或者说错就算失败。

 游戏心理分析

这个游戏不仅只是一种语言上的游戏，人们在这个游戏中，如果心理状态不好，就很容易出错，如果心里很焦急，就更加容易出错。所以，在这个游戏中，将心态调整好是人们做好游戏的前提。

99 七拼八凑

·游戏目的·

控制好自己的情绪。

·游戏准备·

人数：不限。

时间：不限。

场地：室内。

材料：托盘两个以及一些日常物品。

·游戏步骤·

1. 把参加人员分成2组（需男女搭配），每组先选出一名接收者，接收者手持托盘站在台上。主持人开始宣读物品，其他小组人员按照主持人的要求从自身身上或自带提包中提供物品放到托盘中。最先集齐物品的小组获胜。

2. 采集的物品可以有眼镜、手表、皮带、袜子、口红、钱等，比较有难度的一般放在最后，如美女香吻一个等。

3. 惩罚：准备一个靠垫，选十几人围成一圈参加此游戏，每人拿着这靠垫做一个动作，可以打它，摔它，骂它，亲它，拿屁股坐它，所有人一一轮流下来，动作不许重复。一圈下来后，主持人说每个人将刚才对靠垫的动作对右边或左边的人重做一次。

 游戏心理分析

奖励和惩罚的结合是这个游戏有趣的地方。这个游戏如果做不好，很容易引发混乱，所以，人们在游戏中一定要把控住自己的情绪，不要因为太激动而做出一些激烈的举动。心态放好，才能让自己更好地享受游戏的乐趣。

100 寻宝大行动

·游戏目的·

培养人们的耐心。

·游戏准备·

人数：不限。

场地：室内。

时间：不限。

材料：事先准备好一些字条。

·游戏步骤·

1. 先准备好"宝物"（即字条上可以写"表演节目，获得奖品"等），然后把宝物分布在各个隐蔽的地方，接着，各寻宝者开始找寻"宝物"，找到"宝物"的寻宝者不得随意打开"宝物"，由主持人兑奖。

2. 主持人根据"宝物"的内容给"宝物"的主人兑奖。比如：宝物里写着"学猫叫三声，奖励苹果两个"，那么"宝物"的主人就得按"宝物"的内容去做，然后，主持人给予相应的奖励。

游戏心理分析

宝物隐藏得越隐蔽，就越有吸引力。一个有吸引力的宝物，需要人们耐心寻找，所以，我们一定要耐住性子静下心来，越是难寻的东西，越需要人们耐心寻找，这样才会有好的收获。

第七章
德商修炼：认识你的生命价值观

101 做，还是不做

游戏目的

1. 展示出我们在游戏中经历的内心活动。

2. 说明自信的人往往能准确地识别值得称赞的行为，并预测出这些行为的结果。

游戏准备

人数：不限。

时间：10 分钟。

场地：室内。

材料：纸、笔和 3 张提前写好的标语牌。

游戏步骤

1. 请大家想想，当我们处事不够自信时都会选择何种理由，并把理由写在题板纸上。

既种因，则得果——做还是不做，不能只看眼前利益。

2. 再让大家想想，为什么有人选择自信的行为。

3. 让人们提出一种情况，在这种情况下，人们很难充满自信。

4. 让小组 3 人并排坐在一起，面对其他人。中间的参与者将扮演一个能合情合理地决定是否应具有自信的人。

5. 把写有"做"的标语牌交给右边的人，把写有"不做"的标语牌交给左边的人。

6. 游戏现在开始。"做"和"不做"分别用大家在第 1 步和第 2 步里想出来的理由，不停地向中间人的耳朵里灌输自己的论据，努力说服他选择自己这一边（他们如果没有理由可说了，可以向其他人寻求帮助）。

7. 5 分钟后，停止争论，请中间的人做决定。为这 3 个人鼓掌，并请他们回到座位上去。

 **游戏心理分析**

在这个游戏中，通过这些争论，在自信不自信的选择中，我们的内心有着很大的起伏和变化。在这些争论中，你需要通过自己的判断看哪些论据更理性，哪些论据更感性以及哪些是最有说服力的论据？自信的人懂得根据自己内心的揣摩做出最好的决策。

一个自信的人不只看自己的短处，更能看到自己的长处。否定自己是对潜力的扼杀，是能力发挥的障碍。虽然我们不能盲目乐观，但起码要看到自己的长处。发现了自己的闪光点，在以后的交往中就可以扬长避短。不自信还表现为害羞，其实，只要鼓起勇气，敢于迈出第一步，伴随着从未有过的成功体验和对自己的重新评价，便会开始相信自己的能力。等人们对自己形成一个比较稳定的自我肯定模式，不自信的心理就会悄无声息地消失。

102 塞翁失马

·游戏目的·

通过这个游戏，使人们认识到压力与挫折的两重性，遇事不再抱怨，而是去找寻事情中蕴藏的积极意义与机会。这个游戏还培养人们的积极心态，提高人们的挫折应对能力。

·游戏准备·

人数：不限。
时间：10分钟。
场地：室内。
材料：无。

·游戏步骤·

1. 主持人先给大家讲一个故事：

一个年轻人在教堂做杂工，他常想："如果自己能成为万能的上帝该多好。"

他的想法恰好被上帝知道了，上帝就从天上下来，对他说："我让你实现愿望，当几天上帝，不过你不可以说一句话。"

年轻人一听，非常高兴，不出声还不容易吗？他当然可以做到。

当天他就与上帝换了身份，上帝做杂工。一会儿，一个富人来教堂祷告，祈祷上帝保佑他可以赚更多的钱。说完之后，他向捐款箱里放了一点钱，然后转身走了，但在转身的时候不小心掉了一袋子的钱。做了上帝的年轻人想告诉他，但想到自己不能说话，只好忍住。

过了一会儿，一个穷人走进了教堂。穷人对上帝说："上帝呀，你帮帮我吧，我一家三口都要饿死了。"他祈祷完之后，在起身的时候，发现了地上的钱袋。这个人非常高兴，把钱拿走了。年轻人看了非常着急，他想提醒那个人，这钱是别人刚刚掉的。但想到自己不能说话，他只好再次忍住。

第三个来的人是一个航海员，他马上就要出海了，特地来求上帝保个平安。这时，第一个丢钱的富人回到教堂来找钱，看到航海员在这里，他以为是航海员偷了钱，要航海员还他的钱。航海员觉得莫名其妙，和富人争吵起来，后来两个人还打了起来。

这时候，假装上帝的杂工非常生气，那个在地上假装杂工的上帝为什么不说话呢？他认为自己一定要主持公道，于是来到教堂对富人说："你不要冤枉航海员，钱不是他拿的，是前面的一个穷人拿的。"

上帝这时候开口对年轻人说："你不是答应我不出声吗？"

年轻人为自己辩解道："为了正义我不得不出声。"

上帝接着说："是吗？难道你认为这就是正义吗？如果你真的想知道，那么就让我来告诉你什么是正义吧！这袋钱富人本来是要拿去嫖妓的，但那个穷人不但用这袋钱养活了自己的家人，还帮助了其他的穷人。航海员因为和富人打架，耽误了开船的时间，却躲过了一场灾难，保全了自己的性命。你现在告诉我，什么是正义呢？"

2.感悟：我们在生活中面对一些困难和挫折，应该端正好心态去面对，上帝为我们关上了一扇门，也会给我们打开一扇窗。

游戏心理分析

从这个故事中，我们可以知道，面对压力和困难，我们要怀着积极的心态去面对。积极心态是一种健康的阳光心态。人们以积极的心态，虚心听取，思考，分析，反省，可以从生活中吸收有利于自己成长的营养，促进自己进步。积极心态表现为：

执着：拥有坚定不移的信念。

挑战：勇敢地挺身而出，积极地迎接变化和新的任务。

热情：对生活具有强烈的感情和浓厚的兴趣。

激情：始终对未来充满憧憬和希望，对现在全力以赴地投入。

愉快：乐于助人，懂得分享。

103 乱网游戏

游戏目的

提高人们解决问题的能力。

游戏准备

人数：不限。

时间：20分钟。

场地：室外空地。

材料：无。

游戏步骤

1. 分成若干小组，以10人一组为佳。让每组成员围成圆圈，站成一个向心圆。

2. 让其中一人先举起右手，握住对面那个人的手，再举起左手，握住另外一个人的手，人要分散。现在要求你们在手不松开的情况下，想办法把这张"乱网"解开。

3. 告诉大家一定可以解开，答案有两种：一种是一个大圈，另外一种是两个套着的环。

4. 如果实在解不开，可允许团队成员让相邻的两只手"断开"一次，但再次进行时必须马上"闭合"。

游戏心理分析

人们在生活中总会遇到困难，面对繁杂的问题，人们应该提高自己解决问题的能力。如何把握成功的规律、找出失败的症结，使自己在做人、做事方面更成熟、更完善、更顺利，是一个人必须经常思考、揣摩的问题。做人做事的规则具体包括以下几个方面：

看不顺眼的不要太多。

抛弃无谓的烦恼。

善于保持冷静。

做事有始有终，不轻言放弃。

能屈能伸，不轻易被打倒。

把光环留给别人。

刚柔相济，能方能圆。

讲究信用，诚信为本。

不要以自我为中心。

永葆一颗进取心。

104 剧毒篱笆

游戏目的

培养人们的整体价值观。

游戏准备

人数：不限。

时间：10分钟。

场地：空地，最好是草地。

材料：篱笆、棉垫子。

合作，才会共赢。

游戏步骤

1. 用木棍竖起一个高约 1~2 米的三角形篱笆，篱笆刚好能够圈住小组的所有人，里面仅留下少量的活动空间。

2. 告诉人们这个篱笆上带有剧毒物质，所以碰触显然是不可能的。由于大家的身体会有相互的接触，所以有一人碰到毒物，与之接触的所有人均宣告阵亡了。

3. 大家的任务就是要通过这个篱笆（不是从下面钻）。

4. 由于篱笆太高，单靠自己的力量显然是不可能通过的，所以大家一定要互相帮助。

游戏心理分析

每个人的能力都有一定限度，如果大家互相帮助，就能够弥补自己能力的不足，达到自己原本达不到的目的，从而实现自己的价值。

面对生活中的难题，需要人们以一颗开放的心去面对。只要找到问题的症结，你就有可能仅凭自己的力量解决它。越是善于解决问题，你能得到的就越多。所以，树立正确的价值观，对我们来说是十分重要的。

105 木板过河

游戏目的

锻炼人们的综合素质，培养人们正确的价值观。

游戏准备

人数：12 人左右，分成两组。

时间：30 分钟左右。

场地：开阔的场地。

材料：凳子、木板。

游戏步骤

1. 将人们分成两组。

2. 为每组准备 6 个凳子和一块木板，木板长约 5 米。将这 6 个凳子以稍微少于木板长度的距离分开，将木板交给每组的组长手里。

3. 宣布游戏步骤：每组的全部成员要依次通过这 6 个凳子，方法是借助木板。每个人踩上一个凳子后将木板搭于第一个和第二个凳子之间，通过木板到达第二个凳子。以此类推，直到通过六个凳子。第一个人过去后第二个人取回木板再过。中途不许有人帮忙，只可在终点接应，可以用话语指挥或鼓励。如果中途有队员落地或违规，那么这名队员将重新回到起点，重新开始。

4. 这个游戏采取竞赛的方式，即两组同时进行，以时间最短者为胜。

游戏心理分析

人们综合素质的提高是人们不断努力的结果。一个成功的人生与人们的综合素质密切相关。成功心理学在提高综合能力和人生价值上有四大指数：

1. 成功的欲望指数：你成功的欲望有多强烈，决定了你成功的速度、高度，你的"心有多大，舞台就有多大"。

2. 抗挫指数：挫折与挑战每时每刻都在我们成功的道路上，我们每天都可能会碰壁，关键是我们要有抗挫的能力。

3. 学习指数：21世纪比的是学习力，一个成功的人一定是一个爱学习的人。不论文凭有多高，我们一定要继续努力学习，只有成为内行、专家，我们才能做好自己的事业。

4. 执行力指数：设定了明确的目标，如果没尽自己的全力去做，则很难成功。

106 设计公司大楼

游戏目的

建立核心价值观念。

游戏准备

人数：30人左右。
时间：25分钟。
场地：室内（里面应有一张大桌子）。
材料：水彩笔、绘画纸。

游戏步骤

1. 先将参与者分成若干个小组，每组4~6人。给每个小组一张绘画纸和一些水彩笔。为了更好地开展这项活动，建议大家围坐在桌子旁边。

哪一座，是你心中大楼？

2. 主持人告诉大家，他们现在工作的办公大楼将要重新建造，大楼的建筑结构将考虑员工们的建议。

3. 每个小组要为新办公大楼绘制一张草图或平面结构图或建筑蓝图。可以随意创作，鼓励所有小组成员参加，但整个小组在工作时必须保持绝对安静。个人不能与其他小组成员谈论他们的计划，更不能说出他们的设计构思。

4. 给大家10分钟时间，描绘他们理想的工作环境。

5. 就像在美术馆一样，把各组的画挂起来，请每个小组解释这幅画的构想。

游戏心理分析

许多构想来自心灵深处的潜意识。在设计大楼的过程中，人们充分发挥了自己的想象力。潜意识作为心理系统的最根本力量，也是本能价值的一种表现。生命价值在每个人身上的表现都是不同的，换句话说，每个人都有属于自己的生命价值，或者是对外表现自己，以期满足自己外在的需要，或者是满足自己精神方面的需求。潜意识最能体现出一个人的生命价值的方向。它无时无刻不在影响着人们的生活，也是隐藏在人们内心深处的潜力。

所以，人们应懂得认知，认识到价值对我们的重要性。

107 三个进球

游戏目的

向人们展示良好的沟通对于培养团队核心价值观的重要性。

游戏准备

人数：不限。

时间：5~10分钟。

场地：空地。

材料：（每个小组）1个大垃圾桶（用来接球）、40个网球（放在袋子或盒子里）。

游戏步骤

1.邀请每个小组中的一个人，让他站到前面。

2.让参与者面向某一个方向站好，不可向旁边看，更不能回头。然后，把装有40个网球的袋子交给这个参与者。

3.把垃圾桶放在参与者的身后，垃圾桶与参与者间的距离约为10米。注意不要把垃圾桶放在人们的正后方，要让它略微向旁边偏出一些。

4.告诉参与者其任务是向身后的垃圾桶里扔球，要至少扔进3个球才算成功，但不许回头看自己的球进了没有，落在了哪里。

5.让其他队员指挥，告诉他们如何调整投掷的力量和方向才能进球（这里只允许通过语言传达指令）。

6.等他们扔进了3个球后（这可能会颇费周折），问他们"是什么帮助他们实现了目标"，问其他队员是否也觉得很有成就感。

游戏心理分析

这是一个在合作中实现自我价值的游戏。我们常听到这样一句话："世界上没有完美的个人，只有完美的团队。"个人价值也只能在团体中体现出来。成功者都明白一个最简单的道理：共赢则两利，分裂则两败。这就像一棵树，无论它怎样伟岸、粗壮和挺拔，也成不了一片森林。任何人要有所作为，都必须把自己融入团队之中，与大家齐心协力，这样才能赢得发展，才能找到自己的价值。

108 整体决策

游戏目的

1. 判断一种物品的价值。
2. 介绍一种判断问题、解决问题的方法。

游戏准备

人数：不限。

时间：30分钟。

场地：室内。

材料：纸、笔。

游戏步骤

1. 主持人首先确定一件需要大家进行推测的事物，例如，确定一件物品的价值。

2. 让所有的人们都对此物品做出自己的判断，给出一个可以自圆其说的解释，这一切都是在纸上进行的，人们相互不知道。

3. 将大家的判断公布于众，然后让人们在参考他人的判断之后，重新估计一下自己的判断。

4. 同样的过程再进行两次，然后让人们将自己的判断公布于众。最后我们会发现，大家的判断应该是一个非常接近真实值的判断。

游戏心理分析

一个物品的价值，不是由人们的主观因素决定的。很多时候，物品价值来源于其本身。但是，这也需要人们在物品面前有一个准确的判断力。有了精准的判断，人们才能对物品本身有一个合理的定位，这样才能合理地猜测物品的价值。

109 公平与不公平

游戏目的

通过角色表演来体验公平与不公平。

游戏准备

人数：6人。

时间：不限。

场地：室内。

材料：无。

游戏步骤

1. 让6位参与者分别扮演小母鸡、牛、鸭、猪、鹅、村长，表演下面的剧情：

小母鸡在谷场上扒着，直到扒出几粒麦子，然后叫来邻居，说："假如我们种下这些麦子，我们就有面包吃了。谁来帮我种？"

牛说："我不种。"

鸭说："我不种。"

猪说："我不种。"

鹅说："我也不种。"

"那我种吧。"这只小母鸡自己种下了麦子。

眼看麦子长成了，小母鸡又问："谁来帮我收麦子？"

鸭说："我不收。"

猪说："这不是我们应该做的事。"

牛说："那会有损我的资历。"

鹅说："不做。"

"那我自己做。"小母鸡自己动手收麦子。

终于到了烤面包的时候，"谁帮我烤面包？"小母鸡问。

牛说："那得给我加班工资。"

鸭说："那我还能享受最低生活补偿吗？"

鹅说："如果让我一个人帮忙，那太不公平。"

猪说："我太忙，没时间。"

"我仍要做。"小母鸡说。

小母鸡做好5块面包并拿给邻居看，邻居们都要求分享劳动成果，说道："小母鸡之所以种出麦子，是因为在地里找出了种子，这应该归大家所有。再说，土地也是大家的。"但小母鸡说："不，我不能给你们，这是我自己种的。"

牛叫道："损公肥私！"

鸭说："简直像资本家一样。"

鹅说："我要求平等。"

猪只管嘀咕，其他人忙着上告，要求为此讨个说法。

村长到了，对小母鸡说："你这样做很不公平，你不应太贪婪。"小母鸡说："怎么不公平？这是我劳动所得。"村长说："确切地说，那只是理想的自由竞争制度。在谷场的每个人都应该有份。劳动者和不劳动者必须共同分享劳动成果。"

从此以后，他们都过着和平的生活，但小母鸡再也不烤面包了。

2. 通过这个故事，你如何看待"公平与不公平"？

公平总是相对的。

 **游戏心理分析**

在这个游戏中，我们可以认识到，每个人都有自己的感受，有自己的喜好，这就不能保证一个人对其他任何人都公平对待。在生活中，我们如何面对这些不公平的状况呢？

要自我鼓励，培养自信。相信自己的能力，相信自己所作出的决定，即使面对不公平的状况，只要我们将自己很好的一面展现出来，就能得到人们的认可，不公平现象也会自动消失。

要调整自己的心理状态。不怕失败，在自我实现的过程中逐步改善自己的心理状态。

要学会宽容，用积极的态度去面对生活。

110 飞盘击物

游戏目的

培养团队成员的核心价值观。

游戏准备

人数：不限。

时间：20~40分钟。

场地：宽敞的运动场。

材料：每组一个飞盘。

目标明确，一击即中。

游戏步骤

1. 三人一组，主持人给每组发一个飞盘，告诉他们将要开展飞盘游戏。

2. 在运动场另一端，选一棵树或其他物体作为靶子。

3. 从运动场这端开始，每组选一人掷飞盘，飞盘落地前必须被另外两个队员中的任意一人接住。如果飞盘落在地上没被接住，其中一个接盘手必须把飞盘送回投盘手那里，让其再次投掷，并且只能在同一位置。如果飞盘落地前被接住，接盘手就在原地向前转投给队友，即最初的那个投盘手（此时已变为接盘手）。每组的目标是尽量在积分最低的情况下击中运动场另一端的靶子。

4. 积分规则是：成功接盘一次积1分，飞盘落地一次也积1分。

5. 给各组2分钟的准备时间，然后开始游戏。

 **游戏心理分析**

某一社会群体判断社会事务时依据的是非标准、遵循的行为准则就是核心价值观。团队中的价值观念就是实现平等、公平、正义的价值观。树立正确的价值观，是适应社会发展的需要，也是人们自我认知能力的体现。

111 价值观大拍卖

游戏目的

通过游戏看看自己的价值观。

游戏准备

人数：不限。

时间：20~40分钟。

场地：不限。

材料：价值观项目表、A4纸。

游戏步骤

1. 游戏前拍卖师先制作"价值观项目表"（项目包括：使世上的人对待他人正如个人所希望的方式、有100万给世界上需要的人、有一年可以尽量做个人爱做的事、有一年做全世界最聪明的人、有一粒使人说实话的药丸、有机会完全自主、有一屋子的钱、有机会当总统、被团队里每个人喜爱、在世界上最美的地方有座房子、有机会成为世界上最吸引人的人、有机会健康地活100岁、有颗药丸可以解决你担心的问题、有座藏有你喜爱的书的图书馆，等等）。

2. 拍卖师发给每位参与者一张"价值观项目表"及一张A4纸，请每个人将A4纸做成总金额为1万元的纸钞，面额为5000元、2000元、1000元及500元（亦可为其他面值，只是单位愈小，所花时间愈多），张数不限，但总金额须为1万元。

3. 请大家预想：若1万元代表人的一生之所有时间及精力，他会花多少钱来买"价值观项目表"的那些项目？拍卖师可给予5分钟，让大家于"价值观项目表"上进行估算。

4. 拍卖师的身份转成银行职员，担任拍卖的工作（拍卖工作亦可让人们轮流担任）。拍卖师说明拍卖规则（如可不可向银行借款、可不可以将买到的"物品"转卖等）。

5. 进行拍卖。

游戏心理分析

看到这个价值观项目表，你对自己的价值观了解多少？你对这些东西是如何定位的？面对这样的价值拍卖，不仅需要你客观地面对这些实物的价值，还需要人们正确面对自己的心理状态，一旦人们认可这一价值，这样东西对人来说就是有价值的。所以，心理的认可很重要，人们首先应端正自己的心态，这样才能做出最合理的决断。

112 勇于承担责任

◆ 游戏目的 ◆

让参与者勇于承担责任。

◆ 游戏准备 ◆

人数：不限。

时间：不限。

场地：不限。

材料：无。

◆ 游戏步骤 ◆

让参与者相隔一臂站成几排（视人数
而定），主持人站在队列前面，面向大家，

不管是有心还是无意的过错，都要承担责任。

主持人喊一时，大家向右转；喊二时，向左转；喊三时，向后转；喊四时，向前跨一步；
喊五时，原地不动。

当有人做错时，就要走出队列，站到大家面前先鞠一躬，举起右手高声说："对
不起，我错了！"

主持人喊数时节奏可以由慢到快，渐做渐快时，错的人也越多。如果有人做错了，
想蒙混过关，主持人要提醒："刚才有人错了，请承认。"直到做错了的人认错为止。

游戏心理分析

面对错误时，有人不愿承认自己犯了错误；虽然也有人认为自己错了，但没有
勇气承认，因为很难克服心理障碍；当错误发生时，有些人会试图为自己开脱
责任，蒙混过关。勇于面对自己的错误，需要很大的勇气。一个人的责任心不仅
是勇于面对错误的一种责任，承担错误，还需要一种力量。这也是一种心理的自我
认可。

113 象棋真人秀

◆ 游戏目的 ◆

帮助人们领悟团队分工协作的意义。

◆ 游戏准备 ◆

人数：32。

时间：80分钟左右。

场地：空地。

材料：在空地上画出一个象棋盘，每条线相距1米，方便多人行动。

游戏步骤

1.分成两组，每16人一组。每个成员扮演一个棋子，每个棋子按照象棋规则在准备好的大棋盘上移动。

2.主持人将人们领到游戏场地，不作任何提示，宣布两组第一次比赛开始。

3.主持人对第一次游戏进行小结，宣布第二次游戏内容：

（1）在第二次竞赛前，两个小组按照象棋规则分别形成团队内部结构框架，建立团队与外界的初步联系的程序。

（2）选出小组的领导者（即担任将或帅的角色），领导者要协调、领导本小组进行比赛。

4.主持人宣布第二次比赛开始。主持人认真观察游戏过程中小组的表现，进行汇总。

游戏心理分析

通过这个游戏，我们可以看出，树立集体荣誉感和正确的价值观是十分必要的。"赢"的真正意义是实现目标，而不是两个对立的双方争个你死我活。用合作代替竞争，便能在有效的时间或较短的时间里实现更多的目标，甚至有意想不到的收获。

成功的人大多都有与人合作的精神，因为他们知道个人的力量是有限的，只有依靠大家的智慧和力量才可能办成大事。

114 月球散步

游戏目的

在游戏的合作和竞争中认识到自身价值的重要性。

游戏准备

人数：不限。

时间：20~40分钟。

场地：运动场。

材料：选定一条设有障碍的路线。给每队准备两个气球，另外多准备一些备用。一个口哨。

游戏步骤

1.让大家互相结为搭档。

2.给每组搭档发两个气球，要求将其中一个气球充满气后扎上口，另一个放进口袋备用。

3.每组带着充气的气球通过一个预先设有障碍的线路。哪组搭档最先到达终点，并且气球完好无损，即为获胜者。要求气球始终飘在空中——不允许队员手拿气球前行。如果气球落地，他们必须回到起点，重新开始。如果气球爆裂，他们只能待在原地，拿出备用气球将其充满气后，才能继续前进。如果他们边给气球吹气边前进，一经发现，必须回到起点，从头开始。

4.吹响口哨，游戏开始。

游戏心理分析

这个游戏既有合作又有竞争。一定的竞争可以磨炼人的斗志，提高人的社会适应能力，因此是有利于维护人们心理平衡的。而合作是生活中一种最好的心理状态，它不仅能减轻人们的心理压力，也能让人们认清自身在团体中的价值。在竞争中可以实现个人的价值，在合作中才能实现集体共同的价值。竞争和合作是你事业进步的不竭动力。合作可以让你在竞争中取得更大的收获。

115 写下你的墓志铭

·游戏目的·

让人们了解生命的重要性。

·游戏准备·

人数：不限。
时间：不限。
场地：室内。
材料：白纸、笔。

·游戏步骤·

1.请想象自己坐在一架客机上，宽敞平稳，飞机在万米的高空翱翔。突然，机身发抖，空姐要求大家把安全带系好。广播里传来机长的声音。他通知大家说飞机发生了严重的机械故障，正在紧急排除。但为了预防最危急的情况，现在将由乘务小姐分发纸笔，你有什么最后的遗言要向家人交代，请留在纸上。一切要尽快，乘务小姐会在三分钟后收取大家的纸条，然后统一密闭在特制的匣子里，这样即便飞机坠毁，遗言也可完整保存下来。按照飞机现在的飞行高度，在完全失去动力的情况下，还可以滑翔极短暂的时间。乘务员小姐托着盘子走过来，惨白的面颊上，职业性的微笑已被僵硬的抽搐所代替。盘子里盛的不是饮料，不是纪念品，也不是航空里程登记表，而是纸和笔。人们无声地领取这特殊的用品，有抽泣声低低传来。你领到了半张纸和一支短笔。现在，面对着这张纸，你将写下什么？

2. 再为自己草拟一份将来的墓志铭。

游戏心理分析

如果你对自己的平庸不满意,你还有时间重振雄风。如果你对自己的浅薄不满意,你还有时间走向深沉。如果你对自己的专业不满意,你还可以选择职业。如果你对自己的性格不满意,你还来得及重塑形象。

面对死亡,人们心理会油然升起一种无助感,这种无助在心理学里叫"习得性无助。"如果人有了习得性无助,就会在内心深处形成深深的绝望和悲哀。因此,在人生中,我们不妨看得开阔点、长远点,看到事件背后真正的决定性因素,这样才能避免让自己陷入绝望的处境。生死是自然的,认真思索自己的人生,回忆自己的过去,可以引发人们更深层次的思考。人们能通过自我反省,把自己的优点更好地发挥出来。这样,我们留下的遗憾才会越来越少。

第八章
财商观察：摸清自己的金钱观

 **116 换 钱**

·游戏目的·

我们不但要重视赚钱能力的培养，还应重视对理财能力的培养。对金钱管理能力的培养，是人生的必修课。

·游戏准备·

人数：不限。

时间：5 分钟。

场地：不限。

材料：人们自己准备的零钱。

·游戏步骤·

主持人询问参与游戏的人，对于赚钱感不感兴趣。答案当然是肯定的。下面就是一个可以迅速提升你对金钱的管理能力的游戏。

1. 让所有人拿出 1~20 元间的任意零钱，拿在手上，在接下来的 3 分钟（视人数多少而定，一般 50 人用这个时间）他们相互换钱，见人就换。

2. 用强劲的背景音乐伴随大家的换钱活动，3 分钟以后音乐停，游戏停。

3. 让赚了钱的举手，有赚 10 元以上的人上讲台上来；让有亏损的人举手，有亏损 10 元以上的上台上来，然后跟大家分享一下他们是如何来玩的。

做游戏的时候，我们从中可以看出一个人参与游戏的态度将会决定游戏结果。

游戏心理分析

在这个简单的游戏当中不仅可以看出不同的人的金钱观念，更重要的是能看到他们对金钱的管理能力。

对金钱的管理是财商教育的一部分，也是规划人生的一部分。如果我们要想拥有一个美好的人生，就要学会理财，树立正确的理财意识。

117 贪得无厌

·游戏目的·

看看你是否贪婪。

·游戏准备·

人数：不限。

时间：30分钟以上。

场地：一处宽敞的运动场。

材料：一个圆球（或其他类似的

贪心不足蛇吞象。

东西）；给每个队员准备一条头巾或

一个臂章（两组数目相同、颜色不同的头巾或臂章）；一个秒表。

·游戏步骤·

1.把参与游戏的人分成两个人数相同的小组。

2.给每组发一套头巾或臂章。

3.主持人将一个圆球抛向空中，游戏便开始了。告诉大家运动场的边界；告诉参与者，哪个组总的控球时间先达到30分钟，便可获胜。

4.第一个抓住圆球的参与者享有控球权，如果他被紧跟其后的对手抓到，必须立即停止前进，3秒钟之内把球传给自己的队友。如果3秒钟后他还未把球传出去，裁判（主持人）就把圆球拿走。游戏重新开始。如果两组的对手同时都抓到了圆球，裁判也需要重新向空中抛球，开始游戏。当一个组的控球时间接近30分钟时，裁判大声数数"5、4、3、2、1"，让另一组明白他们需要快速跑动以控制圆球。

游戏心理分析

贪婪是一种超越自身需求的欲望心理。人们对金钱、物质财富的过分需求，就会导致贪婪心理作祟。尤其在投资过程中，时刻保持头脑清醒，才能做出准确的判断和定位。战胜贪婪的方法之一是客观冷静地分析、评估我们所处的境遇，确定和估计一下可能发生的最可能的结果。这样，人们在反复的思考中做出的决策应该是最明智的。

118 限时花钱

·游戏目的·

让人们懂得要珍惜时间，更要懂得管理时间。

·游戏准备·

人数：不限。

时间：15~20 分钟。

场地：不限。

材料：支票 N 张、笔记本。

·游戏步骤·

1.给参与游戏的人各发一张支票，支票上的数目是 86400 美元，并且告诉大家，他们必须在 24 个小时之内花掉这笔钱。

2.让他们围绕如何花掉这笔钱而讨论，这时，主持人把大家的想法全都记在笔记本上。

3.游戏结束后，主持人会注意到，大多数参与者都打算把支票上的数目花个精光。因此，主持人引导大家开始讨论：每天的时间都是固定的，只有那么多，正如每张支票上面的金额都是同样的 86400 美元，于是就提出了一个问题：为什么我们在考虑如何支配自己的金钱的时候表现得很积极，而对于计划如何支配自己的时间却缺乏兴趣呢？

做这个游戏的时候，为了让每一个参与者深刻体会游戏的意义，要注意以下几点：要明确游戏的意义。

参与者要认真对待。

游戏心理分析

管理好时间会给我们的工作和生活带来很大的便利。商人也会在时间的管理中获取更丰厚的利润。在生意往来中，人们总在思考如何安排和驾驭时间，如何在有限的时间里，创造最高最丰厚的利润。上帝给每个人的时间都是均等的，有人在有限的时间里创造了无限的生命价值，而有人却在浪费时间、浪费生命。一寸光阴，一寸金。有了明确的管理时间方案，人们的生活目标也会变得清晰。怎样才能管理好时间呢？

对自己的时间做好规划。每天或者每段时间都要有一个清晰的计划。

在自己计划范围内，严格恪守时间实施计划，这样才不会养成拖沓的习惯。

提高自己的认识。认识到时间的重要性是人们管理时间的先决条件。

119 赚大钱的智慧

·游戏目的·

通过游戏测试人们的赚钱能力。

·游戏准备·

人数：不限。

时间：不限。

场地：教室。

材料：游戏卡、笔。

· 游戏步骤 ·

参与者每个人在游戏前拿到一张游戏卡，根据游戏卡的提示参与者针对下面的问题请用"是"或"否"来回答。

1. 在买东西时，会不由自主地算算卖主可能会赚多少钱。

2. 如果有一个能赚钱的项目，而你又没有钱，你会借钱做投资。

3. 在购买大件商品时，经常会计算成本。

4. 在与别人讨价还价时，会不顾及面子。

5. 善于应付突发事件。

6. 愿意下海经商而放弃拿固定工资。

7. 喜欢阅读商界人物的经历。

8. 对于自己想做的事，就坚持不懈地追求并达到目的。

9. 除了当前的本职工作，自己还有别的一技之长。

10. 对于新鲜事物的反应灵敏。

11. 曾经为自己制订过赚钱计划并且实现了这个计划。

12. 在生活或工作中敢于冒险。

13. 在工作中能够很好地与人合作。

14. 经常阅读财经方面的文章。

15. 在股票上投资并赚钱。

16. 善于分析问题。

17. 喜欢从宏观角度考虑问题。

18. 在碰到问题时能够很快地决策。

19. 经常计划该如何找机会去挣钱。

20. 做事最重视的是达到的目标与结果。

回答"是"计1分，答"否"计0分，累计得分。

如果你的得分在12分以上，意味着你已经具有一定的赚钱的心理基础了，可能你还具备了较强的赚钱能力，你可以考虑选择一个项目大胆地去干。

如果你的得分在12分以下，那么，你在准备投身于某一个项目之前，不妨再学习一下赚钱技巧吧。

有头脑，小生意也能赚大钱。

 **游戏心理分析**

赚钱是一种能力，也需要智慧。要想发财，就要把时间用在研究、思考、计划上来。

学会思考。精心思考对获取财富是大有必要的。因为寂静的时刻，是涌现灵感的时刻。在思考时，别忘了用笔和纸记下你的思考所得。

制定目标。招致财富的另一要件，是学习如何制定目标。

善于投资。奥斯本先生是一位雇员，属工薪阶层。可是，他发财了。他用的方法很简单，就是善于投资。他发现财富是可以招致的，投资时要听从专家们的建议，以求安全，规避风险。

120 未雨绸缪

游戏目的

未雨绸缪，防患于未然。成功的人总是在问题还没有出现的时候就做好了解决问题的准备。这个游戏的目的是让人们认识到未雨绸缪的重要性，这样才能在竞争中立于不败之地。

游戏准备

人数：不限。

时间：15分钟。

场地：教室。

材料：纸、笔。

游戏步骤

1.由于每个游戏的参与者所处的环境、背景、身份不同，所以大家对游戏的目的、程序等必然有着不同的理解，他们会不清楚自己将在这个游戏中扮演一个什么样的角色。主持人要明确游戏的目的和意义。

2.将参与者分成若干个小组，每组4~6人，让他们在小组内部讨论以下话题："在今天来到这里之前，你有什么样的忧虑，或者期望？"比如："我会不会是这群人中穿着最随意的？""会不会除了我以外的其他人都会满口专业用语呢？"

3.每个组准备一张纸将自己组的意见记录下来，经过一个简短的信息收集过程之后，将这些信息公布于众，以供大家讨论。

游戏心理分析

在实际工作中，有一种叫"预防性管理"的思想，认为要想避免管理中不想要的结果出现，就要在事情发生前，采取一些具体的行动。所以，在危机还没有到来时，我们就要做好预防准备。在商业竞争中，是需要未雨绸缪，防患于未然的思想的。

成功的人之所以成功，是因为他们有防患于未然的意识，这样就避免了突如其来的损失和打击。这也是我们要学习的一种商业思维智慧。以下两点可以作为管理者预防危机的参考：

第一，树立危机意识。从主观上来看，没有人希望危机出现，但俗话说"天有不测风云，人有旦夕祸福"，无论是天灾还是人祸，危机都可能随时发生。天灾无法避免，但应急措施可将损失控制在最小范围；人祸是可以避免的，关键在于企业管理者是否重视对人祸的预防，是否有较强的危机意识。

第二，做好危机的预控。危机预控是在对危机进行识别、分析和评价之后，在危机产生之前，运用科学有效的理论及方法减少危机产生的损失，增加收益的经济活动。企业管理者可将回避、分散、抑制、转嫁等措施有机结合，通过互相配合、互相补充，达到预防和控制危机的目的。

121 改变旧观念

游戏目的

有变化也就会有突破。想拥有更多的财富，就要改变我们旧的观念，不要惧怕改变，这个游戏就突出了变化的力量。

游戏准备

人数：不限。

时间：20分钟。

场地：不限。

材料：一些对于腕表式计算机的介绍和图册。

游戏步骤

1. 假设你（主持人）已经发明出一种新产品，你的任务就是向大家（参与者）介绍它，比如说新的腕表式计算机，该计算机仅仅有平时所佩戴的防水表那么大。

2. 请大家帮忙列出他们会使用或者不使用该计算机的原因，他们可以向你提有关计算机性能方面的问题，你进行回答。

3. 将大家抵制该计算机的原因分为两类：一类是客观的，比如他的硬盘太小了，存储性能不高；一类是主观的，比如我还是比较习惯于以前那种老式的台式计算机或者笔记本，这个太小了。

4. 让他们考虑一下哪些抵制原因是厂商们可以采纳用来改进计算机的，哪些则需要应用者自己去适应。

5. 让大家联系他们在工作中可能会遇到的变化，比如公司理念的变化，让他们分析正反两方面的因素，并让他们分析他们的负面情绪哪些是合理的哪些是不合理的。

游戏心理分析

俗话说：人挪活，树挪死。只有有所变化，才会有新的突破。但是我们可以看到，由于心理、文化上的多重原因，人们往往会抵制变化，不去正视它。这个游戏将帮助我们认清楚变化给我们带来的影响。

世界上唯一不变的是变化，如果要想追逐更多的财富我们就需要改变自己的旧观念。如改变我们的理财观念，让金钱为我们服务。

其实，在致富的路上，我们只要改变旧的储蓄观念，对立科学的理财观念，就能够获得更多的财富。

122 心有千千结

游戏目的

当你面对纷繁复杂的问题的时候，你会选择怎么办？依靠自己的力量独自承担呢还是与大家一起合作、共同完成这个任务呢？这个游戏将会训练大家这方面的能力。

游戏准备

人数：不限。

时间：15分钟。

场地：不限。

材料：每人一条两端带绳套，长约1.5米的绳子。

游戏步骤

1. 每个游戏的参与者都要从主持人手中领到一根带有绳结的绳子。

2. 将参与者分成若干个小组，每组2~4人，每一个组员将自己手中的绳子与另一位组员手中的绳子交叉。

3. 每位组员都要将两端的绳套套在自己的双手手腕上。

4. 两个人合作在不解开绳结，不使手脱离绳套的情况下，将交叉的绳子解开。注意：每个人手上的绳套都不能脱离手腕，不能将自己两只手上的绳套互换。

答 案

将一方的绳子从中间对折，将对折后的绳头从对方手中的绳套由里向外穿出（对折和穿出绳子

互相依赖，才能战胜逆境。

时都不要让对折的绳子交叉）；分开对折的绳头，让这段绳套中的手从中间穿过；双方拉直绳子即可。

 游戏心理分析

在解开绳子的过程中需要两个人的密切合作，共同想出解开绳子的办法。这正像在一个商业团队中解决某些问题一样，如果有的人使劲，有的人泄劲，有的人干活，有的人说风凉话，大家不会沟通合作，那么这个团队就是一个最失败的团队，也是无法做成任何事情的。

在商业活动中，有时候我们会面临很多纷繁复杂的问题，此时高财商的人一定不会盲目解决问题，他们会寻求大家的合作来共同完成任务，从而赚取更多的利润。这是人们很重视的一种商业思维法则。这个游戏就是要将你认为不可能的事情变成可能，从而最终达到思维上的创新，找到更多的解决方法。

123 幸福清单

游戏目的

很多有钱人都把生活的幸福当作自己追求的更高目标，而不是追求越来越多的财富。他们的成功经验告诉我们，赚钱不是生活的全部，要在赚钱和享受生活中找到一个平衡点。下边的游戏，告诉我们如何在工作中找到幸福。

游戏准备

人数：不限。

时间：15~20分钟。

场地：教室。

材料：纸、笔。

游戏步骤

游戏开始前，主持人发表以下感言：在这个游戏当中每个小组要什么样的奖品，体现的是一种对幸福的追求。其实在追求财富的路上，很多有钱人也很重视幸福的追求。不要为钱财和工作所束缚，要懂得时时享受财富和工作带给我们的幸福。外面的世界很精彩，我们流连忘返，外面的世界很无奈，我们叹息抱怨，但我们很少停下匆忙或杂乱的脚步，审视一下自己的内心，我是谁？我从何处来？我到何处去？我想要的是什么？

这些看似简单的问题常常让我们陷入迷茫和困惑。

那么且静下来，试着做做这个游戏吧。

将本游戏的参与者分成几个小组，让这些小组花数分钟时间列举尽可能多的奖品——商业团队愿意为之工作的奖品，列举一份商业团队幸福清单。

让他们讨论物质激励和精神激励的不同效用。

游戏心理分析

这个游戏可以激发商业团队的表现力,让每一个参与者体会到了激励的重要性。选择正确的激励方法,适时地给表现出色的人一些奖励,会激发他们的热情和创造力,从而创造出更多的财富。

在做这个游戏的时候,为了提高团队成员的幸福感,可以让他们共同商量想要何种奖励。这种做法让每个人体会到,个人意志只有和集体意志统一,他们的幸福才有可能得到实现。

124 摇动游戏

游戏目的

现代的商业竞争是激烈的,每一个参与者都面临着很大的压力。谁能很好地缓解外在的和内在的压力,才能在竞争中独占鳌头,赢得巨大财富。这个游戏让人们了解缓解压力的重要性。

游戏准备

人数:不限。

时间:25分钟。

场地:室内。

材料:活力测量表、音响设备和音乐唱片。

游戏步骤

1. 将活力测量表发给所有的参与者,让他们在1~10之间为自己的活力打分,最高为10分。

2. 播放一些有趣的音乐,让人们原地跑或者原地踏步走(取决于他们自己)3分钟。当他们这样做的时候,鼓励他们互相加油。

3. 现在让他们等30秒钟,让他们重新给自己的活力打分。迅速地计算平均分数,看看平均的活力水平提高了吗?

4. 最后,说明在一天的工作中做一些简短锻炼的好处。

游戏心理分析

这个游戏有助于缓解压力,克服焦虑的情绪,最大限度地激发你的活力。

参与游戏的人将压力释放了,同时也学会了对压力的管理。其实很多聪明的商人都是压力的最好管家,他们不但会管理自己的财富还很会管理自己的压力。如何进行压力管理呢?可以采取如下方式:

第一，接受无法改变的事实。

如果你体弱多病，那么你参加拳击比赛的机会就很小了，你就必须接受这一现实。如果你不到 30 岁就想成为一位睿智者，那就操之过急了。时间与价值在改变，我们应该接受这些改变。你是否已经接受这些无法改变的事实，还是对此感到愤怒、烦忧或是因为它而产生"压力"呢？

第二，带来新鲜空气，带走污浊空气。

一天中多进行几次短暂的休息，做做深呼吸，呼吸一下新鲜空气，可以放松身心，缓解压力。千万不要放任压力情绪的发展，不要使这种情绪在一天结束时升级成能压倒你的压力，要多到室外走走，多亲近下大自然。

第三，"胡思乱想"可以缓解压力。

"胡思乱想"有助于消除工作、生活中的紧张疲劳，起到放松身心的作用。当你感到疲乏、困倦、无聊的时候就去胡思乱想吧！你可以想象着由于自己的工作业绩突出，工资又涨了一倍；想象着自己的宝宝一点一点长大……总之，你的思绪可以四处遨游，只要是快乐的。但我们一定要注意，这种漫无边际的胡思乱想只是生活中的一种补充而绝不是替代，因此要适可而止，不可本末倒置。

第四，善待自己，学会取舍。

在生活中，有一些人像蜗牛那样生活着，只不过背上的东西变成了"名、利、权"。人总是贪求太多，把重负一件一件放在自己身上，舍不得扔掉。假如能学会取舍，学会轻装上阵，学会善待自己，凡事不跟自己较劲，甚至学会倾诉、发泄、释放自己，人还会被生活压趴下吗？

长期承受商业上的压力，很多人会患上压力综合征。其主要表现是：焦虑不安、抑郁、喜怒无常、故意挑衅、过后又感到羞愧或自责、兴趣减弱，常常感觉到疲惫，难以集中精力，容易遗忘，思维混乱，有挫折感，紧张，孤独。

125 双人分享

◆ **游戏目的** ◆

和气是生财之道。学会与人和气相处是这个游戏的宗旨。

◆ **游戏准备** ◆

人数：不限。

时间：不限。

场地：室内。

材料：无。

◆ **游戏步骤** ◆

1.游戏开始时要求每个参与者找到一个搭档。

2.然后让每对搭档互相询问有关各自第一份工作的情况。在第一次离家时他们是靠什么手段来为自己谋生的?

3.给3~5分钟的交谈时间,请把你搭档所说的第一份工作中的有意思的事与大家分享。

4.第一轮结束后,要求大家重新找一个搭档。

游戏心理分析

这个游戏提供了一种轻松自在的方式来增进人们之间的相互了解,而且是一个适用于任何规模的团队的热身游戏。

为了营造轻松的游戏氛围,需要大家和气待人,不能强求对方说出自己不想说的工作经历。这种"和气"的态度早已被古人运用在了自己的商业活动中,就是"和气生财"。很多优秀的商人告诉我们"和气生财",不能忘记微笑的力量。学会微笑,与他人和谐相处,在融洽的氛围中做好投资,就能挣取更多的财富。

和气生财。

第九章
心商提升，积极心态带你步入良性循环

126 暴风骤雨

用正能量武装自己！

· 游戏目的 ·

调动队员的情绪，让人们认识到积极的情绪对人们的影响。

· 游戏准备 ·

人数：不限。

时间：15 分钟。

场地：空地。

材料：无。

· 游戏步骤 ·

1. 让所有参与者碰撞身体的任何部分发出两种以上的声音。

2. 让所有参与者以自己最擅长的方式发出声音。

3. 主持人引导大家渐渐形成四种声音发出的方式：

（1）手指互相敲击。

（2）两手轮拍大腿。

（3）大力鼓掌。

（4）跺脚。

4. 引导人们进行声音联想，进而形成有节奏的声音。

5. 用雨声比喻 4 种声音。

（1）"小雨"——手指互相敲击。

（2）"中雨"——两手轮拍大腿。

（3）"大雨"——大力鼓掌。

（4）"暴雨"——跺脚。

6. 主持人说："现在开始下小雨，小雨变成中雨，中雨变成大雨，大雨变成暴风雨，暴风雨变成大雨，大雨变成中雨，又逐渐变成小雨……最后雨过天晴。"随着不断变化的手势，让人们发出的声音不断变化，场面会非常热烈。

7.最后："让我们以暴风骤雨般的掌声迎接……"（游戏结束）

游戏心理分析

一个人情绪的高低直接影响到他的心理状况。如果一个人情绪高昂，他也必是欢畅的；情绪不好，他必然低落。情绪是人与生俱来的一种心理反应，如喜、怒、哀、乐，易随情境变化。人在每天的生活中免不了会出现好情绪和坏情绪，但关键是如何保持情绪平衡。如果不能很好地调节情绪，势必会陷入一种泥潭之中。

127 穷追不舍

·游戏目的·

让人们养成追根究底的习惯。

·游戏准备·

人数：不限。

时间：不限。

场地：不限。

材料：无。

·游戏步骤·

大家围成一圈坐下。

游戏组织者问大家一个问题，如："为什么白天亮，夜晚黑？"知道的举手会回答："因为白天有太阳，夜晚有月亮。"游戏组织者继续追问他："为什么白天有太阳就亮，夜晚有月亮就黑？"他可能答不上来，就让他去找答案。然后换一个问题，大家接着抢答，接着追问，接着游戏。这样一直问下去，大家就会获得很多知识。

游戏心理分析

追根究底是一种科学的态度。有时人们的想象因为太散而不着边际，需要有人有意识地引导他将某个问题想通、想透，做更具体的想象。人们可以在游戏中发挥自己的想象，还可以积累自己的知识，发展自己的创新潜质。

128 微笑面对"不可能"

·游戏目的·

培养人们乐观向上的心态。

游戏准备

人数：不限。

时间：2~5分钟。

场地：宽敞的草坪。

材料：2~3米长的绳子。

游戏步骤

1. 把绳子拉直后放在地上。

2. 让参与者在距绳子30厘米处站立，然后下蹲，双手分别紧握脚后跟。

3. 任务是跳跃通过绳子，手脚不能松开。只能向前跳跃，不能滚动或者倒下。

4. 当所有人都放弃后，主持人告诉大家有些事情根本不可能"赢"。成功和失败不是最重要的——关键是通过参与获得一些人生启迪：对于看起来似乎"不可能完成"的事情，有些的确无法办到，但有些却未必。总之，重在参与，乐在其中。

 游戏心理分析

每个人需要时刻保持乐观健康的情绪，因为你的情绪会影响到大家的情绪，你的态度会影响到大家的态度。如果你已经不堪重负而垂头丧气，你周围的人还能振作精神吗？你的情绪是你自己的，由你自己来控制，只要你努力了，快乐的情绪就不难得到。排除忧愁，化解哀怨，努力去改变自己对事情的看法，事事多往好的一面想，你会发现自己的情绪一天天在改变，心情在一天天变好。只要你去做了，就能收到效果。

129 一句感谢的话

游戏目的

让人们对他人的关心与帮助表示感谢。

游戏准备

人数：不限。

时间：10分钟，具体视人数而定。

场地：宽敞的会议室。

材料：节奏欢快的音乐、网球。

游戏步骤

1. 主持人让所有人围坐成一圈。

2. 请所有人想一句感谢的话。这句话可以讲给主持人听，也可以讲给其他人听。这句话可以是正经的，也可以是幽默的。

3. 给大家1分钟思考的时间，开始循环播放节奏欢快的音乐。

4. 主持人随机选一人开始，说完之后，将手中的网球抛给其他人，依次进行。

游戏心理分析

感恩是人们普遍拥有的一种感激心理，也是一种处世哲学。感恩是你对一个没有关系或者关系不够亲密的人给予你帮助所产生的一种亏欠心理。生命的个体是相互依存的，世界上每一样东西的存在都依赖于其他东西。父母的养育，师长的教诲，配偶的关爱，他人的服务，大自然的慷慨赐予……你从出生那天起，便沉浸在恩惠的海洋里。你只有真正明白了这个道理，才会感恩大自然的福佑，感恩父母的养育，感恩社会的安定，感恩食之香甜，感恩衣之温暖，感恩花草鱼虫，感恩苦难逆境。就连自己的敌人，也不要忘记感恩，因为真正促使自己成功，使自己变得机智勇敢、豁达大度的，不是顺境，而是那些常常可以置自己于死地的打击、挫折和对立面。

130 他人的祝福

游戏目的

让人们感受他人送上的祝福。

游戏准备

人数：不限。
时间：20分钟。
场地：会议室。
材料：人名纸、节奏欢快的音乐。

游戏步骤

1. 大家围坐在一起。

2. 主持人对大家说："人与人因为有缘才会相聚在一起，我们现在来做一个分享祝福的活动。"

3. 主持人发给每人一张纸（纸上已写有不同人的名字），开始播放节奏欢快的音乐。

4. 告诉大家，现在每个人手中都有一张写有不同人名字的纸，请在纸上写下你对这个人的祝福，30秒钟后，请自动向右转，然后继续写下祝福，不必署名。

5. 转完一圈后，即停止。

6. 主持人对大家说：此刻每个人的手中都有一张写满祝福的纸，现在我们从眼睛最大的伙伴开始，向大家宣布你手中的祝福，在宣布的时候请先说明这些神秘的祝福是送给谁的。

7. 第一个人说完之后，请右侧的人继续。

 **游戏心理分析**

一个常怀感恩之心生活的人，一定是个幸福的人。感恩是爱的根源，也是快乐的必要条件。如果我们对生命中所拥有的一切心存感激，便能体会到人生的快乐、人间的温暖以及人生的价值。常怀感恩之心，将使你不再浪费生命来悲叹不公，也不会使你目光短浅，只看到自己的不幸，而失去快乐的机会。怀有感恩之心，人的灵魂才能饱满、润泽。

131 正面评价

游戏目的

通过正面评价实现对人们的激励。

游戏准备

人数：不限。

时间：5分钟。

场地：不限。

材料：花名册、信封、卡片。

游戏步骤

1. 给每位参与者发一份花名册和一套卡片，卡片数与参与者人数相同。
2. 请人们在卡片的一面上写出对每个人的正面评价，把被评价者的名字写在另一面。
3. 把卡片收上来按人名装入信封发给每个人。
4. 给大家留足够的时间来快速浏览一下关于自己的卡片。

 **游戏心理分析**

正面评价对激励一个人有很大的作用。人们在充满信任、赞赏、鼓励等正面因素影响的环境中生活、成长，内心深处更易受到启发和鼓励，也才有可能勇敢地去做自己想做的事。

132 过杆跑

游戏目的

发挥个人完成艰巨任务的能力，增强人们的进取心。

·游戏准备·

人数：不限。

时间：10分钟。

场地：沙滩。

材料：4根木棍，4只秒表。

·游戏步骤·

1. 将人们分成若干组，每组5个人，每组的队员一起拿一根木棍。

2. 画出起跑线和终点线，在起跑线和终点线之间的沙滩上竖立3根木棍。

3. 每组队员站成一横排，将木棍平放在各队队员的手中（手臂与肩平齐）。

4. 每组队员S形穿过木棍，到达终点，比哪个组的速度快。

游戏心理分析

所谓进取心，要求人们不断地发展自己，不断地丰富自己。如努力获取新的知识，思考新的问题；在事业上，努力争取年年有晋升。简单地说，进取心就是主动地去做应该做的事情，而不是等待别人的吩咐。当一个人的进取心达到不可遏止的时候，他的成功便会具有必然性。拿破仑·希尔认为：进取心是一个成功人士首先必须具备的品质。当一个人失去进取心时，他周围的一切都将失去光泽。

133 精神力量

·游戏目的·

培养人们的进取心，让人们认识到精神力量的强大功效。

·游戏准备·

人数：不限。

时间：10分钟。

场地：教室或会议室。

材料：无。

·游戏步骤·

1. 让其中一个参与者走到房间的一边。请他伸展一个手臂，尽可能地去触摸墙的高处。准备好几种估算他们的指尖所能达到的高度的方法。

挣脱人生枷锁！

2. 参与者再次伸展手臂，并且竭尽全力、去触摸尽可能高的地方。注意指尖伸展的地方总是会不断地增高的。

3.告诉参与者,10%的提高在一个棒球运动员身上体现出来的效果。举例来说,击球更多、上垒更多、失误更少。

4.再换另外一个参与者来试试。

游戏心理分析

进取心是你实现目标不可少的要素,它会使你进步,使你受到注意,而且会给你带来机会。但是要培养积极的进取心,还需要培养和强化以下一些特殊品质:

1. 要做一个主动创新的人

当你认为有某一件事情应该要做的时候,就主动去做。主动进取的人也许一开始要独立创业,但如果你的想法是积极可取的,不久,你就会有志同道合的合伙人。

2. 要有出类拔萃的愿望

有时候,我们想提出某一建议,但没有提出来。为什么?因为我们担心、害怕。不是担心我们不能做完那项工作,而是担心我们的同事会说三道四,害怕别人讽刺挖苦。这些担心和害怕使许多人失去了勇气,他们因此望而却步。

3. 争取别人的赞同

人人都想赢得别人的赞同,受人欢迎,这是很自然的。但问问自己:"我应该得到什么样人的支持和赞同呢,是那些出于嫉妒而嘲笑你的人,还是那些靠实干取得进步的人?"相信是不难得出正确答案的。

4. 消除"不可能"

首先要相信自己能,然后去尝试,再尝试,最后就会发现你确实能。所以,把"不可能"从你的头脑中剔除,把你心中的这个观念铲除掉。谈话中不提它,想法中排除它,态度中去掉它,不再为它提供理由、找借口,用"可能"代替"不可能"。

134 传苹果

游戏目的

通过激励政策看人们的积极性。

游戏准备

人数:不限。

时间:20~30分钟。

材料:若干苹果。

场地:户外。

游戏步骤

1.一男一女隔开坐成一排,用脖子和下巴、肩膀夹住苹果,一一传递,谁把苹果掉了，接受惩罚。

2. 失败者开始下一轮游戏。依此类推。

游戏心理分析

惩罚和奖励结合，能够更好让大家参与到游戏中来。

激励，是激发人们行为动机的心理过程。如何合理利用激励制度引进人才和调动人们的积极性，便成为现实亟待研究的重大课题。以下六种激励方法，是经常使用的。

1. 赋予使命感

让人们了解他们的贡献，可以让从事最平常工作的人也能充满动力。

2. 给予自主权

许多人渴望能够在工作中自由地展示他们的才华，发挥其聪明才智。

3. 满足需求

除了提供员工基本的工作资源，还要进一步满足员工的私人需求，让员工在上班时不必为日常生活的琐事烦心。

4. 提供正面的回馈

只有私下批评、公开称赞才更能激励员工。

5. 表彰每个人的贡献

再小的好表现，若能得到认可，也能产生激励的作用。

6. 关怀激励

了解是关怀的前提，要做到"八个了解"即人们的姓名、籍贯、出身、家庭、经历、特长、个性、表现。此外，还要对工作情况、身体情况、学习情况、住房情况、家庭状况、兴趣特长、社会关系心中有数。

135 画出你的期望

游戏目的

培养人们的归属感。

游戏准备

人数：不限。

时间：不限。

材料：纸、笔。

场地：教室或者其他可供人画画的场所。

游戏步骤

1. 8~10人一组，主持人将材料发给每个小组。

2. 要求每个小组模拟成立一个公司，通过讨论确定每个角色的定位及职责，简要描述新公司的运作和发展方式。

3. 要求每个小组选一名代表进行演讲。

游戏心理分析

归属感指个人自觉被别人或被团体认可与接纳时的一种感受。心理学研究表明，每个人都害怕孤独和寂寞，希望自己归属于某一个或多个群体，如希望加入某个协会、某个团体，这样可以从中得到温暖，获得帮助和爱，从而消除或减少孤独和寂寞感，获得安全感。

136 改变还是被改变

· 游戏目的 ·

让人们学会保持积极的心态。

· 游戏准备 ·

人数：不限。

时间：20~30分钟。

场地：宽敞的会议室或户外。

材料：土豆、鸡蛋、茶叶。

困境永远存在，就看你是迎难而上，还是被困境压垮。

· 游戏步骤 ·

1. 主持人先给大家讲一个"土豆、鸡蛋和茶叶"的故事：

一个女孩在大学毕业后不久，在工作中事事都不顺心。她不知道如何应对这些压力，一个问题刚解决，新的问题就又出现了。在这种巨大的压力下，她甚至想辞职不干了。

女孩的父亲是个不善言辞的修车匠，听了女儿的话，没有说话，而是把女儿带进了厨房。到了厨房，他先往三只锅里倒入一些水，然后放在火上烧。不久，锅里的水开了。他往第一只锅里放了些土豆，第二只锅里放了几个鸡蛋，最后一只锅里放进了茶叶，然后继续用开水煮。

大约15分钟后，父亲把火关了。他把土豆和鸡蛋分别放到两个碗里，然后把茶水舀到一个杯子里。做完这些后，他转身问女孩："女儿啊，你现在有何感想？"

"没什么感想。"女孩回答。

父亲让女儿用手去摸摸土豆，女孩发现，土豆变软了；父亲又让女儿剥开一只鸡蛋，女孩看到的是一个煮熟了的鸡蛋；最后，父亲让女儿品尝香浓的茶。

女孩不解地问父亲："你想告诉我什么？"

父亲解释说，这三样东西面临同样的逆境——沸腾的开水，但"反应"却不相同。

土豆开始时是强壮的，结实的，毫不示弱，但进入开水之后，它变软了；鸡蛋原本是易碎的，但是经开水一煮，它的身体变硬了；而茶叶则最独特，进入沸水之后，它倒改变了水，并且在高温下散发出了最佳的香味。

父亲问女孩："当逆境和压力找上门来时，你会如何反应？你是土豆、鸡蛋还是茶叶？"

2. 主持人说完故事，拿着土豆、鸡蛋和茶叶问大家："在座的各位，在压力和困境下，你会如何反应呢？你是土豆、鸡蛋还是茶叶？"

游戏心理分析

面对压力和困境，你通常会如何反应？你是土豆、鸡蛋还是茶叶？在压力和困境下，茶叶不但适应了环境，还创造性地运用了困境。

不管从事什么事情，压力与困难总是存在的，重要的是你的生活态度。当你看重你的生活时，纵使面对缺乏挑战或毫无乐趣的事情，你也会自动自发地做事，同时为自己的所作所为承担责任。

第十章

灵商飞跃：让自己的思维做做操

137 偏向虎山行

游戏目的

下面这个游戏能训练我们在最困难的情况下，如何发散思维，开动脑筋将问题解决，完成那些"不可能完成的任务"。在体会游戏中的快乐时，我们的发散思维能力也会得到很好的锻炼。

游戏准备

人数：不限。

时间：30分钟。

场地：室内。

材料：卡片。

游戏步骤

1.把参与者分组，每组4人，然后发给每组一个任务卡。每张卡上写着一件商品的名字以及它应卖给的特定人群。值得注意的是，这些人群看起来应不需要这些商品，

另辟蹊径。

实际上应该完全拒绝这些商品。比如向生活在热带的人销售羽绒服，向生活在四季寒冷地区的人销售冰箱等。总之，每个小组面临的挑战是，销售不可能卖出的商品。

2.每个小组应根据任务卡的要求准备一条30秒的广告语，用来向特定人群推销商品。该广告应注意以下三点：

（1）该商品如何改善特定人群的生活。

（2）这些特定人群应怎样有创造性地使用这些商品。

（3）该商品与特定人群现有的特有目的和价值标准之间是如何匹配的。

3.给每组20分钟的时间，按照上述三点要求写出一个30秒钟长的广告语，要注意趣味性和创造性。

4.其他人暂时扮演那个特定人群，认真倾听该小组的广告词，应该根据广告能

否打动他们，是否激起了他们的购买欲望，是否能满足某个特定需求来作出判断。最后通过举手的方式，统计出有多少人会被说服而购买这个产品；有多少人觉得这些推销员很可笑，简直是白费力气。

5. 选出优胜的一组，给予奖励。

游戏心理分析

在这个游戏中，每个人都必须采用他人的视角，开动脑筋有创造性地把东西推销出去。在这个过程中，发散思维将会起到重要的作用。著名心理学家吉尔福特指出："人的创造力主要依靠发散思维，它是创造思维的主要成分。"发散思维就是对问题从不同角度进行探索。在这个游戏中，参与者需要从不同层面进行分析完成任务的困难所在，从正反两极进行比较，因而需要开阔的视野和思维，从而产生出大量的独特的新思想以很有创意的广告词打动他们，赢得胜利。发散思维更利于创造性思维的培养。可以这样说，发散思维是人类迄今为止，所运用的最为重要的一种思维方法。它被运用到了各个领域，在商业领域运用尤为广泛。

138 蛇是谁养的

游戏目的

训练大家的逻辑思维。

游戏准备

人数：不限。
时间：10分钟。
场地：不限。
材料：无。

游戏步骤

1. 主持人给大家讲下面这个故事：

有五位小姐排成一排，所有的小姐穿的衣服颜色都不一样，所有的小姐其姓也不一样，所有的小姐都养不同的宠物，喝不同的饮料，吃不同的水果。钱小姐穿红色的衣服；翁小姐养了一只狗；陈小姐喝茶；穿绿衣服的站在穿白衣服的左边；穿绿衣服的小姐喝咖啡；吃西瓜的小姐养鸟；穿黄衣服的小姐吃柳丁；站在中间的小姐喝牛奶；赵小姐站在最左边；吃橘子的小姐站在养猫的小姐旁边；养鱼的小姐在旁边吃柳丁；吃苹果的小姐喝香槟；江小姐吃香蕉；赵小姐站在穿蓝衣服的小姐旁边；只喝开水的小姐站在吃橘子的小姐旁边。

2. 问题就是：请问哪位小姐养蛇？

游戏心理分析

通过一个很简单的推理游戏可以帮助我们更好地训练想象力，锻炼我们思维的严谨性。按照合理的方法列出解题步骤，建立表格至关重要。因为只有这样才能保证我们的头脑清晰，思维发散，最后得到正确的答案。

这个游戏除了锻炼了我们的发散思维外，还锻炼了大家的逻辑思维。逻辑思维是一种很重要的思维。严密的逻辑思维会帮助我们赢得成功。

139 黑白诱惑

游戏目的

在生活中，我们不要被别人的思维所左右，不要被他人牵着鼻子走，当然也不能陷入自己圈定的牢笼，陷入一种固定思维。这个游戏让人们随时改变自己的思维。

游戏准备

人数：不限。
时间：10分钟。
场地：教室。
材料：图片。

黑与白，是与非的交战。

游戏步骤

1. 主持人准备一张图片，在向参与者展示之前先告诉他们，在看的时候请保持图片上的箭头向下。当他们从图上看到什么时，请举手而不要念出来以影响别人的思路。

2. 将图片传下去让大家看。主持人在一边提示，不断询问他们看出什么没有。

3. 一般情况下，观察力好的参与者会很快看出上面写的是"FLY"。

4. 当游戏告一段落时，告诉那些没有看出来的人们，他们应该看图的白色部分而不是黑色的。

在这个游戏中大家会遇到的问题以及答案：

那些没看出来的人的原因是什么？他们的思维是否被那个黑色的箭头束缚住了？我们总会有这样或那样的固定思维，我们是否因为这种固定思维而给我们的生活造成困扰？

除了固定思维，阻碍我们人际交流的还有哪些障碍？除了固定思维外，初次印象、环境和心情等会不会影响我们对交流对象的判断，从而形成障碍。

为什么孩子或那些思维直接的人能很快看出"FLY"，而其他人却不行？你想过这个问题吗？这个游戏采用了逆向思维的方法，颠覆了人们从白纸上看黑字的习惯，并用黑色的箭头作误导，很容易就会使人产生固定思维而看不到图案。

游戏心理分析

人的思维是可以被左右的，有时候会被别人"牵着鼻子走"。但有些时候人的思维却是被自己的固定思维所牵制的，一旦进入到这种固定思维中，人们就很难再抽身出来去发现一些不一样的东西了。固定思维有时会给我们的工作带来阻碍，因此我们要适时改变自己的思维。

140 好邻居

游戏目的

通过问答，人们可以在游戏中找到自己的位置，培养其判断力。

游戏准备

人数：不限。
时间：不限。
场地：不限。
材料：无。

游戏步骤

1. 所有人围成一个圆圈，一人站在圆心。

2. 由站在圆心的人随机问圆圈里的人（比如说 A），你喜欢我吗？如果 A 回答喜欢，则 A 周围相邻的两个人就要互换位置，在互换位置的时候，站在圆心的人就要迅速插到 A 周围相邻的两个位置之一，这样 A 周围相邻的两个人有一个就没有位置，那么就由他站在圆心，游戏开始下一轮。

3. 如果 A 回答不喜欢，则站在圆心的人将会继续问 A："那你喜欢什么？"如果 A 回答我喜欢戴眼镜的人，则场上所有戴眼镜的人都必须离开自己的位置寻找新的空位，而站在圆心的人需要迅速找一个位置，这样没有找到位置的人就表演一个节目或作自我介绍，然后站在圆心，游戏开始下一轮。

4. A 如果回答不喜欢之后，还可以回答例如我喜欢男人，那么全场的男人必须全部换位，如果 A 是男的，他自己也要换位。为了增加难度和趣味性，还可以回答，我喜欢穿白袜子等不被人马上发现的细节。

游戏心理分析

如果你可以做这个游戏，你将会在许多需要以判断力来解决问题的领域中获得成功。判断力是一个人的综合能力，也是一个人长期形成的常识性判断。在这些领域中工作，人们绝不能允许自己被不相关的信息分散注意力，而且也不能让自己受到情绪的影响。这样人们才能找到适合自己的位置。

141 绕口令

·游戏目的·

锻炼人们的口才和说话能力。

·游戏准备·

人数：不限。

时间：不限。

场地：不限。

材料：无。

·游戏步骤·

大家轮流念绕口令，谁念得最不流利，或念不下去了，则表演节目。

推荐几个绕口令：

一面小花鼓，鼓上画老虎。宝宝敲破鼓，妈妈拿布补，不知是布补鼓，还是布补虎。

车上有个盆，盆里有个瓶，乒乒乒，乓乓乓，不知是瓶碰盆，还是盆碰瓶。

金瓜瓜，银瓜瓜，地里瓜棚结南瓜。瓜瓜落下来，打着小娃娃。娃娃叫妈妈，妈妈抱娃娃，娃娃怪瓜瓜，瓜瓜笑娃娃。

肩扛一匹布，手提一瓶醋，看见一只兔。放下布，摆好醋，去捉兔，跑了兔，丢了布，泼了醋。

高高山上一条藤，藤条头上挂铜铃。风吹藤动铜铃动，风停藤停铜铃停。

西关村种冬瓜，东关村种西瓜，西关村夸东关村的西瓜大，东关村夸西关村的大冬瓜，西关村教东关村的人种冬瓜，东关村教西关村的人种西瓜。冬瓜大，西瓜大，两个村的瓜个个大。

毛毛和涛涛，跳高又赛跑。毛毛跳不过涛涛，涛涛跑不过毛毛。毛毛教涛涛练跑，涛涛教毛毛跳高。毛毛学会了跳高，涛涛学会了赛跑。

四是四，十是十，要想说对四，舌头碰牙齿；要想说对十，舌头别伸直。要想说对四和十，多多练习十和四。

灰化肥发灰，黑化肥发黑。

游戏心理分析

绕口令是训练口才的一个有趣的工具，同时也可在聚会中活跃气氛。这个游戏还能训练人的注意力和反应力。人需要有非凡的反应能力，最好能够借助周围的环境，迅速转移话题，以有效地避免自己的尴尬。

当然，这种应变能力是靠不断的实践培养出来的，但也并不是遥不可及的。只要平时多加锻炼，必然会有所收获。

142 小问题难倒你

游戏目的

拓展人们的思路，帮助人们开拓思路并改进工作方法。

游戏准备

人数：不限。

时间：5分钟。

场地：教室。

材料：和人数相等的火柴。

游戏步骤

1. 每一个参与者首先拿到8根火柴，主持人要求参与者在最短的时间内用这8根火柴拼出一个菱形。并且要求菱形的每个边只能由一根火柴构成。拼出菱形后，参与者举手示意主持人。

2. 主持人可以在旁观察每个人的方法是否相同，最后选出一名速度最快方法适当的人，主持人给予一定奖励。

游戏心理分析

一个人的眼界决定了其思维的长度和宽度，也决定了其创新能力。开拓思路是改进方法的基础，思路放开，人们的思维能力也会得到充分发挥，也就很容易找到新的工作方法。

143 形象刺激法

游戏目的

激发人们的形象思维能力，并教会他们举一反三的本领。

游戏准备

人数：不限。

时间：40~50分钟。

场地：不限。

材料：事先准备好的测试图。

游戏步骤

1. 主持人首先拿一些现成的图形（可以是一个图标或一幅画）向参与者介绍什

么是形象刺激法，激发他们的想象力。

2.利用已准备的图片让他们练习。补充的条件如下：

（1）将下列图形补充完整。

（2）请说出下列图形代表的意义。

（3）在下面的图形中你能看见几个如上方图形那样的箭头？

 **游戏心理分析**

"横看成岭侧成峰，远近高低各不同"，距离不同，观察的角度不同，人不同，得到的结论也不同。对于同一个问题，由于大家立场和背景的不同，得到的结论大多不同甚至相左。

在同一个团队中共事，不同的人会对同一件事情有不同的看法。对于一个组织者，对这种分歧误用之，会导致集体的不合甚至决裂；善用之，则会集思广益，事半功倍。

这个游戏告诉我们沟通与合作的重要性。而对于一个团队的普通参与者来说，这一点应该是更为重要的。分中求和，求同存异，应该是一个集体成功的要点。

144 寻找变化

游戏目的

在不断地变化中看人们的观察能力。

游戏准备

人数：不限。

时间：不限。

场地：不限。

材料：无。

游戏步骤

参与者围坐一圈，选一人主持游戏。主持人说："请大家仔细观察我的一切。我出去2分钟再进来，请说出我身上有哪10处变化。"主持人在教室外边：

（1）头发弄乱。

（2）解开衬衫的第一个纽扣。

（3）别在上衣口袋中间的钢笔移向左侧。

（4）在胸前别了一枚小纪念章。

（5）口袋的盖布放进口袋里边。

（6）把鞋带解开。

（7）把衬衣的一个领尖放入毛衣里。

（8）将裤脚挽起一点。

（9）在裤子上画一道粉笔道。

（10）红领巾的两个角原来一长一短，现在结得一般长。

诸如此类细微的变化，让参与者一一指出，以指出最多的为优胜者。

 游戏心理分析

观察力是大脑对事物的反应能力，也是人们对外在事物的反应和识别能力。在本游戏中可以根据参与者的情况调整主持人身上变化的难度，因为越小的变化，难度越大。人们在前后的对比中，心理微妙的变化让人们的思维更加敏感。

145 两张纸片

·游戏目的·

从游戏中看看自己的逻辑分析能力。

·游戏准备·

人数：不限。

时间：不限。

场地：不限。

材料：准备两张小纸片，在两张纸片上各写一个数。这两个数都是正整数，差数是1。

·游戏步骤·

组织者把两张纸片分别贴在两个参与者的额头上，两人只能看见对方额头上的数。

组织者不断地问：你们谁能猜到自己头上的数吗？A说："我猜不到。"B说："我也猜不到。"A又说："我还是猜不到。"B又说："我也猜不到。"A仍然猜不到，B也猜不到。A和B都已经三次猜不到了。可是，到了第四次，A喊起来："我知道了！"B也喊道："我也知道了！"

你知道A和B头上各是什么数吗？

如果B头上的数字是"1"，A一定能判断自己头上的数字是"2"。A判断不了自己头上的数字是几，说明B头上的数字不是"1"。同理，如果A头上的数字是"1"，B也能判断自己头上的数字是"2"，由此A判断自己头上的数字不是"1"。于是A和B只能假设自己头上的数字为"2"，但是第二轮对方还是不知道自己头上的数字是几，说明自己头上的数字也不是"2"。

这个游戏的关键是要抓住正整数这个信息。最小的正整数是1，没有比1再小的正整数了，抓住这一点，问题就不难解决了。

游戏心理分析

这是一个典型的逻辑推理游戏。逻辑推理锻炼的是人们的脑力思维，它是通过分析、综合、概括、抽象、比较、具体化和系统化等一系列过程，对感性材料进行加工并转化为理性认识及解决问题的。人们可以开动自己的大脑，充分发挥自己的想象，不要漏掉每一个细节，这样才能抓住问题的症结。通过对问题的分析和解读，我们的逻辑思维能力一步步加强，问题也就不难解决了。

146 智过禁桥

·游戏目的·

让人们从不同的角度看问题。找到问题的症结所在，才能更好地找到问题的答案。

·游戏准备·

人数：不限。

时间：不限。

场地：不限。

材料：无。

·游戏步骤·

在活动场地布置一个模拟场景：A、B两国，以河为界。河上有一座桥，桥中间的瞭望哨上有一个哨兵。从参与者中推荐两个人出来，分别表演过桥者和哨兵。

成功的原因千千万，失败的原因就那么几个。

组织者向大家讲解：

A、B两国，以河为界。河上有一座桥，桥中间的瞭望哨上有一个哨兵。

哨兵的任务是阻止行人过桥。如果有人从南往北走，哨兵就把他送回南岸；如果有人从北往南走，哨兵就把他送回北岸。

哨兵每次离开岗位的时间最多不超过8分钟。

但是，要通过这座桥，最快的速度也得10分钟。

其他参与者根据上面的提示分析：现在有一个人要通过这座桥。大家想想看，这个人用什么方法能从桥上走过去？

最后，根据大家提供的方法表演一次。

正确做法如下：

看见哨兵离开了哨所，他立刻从北岸上桥往南走，走到7分钟的时候，已走过了哨兵的哨所。这时，他转身往北走，走了不到1分钟，哨兵回来了，并马上喝令他回到南岸去。这样，他就很顺利地通过了这座桥。

由于过桥有时间限制，所以大家通常总是想如何在规定的时间内走过这座桥，这很容易就陷入圈套。要是你能在哨兵的行动规律上打主意，也许很快就能想出办法来。

游戏心理分析

我们在面对一些复杂的问题的时候，总会沿着一个方向进行推断，却把自己带入了死胡同。其实，换一种角度看问题，你会发现解决问题的方法其实有很多种。如果人们一直坚持同一个思维模式，则无法找到解决问题的好办法。换一种思维模式，你会发现问题并不是自己所想的那么难。

147 老虎过河

游戏目的

通过寻找最好的解决办法，锻炼人们的思维能力。

游戏准备

人数：不限。

时间：不限。

场地：不限。

材料：凳子、扫帚、笔。

游戏步骤

在活动场地布置一个模拟场景：画一条河为界，拿一个凳子或扫帚当船。从参与者中推荐6个人，分别表演母老虎和小老虎。

组织者向大家讲解：

有三对母子老虎（所有的三只母老虎都会划船，三只小老虎中只有一只会划船）和一条船（一次只能载两只）。

三只母老虎不吃自己的孩子，但只要另外的两只小老虎没有其母亲守护，就会被吃掉。

其他参与者根据上面的提示分析：怎样才能让6只老虎安全地过河？

设大老虎为ABC，相应的小老虎为abc，其中c会划船。

（1）ac过河，c回来（a小老虎已过河）。

（2）bc过河，c回来（ab小老虎已过河）。

（3）BA过河，Bb回来（Aa母子已过河）。

（4）Cc过河，Aa回来（Cc母子已过河）。

（5）AB过河，c回来（ABC三个大老虎已过河）。

（6）ca过河，c回来（ABCa已过河）。

（7）cb过河，大功告成！

游戏心理分析

面对这样的状况，怎样才能让剩下的三只老虎过河，这需要我们开动脑筋，寻找最好的解决方案。人们在生活中也会遇见这种进退两难的局面。

首先，我们要坦然面对困难。如果自己先乱了手脚，更无法很好地解决问题。只有保持清醒的头脑，我们才能在这样的局面中冷静地分析问题，并且把问题解决在萌芽状态。

其次，我们要学会勇敢地面对问题。有了面对困难的勇气，我们才能很好地解决问题。

148 三人决斗

游戏目的

这个游戏要求人们在面对挑战和困难的时候，坦然面对才能解决问题。

游戏准备

人数：不限。

时间：不限。

场地：不限。

材料：粉笔、玩具枪。

游戏步骤

在活动场地画一个正三角形，从参与者中推荐三个人出来扮演三个决斗者，每人手持一把玩具枪。组织者向大家讲解：

面对荆棘，战胜困难才能赢得成功。

有 A、B、C 三人进行决斗，分别站在边长为 1 米的正三角形的顶点上。每人手里有一把枪，枪里只有一发子弹。每个人都是神枪手，不会失手。

其他参与者根据上面的提示分析：如果决斗者 A 不想死，他要怎么做才能保证存活（假设另外两个人都不是傻瓜）。

答案

A 把枪丢到 A 和 B 之间，且枪离自己 70 厘米，离 B 30 厘米。这时 C 会比 B 先开枪，因为 C 要么先发现 A 丢枪，要么可以先用枪指向 B。C 为了防止 B 射杀自己，再捡枪射杀 A（因为 A 的枪离 B 较近，所以 B 完全会这么做），所以只好射杀 B。此时，A 再捡回自己的枪（因为 A 离枪 70 厘米，而 C 离枪大于 1 米），这样就可以保命。

游戏心理分析

人们在生活中总会遇到困难和挑战。挑战是一个升华自我的过程，正确面对挑战的人，需要有直面困难的勇气。面对竞争，人们会有一种逃避竞争、退缩的心态。这种心态使他放弃了所有的努力。其实，人的一生或多或少都会遇到一些不如意的事情，我们能否以健康的心态来面对是至关重要的。摆脱掉懦弱心理和逃避心理，人们会面对竞争和困难时，才能勇敢地接受挑战。

149 红黄帽子

游戏目的

开动你的大脑，充分发挥自己的思考能力。

游戏准备

人数：不限。

时间：不限。

场地：不限。

材料：帽子（红色和黄色）。

游戏步骤

10个人站成一队，每个人头上都戴着一顶帽子，帽子的颜色是红的或者是黄的。等讲完游戏步骤后，让参与者在看不见帽子颜色的情况下将其戴上。

最后一个人能够看到前面9个人的帽子颜色，倒数第二个人能够看到前面8个人的帽子颜色，以此类推，第一个人什么也看不到。

组织者讲解游戏程序和规则：

1. 现在你们10个人可以事先商量好一种策略之后从后往前报自己帽子的颜色，每个人只能说一次，并且只能说"红"或者"黄"。

2. 有一种策略，编号为偶数的人报前一个人的帽子颜色，编号为奇数的人将听到的颜色报出来，这样，至少有5个人报对了自己帽子的颜色。

3. 参与者根据上面的提示分析：采取什么样的策略能够让至少9个人报对自己帽子的颜色？如果商量好了，可以戴上帽子，检验刚才商量的策略是否正确。如果不对可以再次商量，重新检验一次。

事先规定好，最后一个人报的是前面所有人中戴红帽子人的个数，"红"代表前面有偶数个人戴红帽子，"黄"代表前面有奇数个人戴红帽子。

这样，从第9个人开始，每个人都可以根据前面已经报告的颜色和他所看见的帽子的颜色算出自己帽子的颜色。所以至少有9个，如果足够幸运，第10个人可能碰巧报对了。

游戏心理分析

分析问题才能找到解决问题的方案，分析的意义在于细致地寻找能够解决问题的主线，并以此解决问题。这是一种科学的思维形式，也是建立在大量的知识累积的基础上的。这个游戏中，人们通过对事物的理性认知，做出最合理的判断，也就找到了解决方案。

150 气体举重

游戏目的

让人们认识到勇气的重要性。

游戏准备

人数：不限。

时间：不限。

场地：不限。

材料：准备一个结实的长方形纸袋或是一个塑料袋，几本厚书。

游戏步骤

如果有人说，他能用呼出的气把10公斤重的东西升上一定的高度，你一定会认为他是在吹牛，根本不可能！其实，只要方法得当，呼出的气是完全可以举起10公斤重的东西的。

把塑料袋放在桌子上，在上面放一大堆书——拿你能找到的最厚、最重的书。这时，你可以开始往袋里吹气了。要注意，吹气口应该很小，这样吹起来比较容易一些，不需要费很大的力气。

吹气要慢一些，吹得要匀一些。你会发现你吹出来的气，进到袋里以后，随着袋子慢慢地鼓胀，轻而易举地就把上面一大堆书举起来了。

其实，只要这个纸袋或塑料袋的尺寸是200平方厘米（10厘米 × 20厘米），你吹出稍微比一个大气压大一点的气，就可以使袋子得到一个约20公斤的力，因此，很容易举起10公斤的重物。

游戏心理分析

用气体举重，听起来觉得不可思议。可是你看完这个游戏的时候，有没有觉得许多不可能的事情其实都是有解的。遇到问题时，不管有多难，都要勇敢面对。相信自己的能力，有了勇气，就会很快找到问题的解决办法。

151 一根变双

· 游戏目的 ·

人们的思考力和想象力是无限的，在这个游戏中，参与者可以充分发挥自己的想象力。

· 游戏准备 ·

人数：不限。
时间：不限。
场地：不限。
材料：一根火柴。

· 游戏步骤 ·

主持人从火柴盒里取出一根火柴，并向众人展示，这只是一根普通的火柴。

接着，他一下划燃了火柴，左手放下火柴盒，张开五指，表示左手没有任何东西。

然后左手慢慢靠近右手，两手又突然分开，只见他左右手上各拿着一根正在燃烧的

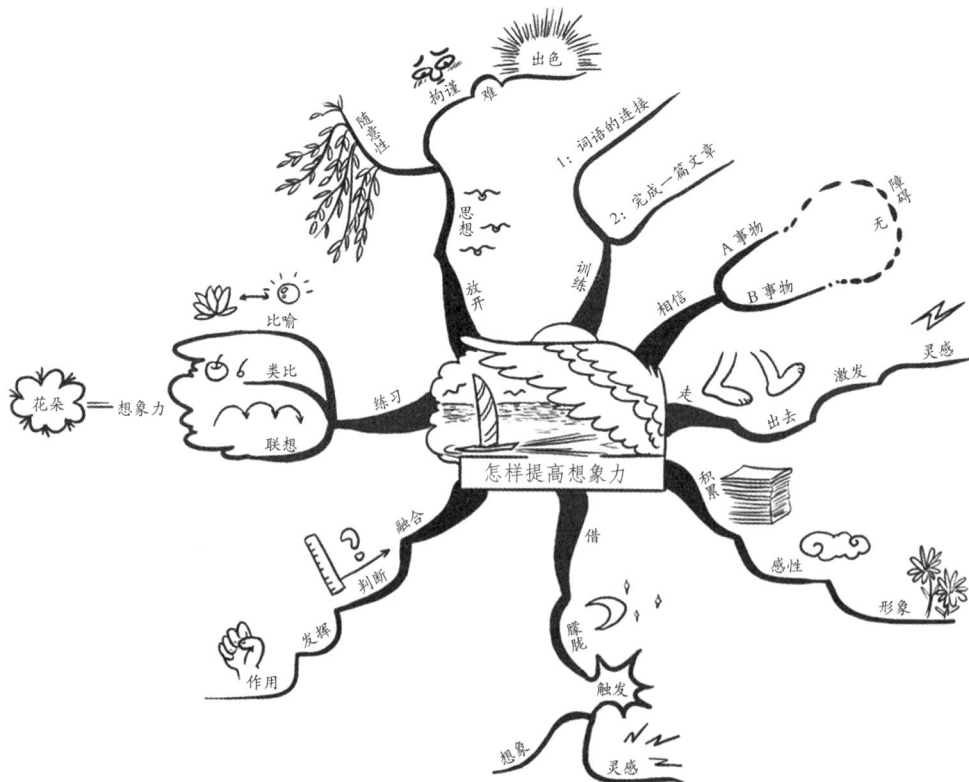

火柴。

参与者都感到莫名其妙。

这个节目人人可以学会。其方法十分简单，选一根稍粗一些的火柴，用刀片从火柴梗的尾部将其一分为二，劈成两半，但不可完全劈开，劈到离火药头 4~5 毫米处即可。

被劈开的火柴捏在手上时，观众是看不见裂缝的。当划燃这根火柴后，左手迅速拉开裂缝处，立即举起双手，便成了两根同时燃烧的火柴了。

🎩 游戏心理分析

通过这个游戏，你可以发现，人们的思考力是无限的，只要肯想象，肯动脑筋，什么样的事情都有它合理的一面。不要觉得这件事情不可能就不去做，其实，当你做之后，会发现，有些事情只要找到捷径，就很容易解决。

152 画图表意

◀ 游戏目的 ▶

发散思维是一种灵活的思维方式。人们在游戏中可以发挥思维的灵动性和主动性。

◀ 游戏准备 ▶

人数：不限。

时间：不限。

场地：不限。

材料：准备一块黑板和几根粉笔，发给参与者每人一张纸和一支笔，并让大家在纸上画好六个小方格。

◀ 游戏步骤 ▶

在黑板上写下一串词组，要求每人从这一串词组中，选出六个来。然后，根据词的意思画成六幅图画。这个游戏的关键和难点是画面上不能出现任何一个词，但又能让别人明白你画的是什么。

词可以任意给出，但最好是比较常见的，避免生僻词出现，比如埃及、纽约、战争、爱、和平、幸福、饥饿……

🎩 游戏心理分析

发散思维是从一个目标或思维起点出发，沿着不同方向，顺应各个角度，提出各种设想，寻找各种途径，解决具体问题的思维方法。发散思维的培养应围绕 3 种技能进行。

流畅性。这种技能可以培养人们的思维速度，人们可以列举较多的解决问题方案，在短时间内表达自己的意愿，探索较多的解决问题的可能性。

灵活性。这是一种多方向、多角度思考问题的灵活思维。

独创性。这种思维是指产生与众不同的新奇思想的能力。敢于创新的创造精神。

153 说东道西

·游戏目的·

从游戏中看你的思维能力和创造力。

·游戏准备·

人数：不限。

时间：不限。

场地：不限。

材料：无。

·游戏步骤·

1. 游戏开始时，指挥者与参与者都用手指着鼻子。

谁能抓住重点？

2. 指挥者发令："耳朵。"几乎在下令的同时，参与者要把手指指向耳朵以外的任何一个头部的器官如眼、口或原地不动地仍指着鼻子。

3. 依此类推。指挥者则不受限制，其目的是引导你误中他的圈套。

游戏心理分析

传统从来都不是一成不变的，它的不变只存在于某些人僵化的头脑中。想要成功，就要勇于超越传统，突破传统就意味着有好的创意。

154 香蕉剥皮

·游戏目的·

看看人们的想象力。

·游戏准备·

人数：不限。

时间：不限。

场地：室外。

材料：火柴，一根香蕉，一个酒瓶，一些度数比较高的白酒（有酒精更好）。

·游戏步骤·

拿一根稍微熟过头的香蕉，把末端的皮剥开一点儿备用。找一个瓶口能足以让香蕉肉进到里面去的酒瓶（当然是选择能满足这个条件的香蕉更容易一些——选一个能进到瓶内的香蕉），在瓶内倒进少量白酒（或酒精），用一根点着的火柴把瓶内的酒点燃，然后立即把香蕉的末端放在瓶口上，使瓶口完全被香蕉肉堵住，让香蕉皮搭在瓶口外面。

这时，你会惊奇地看到一个有趣的现象：瓶子像是具有了魔力，拼命地把香蕉往里吞吸，还发出吵嚷声。最后，香蕉肉被瓶子吸进去了，而香蕉皮却"自行"脱落，留在了瓶口。

为什么呢？这是因为燃烧的白酒耗尽了空气中的氧气，瓶子里的压力比外面的压力小了，因此，外面的空气推着香蕉进入了瓶中。

游戏心理分析

想象是人在头脑里对已储存的表象进行加工改造形成新形象的心理过程。它是一种特殊的思维形式。想象是人们开发新事物的前提，它是客观存在的前提。所以，我们要充分发挥自己的想象力，这样才能不断地创造出新能力。

155 有模有样

·游戏目的·

这是一个用动作来回答提问的游戏，经常跳跃性思维可以锻炼人们的反应能力。

·游戏准备·

人数：2人以上。

时间：不限。

场地：不限。

材料：无。

·游戏步骤·

1. 每2人一组进行淘汰赛。先共同订出一些标准动作。如一方说出"在棒球场"，另一方即以"挥棒"的动作代替口语回答。

2. 两人面对面坐着，猜拳赢一方先问，另一方则要针对对方的问题用动作回答，错的人就算输了。例如，问："在棒球场？"答：（作挥棒姿势）；问："在教堂？"答：（作祷告的姿势）；问："在照相馆？"答：（作搔首弄姿状）……如此反复，再加快速度，回答的人稍不留神，就会输了。

3.输的一方淘汰，赢的人再继续，二人一组，一直到比出最后剩下的那一个就是最后的胜利者。

 游戏心理分析

跳跃性思维本质上属于发散性思维，它除了具有灵活、新颖、变通等发散性思维的特点以外，超越常规思维程序、省略某些中间环节是它的主要特征。人的神经反应是很难改变的，可以多和人进行跳跃性思维的辩论，长此以往会使人们的反应变灵活。

156 明分秋毫

· 游戏目的 ·

考察人们观察事物的细致性。

· 游戏准备 ·

人数：不限。

时间：不限。

场地：室外。

材料：给每人准备一把塑料小汤勺、一勺盐和半勺胡椒面。

从蛛丝马迹中窥见真相。

· 游戏步骤 ·

先给每人发一把塑料小汤勺，然后在每人桌前放一勺盐、半勺胡椒面。然后，把粗盐粒和胡椒面掺和在一起，看谁能很快把它们再分开来。准备好后，裁判就可以发令，让参与者开始分了。

谁最先分完，谁为优胜者。

· 答 案 ·

把塑料小汤勺先在毛衣或别的毛料布上摩擦一会儿，然后把汤勺逐渐靠近盐和胡椒面的混合物。这时，胡椒面就会跳起来吸附在塑料小汤勺上。用这个方法，你会很快把盐粒和胡椒面分开。

不要把汤勺放得太低，否则盐粒也会被吸起来。

因为塑料小汤勺经过摩擦带有电荷，产生了吸引力，胡椒面比盐粒轻，所以容易被吸起来。

 游戏心理分析

参与者要经过很细致的分析，才能在最短的时间里取胜。许多东西都有自己的属性，只要认准了这件事物的属性才能很快地把事物分辨出来。细致观察是一个好的方法，其次就是要掌握全面的知识，对事物多一些了解，这样才能稳中求胜。

157 直 觉

·游戏目的·

测试人们的直觉灵敏度。

·游戏准备·

人数：不限。

时间：不限。

场地：室外。

材料：游戏卡和笔。

·游戏步骤·

参与者仔细看自己分到的游戏卡，针对游戏卡上的问题，用"是"或"否"来回答。

1. 你曾经在门铃响时，就料到谁来你家吗？

2. 你经常在没有技巧的情况下也会赢一些带有赌博性质的游戏吗？

3. 衣服只要看一眼，你就知道它合不合适吗？

4. 你曾经觉得现在发生的事曾在某时丝毫不差地发生过吗？

5. 玩猜猜看的游戏，你经常赢吗？

6. 在冥冥中，曾经有人指示过你吗？

7. 你的命运真的有一种神奇的力量在操纵吗？

8. 你曾经在对方尚未开口前，就知道他想讲什么吗？

9. 你能够凭第一眼就确定你以后和他的交往程度吗？

10. 你能够感觉到一个陌生人的好坏吗？

11. 你曾经一看到某套衣服，立刻有一定要买下它的直觉吗？

12. 你曾经有过特别想念一个久未谋面的朋友时，那人就突然跟你联系吗？

13. 你曾经有过觉得某人不可靠的那种直觉吗？

14. 你曾经在拆信前，就已猜到信的内容吗？

15. 你曾经有过对陌生人似曾相识的感觉吗？

16. 你曾经因为不好的预感而取消出行的计划吗？

17. 你曾经在半夜醒来，担心某个亲友的安危吗？

18. 你曾经没由来地讨厌某些人吗？

19. 你曾经接别人未讲完的话吗？

20. 你相信一定会在生命的某一刻遇见一个最适合你的人吗？

答"是"为 1 分，"否"为 0 分。

0 分：你几乎没什么直觉。其实，直觉可以说人人皆有，只是程度的强弱而已。如果你慢慢培养，会发现直觉会带来不少方便。

1~9分：虽然你的直觉很强，不过往往不晓得如何有效地运用。不妨让直觉来为你做某些决定。你会发现，许多解决问题的方法通常出现在一念之间，其效果有时胜于苦思得来的。

10~20分：你是个有敏锐直觉的人。这种异常天赋并不是人人都有。

游戏心理分析

直觉思维不仅在创造性思维活动的关键阶段起着极为重要的作用，还是人生命活动、延缓衰老的重要保证。直觉思维是完全可以有意识加以训练和培养的。现将国内外一些专家研究与实践总结出来的有关方法介绍如下：

1. 松弛

把右手的食指轻轻地放在鼻翼右侧，产生一种正在舒服地洗温水澡的感觉；或仰面躺在碧野上仰视晴空的感觉。以此进行自我松弛，这有利于右脑机能的改善。

2. 回想

尽量形象地回想以往美好愉快的情景，这对促进大脑中负责贮存记忆的海马的功能有积极效果。训练时间以2~3分钟为宜。

3. 想象

根据自己的心愿去想象所希望的未来前景。接着生动活泼地浮想通过哪些途径才能获得成功。刚开始时闭眼做，习惯之后可睁眼做。

以上三种方法应一日一次地坚持三个月左右。

4. 听古典音乐

听莫扎特的曲子，会使直觉变得敏锐。

158 再现指纹

游戏目的

看人们的思考力。

游戏准备

人数：不限。

时间：不限。

场地：不限。

材料：白纸、碘片或碘酒、铁盒及打火机。

游戏步骤

1. 用手指肚在纸上用力按一下，你会发现，纸上什么痕迹也没有留下。其实，白纸上留下了你的"身份证"——指纹。你想看到它吗？

2. 将少量碘片放进铁盒里加热，没有碘片用碘酒加热也行。一直加热到碘酒变干，有紫红色蒸气放出时，将有指纹的一面对着蒸气，过一会儿，纸上就显现出浅红色的指纹。你能知道为什么吗？

◀·答　案·▶

　　纸上为什么会显出指纹来呢？原来，人的皮肤表面总有些油脂，对皮肤起保护作用。皮肤表面的指纹是凸凹不平的，低的地方油脂多一些，高的地方油脂就少些，手指肚按到纸上，油脂就被纸吸收，油脂在纸上分布也同样是不均匀的，但和指纹上油脂分布情况相同。

　　碘是紫黑色固体，受热时会变成气体，气体受冷时又会直接变成固体，它在油脂里极易溶解，于是纸上就出现颜色深浅不一的指纹，油脂多的地方颜色深些，油脂少的地方颜色浅。

游戏心理分析

　　发散性思维是人们很重要的一种能力，做这个游戏时我们要突破传统的思维。在生活工作中，如果我们遇到了困难，且一直无法解决，此外，我们应该转换下自己的思维，另辟蹊径。

第十一章
社交游戏：你的交际能力如何

159 串名字

游戏目的

通过自我介绍，相互认识了解。

游戏准备

人数：不限。
时间：不限。
场地：不限。
材料：无。

游戏步骤

1.参与者围成一圈，任意提名一位参与者介绍自己的单位、姓名。

2.第二名参与者接着自我介绍，但是要说：我是 ***（第一位参与者的单位、名字）后面的 ***（自己的单位、姓名），第三名人们说：我是 *** 后面的 *** 的后面的 ***，依次介绍下去，最后自我介绍的人要将前面所有人的单位、姓名复述一遍。

游戏心理分析

这个游戏可以活跃气氛，打破僵局，加速彼此的了解。人与人之间最需要的就是沟通。所谓提高沟通能力，无非是两方面：一是提高理解别人的能力，二是增加别人理解自己的可能性。那么究竟怎样才能提高自己的沟通能力呢？

沟通时应保持高度的注意力，这样有助于了解对方的心理状态，并能够较好地根据反馈来调节自己的沟通方式。没有人喜欢自己的谈话对象总是左顾右盼、心不在焉。在表达自己的意图时，一定要注意使自己被人充分理解。沟通时的言语、动作等信息如果不充分，就不能明确地表达自己的意思；如果信息过多，出现冗余，也会引起信息接受方的不舒服。

160 信任空中飞人

游戏目的

帮助人们建立信任感，并感受这种信任给人们带来的好处。

游戏准备

人数：不限。

时间：15 分钟。

场地：空地及 1.5 米高的墙。

材料：无。

游戏步骤

1. 首先将人们分成若干组，每组 10 人，让全组人员面对面站成两排。

2. 让准备做空中飞人的队员站在墙上，背向队友。

3. 当主持人确认团队队员们都站好位置，并做好接住的准备时，让站在墙上的队员从空中落下。

游戏心理分析

掌握一定的交际心理，你就可以在芸芸众生中脱颖而出，成为人际交往中的焦点人物。有的人在与他人交往时很有戒心，处处设防，唯恐上当受骗，这样的心理会阻碍其正常的交流。过分的多疑、猜忌、不信任，会使人难于交友，无法形成相应的人际关系，而影响自己的学习和工作。

但是，有些人在人际交往中对任何人都高度信任，也不可取。过度信任他人会使人丧失应有的警惕，使别有用心的人有机可乘。

161 趣味记名法

游戏目的

增强彼此的认同感。

游戏准备

人数：不限。

时间：15 分钟左右。

场地：室外平地。

材料：小皮球（网球）3 个。

◆·游戏步骤·◆

1.将人们分成若干组，每组15人。告诉某一个小组成员游戏将从他手里开始。让他喊出自己的名字，然后将手中的球传给右边的队友。接到传球的队友也要喊出自己的名字，然后把球传给自己右边的人。继续下去，直到球又重新回到第一个成员的手中。

2.改变规则，现在接到球的人必须喊出另一名成员的名字，然后把球扔给该成员。

3.再加一只球进来，让两个球同时被扔来扔去。

4.把第三只球加进来，其主要目的是让游戏更加热闹、更加有趣。

5.游戏结束后，请一名参与者在他的小组内走一圈，报出每个人的名字。

 **游戏心理分析**

认同感是群体内的每个成员对外界的一些重大事件与原则问题，有共同的认识与评价，也是人对自我及周围环境有用或有价值的判断和评估。记住别人的名字不仅是对人们的一种尊敬，也是人们交往的前提。人们之间一旦有了认同感，也能拉近心理的距离。增强彼此的认同感不仅增加了人们的认知取向，也增进了人们之间的感情。

162 "捧人"赛

◆·游戏目的·◆

通过赞美，看看自己的交往能力。

◆·游戏准备·◆

人数：不限。

时间：不限。

场地：不限。

材料：不限。

◆·游戏步骤·◆

1.将参与者分为几组，先在组内相互自我介绍：姓名、学校、年龄和爱好等。然后推举一位代表将组内每一位的情况向组外人做完整介绍，还可加上自己的评价（大家可以提问）。

恰到好处的"恭维"。

2.当该组介绍完，其他组各选一位代表对该组的介绍进行夸奖。如该组成员都很年轻，非常有朝气；或者该组成员看来经验很丰富；或者该组成员都是女孩子，都很漂亮。以此类推，直到所有组介绍完毕。每组介绍自己的代表和发表评价的代表不能是同一个人。

3. 选出"最佳创意捧人法"和"最厚颜无耻、无聊法"等。

游戏心理分析

这个游戏既无伤大雅，又能锻炼与人交往的能力，确实是一个很好玩的游戏。在交际中，赞美别人是一门艺术。"夸人"要分场合和区分对象，熟人之间因为相互了解，赞美之词可以较"露骨"；但只要真诚地去赞扬一个人，对方是能体会到的。不真诚的赞美不仅得不到人们的认可，也不能让人们信服。所以，真诚待人是交际的根本，每个人都要本着诚实的心理，这样他的人际圈才会越来越大。

163 交换名字

游戏目的

这是一个增强人们交际能力的游戏。

游戏准备

人数：10人。

时间：不限。

场地：室内。

材料：无。

游戏步骤

1. 参与者围成一个圆圈坐着。

2. 围好圆圈后，自己随即更换成右邻者的名字。

3. 以猜拳的方式来决定顺序，然后按顺序来回答问题。

4. 当主持人问及"张三先生，你今天早上几点起床"时，真正的张三不可以回答，而必须由更换成张三的名字的人来回答："恩，今天早上我7点钟起床！"

5. 当自己该回答时却不回答，不该自己回答时却回答，就要被淘汰。最后剩下的一个人就是胜利者。

游戏心理分析

交际是人们在社会交往过程中，对社会、对群体、对他人、对自己表现的知觉印象。交换名字可以增加对彼此的印象和认知，这样人们在交际中就可以和对方很好地交流。

164 百花争艳

·游戏目的·

帮助人们消除拘谨情绪，增进沟通。

·游戏准备·

人数：30~50人。

时间：15分钟左右。

场地：空地。

材料：奖品。

·游戏步骤·

1.让所有的参与者务必记住以下每种花对应的数字。

牵牛花1；杜鹃花2；山茶花3；马兰花4；野梅花5；茉莉花6；水仙花7。

2.游戏开始，主持人击鼓念儿歌。主持人的儿歌随时会停止，当主持人喊到"山茶花"时，场内的参赛者必须迅速围成3个人的圈；当喊到"水仙花"时，要围成7个人的圈；当喊到"牵牛花"时，只要1个人站好就可以。凡是没能够与他人结成圈，或者围成的圈人数不对的，都被淘汰出局。

3.等到圈内剩余人数只有5人左右时，游戏即停止，这些剩余的人即可获得奖品。

游戏心理分析

俗话说得好，牵牛要牵牛鼻子。这人缘的事，只要贴近了人的心，就八九不离十了。也许有人会说，人心隔肚皮，哪能说贴就贴。很多人早已忽视了"真诚"二字。其实，这简单的二字，便是让人心贴心的强力胶。

165 哑剧天才

·游戏目的·

通过非语言表达看人们的理解能力和表述能力。

·游戏准备·

人数：不限。

时间：不限。

场地：室外。

材料：书本、听诊器、粉笔。

•游戏步骤•

1. 职业表演

让参与者想象一下司机、飞行员、经理、教师等的职业特点，每人选择一个扮演。如，表演医生可以穿上白大褂，脖子挂上听诊器，为别人看病、打针。表演教师可以夹着书本和拿着粉笔，这是很直观的表达；也可以给别人上课，这是行为的表达。看看谁的角色扮演得好。

2. 故事表演

主持人先给参与者讲一个故事，故事的情节不宜太复杂，人物最好一两个。让参与者先复述一遍故事，不要纠正、补充遗漏的部分；再请他不用语言，将故事表演出来。

表演者可以扮演其中的一个角色，请别人扮演其他的角色；也可以自己同时扮演几个角色，这个难度更大。

3. 无声电影

电影的高潮部分一般更多的是靠表情和姿势表现的。在有声电影出现之前，无声电影同样表现了故事的情节和人物的情绪。

截取某部电影中的一段情节，请参与者不用语言，表演出电影情节的内容。

在选择故事或电影情节时，最好是适合表演的，不要太深奥、玄幻。因为是哑剧，所以需要对所要表演的故事或形象等有更深的理解，需要更强的非语言表达能力。

游戏心理分析

人类具有丰富的非语言表达能力。人们通过肢体语言能很好地将自己的情绪和状态表达出来。从人们的非语言表达中，我们可以看出自己的理解力。只要做到正确的表述，人们才能获得准确的理解。

166 划分小组

•游戏目的•

锻炼人们结识不同的人的能力。

•游戏准备•

人数：不限。

时间：10分钟。

场地：室内。

材料：眼罩。

•游戏步骤•

1. 寻找对象

第一步：人们围成一个圆圈。主持人说："向左看，向右看，停！"人们看左、看右，然后用目光锁定对面的一位参与者。当两人的目光相对时，则拍手、出场交谈，交谈3分钟，没对上的继续。

第二步：人们分列两行，结对的伙伴面对面站立，各自后退5米，蒙上眼罩，用声音寻找对方，不可以利用参与者的名字及其公司名称。

2. 左、中、右

主持人可以问以下问题：

早上起床时，是从左边下床，还是从右边下床？

从左边下床的站左边，从右边下床的站右边，记不清的站中间。将人们分成三组。

3. 谁是勇士

如果依上法分成的三组人数悬殊，则继续分组，按以下办法：请大家自由组合，寻找另外两位与自己相像的伙伴，分成三人一组。

然后提问：谁愿意第一个站起来？谁愿意第二个站起来？

由此，将人们分成三批。

 **游戏心理分析**

良好的沟通容易让人们更好地交流和认识。在生活中我们总会遇到各种性情的人，面对人们的不同性情，人们在沟通过程中也要注意交流的方式，针对不同的性格，变换方式和交流技巧。在交流过程中，真诚是朋友相处的基础。在朋友面前多一些真诚，多一些了解，让自己成为朋友可以信赖的人。

167 初次见面

·游戏目的·

让人们认识到第一印象的重要性。

·游戏准备·

人数：不限。

时间：10分钟。

场地：室内。

材料：若干姓名牌。

·游戏步骤·

1.给每一个人都做一个姓名牌。

2.让每个人在进入室内之前，先在名册上核对一下姓名，然后给他一个别人的姓名牌。

3.等所有人到齐之后，要求所有人在3分钟之内找到姓名牌上的人，同时向其他人做自我介绍。

4.主持人做自我介绍，然后告诉参与者："很高兴来到这儿！"快速绕教室走一圈，问："如果你今天不在这儿，你会在做什么不情愿做的事情呢？"注意让现场保持轻松活泼。

游戏心理分析

当新到一个地方，你与素不相识的人初次见面，必定会给对方留下某种印象，这在心理学上叫作第一印象。第一印象所获得的主要是关于对方的表情、姿态、仪表、服饰、语言、眼神等方面的信息，它虽然零碎、肤浅，却非常重要。因为，在先入为主的心理影响下，第一印象往往能对人的认知产生关键作用。研究表明，初次见面的最初4分钟，是第一印象形成的关键期。

怎样才能给人良好的第一印象呢？心理学家提出下面几条建议：

显露自信和朝气蓬勃的精神面貌。

待人不卑不亢。

衣着、礼仪得体。

言行举止大方，讲究文明礼貌。

讲信用，守时间。

168 晋 级

·游戏目的·

考验人们的沟通能力。

·游戏准备·

人数：不限。

时间：不限。

场地：不限。

材料：无。

·游戏步骤·

1.让所有人都蹲下，扮演鸡蛋。

2.相互找同伴猜拳，或者其他一切可以决出胜负的游戏，获胜者进化为小鸡，可以站起来。

心里有什么，看到的就是什么。

3.然后小鸡和小鸡猜拳，获胜者进化为凤凰，输者退化为鸡蛋，鸡蛋和鸡蛋猜拳，获胜者才能再进化为小鸡。

4.继续游戏，看看谁是最后一个变成凤凰的。

游戏心理分析

在猜拳的过程中，大家可以玩得津津有味，所以这个游戏是一个典型的可以调节气氛的游戏，可以让大家在玩乐中相互熟悉起来，从而更好地沟通。沟通是为了达成某种共识。交际与其说在于交流沟通的内容，不如说在于交流沟通的方式。这也是人们之间相互理解的一个过程。人与人之间相互理解才能做到心理上的认同，这种认同感是人们交流的重要条件。

169 超级比一比

游戏目的

看看人们的表达能力。

游戏准备

人数：最少10人，需要一到两名主持人。

时间：不限。

场地：不限。

材料：写有题目的纸条。

说是一种能力，不说也是一种能力。

游戏步骤

1. 分组，每组5~7人。

2. 一组排开。除了第一人，其余的人皆面向相反的一边，只会看到下一人的后脑瓜！

3. 主持人把写着题目的纸条给第一个人看。

4. 当第一个人准备好后，用10~15秒的时间传给下一个人看。要传前先拍打下一人的背，好让那人转身面向自己。做动作的人不可用写或出声来表达题目。这样依次传下去。

5. 传到最后一人时，主持人向前询问答案，如果多于半数的人答错，可叫第一个比划的人再比划一次。

6. 每组轮流比划不同的题目。

游戏心理分析

良好地进行交流沟通是一个双向的过程，它依赖于你能抓住听者的注意力和正确地解释你所掌握的信息。

有了良好的沟通，办起事来就畅行无阻。交流可以让人们之间的关系变得更加密切。在比划的过程中，人们通过肢体语言传递信息，达到了交流的目的。

170 虎克船长

游戏目的

在游戏中，知道别人的名字。

游戏准备

时间：不限。

人数：不限。

场地：不限。

材料：无。

游戏步骤

1. 全部的人围成一个圈，每个人先搞清楚坐在自己两旁的人的名字。

2. 由其中一人开始，说自己的名字两次，然后再叫另一人的名字。

3. 被叫到名字的人其两边的朋友必须马上说："嘿咻！嘿咻！"并做出划船的动作。

4. 接着再由被叫到名字的人接着叫别人的名字（如步骤2），直到有人做错。做错的人可罚其表演节目。

游戏心理分析

在游戏前，所有参与者先自我介绍，这样可以加深彼此的印象。这是人际沟通的一个重要形式。在彼此的交往中，我们不仅要初步了解他人，更重要的是从心理上认可别人，使两个人达到心理上的共鸣。

初次见面的人，如果能用心了解与利用对方的兴趣爱好，就能缩短双方的距离，而且容易给对方留下好印象。例如，和中老年人谈养生，和少妇谈孩子等，即使自己不太了解的人，也可以谈谈新闻、书籍等话题。

171 转勺子

游戏目的

增进人们之间的交流和了解。

游戏准备

人数：不限。

时间：不限。

场地：室内。

材料：需要准备一个勺子或其他能够起到转动定向作用的物品。

·游戏步骤·

1. 通过转勺子或者可以转动定向的东西首先确定一个人，作为回答问题者。
2. 再进行转动，找到两个或三个提问者。
3. 提问者每人提一个问题，由回答者回答，要求回答到提问者满意为止。
4. 回答结束后进入下一轮。

游戏心理分析

人与人之间需要沟通和理解，我们在沟通中获得和给予这种认可，从而获得心理满足并满足他人，同时将其转化为心理能量。该游戏中的这种信息传递方式，代表着接受、兴趣与信任，是开放式态度的一种体现。这种游戏也意味着要控制自身的情绪，克服思维定式，做好准备积极适应对方的思路，更好地理解对方的话，并及时给予回应。

172 登黄鹤楼

·游戏目的·

学习如何制造双赢的局面；增强彼此之间的沟通；启发创意。

·游戏准备·

人数：不限。

时间：不限。

场地：没有障碍物的空地。

材料：长竹3支（10尺长，3寸粗）；短竹3支（6尺长，3寸粗）；绳子10条（10尺长）。

局限自己的，往往只是自己。

·游戏步骤·

1. 先将人们分成两组，每组5~6人。先把用具分派给各组，一组发给2支长竹、1支短竹及5条绳，另一组发给1支长竹、2支短竹及5条绳。
2. 于限定时间内（30分钟），建立一个离地一尺、足以支撑其队员的架子。
3. 队员站在架子上维持10秒，队员身体不能触碰地面。

游戏心理分析

通过这个游戏，可以让大家学会合理地运用资源。面对一些困难，转换一下思路，突破原来思维的局限性，人们很快就能找到新的出路。在与人合作的时候，交流和沟通是人们解决问题的前提。交换彼此的想法和意念，对激发人们的创新思维很有帮助。

173 尴尬的交谈

游戏目的

1. 阐述手势的作用，说明手势的运用在谈话中是十分自然的。
2. 使人们体会肢体语言对口头交流的促进作用。

游戏准备

人数：不限。

时间：10~15 分钟。

场地：教室或会议室。

材料：无。

游戏步骤

1. 主持人将参与者以小组的形式分开，每组两人左右。小组两人进行交流。时间为 2~3 分钟。交谈的内容不限。

2. 2~3 分钟后，请大家停下。

3. 请人们说明在刚才的交谈中发现对方使用了哪些非语言的表现（如肢体语言或表情）。

4. 当大家说完后，告诉人们我们常常是无意识地做这些动作的。

5. 请大家继续交谈 2~3 分钟，但这次人们不能使用任何肢体语言。

游戏心理分析

肢体语言是人们传递信息的一种方式。许多心理学家认为，在非语言状态下，人们的心理会变得更加敏感，肢体语言传递的信息会更加丰富，更能表达出人们的心理状态。

174 寻 猎

游戏目的

增进彼此了解，消除陌生人之间的排斥和冷漠。

游戏准备

人数：不限。

时间：不限。

场地：不限。

材料：给每组发一个"寻猎"项目列表（上面列有"猎物"，如手表、书、笔，等）。

·游戏步骤·

1. 先将参与者分组，每组成员 5~7 人，可根据人数分成不等的组。

2. 告知每个参与者将一起去参加一个搜寻活动，获胜的小组将受到奖励。

3. 将"寻猎"项目列表交给各小组，告诉他们将利用他们自己的智慧尽可能多地获得表中所列内容。

4. 设置一个时间限制，如 1 小时。

5. 当时间到时，命令每个队都集合回来，比较哪一个队的得分高？

游戏心理分析

这是一个让人们在交流中相互认同和了解的游戏。人们相处时离不开交流，也离不开心与心的认同。人们之间互相认可了，才会在彼此面前敞开心扉。生活中，我们需要交流和协作，也需要彼此信任。懂得协作，才能真正懂得交流的含义。

175 爬梯游戏

·游戏目的·

用于增强人与人之间的信任感，以达到沟通的目的。

·游戏准备·

人数：不限。

时间：1 小时左右。

场地：空场地。

材料：8 根硬竹棒（能够承重一个人），每根长约 1 米。

·游戏步骤·

1. 将参与者分成若干组，每组 17 人左右。让每位成员找一个搭档，在总的参加人数为单数的情况下，让余下的一个人第一个爬竹梯。

2. 给每对搭档发一根竹棒。让每对搭档面对面站好，肩并肩排成两行。

3. 每对搭档握住竹棒，竹棒与地面平行，其高度与胸部平齐。每根竹棒的高度可以略有不同，以形成一定的起伏。

4. 把选好的爬梯者带到竹梯的一端，让他从这里开始爬到竹棒的另一端。

5. 所用时间最短的组即为获胜组。

游戏心理分析

信任他人不仅要做到行动上的相互扶持，还要做到心理上对他人的认可。敏感的人曾有这样的体会：当几个同事聚在一块儿说悄悄话时，你会觉得他们正在讲你的坏话；你告诉朋友一个秘密后，你会不停地想他是否会讲给别人听；领导在会议上点到了公司里的一些不良现象，你会怀疑是不是针对自己说的；一位同事近来对你的态度冷淡了一些，你会觉得他可能对你有看法……如果你有这些情况，那么，可以说你有较强的不信任心理。敏感的人往往很有灵气，有创造力，但如果过于敏感，特别是与人交往时过于敏感，就需要想办法加以控制了。过于不信任他人的人终日生活在"防御"状态下，这样只会使自己疲惫不堪，没有精力去工作和学习。

176 寻找切入点

游戏目的

寻找切入点是沟通的关键，这个游戏让人们认识到切入点的重要性。

游戏准备

人数：45人。

时间：5分钟。

场地：不限。

材料：共同点和不同点表格（见附件）。

游戏步骤

1. 将事先准备好的表格发给大家，每人一份。

2. 参与游戏的人至少从其他3个人身上发现一个与自己共有的共同点和一个与自己不同的不同点，比如共同点是：我们都是河北人；不同点是：我是财务部的，他是销售部的。

3. 第一个完成任务的为优胜者，应给予奖励。

游戏心理分析

做这个游戏的时候，找到与对方沟通的切入点是关键。如何寻找切入点呢？有时候彼此之间的不同点也可以作为沟通和深入的话题，因为他所不擅长的并不是他所不喜欢的。若他不感兴趣，你可以讲一些你的独特经历、嗜好，也许这正是你们沟通时很好的切入点。

第十二章
职场无敌：升级自己的职场竞争力

**177 较 量**

游戏目的

激发人们在面对工作中的阻力时要保持乐观豁达的心态。

游戏准备

人数：不限。

时间：40 分钟。

场地：室内。

材料：不透明胶带、便笺纸、两个题板或几张纸、3×5 英寸的卡片、记分器和钢笔。

常怀感恩之心。

游戏步骤

1. 剪下一条很大的不透明胶带（至少 3 米），把它水平地粘在墙中间。再剪下一小段胶带（大约 30 厘米），并把它垂直粘在横线的中间。用便笺纸把一边标为驱动力，另一边标为阻力。在这条横线上，间隔 20 厘米粘上一些小条状的不透明胶带，用以表示程度等级。在每边，你至少需要 10 个程度等级，因此你应该根据横线的长度确定间隔的大小。在两个胶带交叉的中心位置粘一个便笺纸。

2. 选择一个目标，例如，"提高员工 20% 的权益"，或者"鼓励积极有效地参加员工会议"，或者"减去 10 公斤体重"。把这个问题写在中心位置的便笺纸上。

3. 请三人当裁判。将剩下的人们分成两组：A 组是阻力。他们的任务是，妨碍这个问题的提出和改善。这些阻力可以包括情感方面、个人问题以及系统和组织的作用力。B 组是驱动力。他们的任务是鼓励和支持改变。

4. 给大家 20 分钟时间，开动脑筋，在题板纸或白纸上列出他们想到的理由。20 分钟后，请他们停下来。让他们把想到的理由分给大家，至少每个人都有一个。

5. 给每个小组 1 分钟时间，让他们为自己小组取个特别的名字。

6. 向人们说明，这不是一个竞争性的游戏。换句话说，如果便笺最后停在他们那一边，并不是说明他们赢了。

7. 三名裁判需要做出两项重要的决定。第一个是根据 1~10，10 个等级确定作用力的大小。对努力改变有相当大影响的作用力定为 10 级，影响不大的作用力定为 1 级。裁判有 30 秒时间对作用力的大小达成统一的认识。裁判的判定是最终的裁定，人们不应该因这个裁定的等级数而感到泄气。

8. 裁判需要做出的第二个决定是，小组成员提出的理由的创造性和戏剧性如何。裁判可以打 1~5 分。裁判可以通过伸手指来打分，你需要跟踪记录每一组的累计总分数。

9. 转向驱动力组，请持有列表中最大作用力卡片的小组成员介绍一下自己，并用不超过三句话生动地描述一下这个理由。例如："我代表政府的规章制度——感到不寒而栗了吧！如果你不满足我要改变的要求，你会失去拨款，甚至整个项目。"

10. 让裁判对这个驱动力的大小达成一致的决定，并让小组成员把贴在中间的便笺纸沿着水平胶带移到该等级的数字处。

11. 让裁判对这个作用力的戏剧性和幽默性程度进行打分。计算该小组作用力阐述的累计总分。当该小组成员走回小组中时，大家应为他喝彩。

12. 现在轮到阻力组。他们应派出最具说服力的阻力，按照上述同样步骤进行。希望他们能够把便笺纸移回到他们自己一边。注意，他们的作用力可能比刚刚的驱动力或大或小。例如，如果他们的作用力大小为 8，而驱动力大小为 10，便笺纸会仍旧保持在驱动力一边，至少暂时是这样。

13. 继续这个过程，直到所有的理由都表达完。注意便笺纸最终的位置（例如，它最后停在哪一边）。

游戏心理分析

乐观豁达是一种积极的心理状态。乐观豁达的心态能够帮助我们消除受挫情绪，提高自信心，对抗精神压力。措施有：

热爱自己的学习和工作，以学习和工作为第一生活乐趣。

遇事当机立断，不为小事左顾右盼，珍惜美好时光。

不过分计较个人得失，宽宏大量，乐于助人。

改变生活情趣，对周围事物感兴趣并具有积极的探求心理，培养多样化兴趣。

在学习、工作和生活中人际关系要处理好，不要钩心斗角，而要同舟共济。

遇到痛苦和积怨，不要抑制自责，闷在心中，要善于转移和分散注意力，必要时可大哭一场，发泄内心积聚的不快，这样有助于情绪稳定。

不要老是担心自己的健康，不要过分自我注意、自我暗示是否有什么不适和疾病。

广交朋友、热情待人，遇到烦恼和矛盾时，主动找知心朋友谈心请求帮助，及时得到安慰和心理支持。

不要怨天尤人，满腹牢骚。

培养积极向上的人生态度，树立远大的人生目标。

178 电波传递

游戏目的

培养人们的忠诚品质。

游戏准备

人数：不限，越多越好。

时间：10分钟。

场地：空地或者运动场。

材料：秒表。

游戏步骤

1. 让所有参与者手拉手站成一圈。

2. 随意在圈中选出一个人，让他用自己的左手捏一下相邻同伴的右手。问第二个人是否感受到了队友传递过来的捏手信号。告诉参与者收到信号后要迅速把电波传递给下一个队友，也就是要快速地捏一下下一位队友的手。这样一直继续下去，直到信号返回起点。

3. 告诉参与者你将用秒表记录信号传递一圈所需要的时间。然后，主持人大喊："游戏开始！"并开始计时。

4. 告诉参与者信号传递一圈所用的时间，鼓励一下参与者，然后让他们重新做一次电波传递，希望这次传递能更快一些。

5. 让参与者重复做几次电波传递，记录每次传递所用的时间。

6. 在参与者都熟练起来之后，变更信号的传递方向，使信号由原来的沿顺时针方向传递变为沿逆时针方向传递。

7. 信号沿着新方向传递几次之后，再一次让参与者逆转信号的方向，同时让参与者闭上眼睛或是背向圆心站立。

8. 在游戏快要结束的时候，为了使游戏更加有趣，悄悄告诉第一个人同时向两个方向传递信号，而且不要声张，看看这样会带来什么有趣的效果。

游戏心理分析

忠诚是一种可贵的品质。忠诚管理，并不仅仅是指面向个人或团体的忠诚，更重要的是忠于某个企业据以长期服务于所有成员的各项原则。

人们对团队的不忠诚，对团队的负面影响是相当大的，同时也会影响到他个人的道德可信度，没有哪个团队喜欢一个不忠诚、信誉度低的人。要想让自己在职场中拥有良好的人缘，必须让他人认可你，而忠诚是你必备的品质。

179 请理解我

游戏目的

让人们体验忠诚。

游戏准备

人数：不限。

时间：40~60分钟，根据参加的人数而定。

场地：室内。

材料：笔、空白索引卡片、团队角色描述表（见附件）。

游戏步骤

1. 把索引卡片和团队角色描述表分发给参与者。

2. 请参与者读一下团队角色描述表，并圈上最能表现他们个性的三个角色。让他们在与他们的行为最接近的角色前面画一个星。

3. 让参与者把他们选择的个性写在索引卡片上（一张卡片一种个性）。

4. 把所有索引卡片收上来，完全打乱次序。

5. 把索引卡片重新发给大家，每人三张新的索引卡片。

6. 请参与者看一下他们的新索引卡片。他们的任务是，找回他们最初的三个角色，或者寻找他们能够接受的三种个性的索引卡片——通过交换索引卡片做到这一点。

7. 给大家10分钟时间进行交换。到时间后叫停，让大家坐成一个圈。

8. 请大家拿出他们的团队角色描述表。

9. 问大家，谁找回了最初的三个角色？谁找到得差不多？谁放弃了他们最初的角色？

游戏心理分析

一个人具备了良好的心理素质，才能做到忠诚。在团队中，忠诚是责任的代名词，也是一个人道德的体现。

一个对公司忠诚的人，往往是一个十分有责任心的人。这样的人很容易得到上司的认可，赢得晋升的机会。

180 始作俑者

游戏目的

让人们学会宽容，尤其是在被人误解时。

游戏准备

人数：不限。
时间：15分钟。
场地：室内。
材料：无。

做事太以己度人，容易让误会丛生。

游戏步骤

1. 让人们站成一个圈。游戏开始时，你任意指向圈中的一个人，手不要放下来。那个人现在要指向圈中的另一个人，那个人再指向另一个人，依次下去。告诉大家，不允许指向已经指着别人的人。游戏这样进行下去，直到每个人都指着某个人，而且没有两个人指向同一个人。然后，大家都把手放下来。

2. 现在，告诉大家，把目光放在刚刚指着的人身上，告诉他们，他们的工作是监督那个人，并且学他的动作。要求人们站着不动，只有当他们刚才所指的人动了，他们才可以动。刚才所指的人做任何动作，例如咳嗽、拉拉手指等，人们都必须立

即重复，然后站着不动。

3. 开始游戏，进行大约 5 分钟，现场可能出现各种小动作。无论什么时候，当有人做了一个动作，这个动作将会被大家传播开。最后，圈里的每个人都会摇着头、摆着胳膊、做着鬼脸、咳嗽、咯咯地笑，像是一群疯子。

4. 主持人要求大家找出第一个动的人。

游戏心理分析

这个游戏让人们明白，在不知名的状况下，我们很容易误会对方，也很容易被人误解，所以，面对这种状况，我们要端正心态，保持良好的心理状态。拥有健康的心理能使我们更好地面对工作生活中的种种不如意。什么样的人才算是拥有健康心理的人呢？

1. 现实态度

一个心理健全的成年人会勇于面对现实，不管现实对他来说是否残忍。

2. 独立性

一个头脑健全的人办事凭理智，这种人稳重，并且愿意听从合理建议。在需要时，他能够做出决定并且乐于承担他的决定可能带来的一切后果。

3. 爱别人的能力

一个健康的、成熟的人能够从爱自己的配偶、孩子、亲戚、朋友中得到乐趣。

4. 适当地依靠他人

一个成熟的人不但可以爱他人，也乐于接受爱，并适当地依靠他人。

5. 发怒要能自控

任何一个正常的健康人偶尔生生气都是理所当然的，但是他能够把握尺度，不致失去理智。

6. 有长远打算

一个头脑健全的人会为了长远利益而放弃眼前的利益，即使眼前利益有很大的吸引力。

7. 对他人的宽容和谅解

对一个成熟的人来说，这种宽容和谅解不单是对性别不同的人，还应该包括种族、国籍以及文化背景方面与自己不同的人。

8. 不断学习和培养情趣

不断地增长学识和广泛地培养情趣是健康个性的特点。

可以说，很少有人在性格上是完全健康和成熟的，但是我们应该去培养、去完善。

181 饿死的食人鱼

游戏目的

让人们明白面对困难，要提高自己的心理承受能力。

笑对拒绝。

·游戏准备·

人数：不限。

时间：10分钟。

场地：不限。

材料：无。

·游戏步骤·

1. 主持人向人们讲一个关于食人鱼的故事。

2. 故事的内容如下：

（1）有一条食人鱼被放在一个鱼缸里面，鱼缸里面还有很多小鱼，但小鱼和食人鱼中间用透明玻璃隔开了，那些小鱼对于食人鱼来说只是可望而不可即的美味。

（2）饥饿的食人鱼为了吃到那些小鱼作了无数次的尝试，但每次都撞在玻璃上失败了，它终于悲哀地意识到它永远也吃不到那些小鱼。

（3）玻璃被拿掉了，但是食人鱼却饿死了，因为它始终认为自己是无论如何吃不到那些小鱼的。

3. 食人鱼的表现被称为食人鱼综合征，它具有以下特点：

（1）对于差别的视而不见。

（2）对于经验的滥用。

（3）墨守成规，拒绝考虑其他可能性。

（4）缺乏在压力下行动的勇气。

 游戏心理分析

面对困难，人们都会有退却心理，这种心理是很普遍的。但是如果每次都这样，你就很难有所成就。在面对困难时，我们首先要有直面困难的勇气，不要因想象而退却。

182 给上司的一封信

·游戏目的·

增强人们的自信心。

·游戏准备·

人数：不限。

时间：5~15分钟。

场地：教室。

材料：一封信的格式。

1. 参与者在游戏中会表现出积极肯定的一面。主持人的任务就是及时捕捉参与者的这种热情，并引导他们将热情在生活和工作中释放。

2. 主持人在游戏之前准备一封信的格式（见附件），在游戏结束后将材料分发给各个人。

3. 请大家在离开前将这封信填写完整，然后将这封信交给自己的主管并就此与主管进行讨论。

游戏心理分析

做这个游戏最重要的是要有"立志在我，成事在人"的自信，只有相信自己坚持改变才能成功。实际上，这是很重要的一种商业思维，也是成功商人具备的一种魄力。充分的自信和坚忍不拔的意志，是事业取得成功的重要条件。俗话说："这个世界是由自信心创造出来的。"特别是在商业活动日益繁荣的今天，欲有所作为，有所建树，坚定的自信心更是不可或缺的重要因素。

183 战 俘

·游戏目的·

这个游戏，可以培养人们的团队意识和沟通能力。

·游戏准备·

人数：不限。

时间：不限。

场地：室外或场地比较开阔的室内。

材料：2顶红帽子，2顶蓝帽子，4个不透明的厚纸袋子。一堵砖墙或是一棵大树（用来把一名队员和其他三名队员隔开）。

·游戏步骤·

1. 把4顶帽子分别放入4个纸袋子里，注意放的过程不要让参与者看见。在袋子上做好标记，以保证在发帽子时，给1号战俘一顶红帽子，2号战俘一顶蓝帽子，3号战俘一顶红帽子，4号战俘一顶蓝帽子。

2. 邀请4个参与者充当战俘。给每个参与者一个装有帽子的纸袋子，告诉他们得到命令之后才能打开纸袋子，不得擅自开启。

3. 让4个参与者排队站好，1号战俘站在砖墙或大树的后面，将被戴上一顶红帽子；2号战俘站在砖墙或大树的另一侧，将被戴上一顶蓝帽子；3号战俘站在2号战俘的后面，将被戴上一顶红帽子；4号战俘站在3号战俘的后面，将被戴上一顶蓝帽子。4个参与者站好后，告诉他们在任何情况下都不许说话和回头。

4. 让其他队员4个人组成一个小组，并告诉他们保持沉默，仔细听。

5. 所有小组组建完毕、就位之后，给站好的4个"战俘"做游戏开场白，开场白如下：

请你们把自己想象成战俘集中营里的战俘。集中营的主持人让你们4个人站成一排，并给每人戴一顶帽子。你们不许移动、回头和说话。如果有人胆敢回头或说话，就会立刻被枪决。

现在，请你们闭上眼睛，把帽子从袋子里拿出来，戴在头上。在这个过程中，任何人都不许看自己的帽子。主持人让你们猜出自己所戴帽子的颜色，如果你们4个人中有人能说对自己所戴帽子的颜色，你们4个人都会被释放。但是，如果第一个答案是错误的，你们都会被枪决。显然，第一个答案将决定你们的命运。一个重要的已知条件是4顶帽子中两顶是红的，两顶是蓝的。别忘了，不可以说话、走动和回头。

6. 把其他小组带到这4个人听力所及的范围之外，问他们哪个战俘可能猜出自己帽子的颜色？为什么？（答案：只有第三个战俘可以猜出自己所戴帽子的颜色。因为他可以看到自己前面的人（也就是2号战俘）戴着蓝帽子，他可以据此这样推理：如果他自己也戴着一顶蓝帽子的话，4号战俘就会看到两顶蓝帽子，那么4号战俘就可以知道自己戴的是红帽子；但是4号战俘没有说话，这说明4号战俘一定是看到了一顶蓝帽子和一顶红帽子。而自己已经看到了一顶蓝帽子，那么自己的帽子一定是红色的。）

7. 游戏小组找到答案之后，引导队员就解决问题、团队合作和沟通等方面展开讨论。

游戏心理分析

沟通是人们交流的一种重要形式，人与人之间有沟通才能达到感情的畅通。沟通通过获取信息或者提供信息，以影响或者理解人们的意愿。有了良好的沟通，办事情才会畅通无阻。如果沟通中有障碍，则会影响到人们之间的交流和办事效率。沟通的障碍有五种：

1. 交往多疑症

总是猜测对方会怎样看自己，怕因此影响彼此之间的关系，给自己心理造成负担。

认为周围的人尔虞我诈，不择手段，品行低劣但又装模作样过分正经，敏感猜疑，缺乏真诚和起码的理解和信任。

2. 交往自大症

总是因为别人有求于自己，而自己不求别人。

认为周围的人胸无大志，婆婆妈妈，层次太低。通常他们是相对成功的人士，比较自以为是，有一定生活阅历的人。他们突出的特点就是不会倾听。

3. 交往自卑症

总是以为自己低人一等，怕别人指责自己，看不起自己，最后封闭自己、隔绝自己。这一类人通常会用虚假的自尊掩盖自己的真实自卑。

4. 交往吝啬症

只想获取，不想付出；只想索取，不想给予。

人们只有了解自己的缺点才能找出更好的解决办法。在了解了沟通的障碍后，人们要针对不同的状况做出调整，克服沟通障碍，实现有效沟通，才能实现自己和团队的共同发展。

184 报纸模特

游戏目的

1. 促进成员间的合作，感受个人在团队合作中发挥的作用。
2. 发挥人们的创造力。

游戏准备

人数：不限。

时间：20分钟。

场地：教室。

材料：报纸（大量）、剪刀（每组一把）、透明胶（每组一卷）。

每个人都有自己的短板，合作才能取长补短。

游戏步骤

1. 将人们分成若干组，每组5人，进行工作分工：3名设计师、1名模特、1名裁判。

2. 主持人分配任务："设计师们"在规定的时间内用报纸为"模特"设计，并制作全套的服装；"裁判"对各小组的完成情况做评判。

3. 评判标准要遵循下列原则：

（1）新颖性、观赏性、可行性、搞笑性。

（2）公平、公正、公开。

游戏心理分析

一个人的才能和力量总是有限的，唯有合作，才能最省时省力、最高效地完成一项复杂的工作。没有别人的协助与合作，任何人都无法取得持久性的成功。

合作与竞争看似水火不容，实则相依相伴。在经济时代，竞争与合作已经成为不可逆转的大趋势，合作与团队精神变得至关重要，只有承认个人智能的局限性，懂得自我封闭的危害性，明确合作精神的重要性，才能有效地通过合作来弥补自身的不足，以达到单凭个人力量达不到的目的，成为博弈中的赢家。

185 敬业的饼干

·游戏目的·

启发人们讨论，如何才能表现出敬业精神。

·游戏准备·

人数：不限。

时间：不限。

场地：室内。

材料：为每个人准备两块饼干、饼干的盒子（上面标有"员工的敬业案例"字样）、空白的题板纸、小礼品（可选）、笔。

·游戏步骤·

1. 请每人从标有"员工的敬业案例"字样的盒子里取出一块饼干，说出自己熟知的案例。

2. 把每一条案例写在题板纸上。

3. 当人们都提出了案例，浏览一下提出的案例。

4. 给予那些写出最重要、最富创造性的案例的人一个小礼品，作为奖励，并表示你非常喜欢这种给人深刻印象的案例。

游戏心理分析

职业意识是人们对所从事职业的认同，它可以最大限度地激发人的活力和创造性，是敬业、乐业的前提，而一些工薪阶层却对所从事的工作缺少职业意识，只满足于机械地完成自己分内的工作，对自己要求不高，缺乏进取心，工作中缺少积极主动性。这与激烈竞争的环境是不相宜的，不利于自主创业。

186 敢于认错

·游戏目的·

使人们能够勇敢地面对错误、承认错误、改正错误。

·游戏准备·

人数：不限。

时间：25分钟。

材料：无。

场地：室内、室外不限（草地最佳）。

承认错误，是一种勇气。

◆游戏步骤◆

1. 全体成员在较空的场地上围成一个圈，约定相应的口令及动作。

2. 当喊"1"时，举右手；喊"2"时，举左手；喊"3"时，抬右脚；喊"4"时，抬左脚；喊"5"时，停止不动。

3. 游戏开始。起初按顺序喊出"1、2、3、4、5"，速度可以慢点，接着逐渐加快速度；然后，不按顺序，任意喊出动作口令，速度也逐渐加快。

4. 如果有人出错了，请他到圈中向大家致歉，说声："对不起，我错了。"然后，归队继续做游戏。

 游戏心理分析

人们在工作生活中，每日每时都要处理许多大大小小的事情。但是，要么由于经验不足、情势不明，要么有意无意地把事情弄成僵局，甚至招致失败，犯下这样或那样程度不同的过失和错误，害己殃人。

犯错误是可以理解的。对待过失和错误，正确的态度应该是像孔子所言，"过则勿惮改"，就是说要勇于改过。我们需要树立"过则勿惮改"的人生态度。可以说，"闻过则喜，闻过则改"是一种美德，也体现了一个人的胸怀。在职场中，犯了错误我们要勇于承认，并努力改正，这样才能够得到同事、上司的信任，更好地工作。

187 猜 谜

◆游戏目的◆

让人们体会遵守组织规范的重要性。

◆游戏准备◆

人数：不限。

时间：30~40分钟。

场地：室内。

材料：为每人准备一份团队行为规范表（见附件）、10厘米×10厘米的纸、题板纸、秒表或其他带秒针的表。

· 游戏步骤 ·

1. 主持人花一点时间为人们描述一下"规范"这个词。规范指的是指导人们在群体中行事的行为规则。一般来讲，群体规范是大家公认的，通常不需要说明。

2. 将参与者分成若干组，每组5人左右。发给每个人一份团队行为规范表。请人们选出他们认为对工作有最大消极影响的两三个规范。

3. 对于每种规范，各个小组现在必须利用他们平时的观察描绘出一些特定行为，即在工作中经常会出现的行为。让他们先按这样的句式写出问题，"当……时，我们这儿大多数人会怎么做"，然后再回答。各个小组应该描绘特定的、可识别的行为，这些行为描绘了小组大多数成员事实上的行为。例如，开会时我们这儿大多数人会做什么？我们迟到，然后很不耐烦地坐下。给大家九分半钟完成这个任务。

4. 把写好的纸折成四折，放在每个小组前面，堆成一小堆。

5. 开始比赛。从每个小组各选一个人，请他们猜一猜。

6. 猜得对的小组代表从另一队折好的规范表的堆里选一个。他的任务就是为他自己的队友把纸上的行为规范表演出来。小组的任务是，仔细观看表演，尽可能猜出纸上描述的规范。小组有两分钟时间来猜。

7. 表演者在表演时可以说话（当然，不能把规范是什么明显地表达出来）。他也可以请另一队的人帮忙，也可以利用屋内的任何物品，来帮助他描述规范。每个表演者有一分钟时间准备。如果小组已经猜出，可以大声说出那个规范，或者直到满两分钟。小组每猜对一次，得10分。把分数写在记分板上。

8. 如果小组已经说出那个规范（或者两分钟时间到），把描述的规范写在题板纸上。在游戏结束前，不要对规范进行评论，也不要让大家讨论。

9. 让另一组重复刚才的过程。

10. 在每个小组的记分板上，随时更新他们的分数。

游戏心理分析

一个团体有了规范才能正常运作。有了规范，人们就会在规范范围内少犯错误。这样也减少了人们的心理负担。在这种情况下，端正人们的心理是很重要的，调整好心态，人们才能更好地面对工作生活中的条条框框。

第十三章
致富秘钥：预见财神何时到你家

188 模拟航空公司

游戏目的

训练大家的商业意识。

游戏准备

人数：不限。

时间：30分钟。

场地：教室。

材料：纸条、笔、幻灯片。

游戏步骤

1. 将参与游戏的人分成5~6个组，每组4人左右，每个组分别代表一家航空公司进行市场营销。

2. 规则就是：所有航空公司的利润率都维持在9%；如果有三家以下的公司采取降价策略，降价的公司由于薄利多销，利润率可达12%，而没有采取降价策略的

头脑带来财富。

公司利润率则为 6%；如果有三家或三家以上的公司同时降价，则所有公司的利润都只有 6%。

3.每个小组派代表到小房间里，由培训者交代上述游戏步骤，并告诉小组代表，他们需要初步协商，初步协商之后小组代表回到小组，并将情况向小组汇报。

4.小组经过 5 分钟讨论之后，需要做出最终的决策：降还是不降？并将决定写在纸条上，同时交给主持人。然后由主持人公布结果。

做这个游戏将要遇到的障碍和解决方法如下：

本游戏看似简单，但结果往往出人意料但又在意料之中，因为大部分公司都会选择降价，结果降价会导致两败俱伤。这个游戏可以用博弈论中的典型案例——囚徒两难来分析。尽管每家航空公司都不降价均可保持 9% 的利润率，但是受到降价后利润率的吸引，它们还是会选择降价。在这种选择下，每家公司都降价导致的是行业利润率的集体下降，变成 6%，但这种结果是无法避免的，因为每家公司都在追逐高效益。

这个游戏告诉我们两个道理：不要假定竞争对手比你傻；不要打价格战。经营行为还是应该按照行业规则和市场需求来操作。

从这个游戏中，我们要明白市场规律在商业中的作用是不可替代的，只有按照经济规律办事才能赢得胜利，否则就会吃大亏。

游戏心理分析

无论市场如何变化，投资者要做的只是用自己独立的价值标准去应对市场，去评价一只股票到底是便宜还是贵。在根据自己的判断去应对市场，评估股票价值的情况下，我们对"市场先生"的躁狂抑郁症可以置若罔闻。我们只用注意"市场先生"的报价：如果价格与我们自己的独立价值判断相符，我们行动；如果不相符，我们就要安心等待"市场先生"改变想法，因为这是早晚的事。面对市场，投资者唯一要做的就是用自己的标准去选择一只正确的股票。

189 扑克大战

游戏目的

教会人们如何抓住问题的关键。

游戏准备

人数：不限。

时间：10 分钟。

场地：不限。

材料：扑克牌。

·游戏步骤·

1.游戏的主持人要发给每一个参与者一张牌，然后让他们自由组合成小组。要求：小组内由每个人的牌组成的牌必须是最好的一手牌。

2.给大家 5 分钟时间，让他们自由组合，然后主持人从中选出牌面最好的一组，一个人只能参加一个小组。

游戏心理分析

只有找到这个游戏取胜的关键才能够取得游戏的胜利。事实上，发现问题的关键也是财商教育的一个重要方面。如果我们能发现一个问题的关键，就会适当扩大问题解决的范围。成功人士往往善于从大处着眼，立足于问题的根本，因此，很快就能抓住问题的关键，找到解决问题的方法。

培养我们发现问题的关键的能力，有助于提高我们的财商，找到致富的关键，从而向财富进军。生活之中不缺乏美，缺乏的是发现美的眼睛。生活之中也不缺乏财富，缺乏的是发现财富的头脑。

190 两张挂图

·游戏目的·

让人们认识到信息反馈的作用。

·游戏准备·

人数：不限。

时间：10 分钟。

场地：不限。

材料：两张挂图和几支彩色粗头墨水笔。

·游戏步骤·

1. 把两张挂图挂在会议室后面。

2. 第一张挂图上写着"我们特别欣赏此次游戏的这些方面"，第二张挂图上写着"我们对改进游戏有如下建议"。

3. 对参与游戏的人说你要离开会议室 5 分钟，诚恳地请求他们直言不讳地对此次游戏做出评价。

4. 请他们把自己的看法写在两个问题下面。告诉他们不必署名，但如果他们提出了独到的建议或评论，你会感激不尽。

5. 离开房间至少 5 分钟。如果 5 分钟后参与者还在写评论，再多给他们几分钟。

6. 回来后，对他们的建议与评论表示感谢。

游戏心理分析

做这个游戏的时候，不要干扰大家的意识，这样才能做到最准确的信息采集。通常，你的坦诚会决定你所收集到的反馈信息的可信度和代表性。

在商业活动中，很多优秀的人也经常利用市场反馈的信息来赚取财富。作为新时代的人，我们更应该利用市场反馈的信息，这样才能让我们获得更多的利益。

利用反馈信息注意事项：

第一，掌握重点。信息可以全面收集，但在筛选后，应掌握重点信息，一般信息仅作为参考。

第二，善于对比。对从不同渠道收集来的信息要进行对比、鉴别，并通过各种办法，不耻多问，以确定信息的可信度。

第三，避免盲从。对获取的信息不能盲从；对重要的信息要寻根究底，务求了解透彻，不可一知半解，更不可未经筛选就轻率地做出抉择。否则，吃亏的只能是自己。

第四，对照衡量。一切信息是否适合自己，都要对照衡量，千万不可好高骛远。

191 信息接力棒

游戏目的

高效收集、消化信息是一个高财商的人具备的能力。下面这个游戏可以培养人们对信息的把握能力。

游戏准备

人数：不限。

时间：15分钟。

场地：教室。

材料：一则短文。

游戏步骤

1. 从报纸或杂志上摘取一个2~3段长的文章，注意选择的文章不要是很热门的，要保证大家都不熟悉。

2. 将参与游戏的人分成5人一组，并按顺序编上号。

3. 请每组的1号留在房间里，其他人先出去。

4. 把摘取的文章念给各组的1号听，但是不允许他们做记号或者提问。

5. 接下来分别请每组的2号进来，让1号把听到的内容告诉给2号，2号也不许做记录和提问。以此类推，直到5号接收到信息为止。

6. 最后，请每组的5号复述他们听到的文章的内容。

游戏心理分析

信息在传递的过程中会失真，即使一段简单的话经过几个人的传递也会变样。这不仅因为在听的过程中漏掉了信息，更因为每个人在传递信息时都不自觉地加入了自己的理解，使得信息越来越偏离了它本来的意思。

现代商业竞争越来越激烈。及时、准确地掌握信息，对赢得竞争也十分重要。信息就是资历，信息就是竞争力，信息就是利润。一个人如果能及时掌握准确而又全面的信息，就等于掌握了竞争的主动权。

192 彩色纸片

·游戏目的·

帮助你认识自己，然后有针对性地提升自己的影响力。

·游戏准备·

人数：不限。

时间：15~20分钟。

场地：室内。

材料：每人一个装有4种颜色的纸的信封，活动挂纸或挂板。

·游戏步骤·

1. 分发信封。

2. 向参与者说明他们在一个信封中将会找到四张彩色的方纸片——一张红色的、一张绿色的、一张蓝色的及一张黄色的。让他们根据自己在集体活动中所具有的影响力程度，选择相应的颜色：

红——我有非常大的影响力。

绿——我有相当的影响力。

蓝——我只有很少的影响力。

黄——我没有影响力。

3. 收回答案信封。

4. 询问参与者，当他们衡量自己的影响力时他们想的是什么？

一般的答案：

是否有人询问我的意见。

是否有人听我的意见。

我的意见是否有结果。

5. 描述结果，比如"多数人感到自己有非常大的影响力，而少数人感到自己没有多少影响力"。

游戏心理分析

领导力与影响力是一个优秀商人必备的素养之一。如果参与游戏的人觉得他们在集体决策中没有影响力或者相对于别人来说只有相当少的影响力，他们就不可能对集体决策的成功有一种主人翁的感觉。

该游戏让人们考虑他们在集体决策中所具有的影响力达到什么程度，从而可以有针对性地提升自己的影响力。提升自己在商业团队中的影响力，先要提高自己的核心思维能力。

193 寻找司机

游戏目的

聪明的商人善于捕捉有用的信息，排除无效信息的干扰。只有这样才能提高办事效率，挣取更多财富。这个游戏就是训练这种能力。

游戏准备

人数：不限。
时间：5~15分钟。
场地：会议室。
材料：无。

游戏步骤

1. 在听众面前朗读下面这个故事，注意速度要慢一些，且不要重复。

你正驾驶着一辆公共汽车，里面坐着50位乘客；汽车靠站停下来，有10名乘客下了车，又有3人上车；下一次靠站，下了7个人，上了2个人；接下来又分别停车两次，每次有5名乘客下车，有一次上6个人，另一次没有人上车。

路上，公共汽车和别的车发生了剐蹭，有部分乘客因为有急事，决定下车走回去，所以8个人下了车；当事故处理完之后，汽车直接开回了终点站；在终点站，剩下的乘客下了车。

2. 当故事讲完之后，突然地问大家，这辆公共汽车的司机是谁？很多人很茫然。

游戏心理分析

在故事开始时，答案就已经告诉大家了，可为什么人们都不知道呢？这是因为故事中掺杂了大量无效信息。这个游戏告诉我们不管在什么时候，排除无效信息的干扰是很重要的。有效地筛除无效信息，建立个人信息网络是有必要的。建立个人信息网络的重要性在于，当你想要哪一类资讯时，你立刻可以找到能提供这方面信息的人；当你想得到最具权威性的资料时，马上有人为你提供最为科学的建议。

194 "杀人"游戏

·游戏目的·

在财商教育中，判断力是一种不可缺少的能力教育。本游戏训练参与者敏锐的判断力。

·游戏准备·

人数：13人。

时间：不限。

场地：不限。

材料：与人数相等的扑克牌。

·游戏步骤·

从13人中选1人做法官。由法官准备12张扑克牌。其中3张A，6张为普通牌，3张K。众人坐定后，法官将洗好的12张牌交给大家抽取。抽到普通牌的为良民，抽到A的为杀手，抽到K的为警察。自己看自己手里的牌，不要让其他人知道你抽到的是什么牌。法官开始主持游戏，众人要听从法官的口令，不要作弊。法官说：黑夜来临了，请大家闭上眼睛。等都闭好眼睛后，法官又说：请杀手杀人。抽到A的3个杀手睁开眼睛，杀手此时互相认识一下，成为本轮游戏中最先达成同盟的群体。并由任意一位杀手示意法官，杀掉一位"好人"。法官看清后说：杀手闭眼。（稍后说）警察睁开眼睛。抽到K牌的警察可以睁开眼睛，相互认识一下，并怀疑闭眼的任意一位为杀手，同时看向法官，法官可以给一次暗示。完成后法官说：所有人闭眼。（稍后说）天亮了，大家都可以睁开眼睛了。

待大家都睁开眼睛后，法官宣布谁被杀了，同时法官宣布让大家安静，聆听被杀者的遗言。被杀者现在可以指认自己认为是杀手的人，并陈述理由。遗言说罢，被杀者本轮游戏中将不能再发言。法官主持由被杀者身边一位开始任意方向挨个陈述自己的意见。

意见陈述完毕后，会有几人被怀疑为杀手。被怀疑者可以为自己辩解。由法官主持大家举手表决，选出嫌疑最大的两人，并由此二人进行最后的陈述和辩解。再次投票后，杀掉票数最多的那个人。被杀者如是真正的凶手，不可再讲话，退出本轮游戏。

被杀者如不是杀手，可以发表遗言及指认新的怀疑对象。在聆听了遗言后，新的夜晚来到了。

如此往复，杀手杀掉全部警察即可获胜，或杀掉所有的良民亦可获胜。警察和良民的任务就是尽快抓出所有的杀手获胜。

游戏心理分析

这个游戏主要训练人们的判断力。无论是杀手还是警察都要在人们的叙述中作出判断。要想获胜，则需要有敏锐的判断力。判断力是投资者不可缺乏的一种能力，也是财商教育不可或缺的内容之一。

195 泰坦尼克号

· 游戏目的 ·

教我们如何应对突发情况。

· 游戏准备 ·

人数：不限。

时间：30分钟。

场地：户外。

材料：木砖 n 块（每组 7 块），4 张长凳，两条长绳（25 米）。

· 游戏步骤 ·

1. 首先将参与人员分成若干小组，每组 10~12 人，主持人给大家讲"泰坦尼克号"即将沉没的故事，船上的乘客（参与者）须在"泰坦尼克号"的音乐结束之前利用仅有的求生工具——七块木砖，逃离到一个小岛上。

2. 主持人指导参与者布置游戏场景：将 25 米的长绳在空地上摆成一个岛屿形状，在另一边，摆 4 张长凳，用另外的绳子作为起点。

3. 给参与者 5 分钟的讨论时间，然后出发，每一个人必须从长凳的背上跨过，就相当于从船舷栏杆上跨过，踏上木砖。在逃离过程中，参与者身体的任何部分都不能与"海面"——地面接触。

4. 自离开"泰坦尼克号"起，在整个的逃离过程中，每块木砖都要被踩住等全部人员到达小岛，并且所有木砖都被拿到小岛上之后，游戏才算完成。

游戏心理分析

如何应付突如其来的紧急情况，反映了一个人头脑的清醒程度和他的应变能力。在突如其来的事件发生的时候，需要我们确定出领导者，根据情况制定相应的应对措施。做这个游戏时，关键是在危险到来后，需要有一个有领导力的人站出来组织混乱的局面，然后制订具体可行的方法，和大家一起逃出困境。你也许还没有发现自己潜在的领导力，也许你已经发现了你的领导力。如果没有发现就要抓住时机培养你的领导力，如果知道自己有领导的才能，就要把自己的领导力充分地发挥出来，这样在积累财富的道路上，会越走越顺利。

196 失踪的一元钱

游戏目的

培养人们分析问题的能力。

游戏准备

人数：不限。

时间：10 分钟。

场地：不限。

材料：纸、笔。

游戏步骤

1. 先问大家如果让他们做加减乘除是否有问题。相信这个问题会得到大多数人的不屑一顾的回答，那么让他们来计算下面的问题。

2. 算算看：

三个人去投宿，服务生说要 30 元。每个人就各出了 10 元，凑成 30 元。后来老板说今天特价，只要 25 元，于是叫服务生把退的 5 元拿去还给他们。服务生自己想贪污 2 元，于是就把剩下的 3 元还给他们。那三个人每人拿回 1 元，只出了 9 元投宿费。

9 × 3+ 服务生的 2 元 =29 元

那剩下的 1 元呢？

真的很玄吧！

3. 让大家说一下自己的答案，看看这个题误导人的地方到底在什么地方。

游戏心理分析

在这个游戏中，需要充分调动大家分析问题的能力，如果不认真分析是找不到答案的。分析能力不仅是在考察我的观察和判断能力，更是在考验我们综合运用信息的能力。分析能力强的人，更能实现自己的主张，影响他人的观点。

197 "失去" 游戏

游戏目的

在游戏中学会如何与人沟通。

游戏准备

人数：6~8 人。

时间：不限。

场地：室内。

材料：拼图板、幻灯片、材料（见附件）。

◆ 游戏步骤 ◆

1. 如果参与者人数较多，则将他们分成几个小组，每小组 6~8 人。

2. 分发拼图板，每个组一套。

3. 请各个小组把他们的拼图组合起来。他们最终会明白，必须从其他小组得到自己缺少的拼块——他们必须先找到正确的小组，再与之交换拼块。

4. 请各个小组讲述游戏的要旨或主题。他们也许会这样说："记住，和那些并不属于你所在团队中的人进行沟通是很重要的。"或者"那些不属于你所在团队的人可能掌握着对你至关重要的知识或信息。"

5. 打出幻灯片，提出问题："不和他人沟通，你将失去什么？"

6. 请各小组讨论这个问题："为什么现在这个时代沟通比以往任何时候都重要？"

7. 请各个小组从个人和团队两个角度思考以下问题："不和他人沟通，你将失去什么？"

8. 分发课堂资料。

9. 说明游戏规程。

10. 给每个小组 5~10 分钟完成个人测试（材料一），给 20 分钟完成团队测试（材料二）。

11. 请各个小组提出他们在实际中应采取的行动，并要求每个组员将结果记录在材料三上。

🔍 游戏心理分析

大多数参与者都明白，应该与所在小组以外的人——更大范围的团队成员进行沟通，但很多人并没有这么做。也许他们太忙了，或者说他们并没有意识到那些与他们工作并不紧密的人的重要性。本游戏能帮助参与者认识沟通的重要性，从而提高沟通的质量。

198 买 卖

◆ 游戏目的 ◆

古往今来，凡是卓有成就的商人，他们都有一个共同点，那就是集中精力做一件事情。这个游戏主要练就人们集中精力做一件事的态度。

◆ 游戏准备 ◆

人数：不限。

时间：5分钟。

场地：不限。

材料：统计表，买卖房的材料。

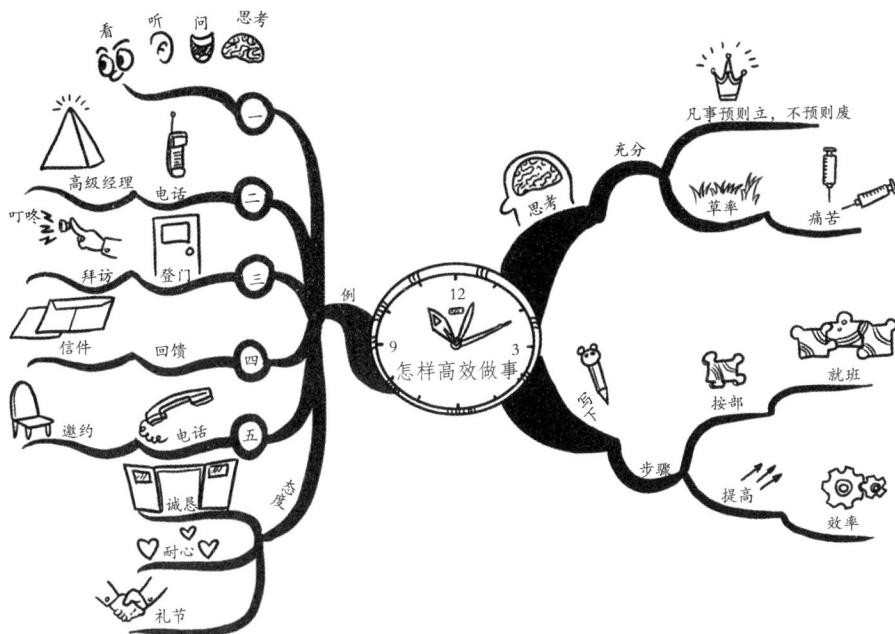

·游戏步骤·

1. 有一个家庭花了 12 万元买了套房子，住了 2 个月之后，他们因工作关系要离开该城市，遂以 13 万元卖出房子。过了半年，他们又重新回到这座城市工作。他再次把房子买回来花了 14 万元。不久以后，他们想买一套更大点的房子，又以 15 万元的价格把房子卖出。请问：这个家庭在房子买卖过程中是赚了还是赔了，或者是不赔不赚？如果是赚了或赔了，具体金额又是多少？用时 2 分钟。

2. 讨论下边的问题：

是什么原因使你答错了？

为何将问题分解后再进行计算，答题的正确性要高一些？

游戏心理分析

把问题分解开来，一一解决会变得容易一些。爱迪生认为，高效工作的第一要素就是专注。他说："能够将你的身体和心智的能量，锲而不舍地运用在同一个问题上而不感到厌倦的能力就是专注。对于大多财富商人来说，每天都要做许多事，但是每一件都专注地解决，是他们获胜的法宝。一次做好一件事的人比同时涉猎多个领域的人要好得多。"

199 分享收获

游戏目的

在商战中，千万不要放任自己的情绪，因为只有冷静的人才有可能做出正确的决策。否则，财富可能就会离你远去。本游戏就是为了培养人们的这种心态。

游戏准备

人数：不限。

时间：15~20分钟。

场地：室外。

材料：节奏欢快的轻音乐、网球。

游戏步骤

1. 游戏开始后，让全体成员围坐在一起。如人数太多可分组进行。

2. 播放背景音乐，给大家3分钟的时间，思考一下最近工作学习中最大的收获。

3. 由听众中胳膊最长的人开始，将自己的收获转化成一个问题，然后将手中网球任意抛给一人，请此人来回答。

4. 如果回答正确，则游戏由此人继续；如果回答不正确，则由发问者来补充，补充回答完毕后，发问者可以惩罚性地轻轻敲打对方头部一次，之后，由被打之人继续游戏。

5. 后面的发问者，要将球抛给那些没回答过问题的人。

6. 当全体人员发问完一遍后，游戏的主持人作系统的简要的回顾式分享。

游戏心理分析

在分享的过程中，人们容易变得激动，不冷静。冷静是一种积极的、由静转动的心理活动过程。冷静，目的在于使自己能客观地从对方的攻击中寻出他的不符合事实、不近情理之处，抓住他的弱点，分析他的目的，然后采取对策，予以反击，使自己从劣势转为优势。人是一种很感性的动物，许多人的失败往往都是由于情绪所致。控制你的情绪冷静处理商业活动中遇到的问题，才有可能转危为安。

200 赌王游戏

游戏目的

胜败乃兵家常事，经商也是一样的。优秀的商人不但善于总结成功的经验，更善于总结失败的经验，从而赢得最后的胜利。人们常在游戏中训练这种心态。

游戏准备

人数：不限。

时间：10~20 分钟。

场地：宽敞的会议室。

材料：50 枚一元硬币，决赛规则的幻灯片。

游戏步骤

1. 将参与游戏的人分为两人一组，随后主持人告诉大家，下面要玩一个数数游戏。两个人数数，从1开始，两人累加往上数，每人最多可数两个，但最少也必须数一个（如甲数到了"13"后，乙可以数"14、15"或"14"），谁数着"30"谁赢。游戏以淘汰赛的方式进行，最终胜出的人将和主持人进行决赛。

2. 问大家是否明白规则，然后正式开始。

3. 输的一方被淘汰，赢的一方重新编组开始比赛，直到最终有一人胜出。

4. 主持人将50枚硬币放到桌子上，打开幻灯片，宣布决赛的游戏规则：

两人数数，从1开始数到50，每人最多数4个，最少数一个，谁数到50谁赢。和初赛不同的是，选手将一边数数，一边从硬币堆中拿出相应的硬币数（如数3，则拿出3枚硬币到自己这边），拿到最后一枚硬币的人，为胜利者。

5. 决赛规则宣布后，迅速开始比赛。

6. 主持人赢得比赛，随后揭示赢的秘密，并进行引导性的提问与点评。

要想赢得游戏的胜利必须注意以下两点：

第一，要赢得初赛的胜利，你必须数着"27"、"24"、"21"、"18"、"15"、"12"、"9"、"6"、"3"，仔细再看一遍这些数字，很容易发现规律：你只要数着3的倍数，就可以保证必定能赢。

第二，要赢得决赛的胜利，你必须保证数着"49"、"44"、"39"、"34"、"29"、"24"、"19"、"14"、"9"、"4"，注意两个数之间相差5，当你掌

有人被失败压得喘不过气来，有人在失败中行走，找到成功的道路。

握某些关键数以后，无论他数1个（那么你数4个）、2个（那么你数3个）、3个（那么你数2个）、4个（那么你数1个），你都能保证继续数着下一个关键数。从而，确保你能赢。

游戏心理分析

这个游戏告诉我们成功一定有方法，失败一定有原因。给我们的商业启示是，要善于从失败中总结，这样才能够赢得更多的财富。